普通高等教育
本科数学
基础课程教材

线性代数学习参考

Linear Algebra

主编◎高云峰 马 辉 陈晓弟

同济大学出版社
TONGJI UNIVERSITY PRESS
·上海·

内 容 提 要

本书共5章，内容包括行列式、矩阵及其运算、线性方程组、特征值与特征向量以及二次型. 全书结构严谨，习题题型丰富多样，从基础知识出发，使学生能够循序渐进地掌握和巩固线性代数的核心知识点. 书中的例题均配备了详尽的解答，还收录了近年来的考研真题，并提供了详尽的解析，每章末配备了总习题及参考答案，旨在帮助学生系统地回顾和巩固所学内容.

本书可作为高等院校非数学专业线性代数教材的配套习题集，还可供全国硕士研究生入学考试复习使用.

图书在版编目（CIP）数据

线性代数学习参考 / 高云峰，马辉，陈晓弟主编. 上海：同济大学出版社，2024.8. -- ISBN 978-7-5765-1262-5

Ⅰ. O151.2

中国国家版本馆 CIP 数据核字第 2024US6504 号

普通高等教育本科数学基础课程教材

线性代数学习参考

主编 高云峰　马　辉　陈晓弟　**副主编** 于宏佳　李　尤　于济豪　**主审** 杜凤娥

责任编辑 陈佳蔚　**责任校对** 徐逢乔　**封面设计** 渲彩轩

出版发行 同济大学出版社　www.tongjipress.com.cn
（地址：上海市四平路 1239 号　邮编：200092　电话：021-65985622）

经　　销 全国各地新华书店

印　　刷 常熟市华顺印刷有限公司

开　　本 787mm×1092mm　1/16

印　　张 15.5

字　　数 358 000

版　　次 2024 年 8 月第 1 版

印　　次 2024 年 8 月第 1 次印刷

书　　号 ISBN 978-7-5765-1262-5

定　　价 49.00 元

前　言

“线性代数”作为高等学校中理、工、农、医、经济管理等学科广泛开设的一门数学类公共基础课程，其概念与方法从交通规划到桥梁设计，从飞机制造到石油勘探，再到经济管理等各领域都具有广泛的应用.

本书在编排上，以矩阵为工具、以线性方程组为主线，全面而深入地阐述了线性代数的基本概念与结论. 内容涵盖行列式、矩阵及其运算、线性方程组、特征值与特征向量以及二次型，旨在帮助学生全面而系统地掌握线性代数的基础知识，并通过详尽的例题与习题，引导学生由浅入深地理解数学原理，强化实践能力.

本书在编写过程中，深入贯彻落实党的二十大精神，强调必须坚持科技是第一生产力、人才是第一资源、创新是第一动力，深入实施科教兴国战略、人才强国战略、创新驱动发展战略，开辟发展新领域、新赛道，不断塑造发展新动能、新优势. 同时，本书力求将课程思政与知识点紧密结合，引导学生深刻领会全面建设社会主义现代化国家，必须坚持中国特色社会主义文化发展道路，增强文化自信，围绕举旗帜、聚民心、育新人、兴文化、展形象，建设社会主义文化强国，发展面向现代化、面向世界、面向未来的、民族的、科学的、大众的社会主义文化，激发全民族文化创新创造活力，增强实现中华民族伟大复兴的精神力量. 这不仅是对国家文化自信的坚定表达，也是对学生文化素养的全面提升.

本书每章的内容提要、基本要求、思政元素部分由高云峰编写，第 1 章由马辉编写，第 2 章由陈晓弟编写，第 3 章由于宏佳编写，第 4 章由于济豪编写，第 5 章由李尤编写.

由于时间仓促，书中如有不妥之处，敬请各位老师和同行给予批评指正.

编　者

2024 年 5 月

目　　录

第 1 章　行　列　式

1.1　全排列与逆序数

1.1.1　内容提要

1. 二阶行列式与三阶行列式

（1）二阶行列式

$$\begin{vmatrix} a_{11} & a_{12} \\ a_{21} & a_{22} \end{vmatrix} = a_{11}a_{22} - a_{12}a_{21}$$

称为**二阶行列式**.

（2）三阶行列式

$$\begin{vmatrix} a_{11} & a_{12} & a_{13} \\ a_{21} & a_{22} & a_{23} \\ a_{31} & a_{32} & a_{33} \end{vmatrix} = a_{11}a_{22}a_{33} + a_{12}a_{23}a_{31} + a_{13}a_{21}a_{32} - a_{13}a_{22}a_{31} - a_{11}a_{23}a_{32} - a_{12}a_{21}a_{33}$$

称为**三阶行列式**.

横排叫做**行**，竖排叫做**列**. 元素 a_{ij} 的下标 i 叫做**行标**，表明该元素位于第 i 行，下标 j 叫做**列标**，表明该元素位于第 j 列. 第 i 行、j 列的元素为 a_{ij}.

2. 排列与逆序

（1）排列

定义 1　由自然数 1，2，…，n 组成的不重复的每一种有确定次序的排列，称为一个 **n 级排列**（简称**排列**）.

（2）逆序数

定义 2　在一个 n 级排列 $i_1i_2\cdots i_t\cdots i_s\cdots i_n$ 中，若数 $i_t > i_s$，则称数 i_t 与 i_s 构成一个**逆序**. 一个 n 级排列中逆序的总和称为该排列的**逆序数**，记为 $\tau(i_1i_2\cdots i_n)$.

（3）奇排列与偶排列

定义 3　逆序数为奇数的排列称为**奇排列**；逆序数为偶数的排列称为**偶排列**.

3. 对换与相邻对换

定义 4　在排列中，将任意两个元素对调，其余的元素不动，这种做出新排列的方法称为**对换**. 将两个相邻元素对换，称为**相邻对换**.

定理 1 任意一个排列经过一个对换后，其奇偶性改变.

定理 2 n 个自然数 $(n>1)$ 共有 $n!$ 个 n 级排列，其中奇偶排列各占一半.

1.1.2 基本要求

理解全排列、逆序数等有关概念.

1.1.3 典型范例

题型 求逆序数并讨论其奇偶性.

例 1 计算排列 217986354 的逆序数，并讨论其奇偶性.

解 因为 2 排在首位，故其逆序数位 0；

在 1 前面且比 1 大的数有 1 个，故其逆序的个数为 1；

在 7 前面且比 7 大的数有 0 个，故其逆序的个数为 0；

在 9 前面且比 9 大的数有 0 个，故其逆序的个数为 0；

在 8 前面且比 8 大的数有 1 个，故其逆序的个数为 1；

在 6 前面且比 6 大的数有 3 个，故其逆序的个数为 3；

在 3 前面且比 3 大的数有 4 个，故其逆序的个数为 4；

在 5 前面且比 5 大的数有 4 个，故其逆序的个数为 4；

在 4 前面且比 4 大的数有 5 个，故其逆序的个数为 5；

所求排列的逆序数为 $\tau(217986354)=0+1+0+0+1+3+4+4+5=18$. 故该排列为偶排列.

例 2 求排列 $(n-1)\cdots321$ 的逆序数，并讨论其奇偶性.

解 因为逆序数为

$$\tau((n-1)\cdots321)=0+1+2+\cdots+(n-2)=\frac{(n-1)(n-2)}{2}.$$

易见：当 $n=4k+1$ 和 $4k+2$ 时，该排列是偶排列；当 $n=4k$ 和 $4k+3$ 时，该排列是奇排列.

1.1.4 习题全解

1. 求下列排列的逆序数，并判定其奇偶性.

(1) 634521； (2) 241359876； (3) 36718254；

(4) 3712456； (5) $13\cdots(2n-1)24\cdots2n$；

(6) $13\cdots(2n-1)2n(2n-2)\cdots2$.

解 (1) $\tau(634521)=0+1+1+1+4+5=12$, 排列为偶排列.

(2) $\tau(241359876)=0+0+2+1+0+0+1+2+3=9$, 排列为奇排列.

(3) $\tau(36718254)=0+0+0+3+0+4+3+4=14$, 排列为偶排列.

(4) $\tau(3712456)=0+0+2+2+1+1+1=7$, 排列为奇排列.

(5) $\tau(13\cdots(2n-1)24\cdots 2n)=0+0\cdots+0+(n-1)+\cdots+1+0=\dfrac{n(n-1)}{2}$，当 $n=4k$ 和 $4k+1$ 时为偶排列；当 $n=4k+2$ 和 $4k+3$ 时为奇排列.

(6) $\tau(13\cdots(2n-1)2n(2n-2)\cdots 2)=0+\cdots+0+2+4+\cdots+(2n-2)=n(n-1)$，排列为偶排列.

2. 求 j，k，使8级排列 $24j157k8$ 为偶排列.

解 $j=6$，$k=3$.

1.2 *n* 阶行列式的定义

1.2.1 内容提要

定义 由 n^2 个元素 a_{ij} 组成的记号

$$\begin{vmatrix} a_{11} & a_{12} & \cdots & a_{1n} \\ a_{21} & a_{22} & \cdots & a_{2n} \\ \vdots & \vdots & & \vdots \\ a_{n1} & a_{n2} & \cdots & a_{nn} \end{vmatrix}$$

称为 ***n* 阶行列式**，其中，横排称为**行**，竖排称为**列**，它表示所有取自不同行、不同列的 n 个元素的乘积 $a_{1j_1}a_{2j_2}\cdots a_{nj_n}$ 的代数和. 各项的符号取号规则：该项元素的行标按自然数顺序排列后，若对应的列标构成的排列是偶排列则取正号；若是奇排列则取负号. 即

$$\begin{vmatrix} a_{11} & a_{12} & \cdots & a_{1n} \\ a_{21} & a_{22} & \cdots & a_{2n} \\ \vdots & \vdots & & \vdots \\ a_{n1} & a_{n2} & \cdots & a_{nn} \end{vmatrix} = \sum_{j_1j_2\cdots j_n}(-1)^{\tau(j_1j_2\cdots j_n)}a_{1j_1}a_{2j_2}\cdots a_{nj_n},$$

其中，$\sum\limits_{j_1j_2\cdots j_n}$ 表示对所有 n 级排列求和，行列式有时也简记为 $\det(a_{ij})$ 或 $|a_{ij}|$，这里数 a_{ij} 称为行列式的元素，称 $(-1)^{\tau(j_1j_2\cdots j_n)}a_{1j_1}a_{2j_2}\cdots a_{nj_n}$ 为行列式的**一般项**.

定理 n 阶行列式也定义为

$$D=\sum(-1)^s a_{i_1j_1}a_{i_2j_2}\cdots a_{i_nj_n},$$

其中，s 为行标与列标排列的逆序数之和，即

$$s=\tau(i_1i_2\cdots i_n)+\tau(j_1j_2\cdots j_n).$$

1.2.2 基本要求

理解 n 阶行列式的定义，并利用该定义计算行列式.

1.2.3 典型范例

题型 1 利用定义计算行列式.

例 1 计算行列式

$$D=\begin{vmatrix}0&0&0&1\\0&0&2&0\\0&3&0&0\\4&0&0&0\end{vmatrix}.$$

解 $D=\sum(-1)^{\tau(1234)+\tau(4321)}a_{14}a_{23}a_{32}a_{41}=24.$

例 2 计算行列式

$$D=\begin{vmatrix}0&0&0&2\\0&0&2&1\\0&3&2&4\\4&3&5&6\end{vmatrix}.$$

解 $D=\sum(-1)^{\tau(1234)+\tau(4321)}a_{14}a_{23}a_{32}a_{41}=48.$

题型 2 判断行列式中某项的符号.

例 3 在六阶行列式中,下列两项各应取什么符号?

(1) $a_{23}a_{31}a_{42}a_{56}a_{14}a_{65}$; (2) $a_{32}a_{43}a_{14}a_{51}a_{66}a_{25}$.

解 (1) 按定义计算.

先使得行标按自然顺序排列:

$$a_{23}a_{31}a_{42}a_{56}a_{14}a_{65}=a_{14}a_{23}a_{31}a_{42}a_{56}a_{65},$$

而 431265 的逆序数 $\tau=0+1+2+2+0+1=6$, 所以 $a_{23}a_{31}a_{42}a_{56}a_{14}a_{65}$ 应取正号.

(2) 按定理计算.

行标排列 341562 的逆序数 $\tau=0+0+2+0+0+4=6$;

列标排列 234165 的逆序数 $\tau=0+0+0+3+0+1=4$,

所以 $a_{32}a_{43}a_{14}a_{51}a_{66}a_{25}$ 应取正号.

1.2.4 习题全解

1. 利用定义计算下列行列式.

(1) $\begin{vmatrix}0&2&0&0\\0&0&1&0\\4&0&0&0\\0&0&0&3\end{vmatrix}$; (2) $\begin{vmatrix}1&1&1&1\\2&2&2&0\\3&3&0&0\\4&0&0&0\end{vmatrix}$; (3) $\begin{vmatrix}1&0&0&0\\0&1&0&1\\0&1&1&1\\0&0&1&0\end{vmatrix}$.

解 (1) $D=\sum(-1)^{\tau(1234)+\tau(2314)}a_{12}a_{23}a_{31}a_{44}=24.$

(2) $D=\sum(-1)^{\tau(1234)+\tau(4321)}a_{14}a_{23}a_{32}a_{41}=24$.

(3) $D=0$.

2. 写出四阶行列式中含有因子 $a_{12}a_{34}$ 的项.

解 $-a_{12}a_{23}a_{34}a_{41}$， $a_{12}a_{21}a_{34}a_{43}$.

3. 在六阶行列式 $|a_{ij}|$ 中,下列各元素乘积应取什么符号?

(1) $a_{11}a_{26}a_{32}a_{44}a_{53}a_{65}$； (2) $a_{15}a_{23}a_{32}a_{44}a_{51}a_{66}$.

解 (1) $\tau=0+0+1+1+2+1=5$, 取负号.

(2) $\tau=0+1+2+1+4+0=8$, 取正号.

4. 写出 k, l, 使 $a_{13}a_{2k}a_{34}a_{42}a_{5l}$ 成为五阶行列式 $|a_{ij}|$ 中带有正号的项.

解 k, l 分别取 1, 5. 当 $k=1$, $l=5$ 时, $\tau=0+1+0+2+0=3$, 取负号;当 $k=5$, $l=1$ 时, $\tau=0+0+1+3+4=8$, 取正号.

5. 设 n 阶行列式中有 n^2-n 个以上的元素为零,证明该行列式为零.

证明 当 n 阶行列式中有 n^2-n 个以上的元素为零时,必有一行或一列元素均为零,故该行列式为零.

6. 用行列式的定义计算下列行列式.

(1) $\begin{vmatrix} 0 & 0 & \cdots & 0 & 1 \\ 0 & 0 & \cdots & 2 & 0 \\ \vdots & \vdots & & \vdots & \vdots \\ 0 & n-1 & 0 & \cdots & 0 \\ n & 0 & 0 & \cdots & 0 \end{vmatrix}$； (2) $\begin{vmatrix} 0 & 1 & \cdots & 0 & 0 \\ 0 & 0 & \cdots & 0 & 0 \\ \vdots & \vdots & & \vdots & \vdots \\ 0 & 0 & \cdots & 0 & n-1 \\ n & 0 & \cdots & 0 & 0 \end{vmatrix}$；

(3) $\begin{vmatrix} a_{11} & a_{12} & a_{13} & a_{14} & a_{15} \\ a_{21} & a_{22} & a_{23} & a_{24} & a_{25} \\ a_{31} & a_{32} & 0 & 0 & 0 \\ a_{41} & a_{42} & 0 & 0 & 0 \\ a_{51} & a_{52} & 0 & 0 & 0 \end{vmatrix}$； (4) $\begin{vmatrix} a_{11} & \cdots & a_{1n-1} & a_{1n} \\ a_{21} & \cdots & a_{2n-1} & 0 \\ \vdots & & \vdots & \vdots \\ a_{n1} & \cdots & 0 & 0 \end{vmatrix}$.

解 (1) $D=\sum(-1)^{\tau(n(n-1)\cdots1)}a_{1n}a_{2n-1}\cdots a_{n1}=(-1)^{\frac{n(n-1)}{2}}n!$.

(2) $D=\sum(-1)^{\tau(234\cdots n1)}a_{12}a_{23}\cdots a_{n1}=(-1)^{(n-1)}n!$.

(3) $D=0$.

(4) $D=\sum(-1)^{\tau(n\cdots1)}a_{1n}a_{2n-1}\cdots a_{n1}=(-1)^{\frac{n(n-1)}{2}}a_{1n}a_{2n-1}\cdots a_{n1}$.

1.3 行列式的性质

1.3.1 内容提要

1. 行列式的性质

(1) 行列式的转置

将行列式 D 的行与列互换后得到的行列式,称为 D 的**转置行列式**,记为 D^{T} 或 D',即

若 $D=\begin{vmatrix} a_{11} & a_{12} & \cdots & a_{1n} \\ a_{21} & a_{22} & \cdots & a_{2n} \\ \vdots & \vdots & & \vdots \\ a_{n1} & a_{n2} & \cdots & a_{nn} \end{vmatrix}$,则 $D^{\mathrm{T}}=\begin{vmatrix} a_{11} & a_{21} & \cdots & a_{n1} \\ a_{12} & a_{22} & \cdots & a_{n2} \\ \vdots & \vdots & & \vdots \\ a_{1n} & a_{2n} & \cdots & a_{nn} \end{vmatrix}$.

(2) 行列式的性质

性质 1 行列式与它的转置行列式相等,即 $D=D^{\mathrm{T}}$.

性质 2 交换行列式的两行(列),行列式变号.

性质 3 用数 k 乘行列式的某行(列),等于用数 k 乘此行列式,即

$$D_1=\begin{vmatrix} a_{11} & a_{12} & \cdots & a_{1n} \\ \vdots & \vdots & & \vdots \\ ka_{i1} & ka_{i2} & \cdots & ka_{in} \\ \vdots & \vdots & & \vdots \\ a_{n1} & a_{n2} & \cdots & a_{nn} \end{vmatrix}=k\begin{vmatrix} a_{11} & a_{12} & \cdots & a_{1n} \\ \vdots & \vdots & & \vdots \\ a_{i1} & a_{i2} & \cdots & a_{in} \\ \vdots & \vdots & & \vdots \\ a_{n1} & a_{n2} & \cdots & a_{nn} \end{vmatrix}=kD.$$

性质 4 若行列式的某一行(列)的元素都是两数之和,则行列式可以拆成两个行列式的和,即

$$\begin{vmatrix} a_{11} & a_{12} & \cdots & a_{1n} \\ \vdots & \vdots & & \vdots \\ b_{i1}+c_{i1} & b_{i2}+c_{i2} & \cdots & b_{in}+c_{in} \\ \vdots & \vdots & & \vdots \\ a_{n1} & a_{n2} & \cdots & a_{nn} \end{vmatrix}=\begin{vmatrix} a_{11} & a_{12} & \cdots & a_{1n} \\ \vdots & \vdots & & \vdots \\ b_{i1} & b_{i2} & \cdots & b_{in} \\ \vdots & \vdots & & \vdots \\ a_{n1} & a_{n2} & \cdots & a_{nn} \end{vmatrix}+\begin{vmatrix} a_{11} & a_{12} & \cdots & a_{1n} \\ \vdots & \vdots & & \vdots \\ c_{i1} & c_{i2} & \cdots & c_{in} \\ \vdots & \vdots & & \vdots \\ a_{n1} & a_{n2} & \cdots & a_{nn} \end{vmatrix}.$$

性质 5 将行列式的某一行(列)的所有元素都乘以数 k 后加到另一行(列)对应元素上去,那么行列式的值不变.

2. 利用"三角化"计算行列式

(1) 原理

计算行列式时,我们发现三角形的行列式是最易于计算的,所以常用行列式的性质,把它化为三角形行列式来计算.

(2) 计算步骤

以将行列式化为上三角形行列式为例:

① 如果第 1 列第 1 个元素为零,先将第 1 行与其他行交换使得第 1 列第 1 个元素不为零,然后把第 1 行分别乘以适当的数加到其他各行,使得第 1 列除第 1 个元素外其他元素全为零.

② 再用同样的方法处理除去第 1 行和第 1 列后余下的低一阶行列式;如此继续下去,直至使它成为上三角形行列式,这时主对角线上元素的乘积就是所求行列式的值.

1.3.2 基本要求

理解行列式的性质,利用性质化一般行列式为三角形行列式,并计算行列式.

1.3.3 典型范例

题型 利用行列式的性质计算行列式.

例 1 计算 $\begin{vmatrix} 1 & -1 & 2 \\ 0 & 1 & 5 \\ \sqrt{2} & -\sqrt{2} & 2\sqrt{2} \end{vmatrix}$.

解 $\begin{vmatrix} 1 & -1 & 2 \\ 0 & 1 & 5 \\ \sqrt{2} & -\sqrt{2} & 2\sqrt{2} \end{vmatrix}=0$, 因为第 3 行是第 1 行的 $\sqrt{2}$ 倍.

例 2 计算 $\begin{vmatrix} 1 & 4 & 1 & 0 \\ 2 & 8 & 3 & 5 \\ 0 & 0 & 1 & 4 \\ -1 & -4 & -5 & 7 \end{vmatrix}$.

解 $\begin{vmatrix} 1 & 4 & 1 & 0 \\ 2 & 8 & 3 & 5 \\ 0 & 0 & 1 & 4 \\ -1 & -4 & -5 & 7 \end{vmatrix}=0$, 因为第 2 列是第 1 列的 4 倍.

例 3 设 $\begin{vmatrix} a_{11} & a_{12} & a_{13} \\ a_{21} & a_{22} & a_{23} \\ a_{31} & a_{32} & a_{33} \end{vmatrix}=1$, 求 $\begin{vmatrix} 6a_{11} & -2a_{12} & -10a_{13} \\ -3a_{21} & a_{22} & 5a_{23} \\ -3a_{31} & a_{32} & 5a_{33} \end{vmatrix}$.

解
$$\begin{vmatrix} 6a_{11} & -2a_{12} & -10a_{13} \\ -3a_{21} & a_{22} & 5a_{23} \\ -3a_{31} & a_{32} & 5a_{33} \end{vmatrix} = 5\begin{vmatrix} 6a_{11} & -2a_{12} & -2a_{13} \\ -3a_{21} & a_{22} & a_{23} \\ -3a_{31} & a_{32} & a_{33} \end{vmatrix} = 5\times(-2)\begin{vmatrix} -3a_{11} & a_{12} & a_{13} \\ -3a_{21} & a_{22} & a_{23} \\ -3a_{31} & a_{32} & a_{33} \end{vmatrix}$$
$$= 5\times(-2)\times(-3)\begin{vmatrix} a_{11} & a_{12} & a_{13} \\ a_{21} & a_{22} & a_{23} \\ a_{31} & a_{32} & a_{33} \end{vmatrix} = 30.$$

1.3.4 疑难解析

例 4 计算 $\begin{vmatrix} a & b & b & \cdots & b \\ b & a & b & \cdots & b \\ \vdots & \vdots & \vdots & & \vdots \\ b & b & b & \cdots & a \end{vmatrix}$.

解 $\begin{vmatrix} a & b & b & \cdots & b \\ b & a & b & \cdots & b \\ \vdots & \vdots & \vdots & & \vdots \\ b & b & b & \cdots & a \end{vmatrix} = \begin{vmatrix} a+(n-1)b & b & b & \cdots & b \\ a+(n-1)b & a & b & \cdots & b \\ \vdots & \vdots & \vdots & & \vdots \\ a+(n-1)b & b & b & \cdots & a \end{vmatrix}$

$$= \begin{vmatrix} a+(n-1)b & b & b & \cdots & b \\ 0 & (a-b) & 0 & \cdots & 0 \\ \vdots & \vdots & \vdots & & \vdots \\ 0 & 0 & 0 & \cdots & (a-b) \end{vmatrix}$$

$$=[a+(n-1)b](a-b)^{n-1}.$$

1.3.5 习题全解

1. 用行列式的性质计算下列行列式.

(1) $\begin{vmatrix} 34\,215 & 35\,215 \\ 28\,092 & 29\,092 \end{vmatrix}$; (2) $\begin{vmatrix} -ab & ac & ae \\ bd & -cd & de \\ bf & cf & -cf \end{vmatrix}$; (3) $\begin{vmatrix} 1 & 1 & 1 & 1 \\ -1 & 1 & 1 & 1 \\ -1 & -1 & 1 & 1 \\ -1 & -1 & -1 & 1 \end{vmatrix}$.

解 (1) $\begin{vmatrix} 34\,215 & 35\,215 \\ 28\,092 & 29\,092 \end{vmatrix} = \begin{vmatrix} 34\,215 & 1\,000 \\ 28\,092 & 1\,000 \end{vmatrix} = 6\,123\,000.$

(2) $\begin{vmatrix} -ab & ac & ae \\ bd & -cd & de \\ bf & cf & -ef \end{vmatrix} = adf\begin{vmatrix} -b & c & e \\ b & -c & e \\ b & c & -e \end{vmatrix} = abcdef\begin{vmatrix} -1 & 1 & 1 \\ 1 & -1 & 1 \\ 1 & 1 & -1 \end{vmatrix}$

$$\xlongequal{r_1+r_2+r_3} abcdef\begin{vmatrix} 1 & 1 & 1 \\ 1 & -1 & 1 \\ 1 & 1 & -1 \end{vmatrix} \xlongequal[r_3-r_1]{r_2-r_1} abcdef\begin{vmatrix} 1 & 1 & 1 \\ 0 & -2 & 0 \\ 0 & 0 & -2 \end{vmatrix} = 4abcdef.$$

(3) $\begin{vmatrix} 1 & 1 & 1 & 1 \\ -1 & 1 & 1 & 1 \\ -1 & -1 & 1 & 1 \\ -1 & -1 & -1 & 1 \end{vmatrix} = \begin{vmatrix} 1 & 1 & 1 & 1 \\ -1 & 1 & 1 & 1 \\ -1 & -1 & 1 & 1 \\ 0 & 0 & 0 & 2 \end{vmatrix} = \begin{vmatrix} 1 & 1 & 1 & 1 \\ -1 & 1 & 1 & 1 \\ 0 & 0 & 2 & 2 \\ 0 & 0 & 0 & 2 \end{vmatrix} = \begin{vmatrix} 1 & 1 & 1 & 1 \\ 0 & 2 & 2 & 2 \\ 0 & 0 & 2 & 2 \\ 0 & 0 & 0 & 2 \end{vmatrix} = 8.$

2. 利用行列式的性质把下列行列式化为上三角形行列式,并计算其值.

(1) $\begin{vmatrix} -2 & 2 & -4 & 0 \\ 4 & -1 & 3 & 5 \\ 3 & 1 & -2 & -3 \\ 2 & 0 & 5 & 1 \end{vmatrix}$; (2) $\begin{vmatrix} 1 & 2 & 3 & 4 \\ 2 & 3 & 4 & 1 \\ 3 & 4 & 1 & 2 \\ 4 & 3 & 2 & 1 \end{vmatrix}$.

解 (1) $\begin{vmatrix} -2 & 2 & -4 & 0 \\ 4 & -1 & 3 & 5 \\ 3 & 1 & -2 & -3 \\ 2 & 0 & 5 & 1 \end{vmatrix} = \begin{vmatrix} 6 & 0 & 2 & 10 \\ 4 & -1 & 3 & 5 \\ 3 & 1 & -2 & -3 \\ 2 & 0 & 5 & 1 \end{vmatrix} = \begin{vmatrix} 6 & 0 & 2 & 10 \\ 4 & -1 & 3 & 5 \\ 7 & 0 & 1 & 2 \\ 2 & 0 & 5 & 1 \end{vmatrix}$

$$= -\begin{vmatrix} 0 & 6 & 2 & 10 \\ -1 & 4 & 3 & 5 \\ 0 & 7 & 1 & 2 \\ 0 & 2 & 5 & 1 \end{vmatrix} = \begin{vmatrix} -1 & 4 & 3 & 5 \\ 0 & 6 & 2 & 10 \\ 0 & 7 & 1 & 2 \\ 0 & 2 & 5 & 1 \end{vmatrix}$$

$$= \begin{vmatrix} -1 & 4 & 3 & 5 \\ 0 & 0 & -13 & 7 \\ 0 & 7 & 1 & 2 \\ 0 & 2 & 5 & 1 \end{vmatrix} = \begin{vmatrix} -1 & 4 & 3 & 5 \\ 0 & 0 & -13 & 7 \\ 0 & 0 & -\frac{33}{2} & -\frac{3}{2} \\ 0 & 2 & 5 & 1 \end{vmatrix}$$

$$= -\begin{vmatrix} -1 & 4 & 3 & 5 \\ 0 & 2 & 5 & 1 \\ 0 & 0 & -\frac{33}{2} & -\frac{3}{2} \\ 0 & 0 & -13 & 7 \end{vmatrix} = -\begin{vmatrix} -1 & 4 & 3 & 5 \\ 0 & 2 & 5 & 1 \\ 0 & 0 & -\frac{33}{2} & -\frac{3}{2} \\ 0 & 0 & 0 & \frac{90}{11} \end{vmatrix}$$

$$= -270.$$

(2) $\begin{vmatrix} 1 & 2 & 3 & 4 \\ 2 & 3 & 4 & 1 \\ 3 & 4 & 1 & 2 \\ 4 & 3 & 2 & 1 \end{vmatrix} = \begin{vmatrix} 1 & 2 & 3 & 4 \\ 0 & -1 & -2 & -7 \\ 0 & -2 & -8 & -10 \\ 0 & -5 & -10 & -15 \end{vmatrix} = \begin{vmatrix} 1 & 2 & 3 & 4 \\ 0 & -1 & -2 & -7 \\ 0 & 0 & -4 & 4 \\ 0 & 0 & 0 & 20 \end{vmatrix} = 80.$

3. 设行列式 $|a_{ij}|=m(i, j=1, 2, \cdots, 5)$，以下列次序对 $|a_{ij}|$ 进行变换后，求其结果：交换第 1 行与第 5 行，再转置，用 2 乘以所有元素，再用(−3)乘以第 2 列加到第 4 列，最后用 4 除第 2 行每个元素.

解 交换第 1 行与第 5 行：$-m$；转置：$-m$；用 2 乘以所有元素：$-32m$；再用(−3)乘以第 2 列加到第 4 列：$-32m$；最后用 4 除第 2 行每个元素：$-8m$.

4. 用行列式的性质证明下列等式.

(1) $\begin{vmatrix} a_1+kb_1 & b_1+c_1 & c_1 \\ a_2+kb_2 & b_2+c_2 & c_2 \\ a_3+kb_3 & b_3+c_3 & c_3 \end{vmatrix} = \begin{vmatrix} a_1 & b_1 & c_1 \\ a_2 & b_2 & c_2 \\ a_3 & b_3 & c_3 \end{vmatrix}$；

(2) $\begin{vmatrix} y+z & z+x & x+y \\ x+y & y+z & z+x \\ z+x & x+y & y+z \end{vmatrix} = 2\begin{vmatrix} x & y & z \\ z & x & y \\ y & z & x \end{vmatrix}$.

证明 (1) $\begin{vmatrix} a_1 & b_1 & c_1 \\ a_2 & b_2 & c_2 \\ a_3 & b_3 & c_3 \end{vmatrix} = \begin{vmatrix} a_1+kb_1 & b_1 & c_1 \\ a_2+kb_2 & b_2 & c_2 \\ a_3+kb_3 & b_3 & c_3 \end{vmatrix} = \begin{vmatrix} a_1+kb_1 & b_1+c_1 & c_1 \\ a_2+kb_2 & b_2+c_2 & c_2 \\ a_3+kb_3 & b_3+c_3 & c_3 \end{vmatrix}$.

(2) $\begin{vmatrix} y+z & z+x & x+y \\ x+y & y+z & z+x \\ z+x & x+y & y+z \end{vmatrix} = 2\begin{vmatrix} x+y+z & z+x & x+y \\ x+y+z & y+z & z+x \\ x+y+z & x+y & y+z \end{vmatrix} = 2\begin{vmatrix} -x & z+x & x+y \\ -z & y+z & z+x \\ -y & x+y & y+z \end{vmatrix}$

$$= 2\begin{vmatrix} -x & z & y \\ -z & y & x \\ -y & x & z \end{vmatrix} = 2\begin{vmatrix} x & y & z \\ z & x & y \\ y & z & x \end{vmatrix}.$$

5. 计算下列行列式.

(1) $\begin{vmatrix} x & a & \cdots & a \\ a & x & \cdots & a \\ \vdots & \vdots & & \vdots \\ a & a & \cdots & x \end{vmatrix}$;　　(2) $\begin{vmatrix} 1 & 2 & 3 & \cdots & n-1 & n \\ -1 & 0 & 3 & \cdots & n-1 & n \\ -1 & -2 & 0 & \cdots & n-1 & n \\ \vdots & \vdots & \vdots & & \vdots & \vdots \\ -1 & -2 & -3 & \cdots & 0 & n \\ -1 & -2 & -3 & \cdots & -(n-1) & 0 \end{vmatrix}$;

(3) $\begin{vmatrix} 1 & a_1 & a_2 & \cdots & a_n \\ 1 & a_1+b_1 & a_2 & \cdots & a_n \\ 1 & a_1 & a_2+b_2 & \cdots & a_n \\ \vdots & \vdots & \vdots & & \vdots \\ 1 & a_1 & a_2 & \cdots & a_n+b_n \end{vmatrix}$; (4) $\begin{vmatrix} a_0 & 1 & 1 & \cdots & 1 \\ 1 & a_1 & 0 & \cdots & 0 \\ 1 & 0 & a_2 & \cdots & 0 \\ \vdots & \vdots & \vdots & & \vdots \\ 1 & 0 & 0 & \cdots & a_n \end{vmatrix}$, 其中 $a_i \neq 0$.

解 (1) $\begin{vmatrix} x & a & \cdots & a \\ a & x & \cdots & a \\ \vdots & \vdots & & \vdots \\ a & a & \cdots & x \end{vmatrix} = \begin{vmatrix} x & a-x & \cdots & a-x \\ a & x-a & \cdots & 0 \\ \vdots & \vdots & & \vdots \\ a & 0 & \cdots & x-a \end{vmatrix}$,

将第 1 列展开得 $D=[x+(n-1)a](x-a)^{n-1}$.

(2) $\begin{vmatrix} 1 & 2 & 3 & \cdots & n-1 & n \\ -1 & 0 & 3 & \cdots & n-1 & n \\ -1 & -2 & 0 & \cdots & n-1 & n \\ \vdots & \vdots & \vdots & & \vdots & \vdots \\ -1 & -2 & -3 & \cdots & 0 & n \\ -1 & -2 & -3 & \cdots & -(n-1) & 0 \end{vmatrix} = \begin{vmatrix} 1 & 2 & 3 & \cdots & n-1 & n \\ 0 & 2 & 6 & \cdots & 2n-2 & 2n \\ 0 & 0 & 3 & \cdots & 2n-2 & 2n \\ \vdots & \vdots & \vdots & & \vdots & \vdots \\ 0 & 0 & 0 & \cdots & n-1 & 2n \\ 0 & 0 & 0 & \cdots & 0 & n \end{vmatrix} = n!$.

(3) $\begin{vmatrix} 1 & a_1 & a_2 & \cdots & a_n \\ 1 & a_1+b_1 & a_2 & \cdots & a_n \\ 1 & a_1 & a_2+b_2 & \cdots & a_n \\ \vdots & \vdots & \vdots & & \vdots \\ 1 & a_1 & a_2 & \cdots & a_n+b_n \end{vmatrix} = \begin{vmatrix} 1 & a_1 & a_2 & \cdots & a_n \\ 0 & b_1 & 0 & \cdots & 0 \\ 0 & 0 & b_2 & \cdots & 0 \\ \vdots & \vdots & \vdots & & \vdots \\ 0 & 0 & 0 & \cdots & b_n \end{vmatrix} = b_1b_2\cdots b_n.$

(4) 将第 1 列展开得 $D=(a_1a_2\cdots a_n)\left(a_0-\sum_{i=1}^{n}\frac{1}{a_i}\right)$.

6. 解下列方程.

(1) $\begin{vmatrix} 1 & 1 & 2 & 3 \\ 1 & 2-x^2 & 2 & 3 \\ 2 & 3 & 1 & 5 \\ 2 & 3 & 1 & 9-x^2 \end{vmatrix}=0;$

(2) $\begin{vmatrix} 1 & 1 & 1 & \cdots & 1 & 1 \\ 1 & 1-x & 1 & \cdots & 1 & 1 \\ 1 & 1 & 2-x & \cdots & 1 & 1 \\ \vdots & \vdots & \vdots & & \vdots & \vdots \\ 1 & 1 & 1 & \cdots & (n-2)-x & 1 \\ 1 & 1 & 1 & \cdots & 1 & (n-1)-x \end{vmatrix}=0.$

解 (1) $\begin{vmatrix} 1 & 1 & 2 & 3 \\ 1 & 2-x^2 & 2 & 3 \\ 2 & 3 & 1 & 5 \\ 2 & 3 & 1 & 9-x^2 \end{vmatrix} = \begin{vmatrix} 1 & 1 & 2 & 3 \\ 0 & 1-x^2 & 0 & 0 \\ 0 & 1 & -3 & -1 \\ 0 & 1 & -3 & 3-x^2 \end{vmatrix}$

$$= \begin{vmatrix} 1 & 1 & 2 & 3 \\ 0 & 1-x^2 & 0 & 0 \\ 0 & 1 & -3 & -1 \\ 0 & 0 & 0 & 4-x^2 \end{vmatrix}$$

$$= \begin{vmatrix} 1 & 1 & 2 & 3 \\ 0 & 1-x^2 & 0 & 0 \\ 0 & 0 & -3 & -1 \\ 0 & 0 & 0 & 4-x^2 \end{vmatrix}$$

$$=-3(1-x^2)(4-x^2)=0,$$

故 $x=1,-1,2,-2$.

(2) $\begin{vmatrix} 1 & 1 & 1 & \cdots & 1 & 1 \\ 1 & 1-x & 1 & \cdots & 1 & 1 \\ 1 & 1 & 2-x & \cdots & 1 & 1 \\ \vdots & \vdots & \vdots & & \vdots & \vdots \\ 1 & 1 & 1 & \cdots & (n-2)-x & 1 \\ 1 & 1 & 1 & \cdots & 1 & (n-1)-x \end{vmatrix}$

$$=\begin{vmatrix} 1 & 1 & 1 & \cdots & 1 & 1 \\ 0 & -x & 0 & \cdots & 0 & 0 \\ 0 & 0 & 1-x & \cdots & 0 & 0 \\ \vdots & \vdots & \vdots & & \vdots & \vdots \\ 0 & 0 & 0 & \cdots & (n-3)-x & 0 \\ 0 & 0 & 0 & \cdots & 0 & (n-2)-x \end{vmatrix}=0,$$

故 $x_1=0$, $x_2=1$, …, $x_{n-2}=n-3$, $x_{n-1}=n-2$.

7. 设 n 阶行列式 $D=\det(a_{ij})$，把 D 上下翻转，或逆时针旋转 90°，或依副对角线翻转，依次得 $D_1=\begin{vmatrix} a_{n1} & \cdots & a_{nn} \\ \vdots & & \vdots \\ a_{11} & \cdots & a_{1n} \end{vmatrix}$，$D_2=\begin{vmatrix} a_{1n} & \cdots & a_{nn} \\ \vdots & & \vdots \\ a_{11} & \cdots & a_{n1} \end{vmatrix}$，$D_3=\begin{vmatrix} a_{nn} & \cdots & a_{1n} \\ \vdots & & \vdots \\ a_{n1} & \cdots & a_{11} \end{vmatrix}$.

证明：$D_1=D_2=(-1)^{\frac{n(n-1)}{2}}D$, $D_3=D$.

证明 将 $D_1=\begin{vmatrix} a_{n1} & \cdots & a_{nn} \\ \vdots & & \vdots \\ a_{11} & \cdots & a_{1n} \end{vmatrix}$ 中第 1 行依次与 2, 3, …, n 行交换，之后再把新得到的行列式中的第 1 行依次与 2, 3, …, $(n-1)$ 行交换，以此类推需 $\frac{n(n-1)}{2}$ 次转换为 D，故 $D_1=(-1)^{\frac{n(n-1)}{2}}D$.

由于 D_2 的第 1, 2, …, n 行恰好是 D 的第 n, $(n-1)$, …, 1 列，故 D_2 上下翻转后为 D 的转置，可知 $D_2=D_1=(-1)^{\frac{n(n-1)}{2}}D$.

把 D_3 逆时针旋转 90° 后的第 1, 2, …, n 行恰好是 D 的第 n, $(n-1)$, …, 1 列，故 $D_3=(-1)^{n(n-1)}D=D$.

8. 已知 255,459,527 都能被 17 整除，不求行列式的值证明行列式 $\begin{vmatrix} 2 & 4 & 5 \\ 5 & 5 & 2 \\ 5 & 9 & 7 \end{vmatrix}$ 能被 17 整除.

证明 $\begin{vmatrix} 2 & 4 & 5 \\ 5 & 5 & 2 \\ 5 & 9 & 7 \end{vmatrix}=\begin{vmatrix} 2 & 4 & 5 \\ 5 & 5 & 2 \\ 205 & 409 & 507 \end{vmatrix}=\begin{vmatrix} 2 & 4 & 5 \\ 5 & 5 & 2 \\ 255 & 459 & 527 \end{vmatrix}=17\begin{vmatrix} 2 & 4 & 5 \\ 5 & 5 & 2 \\ 15 & 27 & 31 \end{vmatrix}$.

1.4 行列式计算

1.4.1 内容提要

1. 行列式按一行(列)展开

(1) 余子式与代数余子式

定义 1 在 n 阶行列式 D 中,去掉元素 a_{ij} 所在的第 i 行和第 j 列后,余下的 $n-1$ 阶行列式称为 D 中元素 a_{ij} 的**余子式**,记为 M_{ij},再记 $A_{ij}=(-1)^{i+j}M_{ij}$,称 A_{ij} 为元素 a_{ij} 的**代数余子式**.

例如,在四阶行列式

$$D=\begin{vmatrix} a_{11} & a_{12} & a_{13} & a_{14} \\ a_{21} & a_{22} & a_{23} & a_{24} \\ a_{31} & a_{32} & a_{33} & a_{34} \\ a_{41} & a_{42} & a_{43} & a_{44} \end{vmatrix}$$

中,元素 a_{32} 的余子式和代数余子式分别为

$$M_{32}=\begin{vmatrix} a_{11} & a_{13} & a_{14} \\ a_{21} & a_{23} & a_{24} \\ a_{41} & a_{43} & a_{44} \end{vmatrix},\quad A_{32}=(-1)^{3+2}M_{32}=-M_{32}.$$

引理 一个 n 阶行列式 D,若其中第 i 行所有元素除 a_{ij} 外都为零,则该行列式等于 a_{ij} 与它的代数余子式的乘积,即 $D=a_{ij}A_{ij}$.

定理 1 行列式等于它的任一行(列)的各元素与其对应的代数余子式乘积之和,即

$$D=a_{i1}A_{i1}+a_{i2}A_{i2}+\cdots+a_{in}A_{in}\quad (i=1,\ 2,\ \cdots,\ n)$$

或
$$D=a_{1j}A_{1j}+a_{2j}A_{2j}+\cdots+a_{nj}A_{nj}\quad (j=1,\ 2,\ \cdots,\ n).$$

推论 行列式某一行(列)的元素与另一行(列)的对应元素的代数余子式乘积之和等于零,即

$$a_{i1}A_{j1}+a_{i2}A_{j2}+\cdots+a_{in}A_{jn}=0\quad (i\neq j)$$

或
$$a_{1i}A_{1j}+a_{2i}A_{2j}+\cdots+a_{ni}A_{nj}=0\quad (i\neq j).$$

(2) 代数余子式的重要性质

$$\sum_{k=1}^{n}a_{ki}A_{kj}=D\delta_{ij}=\begin{cases}D, & i=j,\\ 0, & i\neq j\end{cases}\quad 或\quad \sum_{k=1}^{n}a_{ik}A_{jk}=D\delta_{ij}=\begin{cases}D, & i=j,\\ 0, & i\neq j,\end{cases}$$

其中，$\delta_{ij}=\begin{cases}1, & i=j,\\ 0, & i\neq j.\end{cases}$

注 按行(列)展开计算行列式的方法称为**降阶法**.

(3) 用降阶法计算行列式

直接应用按行(列)展开法则计算行列式，运算量较大，尤其是高阶行列式. 因此，计算行列式时，一般可先用行列式的性质将行列式中某一行(列)化为仅含有一个非零元素，再按此行(列)展开，化为低一阶的行列式，如此继续下去直到化为三阶或二阶行列式.

2. 拉普拉斯定理

(1) k 阶子式

定义 2 在 n 阶行列式 D 中，任意选定 k 行 k 列 $(1\leqslant k\leqslant n)$，位于这些行和列交叉位置的 k^2 个元素，按原来的顺序构成一个 k 阶行列式 M，称为 D 的一个 ***k* 阶子式**，去掉这个 k 行 k 列，余下的元素按原来的顺序 $n-k$ 阶行列式，在其前面冠以符号 $(-1)^{i_1+\cdots+i_k+j_1+\cdots+j_k}$，称为 M 的代数余子式，其中 i_1，…，i_k 为 k 阶子式 M 在 D 中的**行标**，j_1，…，j_k 为 k 阶子式 M 在 D 中的**列标**.

注 行列式的 k 阶子式与其代数余子式之间有类似行列式按行(列)展开的性质.

(2) 拉普拉斯定理

定理 2 在 n 阶行列式 D 中，任意取定 k 行(列) $(1\leqslant k\leqslant n-1)$，由这 k 行(列)组成的所有 k 阶子式与它们的代数余子式的乘积之和等于行列式 D.

注 行列式按一行(列)展开是该定理中 $k=1$ 的特殊情况.

1.4.2 基本要求

理解行列式的展开法则及推论，并利用降阶法计算行列式.

1.4.3 典型范例

题型 1 求行列式某元素的代数余子式.

例 1 求行列式 $\begin{vmatrix}-3 & 0 & 4\\ 5 & 0 & 3\\ 2 & -2 & 1\end{vmatrix}$ 中元素 -3 和 4 的代数余子式.

解 元素 -3 的代数余子式为 $(-1)^{1+1}\begin{vmatrix}0 & 3\\ -2 & 1\end{vmatrix}=-6$，

元素 4 的代数余子式为 $(-1)^{1+3}\begin{vmatrix}5 & 0\\ 2 & -2\end{vmatrix}=-10$.

题型 2 用降价法计算行列式.

例 2 用降价法计算行列式 $D=\begin{vmatrix}3 & 1 & -1 & 2\\ -5 & 1 & 3 & -4\\ 2 & 0 & 1 & -1\\ 1 & -5 & 3 & -3\end{vmatrix}$.

解 $D=\begin{vmatrix}3&1&-1&2\\-5&1&3&-4\\2&0&1&-1\\1&-5&3&-3\end{vmatrix}=\begin{vmatrix}3&1&-1&2\\-8&0&4&-6\\2&0&1&-1\\16&0&-2&7\end{vmatrix}=(-1)^{1+2}\begin{vmatrix}-8&4&-6\\2&1&-1\\16&-2&7\end{vmatrix}$

$=-\begin{vmatrix}-16&0&-2\\2&1&-1\\20&0&5\end{vmatrix}=-(-1)^{2+2}\begin{vmatrix}-16&-2\\20&5\end{vmatrix}=40.$

1.4.4 疑难解析

例3 设$\boldsymbol{A}=(a_{ij})$为三阶矩阵，A_{ij}为代数余子式，若$\boldsymbol{A}$的每行元素之和均为2，且$|\boldsymbol{A}|=3$，则$A_{11}+A_{12}+A_{13}=$__________.

解 $|\boldsymbol{A}|=2\begin{vmatrix}1&a_{12}&a_{13}\\1&a_{22}&a_{23}\\1&a_{32}&a_{33}\end{vmatrix}=2(A_{11}+A_{12}+A_{13})=3$，则$A_{11}+A_{12}+A_{13}=\dfrac{3}{2}$.

例4 多项式$f(x)=\begin{vmatrix}x&x&1&2x\\1&x&2&-1\\2&1&x&1\\2&-1&1&x\end{vmatrix}$中$x^3$项的系数为__________.

解 $f(x)=\begin{vmatrix}x&x&1&0\\1&x&2&-3\\2&1&x&-3\\2&-1&1&x-4\end{vmatrix}=\begin{vmatrix}0&x&1&0\\1-x&x&2&-3\\1&1&x&-3\\3&-1&1&x-4\end{vmatrix}$

$=\begin{vmatrix}0&0&1&0\\1-x&-x&2&-3\\1&1-x^2&x&-3\\3&-1-x&1&x-4\end{vmatrix}=\begin{vmatrix}1-x&-x&-3\\1&1-x^2&-3\\3&-1-x&x-4\end{vmatrix}$

$=\begin{vmatrix}1&-x&0\\x^2&1-x^2&3x^2-3\\4+x&-1-x&4x+8\end{vmatrix}$

$=(1-x^2)(4x+8)+(1+x)(3x^2-3)+x[x^2(4x+8)-$
$(x+4)(3x^2-3)]$，

整理得x^3项的系数为-5.

例5 求行列式$\begin{vmatrix}a&0&-1&1\\0&a&1&-1\\-1&1&a&0\\1&-1&0&a\end{vmatrix}$.

解 $D=-\begin{vmatrix}1&0&-1&a\\-1&a&1&0\\0&1&a&-1\\a&-1&0&1\end{vmatrix}=-\begin{vmatrix}1&0&-1&a\\0&a&0&a\\0&1&a&-1\\0&-1&a&1-a^2\end{vmatrix}=-\begin{vmatrix}a&0&a\\1&a&-1\\-1&a&1-a^2\end{vmatrix}$

$$=-a\begin{vmatrix}1&0&1\\1&a&-1\\-1&a&1-a^2\end{vmatrix}=-a\begin{vmatrix}1&0&1\\0&a&-2\\0&a&2-a^2\end{vmatrix}=-4a^2+a^4.$$

例 6 已知矩阵 $\boldsymbol{A}=\begin{pmatrix}1&-1&0&0\\-2&1&-1&1\\3&-2&2&-1\\0&0&3&4\end{pmatrix}$，$A_{ij}$ 表示 $|\boldsymbol{A}|$ 中 (i,j) 元的代数余子式，则 $A_{11}-A_{12}=$__________.

解 $A_{11}-A_{12}=|\boldsymbol{A}|=\begin{vmatrix}1&-1&0&0\\-2&1&-1&1\\3&-2&2&-1\\0&0&3&4\end{vmatrix}=\begin{vmatrix}1&0&0&0\\-2&-1&-1&1\\3&1&2&-1\\0&0&3&4\end{vmatrix}$

$$=\begin{vmatrix}-1&-1&1\\1&2&-1\\0&3&4\end{vmatrix}=-4.$$

例 7 求行列式 $\begin{vmatrix}\lambda&-1&0&0\\0&\lambda&-1&0\\0&0&\lambda&-1\\4&3&2&\lambda+1\end{vmatrix}$.

解 $D=\lambda\begin{vmatrix}\lambda&-1&0\\0&\lambda&-1\\3&2&\lambda+1\end{vmatrix}-4\begin{vmatrix}-1&0&0\\\lambda&-1&0\\0&\lambda&-1\end{vmatrix}$

$$=\lambda\left(\lambda\begin{vmatrix}\lambda&-1\\2&\lambda+1\end{vmatrix}+3\begin{vmatrix}-1&0\\\lambda&-1\end{vmatrix}\right)+4$$

$$=\lambda^2\begin{vmatrix}\lambda&-1\\2&\lambda+1\end{vmatrix}+3\lambda+4=\lambda^4+\lambda^3+2\lambda^2+3\lambda+4.$$

例 8 求 n 阶行列式 $\begin{vmatrix}2&0&\cdots&0&2\\-1&2&\cdots&0&2\\\vdots&\vdots&&\vdots&\vdots\\0&0&\cdots&2&2\\0&0&\cdots&-1&2\end{vmatrix}$.

解 $D_n=\begin{vmatrix}2&0&\cdots&0&2\\-1&2&\cdots&0&2\\\vdots&\vdots&&\vdots&\vdots\\0&0&\cdots&2&2\\0&0&\cdots&-1&2\end{vmatrix}=2D_{n-1}+2A_{1n}=2(2D_{n-2}+2)+2$

$=2^2D_{n-2}+2^2+2=\cdots=2^n+\cdots+2^2+2=2^{n+1}-2.$

1.4.5 习题全解

1. 求行列式 $\begin{vmatrix}-3&0&4\\5&0&3\\2&-2&1\end{vmatrix}$ 中元素 2 和 −2 的代数余子式.

解 元素 2 的代数余子式为 $(-1)^{3+1}\begin{vmatrix}0&4\\0&3\end{vmatrix}=0$,

元素 −2 的代数余子式为 $(-1)^{3+2}\begin{vmatrix}-3&4\\5&3\end{vmatrix}=29.$

2. 已知四阶行列式 D 中第 3 列元素依次为 −1, 2, 0, 1,它们的余子式依次为 5, 3, −7, 4,求 D.

解 $D=(-1)\times5-2\times3+0\times(-7)-1\times4=-15.$

3. 按第 3 列展开下列行列式,并计算其值.

(1) $\begin{vmatrix}1&0&a&1\\0&-1&b&-1\\-1&-1&c&-1\\-1&1&d&0\end{vmatrix}$; (2) $\begin{vmatrix}a_{11}&a_{12}&a_{13}&a_{14}&a_{15}\\a_{21}&a_{22}&a_{23}&a_{24}&a_{25}\\a_{31}&a_{32}&0&0&0\\a_{41}&a_{42}&0&0&0\\a_{51}&a_{52}&0&0&0\end{vmatrix}$.

解 (1) $D=a\begin{vmatrix}0&-1&-1\\-1&-1&-1\\-1&1&0\end{vmatrix}-b\begin{vmatrix}1&0&1\\-1&-1&-1\\-1&1&0\end{vmatrix}+c\begin{vmatrix}1&0&1\\0&-1&-1\\-1&1&0\end{vmatrix}-$

$d\begin{vmatrix}1&0&1\\0&-1&-1\\-1&-1&-1\end{vmatrix}$

$=a+b+d.$

(2) $D=a_{13}\begin{vmatrix}a_{21}&a_{22}&a_{24}&a_{25}\\a_{31}&a_{32}&0&0\\a_{41}&a_{42}&0&0\\a_{51}&a_{52}&0&0\end{vmatrix}-a_{23}\begin{vmatrix}a_{11}&a_{12}&a_{14}&a_{15}\\a_{31}&a_{32}&0&0\\a_{41}&a_{42}&0&0\\a_{51}&a_{52}&0&0\end{vmatrix}=0.$

4. 用降阶法计算下列行列式.

(1) $\begin{vmatrix} 1+x & 1 & 1 & 1 \\ 1 & 1-x & 1 & 1 \\ 1 & 1 & 1-y & 1 \\ 1 & 1 & 1 & 1+y \end{vmatrix}$;　　(2) $\begin{vmatrix} 0 & a & b & a \\ a & 0 & a & b \\ b & a & 0 & a \\ a & b & a & 0 \end{vmatrix}$;

(3) $\begin{vmatrix} x & y & 0 & \cdots & 0 & 0 \\ 0 & x & y & \cdots & 0 & 0 \\ \vdots & \vdots & \vdots & & \vdots & \vdots \\ 0 & 0 & 0 & \cdots & x & y \\ y & 0 & 0 & \cdots & 0 & x \end{vmatrix}$;　　(4) $\begin{vmatrix} -a_1 & a_1 & 0 & \cdots & 0 & 0 \\ 0 & -a_2 & a_2 & \cdots & 0 & 0 \\ \vdots & \vdots & \vdots & & \vdots & \vdots \\ 0 & 0 & 0 & \cdots & -a_n & a_n \\ 1 & 1 & 1 & \cdots & 1 & 1 \end{vmatrix}$.

解 (1) $D=\begin{vmatrix} 0 & -x & -x & -x-y-xy \\ 0 & -x & 0 & -y \\ 0 & 0 & -y & -y \\ 1 & 1 & 1 & 1+y \end{vmatrix}=-\begin{vmatrix} -x & -x & -x-y-xy \\ -x & 0 & -y \\ 0 & -y & -y \end{vmatrix}$

$=x^2y^2$.

(2) $D=\begin{vmatrix} 0 & a & b & a \\ a & 0 & a & b \\ 0 & a & -b & \dfrac{a^2-b^2}{a} \\ 0 & b & 0 & -b \end{vmatrix}=-a\begin{vmatrix} a & b & a \\ a & -b & \dfrac{a^2-b^2}{a} \\ b & 0 & -b \end{vmatrix}=b^2(b^2-4a^2)$.

(3) $D=x\begin{vmatrix} x & y & \cdots & 0 \\ 0 & x & \cdots & 0 \\ \vdots & \vdots & & \vdots \\ 0 & 0 & \cdots & x \end{vmatrix}-y\begin{vmatrix} 0 & y & \cdots & 0 \\ 0 & x & \cdots & 0 \\ \vdots & \vdots & & \vdots \\ y & 0 & \cdots & x \end{vmatrix}=x^n+(-1)^{n+1}y^n$.

(4) $D=-a_1\begin{vmatrix} -a_2 & a_2 & \cdots & 0 \\ 0 & -a_3 & \cdots & 0 \\ \vdots & \vdots & & \vdots \\ 1 & 1 & \cdots & 1 \end{vmatrix}-a_1\begin{vmatrix} 0 & a_2 & \cdots & 0 \\ 0 & -a_3 & \cdots & 0 \\ \vdots & \vdots & & \vdots \\ 1 & 1 & \cdots & 1 \end{vmatrix}$

$=(-1)^n(n+1)a_1a_2\cdots a_n$.

5. 计算下列行列式(D_k 为 k 阶行列式).

(1) $D_n=\det(a_{ij})$,其中 $a_{ij}=|i-j|$;

(2) $D_{n+1}=\begin{vmatrix} a^n & (a-1)^n & \cdots & (a-n)^n \\ a^{n-1} & (a-1)^{n-1} & \cdots & (a-n)^{n-1} \\ \vdots & \vdots & & \vdots \\ a & a-1 & \cdots & a-n \\ 1 & 1 & \cdots & -1 \end{vmatrix}$;

(3) $D=\begin{vmatrix} a_1 & 0 & 0 & b_1 \\ 0 & a_2 & b_2 & 0 \\ 0 & b_3 & a_3 & 0 \\ b_4 & 0 & 0 & a_4 \end{vmatrix}$.

解 (1) $D_n=\begin{vmatrix} 0 & 1 & \cdots & n-2 & n-1 \\ 1 & 0 & \cdots & n-3 & n-2 \\ \vdots & \vdots & & \vdots & \vdots \\ n-2 & n-3 & \cdots & 0 & 1 \\ n-1 & n-2 & \cdots & 1 & 0 \end{vmatrix}$,

把第 $n-1$ 列乘 -1 加到第 n 列,再把第 $n-2$ 列乘 -1 加到第 $n-1$ 列,以此类推,最后再把第 1 列乘-1 加到第 2 列,可得

$$D_n=\begin{vmatrix} 0 & 1 & \cdots & 1 & 1 \\ 1 & -1 & \cdots & 1 & 1 \\ \vdots & \vdots & & \vdots & \vdots \\ n-2 & -1 & \cdots & -1 & 1 \\ n-1 & -1 & \cdots & -1 & -1 \end{vmatrix}=\begin{vmatrix} n-1 & 0 & \cdots & 0 & 0 \\ n & -2 & \cdots & 0 & 0 \\ \vdots & \vdots & & \vdots & \vdots \\ 2n-3 & -2 & \cdots & -2 & 0 \\ n-1 & -1 & \cdots & -1 & -1 \end{vmatrix}$$

$$=(-1)^{n-1}(n-1)2^{n-2}.$$

(2) 由范德蒙行列式 $D_{n+1}=\prod\limits_{n+1\geqslant i>j\geqslant 1}(i-j)$.

(3) $D=a_1\begin{vmatrix} a_2 & b_2 & 0 \\ b_3 & a_3 & 0 \\ 0 & 0 & a_4 \end{vmatrix}-b_1\begin{vmatrix} 0 & a_2 & b_2 \\ 0 & b_3 & a_3 \\ b_4 & 0 & 0 \end{vmatrix}$

$=a_1a_2a_3a_4-a_1a_4b_2b_3-a_2a_3b_1b_4+b_1b_2b_3b_4$.

6. 已知四阶行列式 D 中第 1 行的元素分别为 1, 2, 0, -4, 第 3 行元素的余子式依次为 6, x, 19, 2, 试求 x 的值.

解 由 $1\times 6-2x+0\times 19-(-4)\times 2=0$, 解得 $x=7$.

1.5 克拉默法则

1.5.1 内容提要

1. 克拉默法则

(1) n 元线性方程组

含有 n 个未知数 $x_1, x_2, \cdots, x_n$ 的线性方程组

$$\begin{cases} a_{11}x_1+a_{12}x_2+\cdots+a_{1n}x_n=b_1, \\ a_{21}x_1+a_{22}x_2+\cdots+a_{2n}x_n=b_2, \\ \qquad\qquad\qquad\vdots \\ a_{n1}x_1+a_{n2}x_2+\cdots+a_{nn}x_n=b_n, \end{cases} \tag{1-1}$$

称为 **n 元线性方程组.** 当其右端的常数项 $b_1, b_2, \cdots, b_n$ 不全为零时,线性方程组(1-1)称为**非齐次线性方程组**;当 $b_1, b_2, \cdots, b_n$ 全为零时,线性方程组(1-1)称为**齐次线性方程组**.

(2) 系数行列式

线性方程组(1-1)的系数构成的行列式 $|a_{ij}|$ 称为该方程组的**系数行列式** D,即

$$D=\begin{vmatrix} a_{11} & a_{12} & \cdots & a_{1n} \\ a_{21} & a_{22} & \cdots & a_{2n} \\ \vdots & \vdots & & \vdots \\ a_{n1} & a_{n2} & \cdots & a_{nn} \end{vmatrix}.$$

(3) 克拉默法则

定理 1 若线性方程组(1-1)的系数行列式 $D\neq 0$,则线性方程组(1-1)有唯一解,其解为

$$x_j=\frac{D_j}{D} \quad (j=1, 2, \cdots, n), \tag{1-2}$$

其中,$D_j(j=1, 2, \cdots, n)$ 是把 D 中的第 j 列元素 $a_{1j}, a_{2j}, \cdots, a_{nj}$ 换成方程组右端的常数项 $b_1, b_2, \cdots, b_n$,而其余各列保持不变所得到的行列式.

定理 2 如果线性方程组(1-1)的系数行列式 $D\neq 0$,则线性方程组(1-1)一定有解,且解是唯一的.

定理 2′ 如果线性方程组(1-1)无解或解不是唯一的,则它的系数行列式必为零.

定理 3 如果齐次线性方程组的系数行列式 $D\neq 0$,则它只有零解.

定理 3′ 如果齐次方程组有非零解,则它的系数行列式 $D=0$.

1.5.2 基本要求

理解克拉默法则运用的条件和结论,并利用克拉默法则解线性方程组.

1.5.3 典型范例

题型 用克拉默法则解线性方程组.

例 1 用克拉默法则解线性方程组:

$$\begin{cases} 2x_1+x_2=4, \\ x_1+2x_2=5. \end{cases}$$

解 $D=\begin{vmatrix} 2 & 1 \\ 1 & 2 \end{vmatrix}=3, \quad D_1=\begin{vmatrix} 4 & 1 \\ 5 & 2 \end{vmatrix}=3, \quad D_2=\begin{vmatrix} 2 & 4 \\ 1 & 5 \end{vmatrix}=6,$

所以 $x_1=\dfrac{D_1}{D}=1, \quad x_2=\dfrac{D_2}{D}=2.$

例 2 用克拉默法则求解线性方程组：

$$\begin{cases}2x_1+3x_2+5x_3=2,\\ x_1+2x_2\qquad\quad=5,\\ \qquad 3x_2+5x_3=4.\end{cases}$$

解 $D=\begin{vmatrix}2&3&5\\1&2&0\\0&3&5\end{vmatrix}=20,$

$$D_1=\begin{vmatrix}2&3&5\\5&2&0\\4&3&5\end{vmatrix}=-20,\quad D_2=\begin{vmatrix}2&2&5\\1&5&0\\0&4&5\end{vmatrix}=60,\quad D_3=\begin{vmatrix}2&3&2\\1&2&5\\0&3&4\end{vmatrix}=-20,$$

所以
$$x_1=\frac{D_1}{D}=-1,\quad x_2=\frac{D_2}{D}=3,\quad x_3=\frac{D_3}{D}=-1.$$

1.5.4 习题全解

1. 用克拉默法则解下列线性方程组.

(1) $\begin{cases}2x+5y=1,\\3x+7y=2;\end{cases}$ (2) $\begin{cases}6x_1-4x_2=10,\\5x_1+7x_2=29.\end{cases}$

解 (1) $D=\begin{vmatrix}2&5\\3&7\end{vmatrix}=-1,\quad D_1=\begin{vmatrix}1&5\\2&7\end{vmatrix}=-3,\quad D_2=\begin{vmatrix}2&1\\3&2\end{vmatrix}=1,$

所以
$$x=\frac{D_1}{D}=3,\quad y=\frac{D_2}{D}=-1.$$

(2) $D=\begin{vmatrix}6&-4\\5&7\end{vmatrix}=62,\quad D_1=\begin{vmatrix}10&-4\\29&7\end{vmatrix}=186,\quad D_2=\begin{vmatrix}6&10\\5&29\end{vmatrix}=124,$

所以
$$x_1=\frac{D_1}{D}=3,\quad x_2=\frac{D_2}{D}=2.$$

2. 用克拉默法则解下列线性方程组.

(1) $\begin{cases}x+\ y-2z=-3,\\5x-2y+7z=22,\\2x-5y+4z=4;\end{cases}$ (2) $\begin{cases}bx-ay\qquad+2ab=0,\\ \quad -2cy+3bz-bc=0,\\ cx\qquad+az\qquad=0,\end{cases}$ 其中 $abc\neq 0$.

解 (1) $D=\begin{vmatrix}1&1&-2\\5&-2&7\\2&-5&4\end{vmatrix}=63,$

$$D_1=\begin{vmatrix}-3&1&-2\\22&-2&7\\4&-5&4\end{vmatrix}=63,\quad D_2=\begin{vmatrix}1&-3&-2\\5&22&7\\2&4&4\end{vmatrix}=126,\quad D_3=\begin{vmatrix}1&1&-3\\5&-2&22\\2&-5&4\end{vmatrix}=189,$$

所以
$$x=\frac{D_1}{D}=1,\quad y=\frac{D_2}{D}=2,\quad z=\frac{D_3}{D}=3.$$

(2) $D=\begin{vmatrix} b & -a & 0 \\ 0 & -2c & 3b \\ c & 0 & a \end{vmatrix}=-5abc$,

$$D_1=\begin{vmatrix} -2ab & -a & 0 \\ bc & -2c & 3b \\ 0 & 0 & a \end{vmatrix}=5a^2bc,\quad D_2=\begin{vmatrix} b & -2ab & 0 \\ 0 & bc & 3b \\ c & 0 & a \end{vmatrix}=-5ab^2c,$$

$$D_3=\begin{vmatrix} b & -a & -2ab \\ 0 & -2c & bc \\ c & 0 & 0 \end{vmatrix}=-5abc^2,$$

所以
$$x=\frac{D_1}{D}=-a,\quad y=\frac{D_2}{D}=b,\quad z=\frac{D_3}{D}=c.$$

3. 用克拉默法则解下列线性方程组.

(1) $\begin{cases} 2x_1+x_2-5x_3+x_4=8, \\ x_1-3x_2-6x_4=9, \\ 2x_2-x_3+2x_4=-5, \\ x_1+4x_2-7x_3+6x_4=0; \end{cases}$　　(2) $\begin{cases} 2x_1+3x_2+11x_3+5x_4=6, \\ x_1+x_2+5x_3+2x_4=2, \\ 2x_1+x_2+3x_3+4x_4=2, \\ x_1+x_2+3x_3+4x_4=2. \end{cases}$

解 (1) $D=\begin{vmatrix} 2 & 1 & -5 & 1 \\ 1 & -3 & 0 & -6 \\ 0 & 2 & -1 & 2 \\ 1 & 4 & -7 & 6 \end{vmatrix}=27$,

$$D_1=\begin{vmatrix} 8 & 1 & -5 & 1 \\ 9 & -3 & 0 & -6 \\ -5 & 2 & -1 & 2 \\ 0 & 4 & -7 & 6 \end{vmatrix}=81,\quad D_2=\begin{vmatrix} 2 & 8 & -5 & 1 \\ 1 & 9 & 0 & -6 \\ 0 & -5 & -1 & 2 \\ 1 & 0 & -7 & 6 \end{vmatrix}=-108,$$

$$D_3=\begin{vmatrix} 2 & 1 & 8 & 1 \\ 1 & -3 & 9 & -6 \\ 0 & 2 & -5 & 2 \\ 1 & 4 & 0 & 6 \end{vmatrix}=-27,\quad D_4=\begin{vmatrix} 2 & 1 & -5 & 8 \\ 1 & -3 & 0 & 9 \\ 0 & 2 & -1 & -5 \\ 1 & 4 & -7 & 0 \end{vmatrix}=27,$$

所以 $x_1=\frac{D_1}{D}=3,\quad x_2=\frac{D_2}{D}=-4,\quad x_3=\frac{D_3}{D}=-1,\quad x_4=\frac{D_4}{D}=1.$

(2) $D=\begin{vmatrix} 2 & 3 & 11 & 5 \\ 1 & 1 & 5 & 2 \\ 2 & 1 & 3 & 4 \\ 1 & 1 & 3 & 4 \end{vmatrix}$,

$$D_1=\begin{vmatrix}6&3&11&5\\2&1&5&2\\2&1&3&4\\2&1&3&4\end{vmatrix}=0,\quad D_2=\begin{vmatrix}2&6&11&5\\1&2&5&2\\2&2&3&4\\1&2&3&4\end{vmatrix}=2D,$$

$$D_3=\begin{vmatrix}2&3&6&5\\1&1&2&2\\2&1&2&4\\1&1&2&4\end{vmatrix}=0,\quad D_4=\begin{vmatrix}2&3&11&6\\1&1&5&2\\2&1&3&2\\1&1&3&2\end{vmatrix}=0,$$

所以 $\quad x_1=\dfrac{D_1}{D}=0,\quad x_2=\dfrac{D_2}{D}=2,\quad x_3=\dfrac{D_3}{D}=0,\quad x_4=\dfrac{D_4}{D}=0.$

4. 变量 x_1, x_2, x_3, x_4 与变量 y_1, y_2, y_3, y_4 有下面的线性关系：

$$\begin{aligned}x_1&=a_{11}y_1+a_{12}y_2+a_{13}y_3+a_{14}y_4,\\x_2&=a_{21}y_1+a_{22}y_2+a_{23}y_3+a_{24}y_4,\\x_3&=a_{31}y_1+a_{32}y_2+a_{33}y_3+a_{34}y_4,\\x_4&=a_{41}y_1+a_{42}y_2+a_{43}y_3+a_{44}y_4,\end{aligned}$$

已知其系数行列式不等于零，将 y_1, y_2, y_3, y_4 用 x_1, x_2, x_3, x_4 表示.

解 $\quad y_j=\sum\limits_{i=1}^{4}\dfrac{A_{ij}x_i}{D}\quad (j=1,2,3,4).$

5. 判断齐次线性方程组 $\begin{cases}2x_1+2x_2-x_3=0,\\x_1-2x_2+4x_3=0,\\5x_1+8x_2-2x_3=0\end{cases}$ 是否仅有零解.

解 $\quad D=\begin{vmatrix}2&2&-1\\1&-2&4\\5&8&-2\end{vmatrix}=-30\neq 0$，故仅有零解.

6. λ，μ 取何值时，齐次线性方程组 $\begin{cases}\lambda x_1+x_2+x_3=0,\\x_1+\mu x_2+x_3=0,\\x_1+2\mu x_2+x_3=0\end{cases}$ 有非零解？

解 $\quad D=\begin{vmatrix}\lambda&1&1\\1&\mu&1\\1&2\mu&1\end{vmatrix}=-\lambda\mu+\mu$，若有非零解，则 $D=-\lambda\mu+\mu=0$，此时 $\mu=0$ 或 $\lambda=1$.

思政元素：秦九韶与《数书九章》

秦九韶(1208—1268)，南宋数学家. 字道古，出生于普州安岳(今四川省安岳县). 青少年时期饱经战争忧患，成年后被迫离开四川，在湖北、安徽、江苏、浙江等地做官，晚年贬于梅州，“在梅治政不辍”，死于任所. 秦九韶自称年轻时在杭州“访习于太史，又尝从隐君子受数学”. 他知识渊博，当时人们称他"性极机巧，星象、音律、算术以至营造等事无不精究".

秦九韶对数学的看法是矛盾的，他混淆了数学科学和术数的界限，把"通神明，顺性命"看成大者，把"经世务，类万物"看成小者，进而认为河图、洛书揭开了数学的奥秘，说"数与道非二本"，表示要把他的数学成就"进之于道". 然而，数学研究的实践又使他承认他对通神明、顺性命的认识非常肤浅，承认"数术之传，以实为体"，从而把主要精力用于"经世务"，从社会实践和需要抽象出数学问题.

秦九韶论述了数学在计算日月五星位置、改革历法、测量雨雪、度量田域、测高求远、军事部署、财政管理、建筑工程以及商业贸易等中的巨大作用，认为不进行计算会造成"财蠹力伤"的后果，而计算不准确，"差之毫厘，谬乃千百"，于私于公都没有好处. 因此他注意搜求生产、生活、交换以及战争中的数学问题，"设为问答以拟于用"，终于在1247年写成著作《数书九章》.

《数书九章》在南宋时称为《数学大略》或《数术大略》，明朝时称为《数学九章》. 全书共18卷，81题，分为九大类. 第一类，大衍类，集中阐述了他的重要成就——大衍求一术，即一次同余式组解法. 秦九韶指出"大衍之法不载九章"，历算家制定历法时虽然用到这种方法，但误以为是线性方程组问题. 他总结了历算家计算上元积年的方法，在《孙子算经》"物不知数"题的基础上，系统地提出了一次同余式组解法，西方解决同样的问题用同余式组的理论是高斯于1801年建立的，在秦九韶之后554年. 另外，他还把这种理论用于解决商功、利息、粟米、建筑等问题. 第二类，天时类，是有关历法推算及降雨降雪量的测量. 第三类，田域类，是面积问题. 第四类，测望类，是勾股重差问题. 第五类，赋役类，是均输及租税问题. 第六类，钱谷类，是粮谷转运和仓库容积问题. 第七类，营建类，是建筑工程问题. 第八类，军旅类，是营盘布置及军需供应问题. 第九类，市易类，是交易及利息问题. 后八类问题都是按应用分类，其中最重要的成就是正负开方术，今称秦九韶程序，即以增乘开方法为主导求高次方程正根的方法. 他用这种方法解决了21个问题共26个方程，其中二次方程20个，三次方程1个，四次方程4个，还用勾股差率列出了1个十次方程. 在这里，秦九韶把贾宪开创的增乘开方法发展到十分完备的地步. 在开方中，他发展了刘徽开方不尽求微数的思想，在世界数学史上第一次用十进小数表示无理根的近似值. 秦九韶总结和巩固了前人的开方法，整齐而有系统地应用到任意次方程的有理或无理根的求解. 其实质和"霍纳法"完全相同. 霍纳在1819年发表其方法，晚于秦九韶572年. 鲁菲尼类似方法的发表(1804)也比秦九韶晚了557年.

秦九韶在《数书九章》卷五"三斜求积"题中提出了已知三角形三边 a, b, c，求面积 A 的公式为

$$A=\sqrt{\frac{1}{4}\left[a^2b^2-\left(\frac{a^2+b^2-c^2}{2}\right)^2\right]}.$$

这个公式与古希腊的海伦公式

$$A=\sqrt{s(s-a)(s-b)(s-c)},\quad s=\frac{a+b+c}{2}$$

是等价的. 另外，他改进了线性方程组解法，普遍用互乘相消法代替"直除法"，并在互乘之前，先约去公因子，使运算更加简便.

与以往的数学著作比较，《数书九章》中的问题更加复杂，如卷十三“计定筑城”题的已知条件达 88 个，卷九“复邑修赋”题的答案有 180 个. 因此，《数书九章》也更加翔实地反映了南宋的社会经济情况，保存了非常有价值的历史资料.

《数书九章》也有不容忽视的缺点. 如第一题将大衍求一术附会《周易》“大衍之数五十，其用四十有九”，不足为训. 还有一些问题，甚至某些不难的勾股测量问题、题设和演算都出现错误.

《数书九章》问世后，当时流传不广，明《永乐大典》抄录此书，称为《数学九章》. 清四库馆本《数学九章》转录自《永乐大典》，并加校订. 后李锐又略加校注. 明万历年间赵琦美有另一抄本《数书九章》. 清沈钦裴、宋景昌以赵本为主，参考各家校本，重加校订，1842 年收入上海郁松年所刻《宜稼堂丛书》. 此后，又有《古今算学丛书》本，商务印书馆《丛书集成》本均据此翻印，成为最流行的版本.

总 习 题 1

(A)

1. 计算下列排列的逆序数，并讨论奇偶性.

(1) 253416；　　　　(2) 326154789.

解 (1) $\tau(253416)=0+0+1+1+4+0=6$，排列为偶排列.

(2) $\tau(326154789)=0+1+0+3+1+2+0+0+0=7$，排列为奇排列.

2. 用行列式定义计算 $D=\begin{vmatrix} 0 & 0 & \cdots & 0 & 1 & 0 \\ 0 & 0 & \cdots & 2 & 0 & 0 \\ 0 & \vdots & & \vdots & \vdots & \vdots \\ 2014 & 0 & \cdots & 0 & 0 & 0 \\ 0 & 0 & \cdots & 0 & 0 & 2015 \end{vmatrix}$.

解 $D=\sum(-1)^{\tau(20142013\cdots12015)}2015!\ =-2015!$.

3. 计算下列行列式.

(1) $\begin{vmatrix} 3 & 1 & -1 & 2 \\ -5 & 1 & 3 & -4 \\ 2 & 0 & 1 & -1 \\ 1 & -5 & 3 & -3 \end{vmatrix}$；　　(2) $\begin{vmatrix} 0 & 4 & 5 & -1 & 2 \\ -5 & 0 & 2 & 0 & 1 \\ 7 & 2 & 0 & 3 & -4 \\ -3 & 1 & -1 & -5 & 0 \\ 2 & -3 & 0 & 1 & 3 \end{vmatrix}$.

解 (1) $D=-\begin{vmatrix} 1 & -5 & 3 & -3 \\ 0 & -24 & 18 & -19 \\ 0 & 10 & -5 & 5 \\ 0 & 16 & -10 & 11 \end{vmatrix}=-\begin{vmatrix} -24 & 18 & -19 \\ 10 & -5 & 5 \\ 16 & -10 & 11 \end{vmatrix}=40$；

(2) $D=-\begin{vmatrix} 2 & -3 & 0 & 1 & 3 \\ 0 & -\frac{15}{2} & 2 & \frac{5}{2} & \frac{17}{2} \\ 0 & \frac{25}{2} & 0 & -\frac{1}{2} & -\frac{29}{2} \\ 0 & -\frac{7}{2} & -1 & -\frac{7}{2} & \frac{9}{2} \\ 0 & 4 & 5 & -1 & 2 \end{vmatrix}=-\frac{1}{8}\begin{vmatrix} -15 & 4 & 5 & 17 \\ 25 & 0 & -1 & -29 \\ -7 & -2 & -7 & 9 \\ 8 & 10 & -2 & 4 \end{vmatrix}$

$=-\frac{1}{8}\begin{vmatrix} -29 & 0 & -9 & 35 \\ 25 & 0 & -1 & -29 \\ -7 & -2 & -7 & 9 \\ -27 & 0 & -37 & 49 \end{vmatrix}=-\frac{1}{4}\begin{vmatrix} -29 & -9 & 35 \\ 25 & -1 & -29 \\ -27 & -37 & 49 \end{vmatrix}=-799.$

4. 利用行列式的性质证明：$\begin{vmatrix} a^2 & (a+1)^2 & (a+2)^2 & (a+3)^2 \\ b^2 & (b+1)^2 & (b+2)^2 & (b+3)^2 \\ c^2 & (c+1)^2 & (c+2)^2 & (c+3)^2 \\ d^2 & (d+1)^2 & (d+2)^2 & (d+3)^2 \end{vmatrix}=0.$

证明 $D=\begin{vmatrix} a^2 & 2a+1 & 2a+3 & 2a+5 \\ b^2 & 2b+1 & 2b+3 & 2b+5 \\ c^2 & 2c+1 & 2c+3 & 2c+5 \\ d^2 & 2d+1 & 2d+3 & 2d+5 \end{vmatrix}=\begin{vmatrix} a^2 & 2a+1 & 2 & 2 \\ b^2 & 2b+1 & 2 & 2 \\ c^2 & 2c+1 & 2 & 2 \\ d^2 & 2d+1 & 2 & 2 \end{vmatrix}=0.$

5. 已知 $D=\begin{vmatrix} -1 & 0 & x & 1 \\ 1 & 1 & -1 & -1 \\ 1 & -1 & 1 & -1 \\ 1 & -1 & -1 & 1 \end{vmatrix}$，则 D 中 x 的系数是________.

解 按第 1 行展开，含 x 项为 $x\begin{vmatrix} 1 & 1 & -1 \\ 1 & -1 & -1 \\ 1 & -1 & 1 \end{vmatrix}=-4x$，故系数为 -4.

6. $D=\begin{vmatrix} 103 & 100 & 204 \\ 199 & 200 & 395 \\ 301 & 300 & 600 \end{vmatrix}=$________.

解 $D=\begin{vmatrix} 3 & 100 & 4 \\ -1 & 200 & -5 \\ 1 & 300 & 0 \end{vmatrix}=100\begin{vmatrix} 3 & 1 & 4 \\ -1 & 2 & -5 \\ 1 & 3 & 0 \end{vmatrix}=2\,000.$

7. 计算下列行列式.

(1) $\begin{vmatrix} a & b & c & d \\ b & a & d & c \\ c & d & a & b \\ d & c & b & a \end{vmatrix}$； (2) $\begin{vmatrix} a_1 & 0 & 0 & b_1 \\ 0 & a_2 & b_2 & 0 \\ 0 & b_3 & a_3 & 0 \\ b_4 & 0 & 0 & a_4 \end{vmatrix}$； (3) $\begin{vmatrix} 0 & 0 & \cdots & 0 & \alpha & \beta \\ 0 & 0 & \cdots & \alpha & \beta & 0 \\ \vdots & \vdots & & \vdots & \vdots & \vdots \\ \alpha & \beta & \cdots & 0 & 0 & 0 \\ \beta & 0 & \cdots & 0 & 0 & \alpha \end{vmatrix}$.

解 (1) $$D=\begin{vmatrix}a+b+c+d & b & c & d\\ a+b+c+d & a & d & c\\ a+b+c+d & d & a & b\\ a+b+c+d & c & b & a\end{vmatrix}=\begin{vmatrix}a+b+c+d & b & c & d\\ 0 & a-b & d-c & c-d\\ 0 & d-b & a-c & b-d\\ 0 & c-b & b-c & a-d\end{vmatrix}$$

$$=(a+b+c+d)\begin{vmatrix}a-b & d-c & c-d\\ d-b & a-c & b-d\\ c-b & b-c & a-d\end{vmatrix}$$

$$=(a+b+c+d)(a-b-c+d)(a+b-c-d)(a-b+c-d).$$

(2) $$D=a_1\begin{vmatrix}a_2 & b_2 & 0\\ b_3 & a_3 & 0\\ 0 & 0 & a_4\end{vmatrix}-b_1\begin{vmatrix}0 & a_2 & b_2\\ 0 & b_3 & a_3\\ b_4 & 0 & 0\end{vmatrix}=a_1a_2a_3a_4-a_1a_4b_2b_3-a_2a_3b_1b_4+b_1b_2b_3b_4.$$

(3) 按第 n 列展开得

$$D=(-1)^{n+1}\beta\begin{vmatrix}0 & 0 & \cdots & 0 & \alpha & \beta\\ 0 & 0 & \cdots & \alpha & \beta & 0\\ \vdots & \vdots & & \vdots & \vdots & \vdots\\ \alpha & \beta & \cdots & 0 & 0 & 0\\ \beta & 0 & \cdots & 0 & 0 & 0\end{vmatrix}+\alpha\begin{vmatrix}0 & 0 & \cdots & 0 & 0 & \alpha\\ 0 & 0 & \cdots & 0 & \alpha & \beta\\ \vdots & \vdots & & \vdots & \vdots & \vdots\\ 0 & \alpha & \cdots & 0 & 0 & 0\\ \alpha & \beta & \cdots & 0 & 0 & 0\end{vmatrix}$$

$$=(-1)^{\frac{(n-1)(n-2)}{2}}\alpha^n+(-1)^{\frac{n(n-1)}{2}}\beta^n.$$

8. 计算下列行列式.

(1) $$\begin{vmatrix}1 & 2 & 3 & \cdots & n\\ 2 & 3 & 4 & \cdots & 1\\ 3 & 4 & 5 & \cdots & 2\\ \vdots & \vdots & \vdots & & \vdots\\ n & 1 & 2 & \cdots & n-1\end{vmatrix};$$ (2) $$\begin{vmatrix}x-2 & x-1 & x-2 & x-3\\ 2x-2 & 2x-1 & 2x-2 & 2x-3\\ 3x-3 & 3x-2 & 4x-5 & 3x-5\\ 4x & 4x-3 & 5x-7 & 4x-3\end{vmatrix}.$$

解 (1) 从第 n 行起,后行减去前一行,然后各列加到第1列得

$$D=\begin{vmatrix}1 & 2 & 3 & \cdots & n\\ 1 & 1 & 1 & \cdots & 1-n\\ 1 & 1 & 1 & \cdots & 1\\ \vdots & \vdots & \vdots & & \vdots\\ 1 & 1-n & 1 & \cdots & 1\end{vmatrix}=\begin{vmatrix}\frac{n(n+1)}{2} & 2 & 3 & \cdots & n\\ 0 & 1 & 1 & \cdots & 1-n\\ 0 & 1 & 1 & \cdots & 1\\ \vdots & \vdots & \vdots & & \vdots\\ 0 & 1-n & 1 & \cdots & 1\end{vmatrix}$$

$$=\frac{n(n+1)}{2}\begin{vmatrix}1 & 1 & 1 & \cdots & 1-n\\ 1 & 1 & 1 & \cdots & 1\\ 1 & 1 & 1 & \cdots & 1\\ \vdots & \vdots & \vdots & & \vdots\\ 1-n & 1 & 1 & \cdots & 1\end{vmatrix}=\frac{n(n+1)}{2}\begin{vmatrix}1 & 1 & \cdots & 1 & 1-n\\ 0 & 0 & \cdots & -n & n\\ \vdots & \vdots & \vdots & & \vdots\\ 0 & -n & \cdots & 0 & n\\ -n & 0 & \cdots & 0 & n\end{vmatrix}$$

$$=\frac{n(n+1)}{2}\begin{vmatrix}1 & 1 & \cdots & 1 & -1\\ 0 & 0 & \cdots & -n & 0\\ \vdots & \vdots & & \vdots & \vdots\\ 0 & -n & \cdots & 0 & 0\\ -n & 0 & \cdots & 0 & 0\end{vmatrix}=(-1)^{\frac{n(n-1)}{2}}\frac{n^n+n^{n-1}}{2};$$

(2) $$\begin{vmatrix} x-2 & x-1 & x-2 & x-3 \\ 2x-2 & 2x-1 & 2x-2 & 2x-3 \\ 3x-3 & 3x-2 & 4x-5 & 3x-5 \\ 4x & 4x-3 & 5x-7 & 4x-3 \end{vmatrix} = \begin{vmatrix} x-2 & 1 & 0 & -1 \\ 2x-2 & 1 & 0 & -1 \\ 3x-3 & 1 & x-2 & -2 \\ 4x & -3 & x-7 & -3 \end{vmatrix}$$

$$= \begin{vmatrix} -x & 0 & 0 & 0 \\ 2x-2 & 1 & 0 & -1 \\ 3x-3 & 1 & x-2 & -2 \\ 4x & -3 & x-7 & -3 \end{vmatrix}$$

$$= -x \begin{vmatrix} 1 & 0 & -1 \\ 1 & x-2 & -2 \\ -3 & x-7 & -3 \end{vmatrix} = -x \begin{vmatrix} 1 & 0 & 0 \\ 1 & x-2 & -1 \\ -3 & x-7 & -6 \end{vmatrix}$$

$$= -x \begin{vmatrix} x-2 & -1 \\ x-7 & -6 \end{vmatrix} = 5x(x-1).$$

9. 证明：$\begin{vmatrix} 1 & 1 & 1 \\ x_1^2 & x_2^2 & x_3^2 \\ x_1^3 & x_2^3 & x_3^3 \end{vmatrix} = (x_1x_2 + x_2x_3 + x_3x_1) \prod\limits_{3 \geqslant i \geqslant j \geqslant 1} (x_i - x_j).$

证明 按第 1 行展开得

$$D = \begin{vmatrix} x_2^2 & x_3^2 \\ x_2^3 & x_3^3 \end{vmatrix} - \begin{vmatrix} x_1^2 & x_3^2 \\ x_1^3 & x_3^3 \end{vmatrix} + \begin{vmatrix} x_1^2 & x_2^2 \\ x_1^3 & x_2^3 \end{vmatrix} = (x_1x_2 + x_1x_3 + x_2x_3) \prod_{3 \geqslant i \geqslant j \geqslant 1} (x_i - x_j).$$

10. 设 $|a_{ij}|_{4\times 4} = \begin{vmatrix} 3 & 6 & 9 & 12 \\ 2 & 4 & 6 & 8 \\ 1 & 2 & 0 & 3 \\ 5 & 6 & 4 & 3 \end{vmatrix}$，试求 $A_{41} + 2A_{42} + 3A_{44}$，其中 A_{4j} 为元素 a_{4j} $(j = 1, 2, 4)$ 的代数余子式.

解 $A_{41} + 2A_{42} + 3A_{44} = \begin{vmatrix} 3 & 6 & 9 & 12 \\ 2 & 4 & 6 & 8 \\ 1 & 2 & 0 & 3 \\ 1 & 2 & 0 & 3 \end{vmatrix} = 0.$

11. 已知四阶行列式 $D = \begin{vmatrix} 1 & 2 & 3 & 4 \\ 3 & 3 & 4 & 4 \\ 1 & 5 & 6 & 7 \\ 1 & 1 & 2 & 2 \end{vmatrix} = -6$，试求 $A_{41} + A_{42}$ 与 $A_{43} + A_{44}$，其中 A_{4j} $(j = 1, 2, 3, 4)$ 是 D 中第 4 行第 j 列的代数余子式.

解 $D = \begin{vmatrix} 1 & 2 & 3 & 4 \\ 3 & 3 & 4 & 4 \\ 1 & 5 & 6 & 7 \\ -\frac{1}{2} & -\frac{1}{2} & 0 & 0 \end{vmatrix} = -6$，$A_{41} + A_{42} = \begin{vmatrix} 1 & 2 & 3 & 4 \\ 3 & 3 & 4 & 4 \\ 1 & 5 & 6 & 7 \\ 1 & 1 & 0 & 0 \end{vmatrix} = 12.$

由于 $A_{41} + A_{42} + 2A_{43} + 2A_{44} = D$，故 $A_{43} + A_{44} = -9.$

12. 已知 n 阶行列式 $|\boldsymbol{A}|=\begin{vmatrix} 1 & 3 & 5 & \cdots & 2n-1 \\ 1 & 2 & 0 & \cdots & 0 \\ 1 & 0 & 3 & \cdots & 0 \\ \vdots & \vdots & \vdots & & \vdots \\ 1 & 0 & 0 & \cdots & n \end{vmatrix}$，求代数余子式 $A_{11}+A_{12}+\cdots+A_{1n}$ 之和.

解 构造 $|\boldsymbol{B}|=\begin{vmatrix} 1 & 1 & 1 & \cdots & 1 \\ 1 & 2 & 0 & \cdots & 0 \\ 1 & 0 & 3 & \cdots & 0 \\ \vdots & \vdots & \vdots & & \vdots \\ 1 & 0 & 0 & \cdots & n \end{vmatrix}$，使得 $A_{11}+A_{12}+\cdots+A_{1n}=B_{11}+B_{12}+\cdots+B_{1n}$，

则 $|\boldsymbol{B}|=n!\begin{vmatrix} 1 & 1 & 1 & \cdots & 1 \\ \frac{1}{2} & 1 & 0 & \cdots & 0 \\ \frac{1}{3} & 0 & 1 & \cdots & 0 \\ \vdots & \vdots & \vdots & & \vdots \\ \frac{1}{n} & 0 & 0 & \cdots & 1 \end{vmatrix}=n!\begin{vmatrix} 1-\sum\limits_{i=2}^{n}\frac{1}{i} & 0 & 0 & \cdots & 0 \\ \frac{1}{2} & 1 & 0 & \cdots & 0 \\ \frac{1}{3} & 0 & 1 & \cdots & 0 \\ \vdots & \vdots & \vdots & & \vdots \\ \frac{1}{n} & 0 & 0 & \cdots & 1 \end{vmatrix}=n!\left(1-\sum\limits_{i=2}^{n}\frac{1}{i}\right)$，

故 $A_{11}+A_{12}+\cdots+A_{1n}=n!\left(1-\sum\limits_{i=2}^{n}\frac{1}{i}\right)$.

13. 用克拉默法则解下列线性方程组.

(1) $\begin{cases} x_1+x_2+x_3+x_4+x_5=0, \\ x_2+x_3+x_4+x_5=0, \\ x_1+2x_2+3x_3=2, \\ x_2+2x_3+3x_4=-2, \\ x_3+2x_4+3x_5=2; \end{cases}$ (2) $\begin{cases} 5x_1+6x_2=1, \\ x_1+5x_2+6x_3=0, \\ x_2+5x_3+6x_4=0, \\ x_3+5x_4+6x_5=0, \\ x_4+5x_5=1. \end{cases}$

解 (1) $D=\begin{vmatrix} 1 & 1 & 1 & 1 & 1 \\ 0 & 1 & 1 & 1 & 1 \\ 1 & 2 & 3 & 0 & 0 \\ 0 & 1 & 2 & 3 & 0 \\ 0 & 0 & 1 & 2 & 3 \end{vmatrix}=16$，$D_1=\begin{vmatrix} 0 & 1 & 1 & 1 & 1 \\ 0 & 1 & 1 & 1 & 1 \\ 2 & 2 & 3 & 0 & 0 \\ -2 & 1 & 2 & 3 & 0 \\ 2 & 0 & 1 & 2 & 3 \end{vmatrix}=16$，

同理可得 $D_2=-16$，$D_3=16$，$D_4=-16$，$D_5=16$，

故 $x_1=1$，$x_2=-1$，$x_3=1$，$x_4=-1$，$x_5=1$.

(2) $D=\begin{vmatrix} 5 & 6 & 0 & 0 & 0 \\ 1 & 5 & 6 & 0 & 0 \\ 0 & 1 & 5 & 6 & 0 \\ 0 & 0 & 1 & 5 & 6 \\ 0 & 0 & 0 & 1 & 5 \end{vmatrix}=665$，$D_1=\begin{vmatrix} 1 & 6 & 0 & 0 & 0 \\ 0 & 5 & 6 & 0 & 0 \\ 0 & 1 & 5 & 6 & 0 \\ 0 & 0 & 1 & 5 & 6 \\ 1 & 0 & 0 & 1 & 5 \end{vmatrix}=1\,507$，

同理可得 $D_2=-1\,145$，$D_3=703$，$D_4=-395$，$D_5=212$，

故 $x_1=\frac{1\,507}{665}$，$x_2=-\frac{1\,145}{665}$，$x_3=\frac{703}{665}$，$x_4=-\frac{395}{665}$，$x_5=\frac{212}{665}$.

14. 设 $f(x)=\begin{vmatrix} 1 & 1 & 1 & \cdots & 1 & 1 \\ 1 & 2 & 3 & \cdots & n & x \\ 1 & 4 & 9 & \cdots & n^2 & x^2 \\ \vdots & \vdots & \vdots & & \vdots & \vdots \\ 1 & 2^n & 3^n & \cdots & n^n & x^n \end{vmatrix}$，求导函数 $f'(x)$ 的零点个数及其所在区间.

解 由范德蒙行列式知 $f(x)=l(x-1)(x-2)\cdots(x-n)$，且 $f(1)=f(2)=\cdots=f(n)$，其中 $l=\prod\limits_{1<j<i<n}(i-j)\neq 0$，由罗尔定理知，在 $(1,2)$，$(2,3)$，…，$(n-1,n)$ 内至少有 1 个 $f'(x)$ 的零点，又因 $f'(x)$ 为 $n-1$ 次多项式，因此只有 $n-1$ 个根，故有 $n-1$ 个零点分别在上述区间内.

15. 证明：平面上三条不同的直线

$$ax+by+c=0,\quad bx+cy+a=0,\quad cx+ay+b=0$$

相交于一点的充分必要条件是 $a+b+c=0$.

证明 若三条直线相交于一点，则

$$D=\begin{vmatrix} a & b & c \\ b & c & a \\ c & a & b \end{vmatrix}=(a+b+c)\begin{vmatrix} 1 & b & c \\ 1 & c & a \\ 1 & a & b \end{vmatrix}=-\frac{1}{2}(a+b+c)[(a-b)^2+(a-c)^2+(b-c)^2]=0.$$

又因三条直线不同，故 a,b,c 不全相同，则 $a+b+c=0$.

当 $a+b+c=0$ 时，三条直线相交于 $(1,1)$.

16. 设 $f(x)=c_0+c_1x+c_2x^2+\cdots+c_nx^n$，用克拉默法则证明：如果 $f(x)$ 有 $n+1$ 个互不相同的根，则 $f(x)$ 是零多项式.

证明 若 $f(x)$ 有 $n+1$ 个互不相同的根，则

$$\begin{cases} c_0+c_1x_1+c_2x_1^2+\cdots+c_nx_1^n=0, \\ c_0+c_1x_2+c_2x_2^2+\cdots+c_nx_2^n=0, \\ \qquad\qquad\vdots \\ c_0+c_1x_{n+1}+c_2x_{n+1}^2+\cdots+c_nx_{n+1}^n=0, \end{cases}$$

$$D=\begin{vmatrix} 1 & x_1 & \cdots & x_1^n \\ 1 & x_2 & \cdots & x_2^n \\ \vdots & \vdots & & \vdots \\ 1 & x_{n+1} & \cdots & x_{n+1}^n \end{vmatrix}=\prod_{1<i<j<n+1}(x_j-x_i)\neq 0,$$

而 $D_0=D_1=\cdots=D_n=0$，故 $f(x)$ 是零多项式.

(B)

1. 计算行列式 $\begin{vmatrix} 1 & 1 & 1 & 0 \\ 1 & 1 & 0 & 1 \\ 1 & 0 & 1 & 1 \\ 0 & 1 & 1 & 1 \end{vmatrix}=$__________.

解 $D=\begin{vmatrix} 1 & 1 & 1 & 0 \\ 0 & 0 & -1 & 1 \\ 0 & -1 & 0 & 1 \\ 0 & 1 & 1 & 1 \end{vmatrix}=\begin{vmatrix} 0 & -1 & 1 \\ -1 & 0 & 1 \\ 1 & 1 & 1 \end{vmatrix}=-3.$

2. 计算行列式 $\begin{vmatrix} 1 & -1 & 1 & x-1 \\ 1 & -1 & x+1 & -1 \\ 1 & x-1 & 1 & -1 \\ x+1 & -1 & 1 & -1 \end{vmatrix} =$ ________.

解 $D = \begin{vmatrix} 1 & -1 & 1 & x-1 \\ 0 & 0 & x & -x \\ 0 & x & 0 & -x \\ x & 0 & 0 & -x \end{vmatrix} = \begin{vmatrix} 1 & -1 & 1 & x \\ 0 & 0 & x & 0 \\ 0 & x & 0 & -x \\ x & 0 & 0 & -x \end{vmatrix} = -x \begin{vmatrix} 1 & -1 & x \\ 0 & x & -x \\ x & 0 & -x \end{vmatrix} = x^4.$

3. 计算 n 阶行列式 $\begin{vmatrix} a & b & 0 & \cdots & 0 & 0 \\ 0 & a & b & \cdots & 0 & 0 \\ 0 & 0 & a & \cdots & 0 & 0 \\ \vdots & \vdots & \vdots & & \vdots & \vdots \\ 0 & 0 & 0 & \cdots & a & b \\ b & 0 & 0 & \cdots & 0 & a \end{vmatrix} =$ ________.

解 $D = a\begin{vmatrix} a & b & \cdots & 0 & 0 \\ 0 & a & \cdots & 0 & 0 \\ \vdots & \vdots & & \vdots & \vdots \\ 0 & 0 & \cdots & a & b \\ 0 & 0 & \cdots & 0 & a \end{vmatrix} + (-1)^{n+1} b \begin{vmatrix} b & 0 & \cdots & 0 & 0 \\ a & b & \cdots & 0 & 0 \\ \vdots & \vdots & & \vdots & \vdots \\ 0 & 0 & \cdots & b & 0 \\ 0 & 0 & \cdots & a & b \end{vmatrix} = a^n + (-1)^{n+1} b^n.$

4. 计算五阶行列式 $D = \begin{vmatrix} 1-a & a & 0 & 0 & 0 \\ -1 & 1-a & a & 0 & 0 \\ 0 & -1 & 1-a & a & 0 \\ 0 & 0 & -1 & 1-a & a \\ 0 & 0 & 0 & -1 & 1-a \end{vmatrix} =$ ________.

解 $D_5 = (1-a)\begin{vmatrix} 1-a & a & 0 & 0 \\ -1 & 1-a & a & 0 \\ 0 & -1 & 1-a & a \\ 0 & 0 & -1 & 1-a \end{vmatrix} - a \begin{vmatrix} -1 & a & 0 & 0 \\ 0 & 1-a & a & 0 \\ 0 & -1 & 1-a & a \\ 0 & 0 & -1 & 1-a \end{vmatrix}$

$= (1-a)D_4 + aD_3,$

同理 $D_4 = (1-a)D_3 + aD_2$，$D_3 = (1-a)D_2 + aD_1$，其中 $D_2 = (1-a)^2 + a$，$D_1 = (1-a)$，

故

$$D_5 = 1 - a + a^2 - a^3 + a^4 - a^5.$$

5. 设行列式 $D = \begin{vmatrix} 3 & 0 & 4 & 0 \\ 2 & 2 & 2 & 2 \\ 0 & -7 & 0 & 0 \\ 5 & 3 & -2 & 2 \end{vmatrix}$，则第4行各元素余子式之和为________.

解 $M_{41} + M_{42} + M_{43} + M_{44} = D_1 = \begin{vmatrix} 3 & 0 & 4 & 0 \\ 2 & 2 & 2 & 2 \\ 0 & -7 & 0 & 0 \\ -1 & 1 & -1 & 1 \end{vmatrix} = \begin{vmatrix} 0 & 3 & 1 & 3 \\ 0 & 4 & 0 & 4 \\ 0 & -7 & 0 & 0 \\ -1 & 1 & -1 & 1 \end{vmatrix}$

$$=\begin{vmatrix} 3 & 1 & 3 \\ 4 & 0 & 4 \\ -7 & 0 & 0 \end{vmatrix}=-28.$$

6. 四阶行列式 $\begin{vmatrix} a_1 & 0 & 0 & b_1 \\ 0 & a_2 & b_2 & 0 \\ 0 & b_3 & a_3 & 0 \\ b_4 & 0 & 0 & a_4 \end{vmatrix}$ 的值等于(　　).

A. $a_1a_2a_3a_4-b_1b_2b_3b_4$　　　　B. $a_1a_2a_3a_4+b_1b_2b_3b_4$

C. $(a_1a_2-b_1b_2)(a_3a_4-b_3b_4)$　　　　D. $(a_2a_3-b_2b_3)(a_1a_4-b_1b_4)$

解　$D=a_1\begin{vmatrix} a_2 & b_2 & 0 \\ b_3 & a_3 & 0 \\ 0 & 0 & a_4 \end{vmatrix}-b_1\begin{vmatrix} 0 & a_2 & b_2 \\ 0 & b_3 & a_3 \\ b_4 & 0 & 0 \end{vmatrix}=a_1a_2a_3a_4-a_1a_4b_2b_3-a_2a_3b_1b_4+b_1b_2b_3b_4$，故选 D.

7. 记行列式 $\begin{vmatrix} x-2 & x-1 & x-2 & x-3 \\ 2x-2 & 2x-1 & 2x-2 & 2x-3 \\ 3x-3 & 3x-2 & 4x-5 & 3x-5 \\ 4x & 4x-3 & 5x-7 & 4x-3 \end{vmatrix}$ 为 $f(x)$，则方程 $f(x)=0$ 的根的个数为(　　).

A. 1　　　　B. 2　　　　C. 3　　　　D. 4

解　$f(x)=\begin{vmatrix} x-2 & 1 & 0 & -1 \\ 2x-2 & 1 & 0 & -1 \\ 3x-3 & 1 & x-2 & -2 \\ 4x & -3 & x-7 & -3 \end{vmatrix}=\begin{vmatrix} x-2 & 1 & 0 & 0 \\ 2x-2 & 1 & 0 & 0 \\ 3x-3 & 1 & x-2 & -1 \\ 4x & -3 & x-7 & -6 \end{vmatrix}$

$=\begin{vmatrix} x-2 & 1 \\ 2x-2 & 1 \end{vmatrix}\begin{vmatrix} x-2 & -1 \\ x-7 & -6 \end{vmatrix}=5x(x-1)$，有 2 个根，故选 B.

8. 行列式 $\begin{vmatrix} 0 & a & b & 0 \\ a & 0 & 0 & b \\ 0 & c & d & 0 \\ c & 0 & 0 & d \end{vmatrix}=$(　　).

A. $(ad-bc)^2$　　　　B. $-(ad-bc)^2$　　　　C. $a^2d^2-b^2c^2$　　　　D. $b^2c^2-a^2d^2$

解　按第 1 行展开为 $D=-a\begin{vmatrix} a & 0 & b \\ 0 & d & 0 \\ c & 0 & d \end{vmatrix}+b\begin{vmatrix} a & 0 & b \\ 0 & c & 0 \\ c & 0 & d \end{vmatrix}=-a^2d^2+2abcd-b^2c^2$，故选 B.

第 2 章 矩阵及其运算

2.1 矩阵的概念与运算

2.1.1 内容提要

1. 矩阵

定义 1 由 $m\times n$ 个数或代数式 $a_{ij}(i=1,2,\cdots,m;j=1,2,\cdots,n)$ 构成的一个 m 行 n 列的矩形数表 $\begin{pmatrix} a_{11} & a_{12} & \cdots & a_{1n} \\ a_{21} & a_{22} & \cdots & a_{2n} \\ \vdots & \vdots & & \vdots \\ a_{m1} & a_{m2} & \cdots & a_{mn} \end{pmatrix}$ 或 $\begin{bmatrix} a_{11} & a_{12} & \cdots & a_{1n} \\ a_{21} & a_{22} & \cdots & a_{2n} \\ \vdots & \vdots & & \vdots \\ a_{m1} & a_{m2} & \cdots & a_{mn} \end{bmatrix}$ 称为 $m\times n$ 型的**矩阵**，简记为 $\boldsymbol{A}_{m\times n}=(a_{ij})_{m\times n}$，其中，$a_{ij}$ 表示矩阵的第 i 行第 j 列的元素 $(i=1,2,\cdots,m;j=1,2,\cdots,n)$，有时也记作 $\boldsymbol{A}$.

2. 实矩阵与复矩阵

若矩阵的元素都是实数，则该矩阵称为**实矩阵**；若矩阵的元素含有复数，则该矩阵称为**复矩阵**.

3. 零矩阵

若矩阵的所有元素都为零，则称其为**零矩阵**，记为 $\boldsymbol{O}_{m\times n}$.

4. n 阶方阵

当矩阵 $\boldsymbol{A}_{m\times n}$ 的行数、列数相等时，即 $m=n$ 时，称其为 **n 阶方(矩)阵 $\boldsymbol{A}$** 或简称为**方阵 $\boldsymbol{A}$**.

5. 方阵的行列式

对于 n 阶方阵 $\boldsymbol{A}=(a_{ij})_{n\times n}$，由它的元素按原有排列形式构成的行列式称为**方阵 $\boldsymbol{A}$ 的行列式**，记为 $|\boldsymbol{A}|$ 或 $\det\boldsymbol{A}$.

6. 矩阵相等

定义 2 如果两个矩阵 $\boldsymbol{A}=(a_{ij})_{m\times n}$，$\boldsymbol{B}=(b_{ij})_{s\times t}$ 具有相同的行数、列数，即 $m=s$，$n=t$，且对应位置上的元素相等 $a_{ij}=b_{ij}$，那么，称**矩阵 $\boldsymbol{A}$ 与 $\boldsymbol{B}$ 相等**，记为 $\boldsymbol{A}=\boldsymbol{B}$.

7. 矩阵的加法

定义 3 两个 $m\times n$ 矩阵 $\boldsymbol{A}=(a_{ij})_{m\times n}$，$\boldsymbol{B}=(b_{ij})_{m\times n}$ 对应位置上的元素相加得到的 $m\times$

n 矩阵 $(a_{ij}+b_{ij})_{m\times n}$，称为 $\boldsymbol{A}$ 与 $\boldsymbol{B}$ 的**和**，记为 $\boldsymbol{A}+\boldsymbol{B}=(a_{ij}+b_{ij})_{m\times n}$.

8. 数与矩阵乘积

定义 4 以数 k 乘以矩阵 $\boldsymbol{A}$ 的每个元素所得的矩阵，称为数 k 与矩阵 $\boldsymbol{A}$ 的**乘积**，若记 $\boldsymbol{A}=(a_{ij})_{m\times n}$，则 $k\boldsymbol{A}=k(a_{ij})_{m\times n}=(ka_{ij})_{m\times n}$.

9. 负矩阵

把 $\boldsymbol{A}=(a_{ij})_{m\times n}$ 中的各元素取其相反数得到的矩阵，称为 $\boldsymbol{A}$ 的**负矩阵**，记为 $-\boldsymbol{A}$，即 $-\boldsymbol{A}=(-a_{ij})_{m\times n}$.

10. 矩阵的减法

如果 $\boldsymbol{A}=(a_{ij})_{m\times n}$，$\boldsymbol{B}=(b_{ij})_{m\times n}$，则定义**减法**为

$$\boldsymbol{A}-\boldsymbol{B}=\boldsymbol{A}+(-\boldsymbol{B})=(a_{ij})_{m\times n}+(-b_{ij})_{m\times n}=(a_{ij}-b_{ij})_{m\times n}.$$

11. 矩阵的线性运算规律

设 $\boldsymbol{A}$，$\boldsymbol{B}$，$\boldsymbol{C}$ 都是 $m\times n$ 矩阵，λ，μ 为数，则

(1) $\boldsymbol{A}+\boldsymbol{B}=\boldsymbol{B}+\boldsymbol{A}$； (2) $(\boldsymbol{A}+\boldsymbol{B})+\boldsymbol{C}=\boldsymbol{A}+(\boldsymbol{B}+\boldsymbol{C})$；

(3) $\boldsymbol{A}+\boldsymbol{O}=\boldsymbol{A}$； (4) $\boldsymbol{A}+(-\boldsymbol{A})=\boldsymbol{O}$；

(5) $\lambda(\boldsymbol{A}+\boldsymbol{B})=\lambda\boldsymbol{A}+\lambda\boldsymbol{B}$； (6) $(\lambda+\mu)\boldsymbol{A}=\lambda\boldsymbol{A}+\mu\boldsymbol{A}$；

(7) $(\lambda\mu)\boldsymbol{A}=\lambda(\mu\boldsymbol{A})$； (8) $1\cdot\boldsymbol{A}=\boldsymbol{A}$；

(9) $\lambda\boldsymbol{A}=\boldsymbol{O}$，当且仅当 $\lambda=0$ 或 $\boldsymbol{A}=\boldsymbol{O}$.

12. 数与方阵乘积的行列式运算性质

对于 n 阶方阵 $\boldsymbol{A}=(a_{ij})_{n\times n}$，有 $|\lambda\boldsymbol{A}|=\lambda^n|\boldsymbol{A}|$（$\lambda$ 为常数）.

13. 矩阵的乘法

定义 5 设矩阵 $\boldsymbol{A}=(a_{ij})_{m\times s}$，$\boldsymbol{B}=(b_{ij})_{s\times n}$，那么，矩阵 $\boldsymbol{A}$ 与矩阵 $\boldsymbol{B}$ 有**乘积**且为一个 $m\times n$ 的矩阵 $\boldsymbol{C}=(c_{ij})_{m\times n}$，其中 $c_{ij}=a_{i1}b_{1j}+a_{i2}b_{2j}+\cdots+a_{is}b_{sj}=\sum\limits_{k=1}^{s}a_{ik}b_{kj}$，记为 $\boldsymbol{C}=\boldsymbol{AB}$. 同时，称 $\boldsymbol{A}$ 为**左乘矩阵**，$\boldsymbol{B}$ 为**右乘矩阵**.

14. 矩阵乘法和矩阵数乘的运算规律

(1) **结合律** $(\boldsymbol{AB})\boldsymbol{C}=\boldsymbol{A}(\boldsymbol{BC})$，$\lambda(\boldsymbol{AB})=(\lambda\boldsymbol{A})\boldsymbol{B}=\boldsymbol{A}(\lambda\boldsymbol{B})$.

(2) **分配律** $\boldsymbol{A}(\boldsymbol{B}+\boldsymbol{C})=\boldsymbol{AB}+\boldsymbol{AC}$，$(\boldsymbol{B}+\boldsymbol{C})\boldsymbol{A}=\boldsymbol{BA}+\boldsymbol{CA}$.

15. 矩阵可交换

定义 6 如果两矩阵 $\boldsymbol{A}$ 与 $\boldsymbol{B}$ 相乘，满足 $\boldsymbol{AB}=\boldsymbol{BA}$，则称 $\boldsymbol{A}$ 与 $\boldsymbol{B}$ **可交换**.

16. 线性方程组的矩阵形式

对于方程组 $\begin{cases}a_{11}x_1+a_{12}x_2+\cdots+a_{1n}x_n=b_1,\\ a_{21}x_1+a_{22}x_2+\cdots+a_{2n}x_n=b_2,\\ \qquad\vdots\\ a_{m1}x_1+a_{m2}x_2+\cdots+a_{mn}x_n=b_m,\end{cases}$ 令 $\boldsymbol{A}=\begin{pmatrix}a_{11}&a_{12}&\cdots&a_{1n}\\a_{21}&a_{22}&\cdots&a_{2n}\\\vdots&\vdots&&\vdots\\a_{m1}&a_{m2}&\cdots&a_{mn}\end{pmatrix}$，$\boldsymbol{x}=\begin{pmatrix}x_1\\x_2\\\vdots\\x_n\end{pmatrix}$，$\boldsymbol{b}=\begin{pmatrix}b_1\\b_2\\\vdots\\b_m\end{pmatrix}$，则方程组的矩阵形式为 $\boldsymbol{Ax}=\boldsymbol{b}$.

17. 方阵乘积的行列式的运算规律

定理　设 $\boldsymbol{A}$，$\boldsymbol{B}$ 是两个 n 阶方阵，则 $|\boldsymbol{AB}|=|\boldsymbol{A}||\boldsymbol{B}|$.

此定理可推广到有限个方阵 $\boldsymbol{A}_1$，$\boldsymbol{A}_2$，…，$\boldsymbol{A}_k$ 乘积的行列式：$|\boldsymbol{A}_1\boldsymbol{A}_2\cdots\boldsymbol{A}_k|=|\boldsymbol{A}_1||\boldsymbol{A}_2|\cdots|\boldsymbol{A}_k|$.

18. 方阵的伴随矩阵

n 阶方阵 $\boldsymbol{A}=(a_{ij})_{n\times n}$ 的行列式 $|\boldsymbol{A}|=\begin{vmatrix} a_{11} & \cdots & a_{1n} \\ \vdots & & \vdots \\ a_{n1} & \cdots & a_{nn} \end{vmatrix}$ 的元素 a_{ij} 的代数余子式 $\boldsymbol{A}_{ij}$（i，$j=1$，2，…，n）构成的矩阵 $\boldsymbol{A}^*=\begin{pmatrix} \boldsymbol{A}_{11} & \boldsymbol{A}_{21} & \cdots & \boldsymbol{A}_{n1} \\ \boldsymbol{A}_{12} & \boldsymbol{A}_{22} & \cdots & \boldsymbol{A}_{n2} \\ \vdots & \vdots & & \vdots \\ \boldsymbol{A}_{1n} & \boldsymbol{A}_{2n} & \cdots & \boldsymbol{A}_{nn} \end{pmatrix}$，称为方阵 $\boldsymbol{A}$ 的**伴随矩阵**.

19. 方阵 $\boldsymbol{A}$ 的伴随矩阵 $\boldsymbol{A}^*$ 的性质

（1）$\boldsymbol{AA}^*=\boldsymbol{A}^*\boldsymbol{A}=|\boldsymbol{A}|\boldsymbol{E}$；　　（2）当 $|\boldsymbol{A}|\neq 0$ 时，$|\boldsymbol{A}^*|=|\boldsymbol{A}|^{n-1}$.

20. 矩阵的方幂

若相乘的矩阵为一系列相等的矩阵，则乘积称为该矩阵的**方幂**. 显然，只有方阵才有方幂. $\boldsymbol{A}^k=\underbrace{\boldsymbol{A}\cdot\boldsymbol{A}\cdot\cdots\cdot\boldsymbol{A}}_{k\text{个}}$ 称为方阵 $\boldsymbol{A}$ 的 k 次幂.

21. 方阵的幂的运算规律（k，l 为正整数）

（1）$\boldsymbol{A}^k\boldsymbol{A}^l=\boldsymbol{A}^{k+l}$；　　（2）$(\boldsymbol{A}^k)^l=\boldsymbol{A}^{kl}$.

22. 幂零矩阵

若方阵 $\boldsymbol{A}\neq\boldsymbol{O}$，存在某正整数 k，使得 $\boldsymbol{A}^k=\boldsymbol{O}$，则称方阵 $\boldsymbol{A}$ 为**幂零矩阵**.

23. 方阵 $\boldsymbol{A}$ 的多项式

$f(x)=a_nx^n+a_{n-1}x^{n-1}+\cdots+a_1x+a_0$ 为 x 的 n 次多项式，$\boldsymbol{A}$ 为 m 阶方阵，则有 $f(\boldsymbol{A})=a_n\boldsymbol{A}^n+a_{n-1}\boldsymbol{A}^{n-1}+\cdots+a_1\boldsymbol{A}+a_0\boldsymbol{E}$，其仍为一个 m 阶方阵，称 $f(\boldsymbol{A})$ 为**方阵 $\boldsymbol{A}$ 的多项式**.

24. 矩阵的转置

定义 7　将 $m\times n$ 矩阵 $\boldsymbol{A}$ 的行与列互换，得到的 $n\times m$ 矩阵，称为 $\boldsymbol{A}$ 的**转置矩阵**，记为 $\boldsymbol{A}^{\mathrm{T}}$ 或 $\boldsymbol{A}'$. 即如果 $\boldsymbol{A}=\begin{pmatrix} a_{11} & a_{12} & \cdots & a_{1n} \\ a_{21} & a_{22} & \cdots & a_{2n} \\ \vdots & \vdots & & \vdots \\ a_{m1} & a_{m2} & \cdots & a_{mn} \end{pmatrix}$，则 $\boldsymbol{A}^{\mathrm{T}}=\begin{pmatrix} a_{11} & a_{21} & \cdots & a_{m1} \\ a_{12} & a_{22} & \cdots & a_{m2} \\ \vdots & \vdots & & \vdots \\ a_{1n} & a_{2n} & \cdots & a_{mn} \end{pmatrix}$.

25. 矩阵转置的运算规律

（1）$(\boldsymbol{A}^{\mathrm{T}})^{\mathrm{T}}=\boldsymbol{A}$；　　（2）$(\boldsymbol{A}+\boldsymbol{B})^{\mathrm{T}}=\boldsymbol{A}^{\mathrm{T}}+\boldsymbol{B}^{\mathrm{T}}$；

（3）$(k\boldsymbol{A})^{\mathrm{T}}=k\boldsymbol{A}^{\mathrm{T}}$；　　（4）$(\boldsymbol{AB})^{\mathrm{T}}=\boldsymbol{B}^{\mathrm{T}}\boldsymbol{A}^{\mathrm{T}}$.

2.1.2　基本要求

熟记矩阵的概念，并且会用正确的符号表示矩阵；熟练运用矩阵的运算性质计算矩阵的线性运算、矩阵的乘法、方阵的幂、方阵乘积的行列式、矩阵的转置. 本节的重点是矩阵的加法、减法、乘法运算.

2.1.3 典型范例

题型 1 矩阵的乘法运算及应用.

例 1 设 $\boldsymbol{A}, \boldsymbol{B}, \boldsymbol{C}$ 为 n 阶方阵,若 $\boldsymbol{AB}=\boldsymbol{BA}, \boldsymbol{AC}=\boldsymbol{CA}$,则 $\boldsymbol{ABC}$ 等于(　　).

A. $\boldsymbol{ACB}$　　B. $\boldsymbol{CBA}$　　C. $\boldsymbol{BCA}$　　D. $\boldsymbol{CAB}$

解 由题意可知 $\boldsymbol{AB}=\boldsymbol{BA}, \boldsymbol{AC}=\boldsymbol{CA}$,且运用矩阵乘法结合律,所以 $\boldsymbol{ABC}=(\boldsymbol{AB})\boldsymbol{C}=(\boldsymbol{BA})\boldsymbol{C}=\boldsymbol{B}(\boldsymbol{AC})=\boldsymbol{B}(\boldsymbol{CA})=\boldsymbol{BCA}$,故选 C.

例 2 求矩阵 $\boldsymbol{A}=\begin{pmatrix}1&0&3\\2&1&0\end{pmatrix}$ 与矩阵 $\boldsymbol{B}=\begin{pmatrix}4&1&0\\-1&1&3\\2&0&1\end{pmatrix}$ 的乘积 $\boldsymbol{AB}$.

解
$$\begin{aligned}\boldsymbol{AB}&=\begin{pmatrix}1&0&3\\2&1&0\end{pmatrix}\begin{pmatrix}4&1&0\\-1&1&3\\2&0&1\end{pmatrix}\\&=\begin{pmatrix}1\times4+0\times(-1)+3\times2&1\times1+0\times1+3\times0&1\times0+0\times3+3\times1\\2\times4+1\times(-1)+0\times2&2\times1+1\times1+0\times0&2\times0+1\times3+0\times1\end{pmatrix}\\&=\begin{pmatrix}10&1&3\\7&3&3\end{pmatrix}.\end{aligned}$$

题型 2 求矩阵的 n 次幂 $\boldsymbol{A}^n$.

例 3 设矩阵 $\boldsymbol{A}=\begin{pmatrix}1&0\\\lambda&1\end{pmatrix}$,求方幂 $\boldsymbol{A}^n$.

解法 1 归纳法.

$$\boldsymbol{A}^2=\boldsymbol{AA}=\begin{pmatrix}1&0\\\lambda&1\end{pmatrix}\begin{pmatrix}1&0\\\lambda&1\end{pmatrix}=\begin{pmatrix}1&0\\2\lambda&1\end{pmatrix}.$$

设 $\boldsymbol{A}^{n-1}=\begin{pmatrix}1&0\\(n-1)\lambda&1\end{pmatrix}$,则

$$\boldsymbol{A}^n=\boldsymbol{AA}^{n-1}=\begin{pmatrix}1&0\\\lambda&1\end{pmatrix}\begin{pmatrix}1&0\\(n-1)\lambda&1\end{pmatrix}=\begin{pmatrix}1&0\\n\lambda&1\end{pmatrix}.$$

解法 2 二项式公式法.

$$\boldsymbol{A}=\begin{pmatrix}1&0\\\lambda&1\end{pmatrix}=\begin{pmatrix}1&0\\0&1\end{pmatrix}+\begin{pmatrix}0&0\\\lambda&0\end{pmatrix}=\boldsymbol{E}+\boldsymbol{B},$$

其中 $\boldsymbol{E}$ 为单位矩阵,且 $\boldsymbol{E}^n=\boldsymbol{E}, \boldsymbol{EB}=\boldsymbol{BE}$,矩阵 $\boldsymbol{B}=\begin{pmatrix}0&0\\\lambda&0\end{pmatrix}$ 为主对角线为零的下三角形矩

阵，且 $B^2=BB=\begin{pmatrix}0&0\\\lambda&0\end{pmatrix}\begin{pmatrix}0&0\\\lambda&0\end{pmatrix}=\begin{pmatrix}0&0\\0&0\end{pmatrix}=O$，则有 $B^2=B^3=\cdots=B^n=O$，于是，由二项式公式，有

$$A^n=(E+B)^n=E^n+nE^{n-1}B+\frac{n(n-1)}{2}E^{n-2}B^2+\cdots+B^n$$
$$=E+nB=\begin{pmatrix}1&0\\0&1\end{pmatrix}+n\begin{pmatrix}0&0\\\lambda&0\end{pmatrix}=\begin{pmatrix}1&0\\n\lambda&1\end{pmatrix}.$$

题型 3　方阵行列式性质的应用.

例 4　设 A 为三阶方阵，且 $|A|=\frac{1}{4}$，则 $|(2A)^2|=$__________.

解　由方阵行列式性质 $|kA_n|=k^n|A|$，$|AB|=|A||B|$，因为 A 为三阶方阵，所以 $|(2A)^2|=|4A^2|=4^3|A|^2=4^3\times\left(\frac{1}{4}\right)^2=4$.

2.1.4　疑难解析

例 5　已知矩阵 $A=\begin{pmatrix}1&0&-1\\2&-1&1\\-1&2&-5\end{pmatrix}$，若下三角形可逆矩阵 P 和上三角形可逆矩阵 Q 使得 PAQ 为对角矩阵，则 P，Q 分别取(　　).

A. $\begin{pmatrix}1&0&0\\0&1&0\\0&0&1\end{pmatrix},\begin{pmatrix}1&0&1\\0&1&3\\0&0&1\end{pmatrix}$　　B. $\begin{pmatrix}1&0&0\\2&-1&0\\-3&2&1\end{pmatrix},\begin{pmatrix}1&0&0\\0&1&0\\0&0&1\end{pmatrix}$

C. $\begin{pmatrix}1&0&0\\2&-1&0\\-3&2&1\end{pmatrix},\begin{pmatrix}1&0&1\\0&1&3\\0&0&1\end{pmatrix}$　　D. $\begin{pmatrix}1&0&0\\0&1&0\\1&3&1\end{pmatrix},\begin{pmatrix}1&2&-3\\0&-1&2\\0&0&1\end{pmatrix}$

解　用排除法.

A 选项中将 P，Q 代入得

$$PAQ=\begin{pmatrix}1&0&0\\0&1&0\\0&0&1\end{pmatrix}\begin{pmatrix}1&0&-1\\2&-1&1\\-1&2&-5\end{pmatrix}\begin{pmatrix}1&0&1\\0&1&3\\0&0&1\end{pmatrix}$$
$$=\begin{pmatrix}1&0&-1\\2&-1&1\\-1&2&-5\end{pmatrix}\begin{pmatrix}1&0&1\\0&1&3\\0&0&1\end{pmatrix}=\begin{pmatrix}1&0&0\\2&-1&0\\-1&2&0\end{pmatrix},$$

不是对角矩阵，故排除 A 选项；

B 选项中将 P，Q 代入得

$$\boldsymbol{PAQ}=\begin{pmatrix}1&0&0\\2&-1&0\\-3&2&1\end{pmatrix}\begin{pmatrix}1&0&-1\\2&-1&1\\-1&2&-5\end{pmatrix}\begin{pmatrix}1&0&0\\0&1&0\\0&0&1\end{pmatrix}$$

$$=\begin{pmatrix}1&0&0\\2&-1&0\\-3&2&1\end{pmatrix}\begin{pmatrix}1&0&-1\\2&-1&1\\-1&2&-5\end{pmatrix}=\begin{pmatrix}1&0&-1\\0&1&-3\\0&0&0\end{pmatrix},$$

不是对角矩阵，故排除 B 选项；

C 选项中将 $\boldsymbol{P}$，$\boldsymbol{Q}$ 代入得

$$\boldsymbol{PAQ}=\begin{pmatrix}1&0&0\\2&-1&0\\-3&2&1\end{pmatrix}\begin{pmatrix}1&0&-1\\2&-1&1\\-1&2&-5\end{pmatrix}\begin{pmatrix}1&0&1\\0&1&3\\0&0&1\end{pmatrix}$$

$$=\begin{pmatrix}1&0&-1\\0&1&-3\\0&0&0\end{pmatrix}\begin{pmatrix}1&0&1\\0&1&3\\0&0&1\end{pmatrix}=\begin{pmatrix}1&0&0\\0&1&0\\0&0&0\end{pmatrix},$$

是对角矩阵，故 C 选项正确；

同理 D 选项可排除.

例 6 设矩阵 $\boldsymbol{A}$ 满足对任意 x_1，x_2，x_3 均有 $\boldsymbol{A}\begin{pmatrix}x_1\\x_2\\x_3\end{pmatrix}=\begin{pmatrix}x_1+x_2+x_3\\2x_1-x_2+x_3\\x_2-x_3\end{pmatrix}$，求矩阵 $\boldsymbol{A}$.

解 由矩阵乘法可知，因为 $\begin{pmatrix}x_1+x_2+x_3\\2x_1-x_2+x_3\\x_2-x_3\end{pmatrix}=\begin{pmatrix}1&1&1\\2&-1&1\\0&1&-1\end{pmatrix}\begin{pmatrix}x_1\\x_2\\x_3\end{pmatrix}$，

所以 $\boldsymbol{A}\begin{pmatrix}x_1\\x_2\\x_3\end{pmatrix}=\begin{pmatrix}1&1&1\\2&-1&1\\0&1&-1\end{pmatrix}\begin{pmatrix}x_1\\x_2\\x_3\end{pmatrix}$，对任意 x_1，x_2，x_3 都成立，必有矩阵

$$\boldsymbol{A}=\begin{pmatrix}1&1&1\\2&-1&1\\0&1&-1\end{pmatrix}.$$

2.1.5 习题全解

1. 设矩阵 $\boldsymbol{A}=\begin{pmatrix}a\\b\end{pmatrix}$，则 $\boldsymbol{AA}^{\mathrm{T}}=$__________.

解 $\boldsymbol{AA}^{\mathrm{T}}=\begin{pmatrix}a\\b\end{pmatrix}(a\quad b)=\begin{pmatrix}a^2&ab\\ab&b^2\end{pmatrix}$.

2. 设矩阵 $\boldsymbol{A}=\begin{pmatrix}1 & 2\\3 & 4\end{pmatrix}$，则行列式 $|\boldsymbol{A}^2|=$__________.

解 因为 $\boldsymbol{A}=\begin{pmatrix}1 & 2\\3 & 4\end{pmatrix}$，所以 $|\boldsymbol{A}|=\begin{vmatrix}1 & 2\\3 & 4\end{vmatrix}=1\times4-2\times3=-2$，由方阵乘积的行列式的性质，得 $|\boldsymbol{A}^2|=|\boldsymbol{AA}|=|\boldsymbol{A}|\,|\boldsymbol{A}|=|\boldsymbol{A}|^2=(-2)^2=4$.

3. 若 $\boldsymbol{A}$，$\boldsymbol{B}$ 均为三阶矩阵，且 $|\boldsymbol{A}|=2$，$\boldsymbol{B}=-3\boldsymbol{E}$，则 $|\boldsymbol{AB}|=$__________.

解 因为 $\boldsymbol{B}=-3\boldsymbol{E}$，$|\boldsymbol{E}|=1$，且 $\boldsymbol{B}$ 为三阶矩阵，所以 $|\boldsymbol{B}|=|-3\boldsymbol{E}|=(-3)^3|\boldsymbol{E}|=-27$，由方阵乘积的行列式的性质，得 $|\boldsymbol{AB}|=|\boldsymbol{A}|\,|\boldsymbol{B}|=2\times(-27)=-54$.

4. 设 $\boldsymbol{A}=\begin{pmatrix}1 & -2\\3 & 1\end{pmatrix}$，$\boldsymbol{B}=\begin{pmatrix}2 & 1\\0 & 3\end{pmatrix}$，$\boldsymbol{C}=(2,-1)$，则 $(\boldsymbol{A}-\boldsymbol{B})\boldsymbol{C}^{\mathrm{T}}=$__________.

解 由已知将 $\boldsymbol{A}$，$\boldsymbol{B}$，$\boldsymbol{C}$ 代入得

$$(\boldsymbol{A}-\boldsymbol{B})\boldsymbol{C}^{\mathrm{T}}=\left[\begin{pmatrix}1 & -2\\3 & 1\end{pmatrix}-\begin{pmatrix}2 & 1\\0 & 3\end{pmatrix}\right](2,-1)^{\mathrm{T}}=\begin{pmatrix}-1 & -3\\3 & -2\end{pmatrix}\begin{pmatrix}2\\-1\end{pmatrix}$$

$$=\begin{pmatrix}(-1)\times2+(-3)\times(-1)\\3\times2+(-2)\times(-1)\end{pmatrix}=\begin{pmatrix}1\\8\end{pmatrix}.$$

5. $\begin{pmatrix}2 & 1 & 0\\1 & -1 & 4\end{pmatrix}\begin{pmatrix}1 & 3\\0 & -1\\4 & 0\end{pmatrix}=$__________.

解 由矩阵乘法的定义得

$$\begin{pmatrix}2 & 1 & 0\\1 & -1 & 4\end{pmatrix}\begin{pmatrix}1 & 3\\0 & -1\\4 & 0\end{pmatrix}=\begin{pmatrix}2\times1+1\times0+0\times4 & 2\times3+1\times(-1)+0\times0\\1\times1+(-1)\times0+4\times4 & 1\times3+(-1)\times(-1)+4\times0\end{pmatrix}$$

$$=\begin{pmatrix}2 & 5\\17 & 4\end{pmatrix}.$$

6. 设 $\boldsymbol{A}=\begin{pmatrix}1 & -1 & 1\\1 & 1 & -1\end{pmatrix}$，$\boldsymbol{B}=\begin{pmatrix}1 & 2 & 3\\-1 & -2 & 4\end{pmatrix}$，则 $\boldsymbol{A}+2\boldsymbol{B}=$__________.

解 由矩阵的加法和数与矩阵乘积的定义及性质得

$$\boldsymbol{A}+2\boldsymbol{B}=\begin{pmatrix}1 & -1 & 1\\1 & 1 & -1\end{pmatrix}+2\begin{pmatrix}1 & 2 & 3\\-1 & -2 & 4\end{pmatrix}=\begin{pmatrix}1 & -1 & 1\\1 & 1 & -1\end{pmatrix}+\begin{pmatrix}2 & 4 & 6\\-2 & -4 & 8\end{pmatrix}$$

$$=\begin{pmatrix}1+2 & -1+4 & 1+6\\1-2 & 1-4 & -1+8\end{pmatrix}=\begin{pmatrix}3 & 3 & 7\\-1 & -3 & 7\end{pmatrix}.$$

7. 对任意 n 阶方阵 $\boldsymbol{A}$，$\boldsymbol{B}$ 总有(　　).

A. $\boldsymbol{AB}=\boldsymbol{BA}$　　　　B. $|\boldsymbol{AB}|=|\boldsymbol{BA}|$

C. $(\boldsymbol{AB})^{\mathrm{T}}=\boldsymbol{A}^{\mathrm{T}}\boldsymbol{B}^{\mathrm{T}}$　　　　D. $(\boldsymbol{AB})^2=\boldsymbol{A}^2\boldsymbol{B}^2$

解 A 选项错误,因为矩阵的乘法交换律不恒成立;

B 选项正确,由矩阵乘积的行列式的性质,有 $|\boldsymbol{AB}|=|\boldsymbol{A}|\,|\boldsymbol{B}|=|\boldsymbol{B}|\,|\boldsymbol{A}|=|\boldsymbol{BA}|$;

C 选项错误,由矩阵转置的运算性质,有 $(\boldsymbol{AB})^{\mathrm{T}}=\boldsymbol{B}^{\mathrm{T}}\boldsymbol{A}^{\mathrm{T}}$;

D 选项错误,因为矩阵乘法交换律不一定成立,只能有 $(\boldsymbol{AB})^2=(\boldsymbol{AB})(\boldsymbol{AB})=\boldsymbol{ABAB}$,只有满足当 $\boldsymbol{AB}=\boldsymbol{BA}$ 时,$(\boldsymbol{AB})^2=\boldsymbol{A}^2\boldsymbol{B}^2$ 才成立.

8. 设 $\boldsymbol{A}$ 是 $m\times n$ 矩阵,$\boldsymbol{B}$ 是 $s\times n$ 矩阵,$\boldsymbol{C}$ 是 $m\times s$ 矩阵,则下列运算有意义的是(　　).

A. $\boldsymbol{AB}$　　　　B. $\boldsymbol{BC}$

C. $\boldsymbol{AB}^{\mathrm{T}}$　　　　D. $\boldsymbol{AC}^{\mathrm{T}}$

解 由矩阵乘法的定义,两个矩阵乘积有意义必须满足左乘矩阵的列数等于右乘矩阵的行数,只有 C 选项满足这个条件.

9. 设 $\boldsymbol{A}$ 是三阶方阵,且 $|\boldsymbol{A}|=-1$,则 $|2\boldsymbol{A}|=$(　　).

A. -8　　　　B. -2

C. 2　　　　D. 8

解 由数与矩阵乘积的行列式的性质,因为 $\boldsymbol{A}$ 是三阶方阵,所以 $|2\boldsymbol{A}|=2^3|\boldsymbol{A}|=8|\boldsymbol{A}|=8\times(-1)=-8$. 故选 A.

10. 设 $\boldsymbol{A}=\begin{pmatrix}1&2&0\\3&4&0\\-1&2&1\end{pmatrix}$,$\boldsymbol{B}=\begin{pmatrix}2&3&-1\\-2&4&0\end{pmatrix}$. 求(1) $\boldsymbol{AB}^{\mathrm{T}}$;(2) $|4\boldsymbol{A}|$.

解 (1) 因为 $\boldsymbol{B}=\begin{pmatrix}2&3&-1\\-2&4&0\end{pmatrix}$,所以 $\boldsymbol{B}^{\mathrm{T}}=\begin{pmatrix}2&-2\\3&4\\-1&0\end{pmatrix}$,

故

$$\boldsymbol{AB}^{\mathrm{T}}=\begin{pmatrix}1&2&0\\3&4&0\\-1&2&1\end{pmatrix}\begin{pmatrix}2&-2\\3&4\\-1&0\end{pmatrix}$$

$$=\begin{pmatrix}1\times2+2\times3+0\times(-1)&1\times(-2)+2\times4+0\\3\times2+4\times3+0\times(-1)&3\times(-2)+4\times4+0\\(-1)\times2+2\times3+1\times(-1)&(-1)\times(-2)+2\times4+1\times0\end{pmatrix}$$

$$=\begin{pmatrix}8&6\\18&10\\3&10\end{pmatrix}.$$

(2) 因为 $\boldsymbol{A}=\begin{vmatrix}1&2&0\\3&4&0\\-1&2&1\end{vmatrix}=1\times\begin{vmatrix}1&2\\3&4\end{vmatrix}=-2$,

所以 $|4\boldsymbol{A}|=4^3|\boldsymbol{A}|=64\times(-2)=-128$.

2.2　特殊矩阵及矩阵分块

2.2.1　内容提要

1. 对角矩阵

形如 $A=\begin{pmatrix} a_{11} & & & \\ & a_{22} & & \\ & & \ddots & \\ & & & a_{nn} \end{pmatrix}$ 的 n 阶方阵称为**对角矩阵**,即只有主对角线上存在非零元素,其他元素都是零的方阵,也可简记为 $\operatorname{diag}(a_{11}, a_{22}, \cdots, a_{nn})$.

2. 对角矩阵的运算性质

(1) 两对角矩阵 $\boldsymbol{A}$, $\boldsymbol{B}$ 的和 $\boldsymbol{A}+\boldsymbol{B}$ 仍是对角矩阵.

(2) 数乘对角矩阵 $k\boldsymbol{A}$ 仍是对角矩阵.

(3) 两对角矩阵的乘积 $\boldsymbol{AB}$ 仍是对角矩阵.

3. 单位矩阵

主对角线上的元素全为 1 的对角矩阵称为**单位矩阵**,常记作 $\boldsymbol{E}$, 即

$$\boldsymbol{E}_n=\begin{pmatrix} 1 & & & \\ & 1 & & \\ & & \ddots & \\ & & & 1 \end{pmatrix}_{n\times n}.$$

4. 单位矩阵的运算性质

(1) $\boldsymbol{E}_m\boldsymbol{A}_{m\times n}=\boldsymbol{A}_{m\times n}$;　　(2) $\boldsymbol{A}_{m\times n}\boldsymbol{E}_n=\boldsymbol{A}_{m\times n}$;

(3) $\boldsymbol{E}_n^k=\boldsymbol{E}_n$;　　(4) $|\boldsymbol{E}_n|=1$.

5. 数量矩阵

主对角线上的元素全相等的对角阵 $\boldsymbol{A}_{n\times n}=\begin{pmatrix} a & & & \\ & a & & \\ & & \ddots & \\ & & & a \end{pmatrix}$ 称为**数量矩阵**.

6. 数量矩阵的运算性质

若 $\boldsymbol{A}_n=\begin{pmatrix} a & & & \\ & a & & \\ & & \ddots & \\ & & & a \end{pmatrix}=a\boldsymbol{E}_n$ 是数量矩阵,则对于任意矩阵 $\boldsymbol{B}$ 有

(1) $\boldsymbol{A}_n\boldsymbol{B}=a\boldsymbol{EB}=a\boldsymbol{B}$;　　(2) $\boldsymbol{BA}_n=\boldsymbol{B}a\boldsymbol{E}=a\boldsymbol{B}$.

7. 上(下)三角形矩阵

如果 n 阶方阵 $\boldsymbol{A}=(a_{ij})_{n\times n}$ 满足 $a_{ij}=0$ $(i>j;\ i,\ j=1,\ 2,\ \cdots,\ n)$，即 $\boldsymbol{A}=\begin{pmatrix} a_{11} & a_{12} & \cdots & a_{1n} \\ & a_{22} & \cdots & a_{2n} \\ & & \ddots & \vdots \\ & & & a_{nn} \end{pmatrix}$，则称 $\boldsymbol{A}$ 为 n 阶**上三角形矩阵**.

如果 n 阶方阵 $\boldsymbol{B}=(b_{ij})_{n\times n}$ 满足 $b_{ij}=0$ $(i<j;\ i,\ j=1,\ 2,\ \cdots,\ n)$，即 $\boldsymbol{B}=\begin{pmatrix} b_{11} & & & \\ b_{21} & b_{22} & & \\ \vdots & \vdots & \ddots & \\ b_{n1} & b_{n2} & \cdots & b_{nn} \end{pmatrix}$，则称 $\boldsymbol{B}$ 为 n 阶**下三角形矩阵**.

8. 上(下)三角形矩阵的运算性质

若 $\boldsymbol{A}$，$\boldsymbol{B}$ 同为 n 阶上(下)三角形矩阵，则 $k\boldsymbol{A}$，$\boldsymbol{A}+\boldsymbol{B}$，$\boldsymbol{AB}$ 也为同阶上(下)三角形矩阵.

9. 对称矩阵

如果 n 阶方阵 $\boldsymbol{A}=(a_{ij})_{n\times n}$ 满足 $a_{ij}=a_{ji}(i,\ j=1,\ 2,\ \cdots,\ n)$，则称 $\boldsymbol{A}$ 为**对称矩阵**，即 $\boldsymbol{A}^{\mathrm{T}}=\boldsymbol{A}$.

10. 对称矩阵的运算性质

对称矩阵的和 $\boldsymbol{A}+\boldsymbol{B}$、差 $\boldsymbol{A}-\boldsymbol{B}$、数乘 $k\boldsymbol{A}$ 仍是对称矩阵.

11. 反对称矩阵

如果 n 阶方阵 $\boldsymbol{A}=(a_{ij})_{n\times n}$ 满足 $a_{ij}=-a_{ji}(i,\ j=1,\ 2,\ \cdots,\ n)$，则称 $\boldsymbol{A}$ 为**反对称矩阵**，即 $\boldsymbol{A}^{\mathrm{T}}=-\boldsymbol{A}$.

12. 行阶梯形矩阵

若一个矩阵的每个非零行(元素不全为零)的第一个非零元素所在列的下标随行标增大而严格增大，并且零行(元素全为零的行)均在所有非零行的下面，称此矩阵为**行阶梯形矩阵**.

13. 行最简形矩阵

若一个行阶梯形矩阵的每个非零行首个非零元素为 1，且此非零元素所在列的其余元素全为零，称此矩阵为**行最简形矩阵**.

14. 矩阵的分块

对矩阵 $\boldsymbol{A}_{m\times n}$ 的行间用横线分成 t 块，对 $\boldsymbol{A}$ 的列间用竖线分成 s 块，就得到一个 $t\times s$ 的**分块矩阵** $\boldsymbol{A}=\begin{array}{c} \begin{matrix} n_1 & n_2 & \cdots & n_s \end{matrix} \\ \begin{pmatrix} \boldsymbol{A}_{11} & \boldsymbol{A}_{12} & \cdots & \boldsymbol{A}_{1s} \\ \boldsymbol{A}_{21} & \boldsymbol{A}_{22} & \cdots & \boldsymbol{A}_{2s} \\ \vdots & \vdots & & \vdots \\ \boldsymbol{A}_{t1} & \boldsymbol{A}_{t2} & \cdots & \boldsymbol{A}_{ts} \end{pmatrix} \end{array} \begin{matrix} m_1 \\ m_2 \\ \vdots \\ m_t \end{matrix}$，这里子块 $\boldsymbol{A}_{ij}$ 是 $m_i\times n_j$ 的矩阵 $(i=1,\ 2,\ \cdots,\ t;\ j=1,\ 2,\ \cdots,\ s)$. 通常，简记为 $\boldsymbol{A}=(\boldsymbol{A}_{ij})_{t\times s}$.

15. 分块矩阵的运算

在分块矩阵进行计算时，可将分块阵看作元素处理，直接应用一般矩阵的运算法则，而子块和子块间运算也要符合一般矩阵运算规律.

设 $m\times n$ 矩阵 $\boldsymbol{A}=(\boldsymbol{A}_{ij})_{t\times s}$, $\boldsymbol{B}=(\boldsymbol{B}_{ij})_{t\times s}(i=1,2,\cdots,t;j=1,2,\cdots,s)$.

(1) 定义 $\boldsymbol{A}=\boldsymbol{B}$, 当且仅当 $\boldsymbol{A}_{ij}=\boldsymbol{B}_{ij}(i=1,2,\cdots,t;j=1,2,\cdots,s)$.

(2) 定义 $\boldsymbol{A}+\boldsymbol{B}=(\boldsymbol{C}_{ij})_{s\times t}$, 其中 $\boldsymbol{C}_{ij}=\boldsymbol{A}_{ij}+\boldsymbol{B}_{ij}$.

(3) 定义 $k\boldsymbol{A}=(\boldsymbol{D}_{ij})_{t\times s}$, 其中 $\boldsymbol{D}_{ij}=k\boldsymbol{A}_{ij}$.

16. 分块对角矩阵

形如 $\begin{pmatrix}\boldsymbol{A}_1 & \boldsymbol{O} & \cdots & \boldsymbol{O}\\ \boldsymbol{O} & \boldsymbol{A}_2 & \cdots & \boldsymbol{O}\\ \vdots & \vdots & & \vdots\\ \boldsymbol{O} & \boldsymbol{O} & \cdots & \boldsymbol{A}_s\end{pmatrix}$ 的分块矩阵,称为**分块对角矩阵**或**准对角矩阵**.

17. 分块上(下)三角形矩阵

形如 $\begin{pmatrix}\boldsymbol{A}_{11} & \boldsymbol{A}_{12} & \cdots & \boldsymbol{A}_{1s}\\ \boldsymbol{O} & \boldsymbol{A}_{22} & \cdots & \boldsymbol{A}_{2s}\\ \vdots & \vdots & & \vdots\\ \boldsymbol{O} & \boldsymbol{O} & \cdots & \boldsymbol{A}_{ss}\end{pmatrix}$ 的分块矩阵,称为**分块上三角形矩阵**.

形如 $\begin{pmatrix}\boldsymbol{A}_{11} & \boldsymbol{O} & \cdots & \boldsymbol{O}\\ \boldsymbol{A}_{21} & \boldsymbol{A}_{22} & \cdots & \boldsymbol{O}\\ \vdots & \vdots & & \vdots\\ \boldsymbol{A}_{s1} & \boldsymbol{A}_{s2} & \cdots & \boldsymbol{A}_{ss}\end{pmatrix}$ 的分块矩阵,称为**分块下三角形矩阵**.

18. 分块上(下)三角形矩阵的行列式性质

如果分块上(下)三角形矩阵的主对角线上的子块 $\boldsymbol{A}_{ii}(i=1,2,\cdots,s)$ 均为方阵,那么

$$\begin{vmatrix}\boldsymbol{A}_{11} & \boldsymbol{A}_{12} & \cdots & \boldsymbol{A}_{1s}\\ \boldsymbol{O} & \boldsymbol{A}_{22} & \cdots & \boldsymbol{A}_{2s}\\ \vdots & \vdots & & \vdots\\ \boldsymbol{O} & \boldsymbol{O} & \cdots & \boldsymbol{A}_{ss}\end{vmatrix}=\begin{vmatrix}\boldsymbol{A}_{11} & \boldsymbol{O} & \cdots & \boldsymbol{O}\\ \boldsymbol{A}_{21} & \boldsymbol{A}_{22} & \cdots & \boldsymbol{O}\\ \vdots & \vdots & & \vdots\\ \boldsymbol{A}_{s1} & \boldsymbol{A}_{s2} & \cdots & \boldsymbol{A}_{ss}\end{vmatrix}=\det\boldsymbol{A}_{11}\det\boldsymbol{A}_{22}\cdots\det\boldsymbol{A}_{ss}.$$

2.2.2　基本要求

会判别并且用正确的符号表示一些特殊矩阵:单位矩阵、对角矩阵、上(下)三角形矩阵、对称矩阵、行阶梯形矩阵、行最简形矩阵,熟记并能够熟练运用它们的性质;能够运用矩阵分块的方法进行简便计算.本节的重点是特殊矩阵的定义及运算性质和运用分块矩阵简便计算.

2.2.3　典型范例

题型 1　分块矩阵的计算.

例 1　设矩阵 $\boldsymbol{A}_1=\begin{pmatrix}1 & 0\\ 2 & 1\end{pmatrix}$, $\boldsymbol{A}_2=\begin{pmatrix}2 & 3\\ 4 & 2\end{pmatrix}$, $\boldsymbol{A}_3=\begin{pmatrix}0 & 0\\ 0 & 0\end{pmatrix}$, $\boldsymbol{A}_4=\begin{pmatrix}1 & 0\\ 2 & 1\end{pmatrix}$,求

(1)分块矩阵 $\boldsymbol{A}=\begin{pmatrix}\boldsymbol{A}_1 & \boldsymbol{A}_2\\ \boldsymbol{A}_3 & \boldsymbol{A}_4\end{pmatrix}$; (2) $\boldsymbol{A}^2$.

解 (1) 将 $\boldsymbol{A}_1, \boldsymbol{A}_2, \boldsymbol{A}_3, \boldsymbol{A}_4$ 代入得方阵 $\boldsymbol{A}=\begin{pmatrix}\boldsymbol{A}_1 & \boldsymbol{A}_2\\ \boldsymbol{A}_3 & \boldsymbol{A}_4\end{pmatrix}=\begin{pmatrix}1&0&2&3\\2&1&4&2\\0&0&1&0\\0&0&2&1\end{pmatrix}$.

(2) 由已知 $\boldsymbol{A}_1=\boldsymbol{A}_4, \boldsymbol{A}_3=\boldsymbol{O}$, 则分块矩阵 $\boldsymbol{A}=\begin{pmatrix}\boldsymbol{A}_1 & \boldsymbol{A}_2\\ \boldsymbol{O} & \boldsymbol{A}_1\end{pmatrix}$,

所以
$$\boldsymbol{A}^2=\boldsymbol{A}\boldsymbol{A}=\begin{pmatrix}\boldsymbol{A}_1 & \boldsymbol{A}_2\\ \boldsymbol{O} & \boldsymbol{A}_1\end{pmatrix}\begin{pmatrix}\boldsymbol{A}_1 & \boldsymbol{A}_2\\ \boldsymbol{O} & \boldsymbol{A}_1\end{pmatrix}=\begin{pmatrix}\boldsymbol{A}_1^2 & \boldsymbol{A}_1\boldsymbol{A}_2+\boldsymbol{A}_2\boldsymbol{A}_1\\ \boldsymbol{O} & \boldsymbol{A}_1^2\end{pmatrix},$$

其中,

$$\boldsymbol{A}_1^2=\begin{pmatrix}1&0\\2&1\end{pmatrix}\begin{pmatrix}1&0\\2&1\end{pmatrix}=\begin{pmatrix}1&0\\4&1\end{pmatrix},\quad \boldsymbol{A}_1\boldsymbol{A}_2=\begin{pmatrix}1&0\\2&1\end{pmatrix}\begin{pmatrix}2&3\\4&2\end{pmatrix}=\begin{pmatrix}2&3\\8&8\end{pmatrix},$$

$$\boldsymbol{A}_2\boldsymbol{A}_1=\begin{pmatrix}2&3\\4&2\end{pmatrix}\begin{pmatrix}1&0\\2&1\end{pmatrix}=\begin{pmatrix}8&3\\8&2\end{pmatrix},\quad \boldsymbol{A}_1\boldsymbol{A}_2+\boldsymbol{A}_2\boldsymbol{A}_1=\begin{pmatrix}2&3\\8&8\end{pmatrix}+\begin{pmatrix}8&3\\8&2\end{pmatrix}=\begin{pmatrix}10&6\\16&10\end{pmatrix},$$

代入得

$$\boldsymbol{A}^2=\begin{pmatrix}\boldsymbol{A}_1^2 & \boldsymbol{A}_1\boldsymbol{A}_2+\boldsymbol{A}_2\boldsymbol{A}_1\\ \boldsymbol{O} & \boldsymbol{A}_1^2\end{pmatrix}=\begin{pmatrix}1&0&10&6\\4&1&16&10\\0&0&1&0\\0&0&4&1\end{pmatrix}.$$

题型 2 利用分块对角矩阵简便计算.

例 2 设矩阵 $\boldsymbol{A}=\begin{pmatrix}3&2&0&0\\4&-3&0&0\\0&0&2&0\\0&0&0&3\end{pmatrix}$, 利用分块对角矩阵求 $\boldsymbol{A}^2, \boldsymbol{A}^4$.

解 矩阵 $\boldsymbol{A}$ 为分块对角矩阵,则

$$\boldsymbol{A}=\left(\begin{array}{cc:cc}3&2&0&0\\4&-3&0&0\\ \hdashline 0&0&2&0\\0&0&0&3\end{array}\right)=\begin{pmatrix}\boldsymbol{A}_1 & \boldsymbol{O}\\ \boldsymbol{O} & \boldsymbol{A}_2\end{pmatrix},$$

由分块对角矩阵的性质得

$$\boldsymbol{A}^2=\begin{pmatrix}\boldsymbol{A}_1^2 & \boldsymbol{O}\\ \boldsymbol{O} & \boldsymbol{A}_2^2\end{pmatrix},\quad \boldsymbol{A}^4=\begin{pmatrix}\boldsymbol{A}_1^4 & \boldsymbol{O}\\ \boldsymbol{O} & \boldsymbol{A}_2^4\end{pmatrix}.$$

因为

$$\boldsymbol{A}_1=\begin{pmatrix}3&2\\4&-3\end{pmatrix},\quad \boldsymbol{A}_2=\begin{pmatrix}2&0\\0&3\end{pmatrix},$$

计算得

$$A_1^2=\begin{pmatrix}3&2\\4&-3\end{pmatrix}\begin{pmatrix}3&2\\4&-3\end{pmatrix}=\begin{pmatrix}17&0\\0&17\end{pmatrix},\quad A_2^2=\begin{pmatrix}2^2&0\\0&3^2\end{pmatrix}=\begin{pmatrix}4&0\\0&9\end{pmatrix},$$

$$A_1^4=(A_1^2)^2=\begin{pmatrix}17^2&0\\0&17^2\end{pmatrix}=\begin{pmatrix}289&0\\0&289\end{pmatrix},\quad A_2^4=\begin{pmatrix}2^4&0\\0&3^4\end{pmatrix}=\begin{pmatrix}16&0\\0&81\end{pmatrix}.$$

于是

$$A^2=\begin{pmatrix}A_1^2&O\\O&A_2^2\end{pmatrix}=\begin{pmatrix}17&0&0&0\\0&17&0&0\\0&0&4&0\\0&0&0&9\end{pmatrix},\quad A^4=\begin{pmatrix}A_1^4&O\\O&A_2^4\end{pmatrix}=\begin{pmatrix}289&0&0&0\\0&289&0&0\\0&0&16&0\\0&0&0&81\end{pmatrix}.$$

2.2.4　疑难解析

例 3　已知矩阵 $A=\begin{pmatrix}0&-1&1\\2&-3&0\\0&0&0\end{pmatrix}$,(1) 求 A^{99};(2) 设三阶矩阵 $B=(\alpha_1,\alpha_2,\alpha_3)$,满足 $B^2=BA$,记 $B^{100}=(\beta_1,\beta_2,\beta_3)$,将 β_1,β_2,β_3 表示为 $\alpha_1,\alpha_2,\alpha_3$ 的线性组合.

解　(1) 将矩阵分块,设 $A=\left(\begin{array}{cc:c}0&-1&1\\2&-3&0\\\hdashline 0&0&0\end{array}\right)=\begin{pmatrix}A_1&\alpha\\O&0\end{pmatrix}$,

则

$$A^2=\begin{pmatrix}A_1^2&A_1\alpha\\O&0\end{pmatrix},\cdots,A^{99}=\begin{pmatrix}A_1^{99}&A_1^{98}\alpha\\O&0\end{pmatrix}.$$

因为 $A_1=\begin{pmatrix}0&-1\\2&-3\end{pmatrix}$,

得

$$A_1^2=\begin{pmatrix}-2&3\\-6&7\end{pmatrix}=\begin{pmatrix}2-2^2&2^2-1\\2-2^3&2^3-1\end{pmatrix},\quad A_1^3=\begin{pmatrix}6&-7\\14&-15\end{pmatrix}=\begin{pmatrix}2^3-2&1-2^3\\2^4-2&1-2^4\end{pmatrix},\cdots,$$

$$A_1^{98}=\begin{pmatrix}2-2^{98}&2^{98}-1\\2-2^{99}&2^{99}-1\end{pmatrix},\quad A_1^{99}=\begin{pmatrix}2^{99}-2&1-2^{99}\\2^{100}-2&1-2^{100}\end{pmatrix}.$$

又因为

$$A_1^{98}\alpha=\begin{pmatrix}2-2^{98}&2^{98}-1\\2-2^{99}&2^{99}-1\end{pmatrix}\begin{pmatrix}1\\0\end{pmatrix}=\begin{pmatrix}2-2^{98}\\2-2^{99}\end{pmatrix},$$

所以

$$A^{99}=\begin{pmatrix}2^{99}-2&1-2^{99}&2-2^{98}\\2^{100}-2&1-2^{100}&2-2^{99}\\0&0&0\end{pmatrix}.$$

(2) 因为 $B^2=BA$,所以 $B^3=B(BA)=B^2A=(BA)A=BA^2$,同理可得 $B^{100}=BA^{99}$.

将 $B^{100}=(\beta_1,\beta_2,\beta_3)$,$B=(\alpha_1,\alpha_2,\alpha_3)$ 代入得

$$(\boldsymbol{\beta}_1, \boldsymbol{\beta}_2, \boldsymbol{\beta}_3)=(\boldsymbol{\alpha}_1, \boldsymbol{\alpha}_2, \boldsymbol{\alpha}_3)\begin{pmatrix} 2^{99}-2 & 1-2^{99} & 2-2^{98} \\ 2^{100}-2 & 1-2^{100} & 2-2^{99} \\ 0 & 0 & 0 \end{pmatrix}$$

$$=((2^{99}-2)\boldsymbol{\alpha}_1+(2^{100}-2)\boldsymbol{\alpha}_2, (1-2^{99})\boldsymbol{\alpha}_1+(1-2^{100})\boldsymbol{\alpha}_2, (2-2^{98})\boldsymbol{\alpha}_1+(2-2^{99})\boldsymbol{\alpha}_2).$$

由矩阵相等定义,则对应元素相等,可得 $\boldsymbol{\beta}_1, \boldsymbol{\beta}_2, \boldsymbol{\beta}_3$ 表示为 $\boldsymbol{\alpha}_1, \boldsymbol{\alpha}_2, \boldsymbol{\alpha}_3$ 的线性组合:

$$\boldsymbol{\beta}_1=(2^{99}-2)\boldsymbol{\alpha}_1+(2^{100}-2)\boldsymbol{\alpha}_2;$$
$$\boldsymbol{\beta}_2=(1-2^{99})\boldsymbol{\alpha}_1+(1-2^{100})\boldsymbol{\alpha}_2;$$
$$\boldsymbol{\beta}_3=(2-2^{98})\boldsymbol{\alpha}_1+(2-2^{99})\boldsymbol{\alpha}_2.$$

2.2.5 习题全解

1. $\boldsymbol{A}=\begin{pmatrix} a & 1 & 0 & 0 \\ 0 & a & 0 & 0 \\ 0 & 0 & b & 1 \\ 0 & 0 & 1 & b \end{pmatrix}$, $\boldsymbol{B}=\begin{pmatrix} a & 0 & 0 & 0 \\ 1 & a & 0 & 0 \\ 0 & 0 & b & 0 \\ 0 & 0 & 1 & b \end{pmatrix}$, 求 $\boldsymbol{A}+\boldsymbol{B}$.

解 将矩阵 $\boldsymbol{A}, \boldsymbol{B}$ 分块为

$$\boldsymbol{A}=\left(\begin{array}{cc:cc} a & 1 & 0 & 0 \\ 0 & a & 0 & 0 \\ \hdashline 0 & 0 & b & 1 \\ 0 & 0 & 1 & b \end{array}\right)=\begin{pmatrix} \boldsymbol{A}_1 & \boldsymbol{O} \\ \boldsymbol{O} & \boldsymbol{A}_2 \end{pmatrix}, \quad \boldsymbol{B}=\left(\begin{array}{cc:cc} a & 0 & 0 & 0 \\ 1 & a & 0 & 0 \\ \hdashline 0 & 0 & b & 0 \\ 0 & 0 & 1 & b \end{array}\right)=\begin{pmatrix} \boldsymbol{B}_1 & \boldsymbol{O} \\ \boldsymbol{O} & \boldsymbol{B}_2 \end{pmatrix}.$$

因为
$$\boldsymbol{A}_1+\boldsymbol{B}_1=\begin{pmatrix} a & 1 \\ 0 & a \end{pmatrix}+\begin{pmatrix} a & 0 \\ 1 & a \end{pmatrix}=\begin{pmatrix} 2a & 1 \\ 1 & 2a \end{pmatrix},$$
$$\boldsymbol{A}_2+\boldsymbol{B}_2=\begin{pmatrix} b & 1 \\ 1 & b \end{pmatrix}+\begin{pmatrix} b & 0 \\ 1 & b \end{pmatrix}=\begin{pmatrix} 2b & 1 \\ 2 & 2b \end{pmatrix},$$

所以
$$\boldsymbol{A}+\boldsymbol{B}=\begin{pmatrix} \boldsymbol{A}_1+\boldsymbol{B}_1 & \boldsymbol{O} \\ \boldsymbol{O} & \boldsymbol{A}_2+\boldsymbol{B}_2 \end{pmatrix}=\begin{pmatrix} 2a & 1 & 0 & 0 \\ 1 & 2a & 0 & 0 \\ 0 & 0 & 2b & 1 \\ 0 & 0 & 2 & 2b \end{pmatrix}.$$

2. 用分块法计算 $\boldsymbol{AB}$, 其中, $\boldsymbol{A}=\begin{pmatrix} 0 & 0 & 5 \\ 4 & 2 & 1 \\ 0 & -1 & 2 \end{pmatrix}$, $\boldsymbol{B}=\begin{pmatrix} 1 & 2 & 4 & -1 \\ 5 & 3 & 1 & 0 \\ 0 & 0 & 2 & 0 \end{pmatrix}$.

解 将矩阵 $\boldsymbol{A}, \boldsymbol{B}$ 分块为

$$\boldsymbol{A}=\left(\begin{array}{cc:c} 0 & 0 & 5 \\ \hdashline 4 & 2 & 1 \\ 0 & -1 & 2 \end{array}\right)=\begin{pmatrix} \boldsymbol{O} & 5 \\ \boldsymbol{A}_1 & \boldsymbol{A}_2 \end{pmatrix}, \quad \boldsymbol{B}=\left(\begin{array}{cc:cc} 1 & 2 & 4 & -1 \\ 5 & 3 & 1 & 0 \\ \hdashline 0 & 0 & 2 & 0 \end{array}\right)=\begin{pmatrix} \boldsymbol{B}_1 & \boldsymbol{B}_2 \\ \boldsymbol{O} & \boldsymbol{B}_3 \end{pmatrix}.$$

因为
$$5\boldsymbol{B}_3=5(2\quad 0)=(10\quad 0),$$
$$\boldsymbol{A}_1\boldsymbol{B}_1=\begin{pmatrix}4&2\\0&-1\end{pmatrix}\begin{pmatrix}1&2\\5&3\end{pmatrix}=\begin{pmatrix}14&14\\-5&-3\end{pmatrix},$$
$$\boldsymbol{A}_1\boldsymbol{B}_2+\boldsymbol{A}_2\boldsymbol{B}_3=\begin{pmatrix}4&2\\0&-1\end{pmatrix}\begin{pmatrix}4&-1\\1&0\end{pmatrix}+\begin{pmatrix}1\\2\end{pmatrix}(2\quad 0)$$
$$=\begin{pmatrix}18&-4\\-1&0\end{pmatrix}+\begin{pmatrix}2&0\\4&0\end{pmatrix}=\begin{pmatrix}20&-4\\3&0\end{pmatrix},$$
所以
$$\boldsymbol{AB}=\begin{pmatrix}\boldsymbol{O}&5\\\boldsymbol{A}_1&\boldsymbol{A}_2\end{pmatrix}\begin{pmatrix}\boldsymbol{B}_1&\boldsymbol{B}_2\\\boldsymbol{O}&\boldsymbol{B}_3\end{pmatrix}=\begin{pmatrix}\boldsymbol{OB}_1+5\boldsymbol{O}&\boldsymbol{OB}_2+5\boldsymbol{B}_3\\\boldsymbol{A}_1\boldsymbol{B}_1+\boldsymbol{A}_2\boldsymbol{O}&\boldsymbol{A}_1\boldsymbol{B}_2+\boldsymbol{A}_2\boldsymbol{B}_3\end{pmatrix}$$
$$=\begin{pmatrix}\boldsymbol{O}&5\boldsymbol{B}_3\\\boldsymbol{A}_1\boldsymbol{B}_1&\boldsymbol{A}_1\boldsymbol{B}_2+\boldsymbol{A}_2\boldsymbol{B}_3\end{pmatrix}=\begin{pmatrix}0&0&10&0\\14&14&20&-4\\-5&-3&3&0\end{pmatrix}.$$

3. 用分块法计算 $\boldsymbol{AB}$，其中，$\boldsymbol{A}=\begin{pmatrix}1&0&0&0\\0&1&0&0\\-1&2&1&0\\1&1&0&1\end{pmatrix}$，$\boldsymbol{B}=\begin{pmatrix}1&0&1&0\\-1&2&0&1\\1&0&4&1\\-1&-1&2&0\end{pmatrix}$.

解　将矩阵 $\boldsymbol{A},\boldsymbol{B}$ 分块为
$$\boldsymbol{A}=\left(\begin{array}{cc:cc}1&0&0&0\\0&1&0&0\\\hdashline-1&2&1&0\\1&1&0&1\end{array}\right)=\begin{pmatrix}\boldsymbol{E}_2&\boldsymbol{O}_2\\\boldsymbol{A}_1&\boldsymbol{E}_2\end{pmatrix},\quad \boldsymbol{B}=\left(\begin{array}{cc:cc}1&0&1&0\\-1&2&0&1\\\hdashline1&0&4&1\\-1&-1&2&0\end{array}\right)=\begin{pmatrix}\boldsymbol{B}_1&\boldsymbol{E}_2\\\boldsymbol{B}_2&\boldsymbol{B}_3\end{pmatrix}.$$
因为
$$\boldsymbol{A}_1\boldsymbol{B}_1+\boldsymbol{B}_2=\begin{pmatrix}-1&2\\1&1\end{pmatrix}\begin{pmatrix}1&0\\-1&2\end{pmatrix}+\begin{pmatrix}1&0\\-1&-1\end{pmatrix}=\begin{pmatrix}-3&4\\0&2\end{pmatrix}+\begin{pmatrix}1&0\\-1&-1\end{pmatrix}=\begin{pmatrix}-2&4\\-1&1\end{pmatrix},$$
$$\boldsymbol{A}_1+\boldsymbol{B}_3=\begin{pmatrix}-1&2\\1&1\end{pmatrix}+\begin{pmatrix}4&1\\2&0\end{pmatrix}=\begin{pmatrix}3&3\\3&1\end{pmatrix},$$
所以
$$\boldsymbol{AB}=\begin{pmatrix}\boldsymbol{E}_2&\boldsymbol{O}_2\\\boldsymbol{A}_1&\boldsymbol{E}_2\end{pmatrix}\begin{pmatrix}\boldsymbol{B}_1&\boldsymbol{E}_2\\\boldsymbol{B}_2&\boldsymbol{B}_3\end{pmatrix}=\begin{pmatrix}\boldsymbol{E}_2\boldsymbol{B}_1+\boldsymbol{O}_2\boldsymbol{B}_2&\boldsymbol{E}_2\boldsymbol{E}_2+\boldsymbol{O}_2\boldsymbol{B}_3\\\boldsymbol{A}_1\boldsymbol{B}_1+\boldsymbol{E}_2\boldsymbol{B}_2&\boldsymbol{A}_1\boldsymbol{E}_2+\boldsymbol{E}_2\boldsymbol{B}_3\end{pmatrix},$$
$$=\begin{pmatrix}\boldsymbol{B}_1&\boldsymbol{E}_2\\\boldsymbol{A}_1\boldsymbol{B}_1+\boldsymbol{B}_2&\boldsymbol{A}_1+\boldsymbol{B}_3\end{pmatrix}=\begin{pmatrix}1&0&1&0\\-1&2&0&1\\-2&4&3&3\\-1&1&3&1\end{pmatrix}.$$

2.3 可逆矩阵

2.3.1 内容提要

1. 矩阵可逆

定义 1 对 n 阶方阵 $\boldsymbol{A}$，若存在一个同阶方阵 $\boldsymbol{B}$，使得 $\boldsymbol{AB}=\boldsymbol{BA}=\boldsymbol{E}$，则称方阵 $\boldsymbol{A}$ **可逆**，方阵 $\boldsymbol{B}$ 为方阵 $\boldsymbol{A}$ 的**逆矩阵**，记为 $\boldsymbol{A}^{-1}$.

2. 逆矩阵的性质

若方阵 $\boldsymbol{A}$ 可逆，则 $\boldsymbol{A}$ 的逆矩阵是**唯一**的.

3. 可逆矩阵的运算性质

(1) 若方阵 $\boldsymbol{A}$ 可逆，则行列式 $|\boldsymbol{A}^{-1}|=\dfrac{1}{|\boldsymbol{A}|}$；

(2) 若方阵 $\boldsymbol{A}$ 可逆，数 $\lambda\neq 0$，则 $\lambda\boldsymbol{A}$ 可逆，且 $(\lambda\boldsymbol{A})^{-1}=\dfrac{1}{\lambda}\boldsymbol{A}^{-1}$；

(3) 若方阵 $\boldsymbol{A}$ 可逆，则 $\boldsymbol{A}^{\mathrm{T}}$ 也可逆，且 $(\boldsymbol{A}^{\mathrm{T}})^{-1}=(\boldsymbol{A}^{-1})^{\mathrm{T}}$；

(4) 若方阵 $\boldsymbol{A}$ 可逆，且 $\boldsymbol{AB}=\boldsymbol{AC}$，则 $\boldsymbol{B}=\boldsymbol{C}$；

(5) 若 $\boldsymbol{A}$，$\boldsymbol{B}$ 为同阶方阵且均可逆，则 $\boldsymbol{AB}$ 也可逆，且 $(\boldsymbol{AB})^{-1}=\boldsymbol{B}^{-1}\boldsymbol{A}^{-1}$.

4. 非奇异矩阵(奇异矩阵)

定义 2 如果 n 阶方阵 $\boldsymbol{A}$ 的行列式 $|\boldsymbol{A}|\neq 0$，则称 $\boldsymbol{A}$ 是**非奇异矩阵**(或**非退化矩阵**)；否则，称 $\boldsymbol{A}$ 是**奇异矩阵**(或**退化矩阵**).

5. 可逆矩阵的充分必要条件及求逆矩阵的伴随矩阵法

定理 1 n 阶方阵 $\boldsymbol{A}$ 可逆的充分必要条件为 $\boldsymbol{A}$ 是非奇异矩阵，且 $\boldsymbol{A}^{-1}=\dfrac{1}{|\boldsymbol{A}|}\boldsymbol{A}^{*}$，其中 $\boldsymbol{A}^{*}$ 为 $\boldsymbol{A}$ 的伴随矩阵.

6. 可逆矩阵的充分条件

定理 2 若两个同阶方阵 $\boldsymbol{A}$ 与 $\boldsymbol{B}$ 的乘积有 $\boldsymbol{AB}=\boldsymbol{E}$，则 $\boldsymbol{A}$ 与 $\boldsymbol{B}$ 互逆.

7. 可逆矩阵的伴随矩阵的性质

设 $\boldsymbol{A}$ 与 $\boldsymbol{B}$ 均为 n 阶可逆矩阵，则

(1) $(\boldsymbol{AB})^{*}=\boldsymbol{B}^{*}\boldsymbol{A}^{*}$； (2) $(\boldsymbol{A}^{*})^{*}=|\boldsymbol{A}|^{n-2}\boldsymbol{A}$.

8. 可逆矩阵常用结论

(1) 二阶矩阵 $\boldsymbol{A}=\begin{pmatrix} a & b \\ c & d \end{pmatrix}$ 当 $ad-bc\neq 0$ 时，$\boldsymbol{A}^{-1}=\dfrac{1}{ad-bc}\begin{pmatrix} d & -b \\ -c & a \end{pmatrix}$.

(2) n 阶对角矩阵 $\boldsymbol{B}=\mathrm{diag}(a_1, a_2, \cdots, a_n)$ 当 $a_1a_2\cdots a_n\neq 0$ 时，n 阶对角矩阵 $\boldsymbol{B}$ 可逆，且仍为对角矩阵 $\boldsymbol{B}^{-1}=\mathrm{diag}\left(\dfrac{1}{a_1}, \dfrac{1}{a_2}, \cdots, \dfrac{1}{a_n}\right)$.

(3) 分块对角矩阵$\begin{pmatrix} \boldsymbol{A} & \boldsymbol{O} \\ \boldsymbol{O} & \boldsymbol{D} \end{pmatrix}$，当子块 $\boldsymbol{A}$，$\boldsymbol{D}$ 都是方阵且可逆时，分块对角矩阵$\begin{pmatrix} \boldsymbol{A} & \boldsymbol{O} \\ \boldsymbol{O} & \boldsymbol{D} \end{pmatrix}$可逆，且$\begin{pmatrix} \boldsymbol{A} & \boldsymbol{O} \\ \boldsymbol{O} & \boldsymbol{D} \end{pmatrix}^{-1}=\begin{pmatrix} \boldsymbol{A}^{-1} & \boldsymbol{O} \\ \boldsymbol{O} & \boldsymbol{D}^{-1} \end{pmatrix}$.

(4)分块矩阵$\begin{pmatrix} \boldsymbol{O} & \boldsymbol{A} \\ \boldsymbol{D} & \boldsymbol{O} \end{pmatrix}$，当子块 $\boldsymbol{A}$，$\boldsymbol{D}$ 都是方阵且可逆时，分块矩阵$\begin{pmatrix} \boldsymbol{O} & \boldsymbol{A} \\ \boldsymbol{D} & \boldsymbol{O} \end{pmatrix}$可逆，且$\begin{pmatrix} \boldsymbol{O} & \boldsymbol{A} \\ \boldsymbol{D} & \boldsymbol{O} \end{pmatrix}^{-1}=\begin{pmatrix} \boldsymbol{O} & \boldsymbol{D}^{-1} \\ \boldsymbol{A}^{-1} & \boldsymbol{O} \end{pmatrix}$.

2.3.2　基本要求

熟记逆矩阵的概念与性质，灵活运用性质求解逆矩阵；会判断方阵是否可逆；能够运用伴随矩阵法求矩阵的逆矩阵. 本节重点是逆矩阵的定义、性质及计算.

2.3.3　典型范例

题型 1　利用伴随矩阵法求逆矩阵 $\boldsymbol{A}^{-1}$.

例 1　设二阶矩阵 $\boldsymbol{A}=\begin{pmatrix} 2 & 3 \\ 4 & 5 \end{pmatrix}$，求 $\boldsymbol{A}^{-1}$.

解　因为 $|\boldsymbol{A}|=\begin{vmatrix} 2 & 3 \\ 4 & 5 \end{vmatrix}=-2\neq 0$，所以矩阵 $\boldsymbol{A}$ 可逆，易知 $|\boldsymbol{A}|$ 的各元素的代数余子式为 $\boldsymbol{A}_{11}=5$，$\boldsymbol{A}_{12}=(-1)^3\times 4=-4$，$\boldsymbol{A}_{21}=(-1)^3\times 3=-3$，$\boldsymbol{A}_{22}=2$，故伴随矩阵为

$$\boldsymbol{A}^*=\begin{pmatrix} \boldsymbol{A}_{11} & \boldsymbol{A}_{12} \\ \boldsymbol{A}_{21} & \boldsymbol{A}_{22} \end{pmatrix}^{\mathrm{T}}=\begin{pmatrix} 5 & -4 \\ -3 & 2 \end{pmatrix}^{\mathrm{T}}=\begin{pmatrix} 5 & -3 \\ -4 & 2 \end{pmatrix},$$

所以

$$\boldsymbol{A}^{-1}=\frac{1}{|\boldsymbol{A}|}\boldsymbol{A}^*=-\frac{1}{2}\begin{pmatrix} 5 & -3 \\ -4 & 2 \end{pmatrix}=\begin{pmatrix} -\frac{5}{2} & \frac{3}{2} \\ 2 & -1 \end{pmatrix}.$$

注　二阶方阵的逆矩阵可以作为公式熟记并且直接应用.

题型 2　与伴随矩阵相关的问题.

例 2　设矩阵 $\boldsymbol{A}=\begin{pmatrix} 2 & 0 & 0 \\ 1 & 2 & 3 \\ 4 & 1 & 2 \end{pmatrix}$，求 $(\boldsymbol{A}^*)^{-1}$.

解　由 $\boldsymbol{A}^{-1}=\frac{1}{|\boldsymbol{A}|}\boldsymbol{A}^*$，$\boldsymbol{A}^*=|\boldsymbol{A}|\,\boldsymbol{A}^{-1}$，

从而

$$(\boldsymbol{A}^*)^{-1}=(|\boldsymbol{A}|\,\boldsymbol{A}^{-1})^{-1}=\frac{1}{|\boldsymbol{A}|}(\boldsymbol{A}^{-1})^{-1}=\frac{1}{|\boldsymbol{A}|}\boldsymbol{A}.$$

又因为 $|\boldsymbol{A}|=\begin{vmatrix} 2 & 0 & 0 \\ 1 & 2 & 3 \\ 4 & 1 & 2 \end{vmatrix}=2$，故

$$(\boldsymbol{A}^*)^{-1}=\frac{1}{|\boldsymbol{A}|}\boldsymbol{A}=\frac{1}{2}\begin{pmatrix}2&0&0\\1&2&3\\4&1&2\end{pmatrix}=\begin{pmatrix}1&0&0\\\frac{1}{2}&1&\frac{3}{2}\\2&\frac{1}{2}&1\end{pmatrix}.$$

注 与伴随矩阵有关的问题一般都可由公式 $\boldsymbol{A}^{-1}=\frac{1}{|\boldsymbol{A}|}\boldsymbol{A}^*$ 推出.

题型 3 利用分块矩阵求逆矩阵.

例 3 设矩阵 $\boldsymbol{A}=\begin{pmatrix}1&3&0&0&0\\2&4&0&0&0\\0&0&3&0&0\\0&0&0&-1&3\\0&0&0&4&2\end{pmatrix}$，求逆矩阵 $\boldsymbol{A}^{-1}$.

解 将矩阵分块为 $\boldsymbol{A}=\left(\begin{array}{cc:c:cc}1&3&0&0&0\\2&4&0&0&0\\\hdashline 0&0&3&0&0\\\hdashline 0&0&0&-1&3\\0&0&0&4&2\end{array}\right)=\begin{pmatrix}\boldsymbol{A}_1&&\\&\boldsymbol{A}_2&\\&&\boldsymbol{A}_3\end{pmatrix}$，

其中，
$$\boldsymbol{A}_1=\begin{pmatrix}1&3\\2&4\end{pmatrix},\quad \boldsymbol{A}_2=(3),\quad \boldsymbol{A}_3=\begin{pmatrix}-1&3\\4&2\end{pmatrix},$$

且
$$\boldsymbol{A}_1^{-1}=-\frac{1}{2}\begin{pmatrix}4&-3\\-2&1\end{pmatrix}=\begin{pmatrix}-2&\frac{3}{2}\\1&-\frac{1}{2}\end{pmatrix},\quad \boldsymbol{A}_2^{-1}=\left(\frac{1}{3}\right),$$

$$\boldsymbol{A}_3^{-1}=-\frac{1}{14}\begin{pmatrix}2&-3\\-4&-1\end{pmatrix}=\begin{pmatrix}-\frac{1}{7}&\frac{3}{14}\\\frac{2}{7}&\frac{1}{14}\end{pmatrix}.$$

由分块对角矩阵逆矩阵公式有

$$\boldsymbol{A}^{-1}=\begin{pmatrix}\boldsymbol{A}_1^{-1}&&\\&\boldsymbol{A}_2^{-1}&\\&&\boldsymbol{A}_3^{-1}\end{pmatrix}=\begin{pmatrix}-2&\frac{3}{2}&0&0&0\\1&-\frac{1}{2}&0&0&0\\0&0&\frac{1}{3}&0&0\\0&0&0&-\frac{1}{7}&\frac{3}{14}\\0&0&0&\frac{2}{7}&\frac{1}{14}\end{pmatrix}.$$

题型 4 利用定理 $AB=E\Rightarrow B=A^{-1}$ 证明矩阵可逆.

例 4 设 n 阶矩阵 A 满足 $A^2+2A+3E=O$，证明 A 可逆，并求 A^{-1}.

证明
$$A^2+2A+3E=O\Rightarrow A^2+2A=-3E,$$
$$A(A+2E)=-3E,$$
$$A\left[-\frac{1}{3}(A+2E)\right]=E,$$
所以，A 可逆，且 $A^{-1}=-\frac{1}{3}(A+2E)$.

2.3.4 疑难解析

例 5 设 A 为三阶矩阵，$P=(\alpha_1, \alpha_2, \alpha_3)$ 为可逆矩阵，使得 $P^{-1}AP=\begin{pmatrix}0&0&0\\0&1&0\\0&0&2\end{pmatrix}$，则 $A(\alpha_1+\alpha_2+\alpha_3)=($　　$)$.

A. $\alpha_1+\alpha_2$　　B. $\alpha_2+2\alpha_3$　　C. $\alpha_2+\alpha_3$　　D. $\alpha_1+2\alpha_2$

解 因为 $P^{-1}AP=\begin{pmatrix}0&0&0\\0&1&0\\0&0&2\end{pmatrix}$，等式两端同左乘矩阵 P，且 $PP^{-1}=E$，所以 $AP=P\begin{pmatrix}0&0&0\\0&1&0\\0&0&2\end{pmatrix}$，将 $P=(\alpha_1, \alpha_2, \alpha_3)$ 代入可得 $A(\alpha_1, \alpha_2, \alpha_3)=(\alpha_1, \alpha_2, \alpha_3)\begin{pmatrix}0&0&0\\0&1&0\\0&0&2\end{pmatrix}$，计算得 $(A\alpha_1, A\alpha_2, A\alpha_3)=(\mathbf{0}, \alpha_2, 2\alpha_3)$，

所以
$$A\alpha_1=\mathbf{0},\quad A\alpha_2=\alpha_2,\quad A\alpha_3=2\alpha_3,$$
从而
$$A(\alpha_1+\alpha_2+\alpha_3)=A\alpha_1+A\alpha_2+A\alpha_3=\alpha_2+2\alpha_3.$$
故选 B.

例 6 设 α 为 n 维单位列向量，E 为 n 阶单位矩阵，则(　　).

A. $E-\alpha\alpha^T$ 不可逆　　B. $E+\alpha\alpha^T$ 不可逆

C. $E+2\alpha\alpha^T$ 不可逆　　D. $E-2\alpha\alpha^T$ 不可逆

解 因为 α 为 n 维单位列向量，设其首元为 1，其余为 0，则 $\alpha\alpha^T=\begin{pmatrix}1\\0\\\vdots\\0\end{pmatrix}(1, 0, \cdots, 0)$
$=\begin{pmatrix}1&0&\cdots&0\\0&0&\cdots&0\\\vdots&\vdots&&\vdots\\0&0&\cdots&0\end{pmatrix}$，所以 $|E-\alpha\alpha^T|=\begin{vmatrix}0&0&\cdots&0\\0&-1&\cdots&0\\\vdots&\vdots&&\vdots\\0&0&\cdots&-1\end{vmatrix}=0$，故 $E-\alpha\alpha^T$ 不可逆. 同理，当 n 维单位列向量 α 为任意一个元素为 1，其余元素为 0 时，结论仍然成立，且其他三个选项行列式都不为 0，即都可逆，结论错误. 故选 A.

例 7 设 $\boldsymbol{A}$, $\boldsymbol{B}$ 为 n 阶可逆矩阵, $\boldsymbol{E}$ 为 n 阶单位矩阵, $\boldsymbol{M}^*$ 为矩阵 $\boldsymbol{M}$ 的伴随矩阵,则 $\begin{pmatrix}\boldsymbol{A} & \boldsymbol{E}\\ \boldsymbol{O} & \boldsymbol{B}\end{pmatrix}^* =$(　　).

A. $\begin{pmatrix}|\boldsymbol{A}|\boldsymbol{B}^* & -\boldsymbol{B}^*\boldsymbol{A}^*\\ \boldsymbol{O} & |\boldsymbol{B}|\boldsymbol{A}^*\end{pmatrix}$　　B. $\begin{pmatrix}|\boldsymbol{A}|\boldsymbol{B}^* & -\boldsymbol{A}^*\boldsymbol{B}^*\\ \boldsymbol{O} & |\boldsymbol{B}|\boldsymbol{A}^*\end{pmatrix}$

C. $\begin{pmatrix}|\boldsymbol{B}|\boldsymbol{A}^* & -\boldsymbol{B}^*\boldsymbol{A}^*\\ \boldsymbol{O} & |\boldsymbol{A}|\boldsymbol{B}^*\end{pmatrix}$　　D. $\begin{pmatrix}|\boldsymbol{B}|\boldsymbol{A}^* & -\boldsymbol{A}^*\boldsymbol{B}^*\\ \boldsymbol{O} & |\boldsymbol{A}|\boldsymbol{B}^*\end{pmatrix}$

解 利用伴随矩阵性质 $\boldsymbol{A}^* = |\boldsymbol{A}|\boldsymbol{A}^{-1}$.

因为

$$\begin{pmatrix}\boldsymbol{A} & \boldsymbol{E}\\ \boldsymbol{O} & \boldsymbol{B}\end{pmatrix}^* = \begin{vmatrix}\boldsymbol{A} & \boldsymbol{E}\\ \boldsymbol{O} & \boldsymbol{B}\end{vmatrix}\begin{pmatrix}\boldsymbol{A} & \boldsymbol{E}\\ \boldsymbol{O} & \boldsymbol{B}\end{pmatrix}^{-1} = |\boldsymbol{A}||\boldsymbol{B}|\begin{pmatrix}\boldsymbol{A} & \boldsymbol{E}\\ \boldsymbol{O} & \boldsymbol{B}\end{pmatrix}^{-1}, \tag{2-1}$$

设 $\begin{pmatrix}\boldsymbol{A} & \boldsymbol{E}\\ \boldsymbol{O} & \boldsymbol{B}\end{pmatrix}^{-1} = \begin{pmatrix}\boldsymbol{X}_1 & \boldsymbol{X}_2\\ \boldsymbol{X}_3 & \boldsymbol{X}_4\end{pmatrix}$, 则

$$\begin{pmatrix}\boldsymbol{A} & \boldsymbol{E}\\ \boldsymbol{O} & \boldsymbol{B}\end{pmatrix}\begin{pmatrix}\boldsymbol{X}_1 & \boldsymbol{X}_2\\ \boldsymbol{X}_3 & \boldsymbol{X}_4\end{pmatrix} = \begin{pmatrix}\boldsymbol{E} & \boldsymbol{O}\\ \boldsymbol{O} & \boldsymbol{E}\end{pmatrix},$$

计算得

$$\begin{pmatrix}\boldsymbol{A} & \boldsymbol{E}\\ \boldsymbol{O} & \boldsymbol{B}\end{pmatrix}\begin{pmatrix}\boldsymbol{X}_1 & \boldsymbol{X}_2\\ \boldsymbol{X}_3 & \boldsymbol{X}_4\end{pmatrix} = \begin{pmatrix}\boldsymbol{A}\boldsymbol{X}_1+\boldsymbol{X}_3 & \boldsymbol{A}\boldsymbol{X}_2+\boldsymbol{X}_4\\ \boldsymbol{B}\boldsymbol{X}_3 & \boldsymbol{B}\boldsymbol{X}_4\end{pmatrix} = \begin{pmatrix}\boldsymbol{E} & \boldsymbol{O}\\ \boldsymbol{O} & \boldsymbol{E}\end{pmatrix},$$

$$\boldsymbol{B}\boldsymbol{X}_3 = \boldsymbol{O},\quad \boldsymbol{B}\boldsymbol{X}_4 = \boldsymbol{E},\quad \boldsymbol{A}\boldsymbol{X}_1+\boldsymbol{X}_3 = \boldsymbol{E},\quad \boldsymbol{A}\boldsymbol{X}_2+\boldsymbol{X}_4 = \boldsymbol{O},$$

则有

$$\boldsymbol{X}_3 = \boldsymbol{O},\quad \boldsymbol{X}_4 = \boldsymbol{B}^{-1},\quad \boldsymbol{X}_1 = \boldsymbol{A}^{-1},\quad \boldsymbol{X}_2 = -\boldsymbol{A}^{-1}\boldsymbol{B}^{-1},$$

代入式(2-1)得

$$\begin{aligned}\begin{pmatrix}\boldsymbol{A} & \boldsymbol{E}\\ \boldsymbol{O} & \boldsymbol{B}\end{pmatrix}^* &= |\boldsymbol{A}||\boldsymbol{B}|\begin{pmatrix}\boldsymbol{A} & \boldsymbol{E}\\ \boldsymbol{O} & \boldsymbol{B}\end{pmatrix}^{-1} = |\boldsymbol{A}||\boldsymbol{B}|\begin{pmatrix}\boldsymbol{A}^{-1} & -\boldsymbol{A}^{-1}\boldsymbol{B}^{-1}\\ \boldsymbol{O} & \boldsymbol{B}^{-1}\end{pmatrix}\\ &= \begin{pmatrix}|\boldsymbol{A}|\boldsymbol{A}^{-1}|\boldsymbol{B}| & -|\boldsymbol{A}|\boldsymbol{A}^{-1}|\boldsymbol{B}|\boldsymbol{B}^{-1}\\ \boldsymbol{O} & |\boldsymbol{A}||\boldsymbol{B}|\boldsymbol{B}^{-1}\end{pmatrix} = \begin{pmatrix}|\boldsymbol{B}|\boldsymbol{A}^* & -\boldsymbol{A}^*\boldsymbol{B}^*\\ \boldsymbol{O} & |\boldsymbol{A}|\boldsymbol{B}^*\end{pmatrix}.\end{aligned}$$

故选 D.

2.3.5 习题全解

1. 判断下列矩阵是否可逆,若可逆,求其逆矩阵.

(1) $\begin{pmatrix}3 & 2\\ -1 & 0\end{pmatrix}$;　(2) $\begin{pmatrix}2 & 0 & 0\\ 0 & 3 & 2\\ 0 & 0 & -1\end{pmatrix}$;　(3) $\begin{pmatrix}2 & 1 & 0\\ 0 & -1 & 2\\ 0 & 3 & 0\end{pmatrix}$;　(4) $\begin{pmatrix}1 & 2 & 0 & 0\\ 3 & 1 & 0 & 0\\ 0 & 0 & 1 & 2\\ 0 & 0 & 2 & 1\end{pmatrix}$.

解　(1) 可逆,因为 $\begin{vmatrix} 3 & 2 \\ -1 & 0 \end{vmatrix}=2\neq 0$,所以 $\begin{pmatrix} 3 & 2 \\ -1 & 0 \end{pmatrix}^{-1}=\frac{1}{2}\begin{pmatrix} 0 & -2 \\ 1 & 3 \end{pmatrix}=\begin{pmatrix} 0 & -1 \\ \frac{1}{2} & \frac{3}{2} \end{pmatrix}$.

(2) 可逆,因为 $\begin{vmatrix} 2 & 0 & 0 \\ 0 & 3 & 2 \\ 0 & 0 & -1 \end{vmatrix}=2\begin{vmatrix} 3 & 2 \\ 0 & -1 \end{vmatrix}=-6\neq 0$, $\boldsymbol{A}^{-1}=\begin{pmatrix} 3 & 2 \\ 0 & -1 \end{pmatrix}^{-1}=-\frac{1}{3}\begin{pmatrix} -1 & -2 \\ 0 & 3 \end{pmatrix}$,

所以
$$\begin{pmatrix} 2 & 0 & 0 \\ 0 & 3 & 2 \\ 0 & 0 & -1 \end{pmatrix}^{-1}=\left(\begin{array}{c:cc} 2 & 0 & 0 \\ \hdashline 0 & 3 & 2 \\ 0 & 0 & -1 \end{array}\right)^{-1}=\begin{pmatrix} 2 & \boldsymbol{O} \\ \boldsymbol{O} & \boldsymbol{A} \end{pmatrix}^{-1}=\begin{pmatrix} 2^{-1} & \boldsymbol{O} \\ \boldsymbol{O} & \boldsymbol{A}^{-1} \end{pmatrix}=\begin{pmatrix} \frac{1}{2} & 0 & 0 \\ 0 & \frac{1}{3} & \frac{2}{3} \\ 0 & 0 & -1 \end{pmatrix}.$$

(3) 可逆,因为 $\begin{vmatrix} 2 & 1 & 0 \\ 0 & -1 & 2 \\ 0 & 3 & 0 \end{vmatrix}=2\begin{vmatrix} -1 & 2 \\ 3 & 0 \end{vmatrix}=-12\neq 0$,

又因为
$$\boldsymbol{A}_{11}=\begin{vmatrix} -1 & 2 \\ 3 & 0 \end{vmatrix}=-6,\quad \boldsymbol{A}_{21}=-\begin{vmatrix} 1 & 0 \\ 3 & 0 \end{vmatrix}=0,\quad \boldsymbol{A}_{31}=\begin{vmatrix} 1 & 0 \\ -1 & 2 \end{vmatrix}=2,$$
$$\boldsymbol{A}_{12}=-\begin{vmatrix} 0 & 2 \\ 0 & 0 \end{vmatrix}=0,\quad \boldsymbol{A}_{22}=\begin{vmatrix} 2 & 0 \\ 0 & 0 \end{vmatrix}=0,\quad \boldsymbol{A}_{32}=-\begin{vmatrix} 2 & 0 \\ 0 & 2 \end{vmatrix}=-4,$$
$$\boldsymbol{A}_{13}=\begin{vmatrix} 0 & -1 \\ 0 & 3 \end{vmatrix}=0,\quad \boldsymbol{A}_{23}=-\begin{vmatrix} 2 & 1 \\ 0 & 3 \end{vmatrix}=-6,\quad \boldsymbol{A}_{33}=\begin{vmatrix} 2 & 1 \\ 0 & -1 \end{vmatrix}=-2,$$

所以
$$\begin{pmatrix} 2 & 1 & 0 \\ 0 & -1 & 2 \\ 0 & 3 & 0 \end{pmatrix}^{-1}=-\frac{1}{12}\begin{pmatrix} \boldsymbol{A}_{11} & \boldsymbol{A}_{21} & \boldsymbol{A}_{31} \\ \boldsymbol{A}_{12} & \boldsymbol{A}_{22} & \boldsymbol{A}_{32} \\ \boldsymbol{A}_{13} & \boldsymbol{A}_{23} & \boldsymbol{A}_{33} \end{pmatrix}=\begin{pmatrix} \frac{1}{2} & 0 & -\frac{1}{6} \\ 0 & 0 & \frac{1}{3} \\ 0 & \frac{1}{2} & \frac{1}{6} \end{pmatrix}.$$

(4) 可逆,将矩阵分块为分块对角矩阵
$$\begin{pmatrix} 1 & 2 & 0 & 0 \\ 3 & 1 & 0 & 0 \\ 0 & 0 & 1 & 2 \\ 0 & 0 & 2 & 1 \end{pmatrix}=\left(\begin{array}{cc:cc} 1 & 2 & 0 & 0 \\ 3 & 1 & 0 & 0 \\ \hdashline 0 & 0 & 1 & 2 \\ 0 & 0 & 2 & 1 \end{array}\right)=\begin{pmatrix} \boldsymbol{A}_1 & \boldsymbol{O} \\ \boldsymbol{O} & \boldsymbol{A}_2 \end{pmatrix}.$$

因为
$$|\boldsymbol{A}_1|=\begin{vmatrix} 1 & 2 \\ 3 & 1 \end{vmatrix}=-5,\quad \boldsymbol{A}_1^{-1}=-\frac{1}{5}\begin{pmatrix} 1 & -2 \\ -3 & 1 \end{pmatrix}=\begin{pmatrix} -\frac{1}{5} & \frac{2}{5} \\ \frac{3}{5} & -\frac{1}{5} \end{pmatrix},$$
$$|\boldsymbol{A}_2|=\begin{vmatrix} 1 & 2 \\ 2 & 1 \end{vmatrix}=-3,\quad \boldsymbol{A}_2^{-1}=-\frac{1}{3}\begin{pmatrix} 1 & -2 \\ -2 & 1 \end{pmatrix}=\begin{pmatrix} -\frac{1}{3} & \frac{2}{3} \\ \frac{2}{3} & -\frac{1}{3} \end{pmatrix},$$

所以
$$\begin{pmatrix}1&2&0&0\\3&1&0&0\\0&0&1&2\\0&0&2&1\end{pmatrix}^{-1}=\begin{pmatrix}\boldsymbol{A}_1&\boldsymbol{O}\\\boldsymbol{O}&\boldsymbol{A}_2\end{pmatrix}^{-1}=\begin{pmatrix}\boldsymbol{A}_1^{-1}&\boldsymbol{O}\\\boldsymbol{O}&\boldsymbol{A}_2^{-1}\end{pmatrix},$$

$$\boldsymbol{A}^{-1}=\begin{pmatrix}-\frac{1}{5}&\frac{2}{5}&0&0\\\frac{3}{5}&-\frac{1}{5}&0&0\\0&0&-\frac{1}{3}&\frac{2}{3}\\0&0&\frac{2}{3}&-\frac{1}{3}\end{pmatrix}.$$

2. $\boldsymbol{A},\boldsymbol{B},\boldsymbol{C}$ 均为可逆矩阵,则 $(\boldsymbol{ABC})^{-1}=$__________.

解 由矩阵乘积的逆矩阵性质可得 $(\boldsymbol{ABC})^{-1}=\boldsymbol{C}^{-1}\boldsymbol{B}^{-1}\boldsymbol{A}^{-1}$.

3. 设 $\boldsymbol{A}=\begin{pmatrix}a&b\\c&d\end{pmatrix}$, 且 $\det(\boldsymbol{A})=ad-bc\neq 0$, 则 $\boldsymbol{A}^{-1}=$__________.

解 当 $|\boldsymbol{A}|=ad-bc\neq 0$ 时,$\boldsymbol{A}$ 可逆.

计算元素的代数余子式为 $\boldsymbol{A}_{11}=d$, $\boldsymbol{A}_{21}=-b$, $\boldsymbol{A}_{12}=-c$, $\boldsymbol{A}_{22}=a$,

得
$$\boldsymbol{A}^*=\begin{pmatrix}\boldsymbol{A}_{11}&\boldsymbol{A}_{21}\\\boldsymbol{A}_{12}&\boldsymbol{A}_{22}\end{pmatrix}=\begin{pmatrix}d&-b\\-c&a\end{pmatrix},$$

所以
$$\boldsymbol{A}^{-1}=\frac{\boldsymbol{A}^*}{|\boldsymbol{A}|}=\frac{1}{ad-bc}\begin{pmatrix}d&-b\\-c&a\end{pmatrix}.$$

4. 若 $\boldsymbol{A},\boldsymbol{B}$ 都是方阵,且 $|\boldsymbol{A}|=2$, $|\boldsymbol{B}|=-1$, 则 $|\boldsymbol{A}^{-1}\boldsymbol{B}|=$( ).

A. -2 B. 2 C. $-\frac{1}{2}$ D. $\frac{1}{2}$

解 $|\boldsymbol{A}^{-1}\boldsymbol{B}|=|\boldsymbol{A}^{-1}|\,|\boldsymbol{B}|=\frac{1}{|\boldsymbol{A}|}|\boldsymbol{B}|=\frac{1}{2}\times(-1)=-\frac{1}{2}$. 故选 C.

5. 设 $\boldsymbol{A}=\begin{pmatrix}2&0&0\\0&1&-1\\0&0&2\end{pmatrix}$, 则 $\boldsymbol{A}^{-1}=$( ).

A. $\begin{pmatrix}\frac{1}{2}&0&0\\0&1&0\\0&-\frac{1}{2}&1\end{pmatrix}$ B. $\begin{pmatrix}\frac{1}{2}&0&0\\0&\frac{1}{2}&-\frac{1}{2}\\0&0&\frac{1}{2}\end{pmatrix}$ C. $\begin{pmatrix}\frac{1}{2}&0&0\\0&1&\frac{1}{2}\\0&0&\frac{1}{2}\end{pmatrix}$ D. $\begin{pmatrix}\frac{1}{2}&0&0\\0&1&0\\0&\frac{1}{2}&\frac{1}{2}\end{pmatrix}$

解 由分块对角矩阵的逆矩阵公式和二阶方阵的逆矩阵公式可得

$$\boldsymbol{A}^{-1}=\begin{pmatrix}2&0&0\\0&1&-1\\0&0&2\end{pmatrix}^{-1}=\left(\begin{array}{c:cc}2&0&0\\ \hdashline 0&1&-1\\0&0&2\end{array}\right)^{-1}=\begin{pmatrix}2^{-1}&\boldsymbol{O}\\\boldsymbol{O}&\boldsymbol{A}_1^{-1}\end{pmatrix}=\begin{pmatrix}\frac{1}{2}&0&0\\0&1&\frac{1}{2}\\0&0&\frac{1}{2}\end{pmatrix}.$$

故选 C.

6. 设 $\boldsymbol{A}$ 是二阶可逆方阵，且 $\boldsymbol{A}^{-1}=\begin{pmatrix}-3&7\\1&-2\end{pmatrix}$，则 $\boldsymbol{A}=$(　　).

A. $\begin{pmatrix}-2&7\\1&-3\end{pmatrix}$　　B. $\begin{pmatrix}2&7\\1&3\end{pmatrix}$　　C. $\begin{pmatrix}2&-7\\-1&3\end{pmatrix}$　　D. $\begin{pmatrix}3&7\\1&2\end{pmatrix}$

解　由逆矩阵的定义可得 $\boldsymbol{A}=(\boldsymbol{A}^{-1})^{-1}=\begin{pmatrix}-3&7\\1&-2\end{pmatrix}^{-1}=-1\begin{pmatrix}-2&-7\\-1&-3\end{pmatrix}=\begin{pmatrix}2&7\\1&3\end{pmatrix}$.

故选 B.

7. 在下列矩阵中，可逆的是(　　).

A. $\begin{pmatrix}0&0&0\\0&1&0\\0&0&1\end{pmatrix}$　　B. $\begin{pmatrix}1&1&0\\2&2&0\\0&0&1\end{pmatrix}$　　C. $\begin{pmatrix}1&1&0\\0&1&1\\1&2&1\end{pmatrix}$　　D. $\begin{pmatrix}1&0&0\\1&1&1\\1&0&1\end{pmatrix}$

解　若 $|\boldsymbol{A}|\neq 0$，则矩阵 $\boldsymbol{A}$ 可逆，易计算得只有选项 D 的行列式为 1，其余 3 个选项的矩阵行列式都为 0，故选 D.

8. 设矩阵 $\boldsymbol{A}=\begin{pmatrix}2&0&0\\0&-1&-1\\0&1&2\end{pmatrix}$，则 $\boldsymbol{A}^{-1}=$(　　).

A. $\begin{pmatrix}\frac{1}{2}&0&0\\0&-2&-1\\0&1&1\end{pmatrix}$　　B. $\begin{pmatrix}\frac{1}{2}&0&0\\0&2&1\\0&-1&-1\end{pmatrix}$

C. $\begin{pmatrix}2&1&0\\-1&-1&0\\0&0&\frac{1}{2}\end{pmatrix}$　　D. $\begin{pmatrix}-2&-1&0\\1&1&0\\0&0&2\end{pmatrix}$

解　由分块对角矩阵的逆矩阵公式和二阶方阵逆矩阵公式可得

$$\boldsymbol{A}^{-1}=\begin{pmatrix}2&0&0\\0&-1&-1\\0&1&2\end{pmatrix}^{-1}=\left(\begin{array}{c:cc}2&0&0\\ \hdashline 0&-1&-1\\0&1&2\end{array}\right)^{-1}=\begin{pmatrix}\frac{1}{2}&0&0\\0&-2&-1\\0&1&1\end{pmatrix}.$$

故选 A.

9. n 阶方阵 $\boldsymbol{A}$ 满足 $\boldsymbol{A}^2-2\boldsymbol{A}-4\boldsymbol{E}=\boldsymbol{O}$，其中 $\boldsymbol{A}$ 给定，证明 $\boldsymbol{A}$ 可逆，并求其逆矩阵.

证明 由已知 $\boldsymbol{A}^2-2\boldsymbol{A}-4\boldsymbol{E}=\boldsymbol{O}$，利用矩阵运算性质化简得

$$\boldsymbol{A}^2-2\boldsymbol{A}=4\boldsymbol{E}\Rightarrow\frac{1}{4}(\boldsymbol{A}^2-2\boldsymbol{A})=\boldsymbol{E}\Rightarrow\boldsymbol{A}\left[\frac{1}{4}(\boldsymbol{A}-2\boldsymbol{E})\right]=\boldsymbol{E}\Rightarrow\boldsymbol{A}\left(\frac{1}{4}\boldsymbol{A}-\frac{1}{2}\boldsymbol{E}\right)=\boldsymbol{E}.$$

由定理 2，若 $\boldsymbol{AB}=\boldsymbol{E}$，则 $\boldsymbol{A}$ 与 $\boldsymbol{B}$ 互逆，从上式可知，$\boldsymbol{A}$ 可逆，且 $\boldsymbol{A}^{-1}=\frac{1}{4}\boldsymbol{A}-\frac{1}{2}\boldsymbol{E}$.

10. 设 $\boldsymbol{A}$，$\boldsymbol{B}$ 为 n 阶方阵，满足 $\boldsymbol{A}+\boldsymbol{B}=\boldsymbol{AB}$. 若 $\boldsymbol{B}=\begin{pmatrix}1&-3&0\\2&1&0\\0&0&2\end{pmatrix}$，求矩阵 $\boldsymbol{A}$.

解 由矩阵的运算性质可得

$$\boldsymbol{A}+\boldsymbol{B}=\boldsymbol{AB}\Rightarrow\boldsymbol{AB}-\boldsymbol{A}=\boldsymbol{B}\Rightarrow\boldsymbol{A}(\boldsymbol{B}-\boldsymbol{E})=\boldsymbol{B}. \tag{2-2}$$

因为 $\boldsymbol{B}=\begin{pmatrix}1&-3&0\\2&1&0\\0&0&2\end{pmatrix}$，所以 $\boldsymbol{B}-\boldsymbol{E}=\begin{pmatrix}1&-3&0\\2&1&0\\0&0&2\end{pmatrix}-\begin{pmatrix}1&0&0\\0&1&0\\0&0&1\end{pmatrix}=\begin{pmatrix}0&-3&0\\2&0&0\\0&0&1\end{pmatrix}$.

又因为 $|\boldsymbol{B}-\boldsymbol{E}|=\begin{vmatrix}0&-3&0\\2&0&0\\0&0&1\end{vmatrix}=6\neq0$，所以矩阵 $\boldsymbol{B}-\boldsymbol{E}$ 可逆，由伴随矩阵法可得逆矩阵为 $(\boldsymbol{B}-\boldsymbol{E})^{-1}=\begin{pmatrix}0&\frac{1}{2}&0\\-\frac{1}{3}&0&0\\0&0&1\end{pmatrix}$，由式(2-2)得 $\boldsymbol{A}=\boldsymbol{B}(\boldsymbol{B}-\boldsymbol{E})^{-1}$，代入得

$$\boldsymbol{A}=\begin{pmatrix}1&-3&0\\2&1&0\\0&0&2\end{pmatrix}\begin{pmatrix}0&\frac{1}{2}&0\\-\frac{1}{3}&0&0\\0&0&1\end{pmatrix}=\begin{pmatrix}1&\frac{1}{2}&0\\-\frac{1}{3}&1&0\\0&0&2\end{pmatrix}.$$

11. 设 $\boldsymbol{A}=\begin{pmatrix}4&2&3\\1&1&0\\-1&2&3\end{pmatrix}$，且矩阵 $\boldsymbol{X}$ 满足 $\boldsymbol{AX}=\boldsymbol{A}+2\boldsymbol{X}$，求 $\boldsymbol{X}$.

解 由矩阵的运算性质可得

$$\boldsymbol{AX}=\boldsymbol{A}+2\boldsymbol{X}\Rightarrow\boldsymbol{AX}-2\boldsymbol{X}=\boldsymbol{A}\Rightarrow(\boldsymbol{A}-2\boldsymbol{E})\boldsymbol{X}=\boldsymbol{A}. \tag{2-3}$$

因为 $\boldsymbol{A}=\begin{pmatrix}4&2&3\\1&1&0\\-1&2&3\end{pmatrix}$，所以 $\boldsymbol{A}-2\boldsymbol{E}=\begin{pmatrix}4&2&3\\1&1&0\\-1&2&3\end{pmatrix}-2\begin{pmatrix}1&0&0\\0&1&0\\0&0&1\end{pmatrix}=\begin{pmatrix}2&2&3\\1&-1&0\\-1&2&1\end{pmatrix}$.

又因为 $|\boldsymbol{A}-2\boldsymbol{E}|=\begin{vmatrix}2&2&3\\1&-1&0\\-1&2&1\end{vmatrix}=\begin{vmatrix}2&4&3\\1&0&0\\-1&1&1\end{vmatrix}=-\begin{vmatrix}4&3\\1&1\end{vmatrix}=-1\neq0$，则 $\boldsymbol{A}-2\boldsymbol{E}$ 可逆，由伴随矩阵法可得逆矩阵 $(\boldsymbol{A}-2\boldsymbol{E})^{-1}=\begin{pmatrix}2&2&3\\1&-1&0\\-1&2&1\end{pmatrix}^{-1}=\begin{pmatrix}1&-4&-3\\1&-5&-3\\-1&6&4\end{pmatrix}$，再由式(2-3)得 $\boldsymbol{X}=(\boldsymbol{A}-2\boldsymbol{E})^{-1}\boldsymbol{A}$，代入得

$$\boldsymbol{X}=\begin{pmatrix}1&-4&-3\\1&-5&-3\\-1&6&4\end{pmatrix}\begin{pmatrix}4&2&3\\1&1&0\\-1&2&3\end{pmatrix}=\begin{pmatrix}3&-8&-6\\2&-9&-6\\-2&12&9\end{pmatrix}.$$

12. 设 $\boldsymbol{A}=\begin{pmatrix}1&0&1\\0&2&0\\1&0&1\end{pmatrix}$，矩阵 $\boldsymbol{X}$ 满足方程 $\boldsymbol{AX}+\boldsymbol{E}=\boldsymbol{A}^2+\boldsymbol{X}$，求矩阵 $\boldsymbol{X}$.

解　由矩阵的运算性质可得

$$\boldsymbol{AX}+\boldsymbol{E}=\boldsymbol{A}^2+\boldsymbol{X}\Rightarrow\boldsymbol{AX}-\boldsymbol{X}=\boldsymbol{A}^2-\boldsymbol{E}\Rightarrow(\boldsymbol{A}-\boldsymbol{E})\boldsymbol{X}=\boldsymbol{A}^2-\boldsymbol{E}.\tag{2-4}$$

因为 $\boldsymbol{A}=\begin{pmatrix}1&0&1\\0&2&0\\1&0&1\end{pmatrix}$，所以 $\boldsymbol{A}-\boldsymbol{E}=\begin{pmatrix}1&0&1\\0&2&0\\1&0&1\end{pmatrix}-\begin{pmatrix}1&0&0\\0&1&0\\0&0&1\end{pmatrix}=\begin{pmatrix}0&0&1\\0&1&0\\1&0&0\end{pmatrix}$.

又因为 $|\boldsymbol{A}-\boldsymbol{E}|=\begin{vmatrix}0&0&1\\0&1&0\\1&0&0\end{vmatrix}=-1\neq0$，所以矩阵 $\boldsymbol{A}-\boldsymbol{E}$ 可逆，再由式(2-4)得

$$\boldsymbol{X}=(\boldsymbol{A}-\boldsymbol{E})^{-1}(\boldsymbol{A}^2-\boldsymbol{E})=(\boldsymbol{A}-\boldsymbol{E})^{-1}(\boldsymbol{A}-\boldsymbol{E})(\boldsymbol{A}+\boldsymbol{E})=\boldsymbol{A}+\boldsymbol{E},$$

代入得

$$\boldsymbol{X}=\boldsymbol{A}+\boldsymbol{E}=\begin{pmatrix}1&0&1\\0&2&0\\1&0&1\end{pmatrix}+\begin{pmatrix}1&0&0\\0&1&0\\0&0&1\end{pmatrix}=\begin{pmatrix}2&0&1\\0&3&0\\1&0&2\end{pmatrix}.$$

2.4　矩阵的初等变换

2.4.1　内容提要

1. 初等变换

定义 1　设矩阵 $\boldsymbol{A}=(a_{ij})_{m\times n}$，则以下三种行(列)的变换：

(1) $\boldsymbol{A}$ 的某两行(列)元素对换；

(2) 用一个非零数 k 乘以 $\boldsymbol{A}$ 的某一行(列)的元素;

(3) $\boldsymbol{A}$ 的某行(列)元素的 k 倍对应加到另一行(列),

称为矩阵的**初等行(列)变换**. 一般地,将矩阵的初等行、列的变换统称为矩阵的**初等变换**.

2. 初等矩阵

定义 2 由 n 阶单位矩阵 $\boldsymbol{E}_n$ 经过一次初等行(列)变换得到的矩阵称为**初等矩阵**.

3. 初等矩阵的逆矩阵

(1) $\boldsymbol{E}(i,j)^{-1}=\boldsymbol{E}(i,j)$;

(2) $\boldsymbol{E}(i(k))^{-1}=\boldsymbol{E}\left(i\left(\frac{1}{k}\right)\right)$;

(3) $\boldsymbol{E}(i,j(k))^{-1}=\boldsymbol{E}(i,j(-k))$.

4. 初等变换与初等矩阵的关系

定理 1 设 $\boldsymbol{A}=(a_{ij})_{m\times n}$,则对 $\boldsymbol{A}$ 施行一次**初等行变换**,相当于用一个 m 阶的同类型初等矩阵(单位阵经过相同初等变换而得到的初等矩阵)**左乘矩阵 $\boldsymbol{A}$**;对 $\boldsymbol{A}$ 施行一次**初等列变换**,相当于用一个 n 阶的同类型初等矩阵**右乘矩阵 $\boldsymbol{A}$**:

$$\boldsymbol{A}_{m\times n}\xrightarrow{r_i\leftrightarrow r_j}\boldsymbol{E}_m(i,j)\boldsymbol{A}_{m\times n},\quad \boldsymbol{A}_{m\times n}\xrightarrow{c_i\leftrightarrow c_j}\boldsymbol{A}_{m\times n}\boldsymbol{E}_n(i,j),$$

$$\boldsymbol{A}_{m\times n}\xrightarrow{kr_i}\boldsymbol{E}_m(i(k))\boldsymbol{A}_{m\times n},\quad \boldsymbol{A}_{m\times n}\xrightarrow{kr_i}\boldsymbol{A}_{m\times n}\boldsymbol{E}_n(i(k)),$$

$$\boldsymbol{A}_{m\times n}\xrightarrow{r_j+kr_i}\boldsymbol{E}_m(j,i(k))\boldsymbol{A}_{m\times n},\quad \boldsymbol{A}_{m\times n}\xrightarrow{c_j+kc_i}\boldsymbol{A}_{m\times n}\boldsymbol{E}_n(i,j(k)).$$

5. 矩阵等价

定义 3 如果矩阵 $\boldsymbol{A}$ 经过有限次初等变换变成矩阵 $\boldsymbol{B}$,就称**矩阵 $\boldsymbol{A}$ 与矩阵 $\boldsymbol{B}$ 等价**,记为 $\boldsymbol{A}\sim\boldsymbol{B}$.

6. 矩阵等价的性质

(1) **反身性**:$\boldsymbol{A}\sim\boldsymbol{A}$;

(2) **对称性**:$\boldsymbol{A}\sim\boldsymbol{B}$,则 $\boldsymbol{B}\sim\boldsymbol{A}$;

(3) **传递性**:$\boldsymbol{A}\sim\boldsymbol{B}$,$\boldsymbol{B}\sim\boldsymbol{C}$,则 $\boldsymbol{A}\sim\boldsymbol{C}$.

7. 矩阵的等价标准形

定理 2 任意一个矩阵 $\boldsymbol{A}_{m\times n}$ 都与一个下列形式的矩阵 $\boldsymbol{D}_{m\times n}=\begin{pmatrix}\boldsymbol{E}_r & \boldsymbol{O}\\ \boldsymbol{O} & \boldsymbol{O}\end{pmatrix}$ 等价. $\boldsymbol{D}$ 形式的矩阵称为 $\boldsymbol{A}$ 的**等价标准形**.

8. 可逆矩阵的充分必要条件

定理 3 一个 n 阶方阵 $\boldsymbol{A}$ 可逆的充分必要条件是它的等价标准形为单位矩阵,且 $\boldsymbol{A}$ 可以表示成一系列初等矩阵的乘积.

9. 求逆矩阵的初等变换法

(1) 用 n 阶方阵 $\boldsymbol{A}$ 和一个同阶单位矩阵构造出一个 $n\times 2n$ 的矩阵 $(\boldsymbol{A}\,\vdots\,\boldsymbol{E})$,然后将矩阵 $(\boldsymbol{A}\,\vdots\,\boldsymbol{E})$ 始终进行初等行变换,直到子块 $\boldsymbol{A}$ 变换为单位矩阵时,则子块 $\boldsymbol{E}$ 就变换为了 $\boldsymbol{A}$

的逆矩阵 $\boldsymbol{A}^{-1}$，即 $(\boldsymbol{A}\quad \boldsymbol{E}) \xrightarrow{\text{初等行变换}} \cdots\cdots \to (\boldsymbol{E}\quad \boldsymbol{A}^{-1})$；否则，若变换到某步骤时左边子块出现了一行元素全为零，则可判断矩阵 $\boldsymbol{A}$ 不可逆.

(2) 将 n 阶方阵 $\boldsymbol{A}$ 和一个同阶单位矩阵构造成 $2n \times n$ 的矩阵 $\begin{pmatrix} \boldsymbol{A} \\ \boldsymbol{E} \end{pmatrix}$，然后将矩阵 $\begin{pmatrix} \boldsymbol{A} \\ \boldsymbol{E} \end{pmatrix}$ 始终进行初等列变换，直到子块 $\boldsymbol{A}$ 变换为单位矩阵时，则子块 $\boldsymbol{E}$ 就变换为了 $\boldsymbol{A}$ 的逆矩阵 $\boldsymbol{A}^{-1}$，即 $\begin{pmatrix} \boldsymbol{A} \\ \boldsymbol{E} \end{pmatrix} \xrightarrow{\text{初等列变换}} \cdots\cdots \to \begin{pmatrix} \boldsymbol{E} \\ \boldsymbol{A}^{-1} \end{pmatrix}$.

10. 可逆矩阵常用结论

(1) **分块上三角形矩阵** $\begin{pmatrix} \boldsymbol{A} & \boldsymbol{B} \\ \boldsymbol{O} & \boldsymbol{D} \end{pmatrix}$，当子块 $\boldsymbol{A}$，$\boldsymbol{D}$ 都是方阵且可逆时，分块上三角形矩阵 $\begin{pmatrix} \boldsymbol{A} & \boldsymbol{B} \\ \boldsymbol{O} & \boldsymbol{D} \end{pmatrix}$ 可逆，且 $\begin{pmatrix} \boldsymbol{A} & \boldsymbol{B} \\ \boldsymbol{O} & \boldsymbol{D} \end{pmatrix}^{-1} = \begin{pmatrix} \boldsymbol{A}^{-1} & -\boldsymbol{A}^{-1}\boldsymbol{B}\boldsymbol{D}^{-1} \\ \boldsymbol{O} & \boldsymbol{D}^{-1} \end{pmatrix}$.

(2) **分块下三角形矩阵** $\begin{pmatrix} \boldsymbol{A} & \boldsymbol{O} \\ \boldsymbol{C} & \boldsymbol{D} \end{pmatrix}$，当子块 $\boldsymbol{A}$，$\boldsymbol{D}$ 都是方阵且可逆时，分块下三角形矩阵 $\begin{pmatrix} \boldsymbol{A} & \boldsymbol{O} \\ \boldsymbol{C} & \boldsymbol{D} \end{pmatrix}$ 可逆，且 $\begin{pmatrix} \boldsymbol{A} & \boldsymbol{O} \\ \boldsymbol{C} & \boldsymbol{D} \end{pmatrix}^{-1} = \begin{pmatrix} \boldsymbol{A}^{-1} & \boldsymbol{O} \\ -\boldsymbol{D}^{-1}\boldsymbol{C}\boldsymbol{A}^{-1} & \boldsymbol{D}^{-1} \end{pmatrix}$.

11. 解矩阵方程的初等变换法

(1) 当方阵 $\boldsymbol{A}$ 可逆时，矩阵方程 $\boldsymbol{AX}=\boldsymbol{B}$ 的解为 $\boldsymbol{X}=\boldsymbol{A}^{-1}\boldsymbol{B}$，**初等行变换法**解法：构造矩阵 $(\boldsymbol{A} \vdots \boldsymbol{B}) \xrightarrow{\text{初等行变换}} (\boldsymbol{E} \vdots \boldsymbol{A}^{-1}\boldsymbol{B}) = (\boldsymbol{E} \vdots \boldsymbol{X})$.

(2) 当方阵 $\boldsymbol{A}$ 可逆时，矩阵方程 $\boldsymbol{XA}=\boldsymbol{B}$ 的解为 $\boldsymbol{X}=\boldsymbol{BA}^{-1}$，**初等列变换法**解法：构造矩阵 $\begin{pmatrix} \boldsymbol{A} \\ \boldsymbol{B} \end{pmatrix} \xrightarrow{\text{初等列变换}} \begin{pmatrix} \boldsymbol{E} \\ \boldsymbol{BA}^{-1} \end{pmatrix} = \begin{pmatrix} \boldsymbol{E} \\ \boldsymbol{X} \end{pmatrix}$.

2.4.2 基本要求

熟记矩阵初等变换、初等矩阵、矩阵等价的概念与性质，能够利用初等变换与初等矩阵的关系解决问题；能够应用初等变换法求方阵的逆矩阵，解矩阵方程. 本节重点是矩阵的初等变换及其应用.

2.4.3 典型范例

题型 1　用初等变换化矩阵为行阶梯形矩阵、行最简形矩阵、标准形.

例 1　把矩阵 $\boldsymbol{A}=\begin{pmatrix} 1 & -1 & 3 & -2 \\ 2 & -2 & 4 & -2 \\ 3 & -3 & 3 & -4 \end{pmatrix}$ 化为行阶梯形矩阵 $\boldsymbol{B}$，行最简形矩阵 $\boldsymbol{C}$，标准形 $\boldsymbol{D}$.

解　对矩阵 $\boldsymbol{A}$ 施行初等行变换化为行阶梯形矩阵 $\boldsymbol{B}$：

$$\boldsymbol{A}=\begin{pmatrix}1&-1&3&-2\\2&-2&4&-2\\3&-3&3&-4\end{pmatrix}\xrightarrow{r_2+(-2)r_1}\begin{pmatrix}1&-1&3&-2\\0&0&-2&2\\3&-3&3&-4\end{pmatrix}$$

$$\xrightarrow{r_3+(-3)r_1}\begin{pmatrix}1&-1&3&-2\\0&0&-2&2\\0&0&-6&2\end{pmatrix}$$

$$\xrightarrow{r_3+(-3)r_2}\begin{pmatrix}1&-1&3&-2\\0&0&-2&2\\0&0&0&-4\end{pmatrix}=\boldsymbol{B}.$$

对矩阵 $\boldsymbol{B}$ 施行初等行变换化为行最简形矩阵 $\boldsymbol{C}$：

$$\boldsymbol{B}\xrightarrow{-\frac{1}{4}r_3}\begin{pmatrix}1&-1&3&-2\\0&0&-2&2\\0&0&0&1\end{pmatrix}\xrightarrow[r_1+2r_3]{r_2-2r_3}\begin{pmatrix}1&-1&3&0\\0&0&-2&0\\0&0&0&1\end{pmatrix}\xrightarrow{-\frac{1}{2}r_2}\begin{pmatrix}1&-1&3&0\\0&0&1&0\\0&0&0&1\end{pmatrix}$$

$$\xrightarrow{r_1-3r_2}\begin{pmatrix}1&-1&0&0\\0&0&1&0\\0&0&0&1\end{pmatrix}=\boldsymbol{C}.$$

对矩阵 $\boldsymbol{C}$ 施行初等列变换化为标准形 $\boldsymbol{D}$：

$$\boldsymbol{C}\xrightarrow{c_2+c_1}\begin{pmatrix}1&0&0&0\\0&0&1&0\\0&0&0&1\end{pmatrix}\xrightarrow[c_3\leftrightarrow c_4]{c_2\leftrightarrow c_3}\begin{pmatrix}1&0&0&0\\0&1&0&0\\0&0&1&0\end{pmatrix}=\boldsymbol{D}.$$

题型 2　用初等变换法求逆矩阵.

例 2　设矩阵 $\boldsymbol{A}=\begin{pmatrix}1&0&0\\3&1&5\\-2&0&1\end{pmatrix}$，利用初等变换法求逆矩阵 $\boldsymbol{A}^{-1}$.

解　构造新矩阵 $(\boldsymbol{A}\,\vdots\,\boldsymbol{E})$，对其施行初等行变换，当矩阵 $\boldsymbol{A}$ 化为单位矩阵 $\boldsymbol{E}$ 时，后面的单位矩阵 $\boldsymbol{E}$ 化为 $\boldsymbol{A}^{-1}$. 具体如下：

$$(\boldsymbol{A}\,\vdots\,\boldsymbol{E})=\left(\begin{array}{ccc:ccc}1&0&0&1&0&0\\3&1&5&0&1&0\\-2&0&1&0&0&1\end{array}\right)\xrightarrow[r_3+2r_1]{r_2+(-3)r_1}\begin{pmatrix}1&0&0&1&0&0\\0&1&5&-3&1&0\\0&0&1&2&0&1\end{pmatrix}$$

$$\xrightarrow{r_2+(-5)r_3}\begin{pmatrix}1&0&0&1&0&0\\0&1&0&-13&1&-5\\0&0&1&2&0&1\end{pmatrix}=(\boldsymbol{E}\,\vdots\,\boldsymbol{A}^{-1}),$$

所以 $\boldsymbol{A}^{-1}=\begin{pmatrix}1&0&0\\-13&1&-5\\2&0&1\end{pmatrix}$.

题型 3　用初等变换法解矩阵方程.

例 3　用初等变换法解矩阵方程 $\boldsymbol{AX}=\boldsymbol{B}$，其中，$\boldsymbol{A}=\begin{pmatrix}1&1&-1\\0&1&2\\2&4&0\end{pmatrix}$，$\boldsymbol{B}=\begin{pmatrix}1&-1\\2&0\\-2&5\end{pmatrix}$.

解　因为 $|\boldsymbol{A}|=\begin{vmatrix}1&1&-1\\0&1&2\\2&4&0\end{vmatrix}=\begin{vmatrix}1&1&-3\\0&1&0\\2&4&-8\end{vmatrix}=\begin{vmatrix}1&-3\\2&-8\end{vmatrix}=-2\neq 0$，所以 $\boldsymbol{A}$ 可逆.

由 $\boldsymbol{AX}=\boldsymbol{B}\Rightarrow\boldsymbol{A}^{-1}(\boldsymbol{AX})=\boldsymbol{A}^{-1}\boldsymbol{B}\Rightarrow(\boldsymbol{A}^{-1}\boldsymbol{A})\boldsymbol{X}=\boldsymbol{A}^{-1}\boldsymbol{B}\Rightarrow\boldsymbol{X}=\boldsymbol{A}^{-1}\boldsymbol{B}$，构造分块矩阵乘法，$\boldsymbol{A}^{-1}(\boldsymbol{A}\quad\boldsymbol{B})=(\boldsymbol{A}^{-1}\boldsymbol{A}\quad\boldsymbol{A}^{-1}\boldsymbol{B})=(\boldsymbol{E}\quad\boldsymbol{A}^{-1}\boldsymbol{B})$，于是 $(\boldsymbol{A}\quad\boldsymbol{B})\rightarrow(\boldsymbol{E}\quad\boldsymbol{A}^{-1}\boldsymbol{B})=(\boldsymbol{E}\quad\boldsymbol{X})$，对 $(\boldsymbol{A}\quad\boldsymbol{B})$ 只施行初等行变换，当 $\boldsymbol{A}$ 把变成 $\boldsymbol{E}$ 时，$\boldsymbol{B}$ 就变为 $\boldsymbol{A}^{-1}\boldsymbol{B}=\boldsymbol{X}$，

$$(\boldsymbol{A}\quad\boldsymbol{B})=\begin{pmatrix}1&1&-1&1&-1\\0&1&2&2&0\\2&4&0&-2&5\end{pmatrix}\xrightarrow{r_3-2r_1}\begin{pmatrix}1&1&-1&1&-1\\0&1&2&2&0\\0&2&2&-4&7\end{pmatrix}$$

$$\xrightarrow[r_3-2r_2]{r_1-r_2}\begin{pmatrix}1&0&-3&-1&-1\\0&1&2&2&0\\0&0&-2&-8&7\end{pmatrix}\xrightarrow{-\frac{1}{2}r_3}\begin{pmatrix}1&0&-3&-1&-1\\0&1&2&2&0\\0&0&1&4&-\frac{7}{2}\end{pmatrix}$$

$$\xrightarrow[r_2-2r_3]{r_1+3r_3}\begin{pmatrix}1&0&0&11&-\frac{23}{2}\\0&1&0&-6&7\\0&0&1&4&-\frac{7}{2}\end{pmatrix}=(\boldsymbol{E}\quad\boldsymbol{X}),$$

矩阵 $\boldsymbol{X}=\boldsymbol{A}^{-1}\boldsymbol{B}=\begin{pmatrix}11&-\frac{23}{2}\\-6&7\\4&-\frac{7}{2}\end{pmatrix}$.

2.4.4　疑难解析

例 4　将矩阵 $\boldsymbol{A}$ 的第 2 行与第 3 行交换，再将第 2 列的 -1 倍加到第 1 列得到矩阵 $\begin{pmatrix}-2&1&-1\\1&-1&0\\-1&0&0\end{pmatrix}$，则 $\mathrm{tr}(\boldsymbol{A}^{-1})=$__________.

解　设 $\boldsymbol{B}=\begin{pmatrix}-2&1&-1\\1&-1&0\\-1&0&0\end{pmatrix}$，按照上述初等变换的逆变换，将 $\boldsymbol{B}$ 的第 2 列的 1 倍加到

第 1 列，然后交换 $\boldsymbol{B}$ 的第 2、3 行的位置，得到 $\boldsymbol{A}=\begin{pmatrix}-1&1&-1\\-1&0&0\\0&-1&0\end{pmatrix}$.

由初等变换法求出 $\boldsymbol{A}^{-1}$，

$$(\boldsymbol{A}\vdots\boldsymbol{E})=\left(\begin{array}{ccc:ccc}-1&1&-1&1&0&0\\-1&0&0&0&1&0\\0&-1&0&0&0&1\end{array}\right)\longrightarrow\begin{pmatrix}-1&1&-1&1&0&0\\0&-1&1&-1&1&0\\0&-1&0&0&0&1\end{pmatrix}$$

$$\longrightarrow\begin{pmatrix}-1&0&-1&1&0&1\\0&1&0&0&0&-1\\0&0&1&-1&1&-1\end{pmatrix}\longrightarrow\left(\begin{array}{ccc:ccc}1&0&0&0&-1&0\\0&1&0&0&0&-1\\0&0&1&-1&1&-1\end{array}\right),$$

于是 $\boldsymbol{A}^{-1}=\begin{pmatrix}0&-1&0\\0&0&-1\\-1&1&-1\end{pmatrix}$，$\boldsymbol{A}^{-1}$ 的迹 $\mathrm{tr}(\boldsymbol{A}^{-1})$ 为其所有主对角线上元素的和-1.

例 5 已知矩阵 $\boldsymbol{A}=\begin{pmatrix}1&0&-1\\2&-1&1\\-1&2&-5\end{pmatrix}$，若下三角形可逆矩阵 $\boldsymbol{P}$ 和上三角形可逆矩阵 $\boldsymbol{Q}$ 使得 $\boldsymbol{PAQ}$ 为对角矩阵，则 $\boldsymbol{P}$，$\boldsymbol{Q}$ 分别取(　　).

A. $\begin{pmatrix}1&0&0\\0&1&0\\0&0&1\end{pmatrix}$，$\begin{pmatrix}1&0&1\\0&1&3\\0&0&1\end{pmatrix}$　　B. $\begin{pmatrix}1&0&0\\2&-1&0\\-3&2&1\end{pmatrix}$，$\begin{pmatrix}1&0&0\\0&1&0\\0&0&1\end{pmatrix}$

C. $\begin{pmatrix}1&0&0\\2&-1&0\\-3&2&1\end{pmatrix}$，$\begin{pmatrix}1&0&1\\0&1&3\\0&0&1\end{pmatrix}$　　D. $\begin{pmatrix}1&0&0\\0&1&0\\1&3&1\end{pmatrix}$，$\begin{pmatrix}1&2&-3\\0&-1&2\\0&0&1\end{pmatrix}$

解法 1 设 $\boldsymbol{F}=\boldsymbol{PA}$，则 $\boldsymbol{B}=\boldsymbol{PAQ}=\boldsymbol{FQ}$，由矩阵的初等变换与初等矩阵的关系可知：左乘=行变，右乘=列变，因此要使 $\boldsymbol{B}=\boldsymbol{PAQ}$ 为对角矩阵，相当于先对矩阵 $\boldsymbol{A}$ 施行一系列初等行变换 $\boldsymbol{P}$，变成上三角形矩阵 $\boldsymbol{F}$；再对矩阵 $\boldsymbol{F}$ 施行一系列初等列变换 $\boldsymbol{Q}$，变成对角矩阵 $\boldsymbol{B}$. 具体如下：

因为

$$(\boldsymbol{A}\vdots\boldsymbol{E})=\left(\begin{array}{ccc:ccc}1&0&-1&1&0&0\\2&-1&1&0&1&0\\-1&2&-5&0&0&1\end{array}\right)\longrightarrow\begin{pmatrix}1&0&-1&1&0&0\\0&-1&3&-2&1&0\\0&2&-6&1&0&1\end{pmatrix}$$

$$\longrightarrow\begin{pmatrix}1&0&-1&1&0&0\\0&1&-3&2&-1&0\\0&0&0&-3&2&1\end{pmatrix}=(\boldsymbol{F}\vdots\boldsymbol{P}),$$

所以
$$P=\begin{pmatrix}1&0&0\\2&-1&0\\-3&2&1\end{pmatrix},\quad F=\begin{pmatrix}1&0&-1\\0&1&-3\\0&0&0\end{pmatrix}.$$

又因为
$$\begin{pmatrix}F\\E\end{pmatrix}=\begin{pmatrix}1&0&-1\\0&1&-3\\0&0&0\\1&0&0\\0&1&0\\0&0&1\end{pmatrix}\longrightarrow\begin{pmatrix}1&0&0\\0&1&0\\0&0&0\\1&0&1\\0&1&3\\0&0&1\end{pmatrix}=\begin{pmatrix}B\\Q\end{pmatrix},$$

所以
$$Q=\begin{pmatrix}1&0&1\\0&1&3\\0&0&1\end{pmatrix},$$

此时 $B=PAQ=\begin{pmatrix}1&0&0\\0&1&0\\0&0&0\end{pmatrix}$ 为对角矩阵. 故选 C.

解法 2　把各选项中的 P，Q 分别代入 PAQ，满足 PAQ 为对角矩阵的即为正确选项.

例 6　设矩阵 $A=\begin{pmatrix}a&1&0\\1&a&-1\\0&1&a\end{pmatrix}$，且 $A^3=O$.

(1) 求 a 的值;(2)若矩阵 X 满足 $X-XA^2-AX+AXA^2=E$，其中 E 为三阶单位矩阵，求 X.

解　(1) $A^3=O\Rightarrow|A|=0\Rightarrow\begin{vmatrix}a&1&0\\1&a&-1\\0&1&a\end{vmatrix}=\begin{vmatrix}0&1&0\\1-a^2&a&-1\\-a&1&a\end{vmatrix}=a^3=0\Rightarrow a=0.$

(2) 由题意知 $X-XA^2-AX+AXA^2=E\Rightarrow X(E-A^2)-AX(E-A^2)=E\Rightarrow(E-A)X(E-A^2)=E\Rightarrow X=(E-A)^{-1}(E-A^2)^{-1}=[(E-A^2)(E-A)]^{-1}\Rightarrow X=(E-A^2-A+A^3)^{-1}=(E-A^2-A)^{-1}$.

将 $A=\begin{pmatrix}0&1&0\\1&0&-1\\0&1&0\end{pmatrix}$ 代入得

$$E-A^2-A=\begin{pmatrix}1&0&0\\0&1&0\\0&0&1\end{pmatrix}-\begin{pmatrix}0&1&0\\1&0&-1\\0&1&0\end{pmatrix}\begin{pmatrix}0&1&0\\1&0&-1\\0&1&0\end{pmatrix}-\begin{pmatrix}0&1&0\\1&0&-1\\0&1&0\end{pmatrix}=\begin{pmatrix}0&-1&1\\-1&1&1\\-1&-1&2\end{pmatrix}.$$

用初等变换法求出其逆矩阵，得

$$(E-A^2-A\vdots E)=\left(\begin{array}{ccc:ccc}0&-1&1&1&0&0\\-1&1&1&0&1&0\\-1&-1&2&0&0&1\end{array}\right)\longrightarrow\begin{pmatrix}1&-1&-1&0&-1&0\\0&-1&1&1&0&0\\-1&-1&2&0&0&1\end{pmatrix}$$

$$\longrightarrow\begin{pmatrix}1&-1&-1&0&-1&0\\0&1&-1&-1&0&0\\0&-2&1&0&-1&1\end{pmatrix}\longrightarrow\begin{pmatrix}1&0&-2&-1&-1&0\\0&1&-1&-1&0&0\\0&0&-1&-2&-1&1\end{pmatrix}$$

$$\longrightarrow\left(\begin{array}{ccc:ccc}1&0&0&3&1&-2\\0&1&0&1&1&-1\\0&0&1&2&1&-1\end{array}\right)=(\boldsymbol{E}\vdots(\boldsymbol{E}-\boldsymbol{A}^2-\boldsymbol{A})^{-1}),$$

$$\boldsymbol{X}=\begin{pmatrix}3&1&-2\\1&1&-1\\2&1&-1\end{pmatrix}.$$

例 7 已知 a 是常数，且矩阵 $\boldsymbol{A}=\begin{pmatrix}1&2&a\\1&3&0\\2&7&-a\end{pmatrix}$ 可经初等列变换化为矩阵 $\boldsymbol{B}=\begin{pmatrix}1&a&2\\0&1&1\\-1&1&1\end{pmatrix}$. 求(1) a；(2) 满足 $\boldsymbol{AP}=\boldsymbol{B}$ 的可逆矩阵 $\boldsymbol{P}$.

解 (1) 对矩阵 $\boldsymbol{A}$，$\boldsymbol{B}$ 分别施行初等行变换，得

$$\boldsymbol{A}=\begin{pmatrix}1&2&a\\1&3&0\\2&7&-a\end{pmatrix}\longrightarrow\begin{pmatrix}1&0&3a\\0&1&-a\\0&0&0\end{pmatrix},\quad \boldsymbol{B}=\begin{pmatrix}1&a&2\\0&1&1\\-1&1&1\end{pmatrix}\longrightarrow\begin{pmatrix}1&0&0\\0&1&1\\0&0&a-2\end{pmatrix},$$

由题设知 $\boldsymbol{A}$，$\boldsymbol{B}$ 等价，有相同的秩，所以必有 $a-2=0$，即 $a=2$.

(2) 由(1)知 $a=2$，因为 $\boldsymbol{AP}=\boldsymbol{B}$，对矩阵 $(\boldsymbol{A}\vdots\boldsymbol{B})$ 施行初等行变换，得

$$(\boldsymbol{A}\vdots\boldsymbol{B})=\left(\begin{array}{ccc:ccc}1&2&2&1&2&2\\1&3&0&0&1&1\\2&7&-2&-1&1&1\end{array}\right)\longrightarrow\left(\begin{array}{ccc:ccc}1&0&6&3&4&4\\0&1&-2&-1&-1&-1\\0&0&0&0&0&0\end{array}\right),$$

记 $\boldsymbol{B}=(\boldsymbol{\beta}_1,\boldsymbol{\beta}_2,\boldsymbol{\beta}_3)$，由于 $\boldsymbol{A}\begin{pmatrix}-6\\2\\1\end{pmatrix}=0$，$\boldsymbol{A}\begin{pmatrix}3\\-1\\0\end{pmatrix}=\boldsymbol{\beta}_1$，$\boldsymbol{A}\begin{pmatrix}4\\-1\\0\end{pmatrix}=\boldsymbol{\beta}_2$，$\boldsymbol{A}\begin{pmatrix}4\\-1\\0\end{pmatrix}=\boldsymbol{\beta}_3$，故 $\boldsymbol{AX}=\boldsymbol{B}$ 的解为

$$\boldsymbol{X}=\begin{pmatrix}3-6k_1&4-6k_2&4-6k_3\\-1+2k_1&-1+2k_2&-1+2k_3\\k_1&k_2&k_3\end{pmatrix}.$$

又因为

$$|\boldsymbol{X}|=\begin{vmatrix}3-6k_1&4-6k_2&4-6k_3\\-1+2k_1&-1+2k_2&-1+2k_3\\k_1&k_2&k_3\end{vmatrix}=\begin{vmatrix}3&4&4\\-1&-1&-1\\k_1&k_2&k_3\end{vmatrix}=\begin{vmatrix}3&1&1\\-1&0&0\\k_1&k_2-k_1&k_3-k_1\end{vmatrix}$$

$$=\begin{vmatrix} 1 & 1 \\ k_2-k_1 & k_3-k_1 \end{vmatrix}=k_3-k_2,$$

所以满足 $\boldsymbol{AP}=\boldsymbol{B}$ 的可逆矩阵为

$$\boldsymbol{P}=\begin{pmatrix} 3-6k_1 & 4-6k_2 & 4-6k_3 \\ -1+2k_1 & -1+2k_2 & -1+2k_3 \\ k_1 & k_2 & k_3 \end{pmatrix}，其中 k_3\neq k_2.$$

2.4.5　习题全解

1. 设矩阵 $\boldsymbol{A}=\begin{pmatrix} a_{11} & a_{12} & a_{13} & a_{14} \\ a_{21} & a_{22} & a_{23} & a_{24} \\ a_{31} & a_{32} & a_{33} & a_{34} \\ a_{41} & a_{42} & a_{43} & a_{44} \end{pmatrix}$，$\boldsymbol{B}=\begin{pmatrix} a_{14} & a_{13} & a_{12} & a_{11} \\ a_{24} & a_{23} & a_{22} & a_{21} \\ a_{34} & a_{33} & a_{32} & a_{31} \\ a_{44} & a_{43} & a_{42} & a_{41} \end{pmatrix}$，$\boldsymbol{P}_1=\begin{pmatrix} 0 & 0 & 0 & 1 \\ 0 & 1 & 0 & 0 \\ 0 & 0 & 1 & 0 \\ 1 & 0 & 0 & 0 \end{pmatrix}$，

$\boldsymbol{P}_2=\begin{pmatrix} 1 & 0 & 0 & 0 \\ 0 & 0 & 1 & 0 \\ 0 & 1 & 0 & 0 \\ 0 & 0 & 0 & 1 \end{pmatrix}$，其中 $\boldsymbol{A}$ 可逆，则 $\boldsymbol{B}^{-1}$ 等于(　　).

A. $\boldsymbol{A}^{-1}\boldsymbol{P}_1\boldsymbol{P}_2$　　B. $\boldsymbol{P}_1\boldsymbol{A}^{-1}\boldsymbol{P}_2$　　C. $\boldsymbol{P}_1\boldsymbol{P}_2\boldsymbol{A}^{-1}$　　D. $\boldsymbol{P}_2\boldsymbol{A}^{-1}\boldsymbol{P}_1$

解　易知经过第 1 列与第 4 列互换、第 2 列与第 3 列互换，两次初等列变换可以将矩阵 $\boldsymbol{A}$ 化为矩阵 $\boldsymbol{B}$，对应的初等矩阵分别为 $\boldsymbol{P}_1$，$\boldsymbol{P}_2$. 由初等列变换与初等矩阵的关系可得 $\boldsymbol{B}=\boldsymbol{AP}_1\boldsymbol{P}_2$ 或 $\boldsymbol{B}=\boldsymbol{AP}_2\boldsymbol{P}_1$，再由逆矩阵性质可得 $\boldsymbol{B}^{-1}=\boldsymbol{P}_2^{-1}\boldsymbol{P}_1^{-1}\boldsymbol{A}^{-1}$ 或 $\boldsymbol{B}^{-1}=\boldsymbol{P}_1^{-1}\boldsymbol{P}_2^{-1}\boldsymbol{A}^{-1}$，又因为初等矩阵 $\boldsymbol{P}_1^{-1}=\boldsymbol{P}_1$，$\boldsymbol{P}_2^{-1}=\boldsymbol{P}_2$，所以 $\boldsymbol{B}^{-1}=\boldsymbol{P}_2\boldsymbol{P}_1\boldsymbol{A}^{-1}$ 或 $\boldsymbol{B}^{-1}=\boldsymbol{P}_1\boldsymbol{P}_2\boldsymbol{A}^{-1}$，故选 C.

2. 设矩阵 $\boldsymbol{A}=\begin{pmatrix} a_{11} & a_{12} & a_{13} \\ a_{21} & a_{22} & a_{23} \\ a_{31} & a_{32} & a_{33} \end{pmatrix}$，$\boldsymbol{B}=\begin{pmatrix} a_{21} & a_{22} & a_{23} \\ a_{11} & a_{12} & a_{13} \\ a_{31}+a_{11} & a_{32}+a_{12} & a_{33}+a_{13} \end{pmatrix}$，$\boldsymbol{P}_1=\begin{pmatrix} 0 & 1 & 0 \\ 1 & 0 & 0 \\ 0 & 0 & 1 \end{pmatrix}$，

$\boldsymbol{P}_2=\begin{pmatrix} 1 & 0 & 0 \\ 0 & 1 & 0 \\ 1 & 0 & 1 \end{pmatrix}$，则必有(　　).

A. $\boldsymbol{AP}_1\boldsymbol{P}_2=\boldsymbol{B}$　　B. $\boldsymbol{AP}_2\boldsymbol{P}_1=\boldsymbol{B}$　　C. $\boldsymbol{P}_1\boldsymbol{P}_2\boldsymbol{A}=\boldsymbol{B}$　　D. $\boldsymbol{P}_1\boldsymbol{P}_2\boldsymbol{A}=\boldsymbol{B}$

解　易知经过第 1 行加到第 3 行、第 1 行与第 2 行互换，两次初等行变换可以将矩阵 $\boldsymbol{A}$ 化为矩阵 $\boldsymbol{B}$，对应的初等矩阵分别为 $\boldsymbol{P}_2$，$\boldsymbol{P}_1$. 由初等行变换与初等矩阵的关系可得 $\boldsymbol{B}=\boldsymbol{P}_1\boldsymbol{P}_2\boldsymbol{A}$，故选 C.

3. 设矩阵 $\boldsymbol{A}=\begin{pmatrix} a_{11} & a_{12} & a_{13} \\ a_{21} & a_{22} & a_{23} \\ a_{31} & a_{32} & a_{33} \end{pmatrix}$，$\boldsymbol{B}=\begin{pmatrix} a_{21} & a_{22}+ka_{23} & a_{23} \\ a_{31} & a_{32}+ka_{33} & a_{33} \\ a_{11} & a_{12}+ka_{13} & a_{13} \end{pmatrix}$，$\boldsymbol{P}_1=\begin{pmatrix} 0 & 1 & 0 \\ 0 & 0 & 1 \\ 1 & 0 & 0 \end{pmatrix}$，$\boldsymbol{P}_2=$

$\begin{pmatrix} 1 & 0 & 0 \\ 0 & 1 & 0 \\ 0 & k & 1 \end{pmatrix}$，则 $\boldsymbol{A}$ 等于(　　).

A. $P_1^{-1}BP_2^{-1}$　　B. $P_2^{-1}BP_1^{-1}$　　C. $P_1^{-1}P_2^{-1}B$　　D. $BP_1^{-1}P_2^{-1}$

解　易知矩阵 A 经过第3列乘以 k 加到第2列的初等列变换，再经过第1行与第3行互换、第2行与第3行互换的两次初等行变换，可以化为矩阵 B，对应的初等矩阵分别为 P_2，P_1. 由初等变换与初等矩阵的关系可得 $B=P_1AP_2$，解得 $A=P_1^{-1}BP_2^{-1}$. 故选 A.

4. 设 A，B 均为 n 阶矩阵，A 与 B 等价，则下列命题中错误的是(　　).

A. 若 $|A|>0$，则 $|B|>0$　　B. 若 $|A|\neq 0$，则 B 也可逆

C. 若 A 与 E 等价，则 B 与 E 等价　　D. 存在可逆矩阵 P，Q，使得 $PAQ=B$

解　A 选项中，若 A 与 B 等价，则矩阵 A 可以经过若干次初等变换化为矩阵 B. 当经过两行(列)互换的初等变换时，由行列式的性质可知 $|A|=-|B|$，与 A 选项矛盾，所以 A 选项命题错误，其他三个选项的命题都正确. 故选 A.

5. 用初等变换求下列矩阵的逆矩阵.

(1) $A=\begin{pmatrix} a & b \\ c & d \end{pmatrix}$，$|A|=m\neq 0$；　(2) $A=\begin{pmatrix} 1 & 0 & 1 \\ -7 & 3 & 2 \\ 2 & -1 & 0 \end{pmatrix}$；　(3) $A=\begin{pmatrix} 2 & 0 & 1 \\ 2 & -1 & 2 \\ 3 & 2 & 1 \end{pmatrix}$；

(4) $A=\begin{pmatrix} 0 & 0 & 1 \\ 4 & 3 & 2 \\ 3 & 2 & -1 \end{pmatrix}$；　(5) $A=\begin{pmatrix} 1 & 1 & 1 & 1 \\ 1 & -1 & 1 & -1 \\ 1 & -1 & -1 & 1 \\ 1 & 1 & -1 & -1 \end{pmatrix}$；

(6) $A=\begin{pmatrix} 1 & 2 & 3 & 4 \\ 2 & 3 & 4 & 3 \\ 3 & 4 & 3 & 2 \\ 4 & 3 & 2 & 1 \end{pmatrix}$；　(7) $A=\begin{pmatrix} 1 & 2 & 0 & 0 \\ 2 & 3 & 0 & 0 \\ -3 & 1 & 5 & 6 \\ 0 & -2 & 3 & 4 \end{pmatrix}$.

解　(1) 构造新矩阵，并施行初等行变换：

因为

$$(A\vdots E)=\begin{pmatrix} a & b & 1 & 0 \\ c & d & 0 & 1 \end{pmatrix}\xrightarrow{r_1\times\left(-\frac{c}{a}\right)+r_2}\begin{pmatrix} a & b & 1 & 0 \\ 0 & \dfrac{ad-bc}{a} & -\dfrac{c}{a} & 1 \end{pmatrix}$$

$$\xrightarrow[r_2\times\frac{a}{ad-bc}]{r_1\times\frac{1}{a}}\begin{pmatrix} 1 & \dfrac{b}{a} & \dfrac{1}{a} & 0 \\ 0 & 1 & -\dfrac{c}{ad-bc} & \dfrac{a}{ad-bc} \end{pmatrix}$$

$$\xrightarrow{r_2\times\left(-\frac{b}{a}\right)+r_1}\begin{pmatrix} 1 & 0 & \dfrac{d}{ad-bc} & -\dfrac{b}{ad-bc} \\ 0 & 1 & -\dfrac{c}{ad-bc} & \dfrac{a}{ad-bc} \end{pmatrix},$$

又因为 $|A|=ad-bc=m\neq 0$，所以 $A^{-1}=\begin{pmatrix} \dfrac{d}{m} & -\dfrac{b}{m} \\ -\dfrac{c}{m} & \dfrac{a}{m} \end{pmatrix}$.

(2) 构造新矩阵，并施行初等行变换：

因为 $(\boldsymbol{A}\vdots\boldsymbol{E})=\begin{pmatrix}1&0&1&1&0&0\\-7&3&2&0&1&0\\2&-1&0&0&0&1\end{pmatrix}\xrightarrow[r_1\times(-2)+r_3]{r_1\times 7+r_2}\begin{pmatrix}1&0&1&1&0&0\\0&3&9&7&1&0\\0&-1&-2&-2&0&1\end{pmatrix}$

$$\xrightarrow{r_2\leftrightarrow r_3}\begin{pmatrix}1&0&1&1&0&0\\0&-1&-2&-2&0&1\\0&3&9&7&1&0\end{pmatrix}$$

$$\xrightarrow{r_2\times 3+r_3}\begin{pmatrix}1&0&1&1&0&0\\0&-1&-2&-2&0&1\\0&0&3&1&1&3\end{pmatrix}$$

$$\xrightarrow{r_3\times\frac{1}{3}}\begin{pmatrix}1&0&1&1&0&0\\0&-1&-2&-2&0&1\\0&0&1&\frac{1}{3}&\frac{1}{3}&1\end{pmatrix}$$

$$\xrightarrow[r_2\times(-1)]{r_3\times(-1)+r_1,\ r_3\times 2+r_2}\begin{pmatrix}1&0&0&\frac{2}{3}&-\frac{1}{3}&-1\\0&1&0&\frac{4}{3}&-\frac{2}{3}&-3\\0&0&1&\frac{1}{3}&\frac{1}{3}&1\end{pmatrix},$$

所以
$$\boldsymbol{A}^{-1}=\frac{1}{3}\begin{pmatrix}2&-1&-3\\4&-2&-9\\1&1&3\end{pmatrix}.$$

(3) 构造新矩阵，并施行初等行变换：

因为

$$(\boldsymbol{A}\vdots\boldsymbol{E})=\begin{pmatrix}2&0&1&1&0&0\\2&-1&2&0&1&0\\3&2&1&0&0&1\end{pmatrix}\xrightarrow{r_1\times(-1)+r_2}\begin{pmatrix}2&0&1&1&0&0\\0&-1&1&-1&1&0\\3&2&1&0&0&1\end{pmatrix}$$

$$\xrightarrow{r_1\times(-1)+r_3}\begin{pmatrix}2&0&1&1&0&0\\0&-1&1&-1&1&0\\1&2&0&-1&0&1\end{pmatrix}\xrightarrow{r_2\times 2+r_3}\begin{pmatrix}2&0&1&1&0&0\\0&-1&1&-1&1&0\\1&0&2&-3&2&1\end{pmatrix}$$

$$\xrightarrow[r_1\leftrightarrow r_3]{r_2\times(-1)}\begin{pmatrix}1&0&2&-3&2&1\\0&1&-1&1&-1&0\\2&0&1&1&0&0\end{pmatrix}\xrightarrow{r_1\times(-2)+r_3}\begin{pmatrix}1&0&2&-3&2&1\\0&1&-1&1&-1&0\\0&0&-3&7&-4&-2\end{pmatrix}$$

$$\xrightarrow{r_3\times\left(-\frac{1}{3}\right)}\begin{pmatrix}1&0&2&-3&2&1\\0&1&-1&1&-1&0\\0&0&1&-\frac{7}{3}&\frac{4}{3}&\frac{2}{3}\end{pmatrix}$$

$$\xrightarrow{r_3\times(-2)+r_1}\begin{pmatrix}1&0&0&\frac{5}{3}&-\frac{2}{3}&-\frac{1}{3}\\0&1&-1&1&-1&0\\0&0&1&-\frac{7}{3}&\frac{4}{3}&\frac{2}{3}\end{pmatrix}$$

$$\xrightarrow{r_3\times1+r_2}\begin{pmatrix}1&0&0&\frac{5}{3}&-\frac{2}{3}&-\frac{1}{3}\\0&1&0&-\frac{4}{3}&\frac{1}{3}&\frac{2}{3}\\0&0&1&-\frac{7}{3}&\frac{4}{3}&\frac{2}{3}\end{pmatrix}=(\boldsymbol{E}\vdots\boldsymbol{A}^{-1}),$$

所以
$$\boldsymbol{A}^{-1}=\frac{1}{3}\begin{pmatrix}5&-2&-1\\-4&1&2\\-7&4&2\end{pmatrix}.$$

(4) 构造新矩阵,并施行初等行变换:

因为

$$(\boldsymbol{A}\vdots\boldsymbol{E})=\begin{pmatrix}0&0&1&1&0&0\\4&3&2&0&1&0\\3&2&-1&0&0&1\end{pmatrix}\xrightarrow{r_3\times(-1)+r_2}\begin{pmatrix}0&0&1&1&0&0\\1&1&3&0&1&-1\\3&2&-1&0&0&1\end{pmatrix}$$

$$\xrightarrow{r_2\times(-3)+r_3}\begin{pmatrix}0&0&1&1&0&0\\1&1&3&0&1&-1\\0&-1&-10&0&-3&4\end{pmatrix}\xrightarrow[r_2\leftrightarrow r_3]{r_1\leftrightarrow r_2}\begin{pmatrix}1&1&3&0&1&-1\\0&-1&-10&0&-3&4\\0&0&1&1&0&0\end{pmatrix}$$

$$\xrightarrow{r_3\times(-3)+r_1}\begin{pmatrix}1&1&0&-3&1&-1\\0&-1&-10&0&-3&4\\0&0&1&1&0&0\end{pmatrix}\xrightarrow{r_3\times10+r_2}\begin{pmatrix}1&1&0&-3&1&-1\\0&-1&0&10&-3&4\\0&0&1&1&0&0\end{pmatrix}$$

$$\xrightarrow{r_2+r_1}\begin{pmatrix}1&0&0&7&-2&3\\0&-1&0&10&-3&4\\0&0&1&1&0&0\end{pmatrix}\xrightarrow{r_2\times(-1)}\begin{pmatrix}1&0&0&7&-2&3\\0&1&0&-10&3&-4\\0&0&1&1&0&0\end{pmatrix},$$

所以
$$\boldsymbol{A}^{-1}=\begin{pmatrix}7&-2&3\\-10&3&-4\\1&0&0\end{pmatrix}.$$

（5）构造新矩阵，并施行初等行变换：

因为

$$(\boldsymbol{A}\vdots\boldsymbol{E})=\begin{pmatrix}1&1&1&1&1&0&0&0\\1&-1&1&-1&0&1&0&0\\1&-1&-1&1&0&0&1&0\\1&1&-1&-1&0&0&0&1\end{pmatrix}\xrightarrow[\substack{r_1\times(-1)+r_3\\r_1\times(-1)+r_4}]{r_1\times(-1)+r_2}\begin{pmatrix}1&1&1&1&1&0&0&0\\0&-2&0&-2&-1&1&0&0\\0&-2&-2&0&-1&0&1&0\\0&0&-2&-2&-1&0&0&1\end{pmatrix}$$

$$\xrightarrow[r_4\times\left(-\frac{1}{2}\right)]{\substack{r_2\times\left(-\frac{1}{2}\right)\\r_3\times\left(-\frac{1}{2}\right)}}\begin{pmatrix}1&1&1&1&1&0&0&0\\0&1&0&1&\frac{1}{2}&-\frac{1}{2}&0&0\\0&1&1&0&\frac{1}{2}&0&-\frac{1}{2}&0\\0&0&1&1&\frac{1}{2}&0&0&-\frac{1}{2}\end{pmatrix}$$

$$\xrightarrow[r_2\times(-1)+r_3]{r_2\times(-1)+r_1}\begin{pmatrix}1&0&1&0&\frac{1}{2}&\frac{1}{2}&0&0\\0&1&0&1&\frac{1}{2}&-\frac{1}{2}&0&0\\0&0&1&-1&0&\frac{1}{2}&-\frac{1}{2}&0\\0&0&1&1&\frac{1}{2}&0&0&-\frac{1}{2}\end{pmatrix}$$

$$\xrightarrow[r_3\times(-1)+r_4]{r_3\times(-1)+r_1}\begin{pmatrix}1&0&0&1&\frac{1}{2}&0&\frac{1}{2}&0\\0&1&0&1&\frac{1}{2}&-\frac{1}{2}&0&0\\0&0&1&-1&0&\frac{1}{2}&-\frac{1}{2}&0\\0&0&0&2&\frac{1}{2}&-\frac{1}{2}&\frac{1}{2}&-\frac{1}{2}\end{pmatrix}$$

$$\xrightarrow{r_4\times\frac{1}{2}}\begin{pmatrix}1&0&0&1&\frac{1}{2}&0&\frac{1}{2}&0\\0&1&0&1&\frac{1}{2}&-\frac{1}{2}&0&0\\0&0&1&-1&0&\frac{1}{2}&-\frac{1}{2}&0\\0&0&0&1&\frac{1}{4}&-\frac{1}{4}&\frac{1}{4}&-\frac{1}{4}\end{pmatrix}$$

$$\xrightarrow[\substack{r_4\times(-1)+r_2\\ r_4+r_3}]{r_4\times(-1)+r_1}\begin{pmatrix}1&0&0&0&\frac{1}{4}&\frac{1}{4}&\frac{1}{4}&\frac{1}{4}\\0&1&0&0&\frac{1}{4}&-\frac{1}{4}&-\frac{1}{4}&\frac{1}{4}\\0&0&1&0&\frac{1}{4}&\frac{1}{4}&-\frac{1}{4}&-\frac{1}{4}\\0&0&0&1&\frac{1}{4}&-\frac{1}{4}&\frac{1}{4}&-\frac{1}{4}\end{pmatrix}$$

$=(\boldsymbol{E}\vdots\boldsymbol{A}^{-1})$,

所以
$$\boldsymbol{A}^{-1}=\frac{1}{4}\begin{pmatrix}1&1&1&1\\1&-1&-1&1\\1&1&-1&-1\\1&-1&1&-1\end{pmatrix}.$$

(6) 构造新矩阵,并施行初等行变换:

因为

$$(\boldsymbol{A}\vdots\boldsymbol{E})=\begin{pmatrix}1&2&3&4&1&0&0&0\\2&3&4&3&0&1&0&0\\3&4&3&2&0&0&1&0\\4&3&2&1&0&0&0&1\end{pmatrix}\xrightarrow[\substack{r_1\times(-3)+r_3\\ r_1\times(-4)+r_4}]{r_1\times(-2)+r_2}\begin{pmatrix}1&2&3&4&1&0&0&0\\0&-1&-2&-5&-2&1&0&0\\0&-2&-6&-10&-3&0&1&0\\0&-5&-10&-15&-4&0&0&1\end{pmatrix}$$

$$\xrightarrow[r_2\times(-5)+r_4]{\substack{r_2\times2+r_1\\ r_2\times(-2)+r_3}}\begin{pmatrix}1&0&-1&-6&-3&2&0&0\\0&-1&-2&-5&-2&1&0&0\\0&0&-2&0&1&-2&1&0\\0&0&0&10&6&-5&0&1\end{pmatrix}$$

$$\xrightarrow[\substack{r_3\times\left(-\frac{1}{2}\right)\\ r_4\times\frac{1}{10}}]{r_2\times(-1)}\begin{pmatrix}1&0&-1&-6&-3&2&0&0\\0&1&2&5&2&-1&0&0\\0&0&1&0&-\frac{1}{2}&1&-\frac{1}{2}&0\\0&0&0&1&\frac{3}{5}&-\frac{1}{2}&0&\frac{1}{10}\end{pmatrix}$$

$$\xrightarrow[r_4\times(-5)+r_2]{r_4\times6+r_1}\begin{pmatrix}1&0&-1&0&\frac{3}{5}&-1&0&\frac{3}{5}\\0&1&2&0&-1&\frac{3}{2}&0&-\frac{1}{2}\\0&0&1&0&-\frac{1}{2}&1&-\frac{1}{2}&0\\0&0&0&1&\frac{3}{5}&-\frac{1}{2}&0&\frac{1}{10}\end{pmatrix}$$

$$\xrightarrow[r_3\times(-2)+r_2]{r_3+r_1}\begin{pmatrix}1&0&0&0&\frac{1}{10}&0&-\frac{1}{2}&\frac{3}{5}\\0&1&0&0&0&-\frac{1}{2}&1&-\frac{1}{2}\\0&0&1&0&-\frac{1}{2}&1&-\frac{1}{2}&0\\0&0&0&1&\frac{3}{5}&-\frac{1}{2}&0&\frac{1}{10}\end{pmatrix},$$

所以
$$\boldsymbol{A}^{-1}=\frac{1}{10}\begin{pmatrix}1&0&-5&6\\0&-5&10&-5\\-5&10&-5&0\\6&-5&0&1\end{pmatrix}.$$

(7) 构造新矩阵，并施行初等行变换：

因为

$$(\boldsymbol{A}\vdots\boldsymbol{E})=\begin{pmatrix}1&2&0&0&1&0&0&0\\2&3&0&0&0&1&0&0\\-3&1&5&6&0&0&1&0\\0&-2&3&4&0&0&0&1\end{pmatrix}\xrightarrow[r_1\times3+r_3]{r_1\times(-2)+r_2}\begin{pmatrix}1&2&0&0&1&0&0&0\\0&-1&0&0&-2&1&0&0\\0&7&5&6&3&0&1&0\\0&-2&3&4&0&0&0&1\end{pmatrix}$$

$$\xrightarrow[\substack{r_2\times7+r_3\\r_2\times(-2)+r_4}]{r_2\times2+r_1}\begin{pmatrix}1&0&0&0&-3&2&0&0\\0&-1&0&0&-2&1&0&0\\0&0&5&6&-11&7&1&0\\0&0&3&4&4&-2&0&1\end{pmatrix}$$

$$\xrightarrow{r_4\times(-2)+r_3}\begin{pmatrix}1&0&0&0&-3&2&0&0\\0&1&0&0&2&-1&0&0\\0&0&-1&-2&-19&11&1&-2\\0&0&3&4&4&-2&0&1\end{pmatrix}$$

$$\xrightarrow{r_3\times3+r_4}\begin{pmatrix}1&0&0&0&-3&2&0&0\\0&1&0&0&2&-1&0&0\\0&0&-1&-2&-19&11&1&-2\\0&0&0&-2&-53&31&3&-5\end{pmatrix}$$

$$\xrightarrow{r_3\times(-1)}\begin{pmatrix}1&0&0&0&-3&2&0&0\\0&1&0&0&2&-1&0&0\\0&0&1&2&19&-11&-1&2\\0&0&0&-2&-53&31&3&-5\end{pmatrix}$$

$$\xrightarrow{r_4+r_3}\begin{pmatrix}1&0&0&0&-3&2&0&0\\0&1&0&0&2&-1&0&0\\0&0&1&0&-34&20&2&-3\\0&0&0&-2&-53&31&3&-5\end{pmatrix}$$

$$\xrightarrow{r_4\times\left(-\frac{1}{2}\right)}\begin{pmatrix}1&0&0&0&-3&2&0&0\\0&1&0&0&2&-1&0&0\\0&0&1&0&-34&20&2&-3\\0&0&0&1&\frac{53}{2}&-\frac{31}{2}&-\frac{3}{2}&\frac{5}{2}\end{pmatrix},$$

所以
$$\boldsymbol{A}^{-1}=\begin{pmatrix}-3&2&0&0\\2&-1&0&0\\-34&20&2&-3\\26.5&-15.5&-1.5&2.5\end{pmatrix}.$$

6. 用行初等变换方法解下列矩阵方程.

(1) $\begin{pmatrix}4&3\\3&2\end{pmatrix}\boldsymbol{X}=\begin{pmatrix}2&5\\1&3\end{pmatrix}$; (2) $\begin{pmatrix}2&0&1\\2&-1&2\\3&2&1\end{pmatrix}\boldsymbol{X}=\begin{pmatrix}0&0&1\\4&3&2\\3&2&-1\end{pmatrix}$;

(3) $\begin{pmatrix}1&1&1\\2&0&-1\\0&1&2\end{pmatrix}\boldsymbol{X}=\begin{pmatrix}1&1&-1\\0&1&1\\1&2&1\end{pmatrix}$; (4) $\begin{pmatrix}0&0&1\\4&3&2\\3&2&-1\end{pmatrix}\boldsymbol{X}=\begin{pmatrix}2&0&1\\2&-1&2\\3&2&1\end{pmatrix}$.

解 (1)因为$\begin{pmatrix}4&3\\3&2\end{pmatrix}\boldsymbol{X}=\begin{pmatrix}2&5\\1&3\end{pmatrix}$,所以 $\boldsymbol{X}=\begin{pmatrix}4&3\\3&2\end{pmatrix}^{-1}\begin{pmatrix}2&5\\1&3\end{pmatrix}$,施行初等行变换:

$$\begin{pmatrix}4&3&2&5\\3&2&1&3\end{pmatrix}\to\begin{pmatrix}1&1&1&2\\3&2&1&3\end{pmatrix}\to\begin{pmatrix}1&1&1&2\\0&-1&-2&-3\end{pmatrix}\to\begin{pmatrix}1&0&-1&-1\\0&1&2&3\end{pmatrix},$$

所以
$$\boldsymbol{X}=\begin{pmatrix}-1&-1\\2&3\end{pmatrix}.$$

(2) 因为$\begin{pmatrix}2&0&1\\2&-1&2\\3&2&1\end{pmatrix}\boldsymbol{X}=\begin{pmatrix}0&0&1\\4&3&2\\3&2&-1\end{pmatrix}$,所以 $\boldsymbol{X}=\begin{pmatrix}2&0&1\\2&-1&2\\3&2&1\end{pmatrix}^{-1}\begin{pmatrix}0&0&1\\4&3&2\\3&2&-1\end{pmatrix}$.

构造新矩阵($\boldsymbol{A}\vdots\boldsymbol{B}$),并施行初等行变换:

$$(\boldsymbol{A}\vdots\boldsymbol{B})=\begin{pmatrix}2&0&1&0&0&1\\2&-1&2&4&3&2\\3&2&1&3&2&-1\end{pmatrix}\xrightarrow[r_1\times(-1)+r_3]{r_1\times(-1)+r_2}\begin{pmatrix}2&0&1&0&0&1\\0&-1&1&4&3&1\\1&2&0&3&2&-2\end{pmatrix}$$

$$\xrightarrow{r_3\times(-2)+r_1}\begin{pmatrix}0&-4&1&-6&-4&5\\0&-1&1&4&3&1\\1&2&0&3&2&-2\end{pmatrix}$$

$$\xrightarrow[r_2\times 2+r_3]{r_2\times(-4)+r_1}\begin{pmatrix}0&0&-3&-22&-16&1\\0&-1&1&4&3&1\\1&0&2&11&8&0\end{pmatrix}$$

$$\xrightarrow[r_2\times(-1)]{r_1\leftrightarrow r_3}\begin{pmatrix}1&0&2&11&8&0\\0&1&-1&-4&-3&-1\\0&0&-3&-22&-16&1\end{pmatrix}$$

$$\xrightarrow[r_3\times\left(-\frac{1}{3}\right)+r_2]{r_3\times\frac{2}{3}+r_1}\begin{pmatrix}1&0&0&-\frac{11}{3}&-\frac{8}{3}&\frac{2}{3}\\0&1&0&\frac{10}{3}&\frac{7}{3}&-\frac{4}{3}\\0&0&-3&-22&-16&1\end{pmatrix}$$

$$\xrightarrow{r_3\times\left(-\frac{1}{3}\right)}\begin{pmatrix}1&0&0&-\frac{11}{3}&-\frac{8}{3}&\frac{2}{3}\\0&1&0&\frac{10}{3}&\frac{7}{3}&-\frac{4}{3}\\0&0&1&\frac{22}{3}&\frac{16}{3}&-\frac{1}{3}\end{pmatrix}$$

$=(\boldsymbol{E}\ \vdots\ \boldsymbol{X})$，

所以
$$\boldsymbol{X}=\frac{1}{3}\begin{pmatrix}-11&-8&2\\10&7&-4\\22&16&-1\end{pmatrix}.$$

(3) 因为 $\begin{pmatrix}1&1&1\\2&0&-1\\0&1&2\end{pmatrix}\boldsymbol{X}=\begin{pmatrix}1&1&-1\\0&1&1\\1&2&1\end{pmatrix}$，解得 $\boldsymbol{X}=\begin{pmatrix}1&1&1\\2&0&-1\\0&1&2\end{pmatrix}^{-1}\begin{pmatrix}1&1&-1\\0&1&1\\1&2&1\end{pmatrix}$.

构造新矩阵，并施行初等变换：

$$(\boldsymbol{A}\ \vdots\ \boldsymbol{B})=\begin{pmatrix}1&1&1&1&1&-1\\2&0&-1&0&1&1\\0&1&2&1&2&1\end{pmatrix}\xrightarrow{r_1\times(-2)+r_2}\begin{pmatrix}1&1&1&1&1&-1\\0&-2&-3&-2&-1&3\\0&1&2&1&2&1\end{pmatrix}$$

$$\xrightarrow[r_3\times 2+r_2]{r_3\times(-1)+r_1}\begin{pmatrix}1&0&-1&0&-1&-2\\0&0&1&0&3&5\\0&1&2&1&2&1\end{pmatrix}\xrightarrow{r_2\leftrightarrow r_3}\begin{pmatrix}1&0&-1&0&-1&-2\\0&1&2&1&2&1\\0&0&1&0&3&5\end{pmatrix}$$

$$\xrightarrow[r_3\times(-2)+r_2]{r_3+r_1}\begin{pmatrix}1&0&0&0&2&3\\0&1&0&1&-4&-9\\0&0&1&0&3&5\end{pmatrix},$$

所以
$$\boldsymbol{X}=\begin{pmatrix}0&2&3\\1&-4&-9\\0&3&5\end{pmatrix}.$$

(4) 因为$\begin{pmatrix}0&0&1\\4&3&2\\3&2&-1\end{pmatrix}\boldsymbol{X}=\begin{pmatrix}2&0&1\\2&-1&2\\3&2&1\end{pmatrix}$,所以$\boldsymbol{X}=\begin{pmatrix}0&0&1\\4&3&2\\3&2&-1\end{pmatrix}^{-1}\begin{pmatrix}2&0&1\\2&-1&2\\3&2&1\end{pmatrix}$.

构造新矩阵,并施行初等变换:

$$(\boldsymbol{A}\vdots\boldsymbol{B})=\begin{pmatrix}0&0&1&2&0&1\\4&3&2&2&-1&2\\3&2&-1&3&2&1\end{pmatrix}\xrightarrow{r_3\times(-1)+r_2}\begin{pmatrix}0&0&1&2&0&1\\1&1&3&-1&-3&1\\3&2&-1&3&2&1\end{pmatrix}$$

$$\xrightarrow{r_2\times(-3)+r_3}\begin{pmatrix}0&0&1&2&0&1\\1&1&3&-1&-3&1\\0&-1&-10&6&11&-2\end{pmatrix}$$

$$\xrightarrow{r_3+r_2}\begin{pmatrix}0&0&1&2&0&1\\1&0&-7&5&8&-1\\0&-1&-10&6&11&-2\end{pmatrix}\xrightarrow[r_1\times10+r_3]{r_1\times7+r_2}\begin{pmatrix}0&0&1&2&0&1\\1&0&0&19&8&6\\0&-1&0&26&11&8\end{pmatrix}$$

$$\xrightarrow{r_3\times(-1)}\begin{pmatrix}0&0&1&2&0&1\\1&0&0&19&8&6\\0&1&0&-26&-11&-8\end{pmatrix}\xrightarrow[r_2\leftrightarrow r_3]{r_1\leftrightarrow r_2}\begin{pmatrix}1&0&0&19&8&6\\0&1&0&-26&-11&-8\\0&0&1&2&0&1\end{pmatrix},$$

所以
$$\boldsymbol{X}=\begin{pmatrix}19&8&6\\-26&-11&-8\\2&0&1\end{pmatrix}.$$

7. 用分块方法计算下列矩阵的逆矩阵.

(1) $\boldsymbol{A}=\begin{pmatrix}1&0&2&3\\3&2&-1&4\\0&0&3&0\\0&0&0&4\end{pmatrix}$; (2) $\boldsymbol{A}=\begin{pmatrix}2&1&0&0\\1&1&0&0\\3&-4&4&5\\0&1&2&3\end{pmatrix}$; (3) $\boldsymbol{A}=\begin{pmatrix}1&1&1&1\\1&-1&1&-1\\1&1&-1&-1\\1&-1&-1&1\end{pmatrix}$;

(4) $\boldsymbol{A}=\begin{pmatrix}1&2&0&0\\0&2&3&0\\0&0&3&4\\0&0&0&4\end{pmatrix}$; (5) $\boldsymbol{A}=\begin{pmatrix}1&-2&1&0&0\\0&4&1&0&0\\1&0&2&0&0\\0&0&0&3&-2\\0&0&0&-5&4\end{pmatrix}$; (6) $\boldsymbol{B}=\begin{pmatrix}2&1&0&0&0\\0&2&1&0&0\\0&0&2&1&0\\0&0&0&2&1\\0&0&0&0&2\end{pmatrix}$.

解 (1) 将矩阵 $\boldsymbol{A}$ 分块为

$$\boldsymbol{A}=\left(\begin{array}{cc:cc}1&0&2&3\\3&2&-1&4\\\hdashline 0&0&3&0\\0&0&0&4\end{array}\right)=\begin{pmatrix}\boldsymbol{A}_1&\boldsymbol{A}_2\\\boldsymbol{O}&\boldsymbol{A}_3\end{pmatrix},$$

由分块上三角形矩阵的逆矩阵公式,有

$$\boldsymbol{A}^{-1}=\begin{pmatrix}\boldsymbol{A}_1^{-1} & -\boldsymbol{A}_1^{-1}\boldsymbol{A}_2\boldsymbol{A}_3^{-1}\\ \boldsymbol{O} & \boldsymbol{A}_3^{-1}\end{pmatrix},\tag{2-5}$$

其中，

$$\boldsymbol{A}_1^{-1}=\begin{pmatrix}1 & 0\\ 3 & 2\end{pmatrix}^{-1}=\begin{pmatrix}1 & 0\\ -\frac{3}{2} & \frac{1}{2}\end{pmatrix},\quad \boldsymbol{A}_3^{-1}=\begin{pmatrix}3 & 0\\ 0 & 4\end{pmatrix}^{-1}=\begin{pmatrix}\frac{1}{3} & 0\\ 0 & \frac{1}{4}\end{pmatrix},$$

$$-\boldsymbol{A}_1^{-1}\boldsymbol{A}_2\boldsymbol{A}_3^{-1}=-\begin{pmatrix}1 & 0\\ -\frac{3}{2} & \frac{1}{2}\end{pmatrix}\begin{pmatrix}2 & 3\\ -1 & 4\end{pmatrix}\begin{pmatrix}\frac{1}{3} & 0\\ 0 & \frac{1}{4}\end{pmatrix}=\begin{pmatrix}-\frac{2}{3} & -\frac{3}{4}\\ \frac{7}{6} & \frac{5}{8}\end{pmatrix},$$

代入式(2-5)得

$$\boldsymbol{A}^{-1}=\begin{pmatrix}1 & 0 & -\frac{2}{3} & -\frac{3}{4}\\ -\frac{3}{2} & \frac{1}{2} & \frac{7}{6} & \frac{5}{8}\\ 0 & 0 & \frac{1}{3} & 0\\ 0 & 0 & 0 & \frac{1}{4}\end{pmatrix}.$$

（2）将矩阵分块为

$$\boldsymbol{A}=\left(\begin{array}{cc:cc}2 & 1 & 0 & 0\\ 1 & 1 & 0 & 0\\ \hdashline 3 & -4 & 4 & 5\\ 0 & 1 & 2 & 3\end{array}\right)=\begin{pmatrix}\boldsymbol{A}_1 & \boldsymbol{O}\\ \boldsymbol{A}_2 & \boldsymbol{A}_3\end{pmatrix},$$

由分块下三角形矩阵逆矩阵公式，有

$$\boldsymbol{A}^{-1}=\begin{pmatrix}\boldsymbol{A}_1 & \boldsymbol{O}\\ \boldsymbol{A}_2 & \boldsymbol{A}_3\end{pmatrix}^{-1}=\begin{pmatrix}\boldsymbol{A}_1^{-1} & \boldsymbol{O}\\ -\boldsymbol{A}_3^{-1}\boldsymbol{A}_2\boldsymbol{A}_1^{-1} & \boldsymbol{A}_3^{-1}\end{pmatrix},\tag{2-6}$$

其中，

$$\boldsymbol{A}_1^{-1}=\begin{pmatrix}2 & 1\\ 1 & 1\end{pmatrix}^{-1}=\begin{pmatrix}1 & -1\\ -1 & 2\end{pmatrix},\quad \boldsymbol{A}_3^{-1}=\begin{pmatrix}4 & 5\\ 2 & 3\end{pmatrix}^{-1}=\begin{pmatrix}\frac{3}{2} & -\frac{5}{2}\\ -1 & 2\end{pmatrix},$$

$$-\boldsymbol{A}_3^{-1}\boldsymbol{A}_2\boldsymbol{A}_1^{-1}=-\begin{pmatrix}\frac{3}{2} & -\frac{5}{2}\\ -1 & 2\end{pmatrix}\begin{pmatrix}3 & -4\\ 0 & 1\end{pmatrix}\begin{pmatrix}1 & -1\\ -1 & 2\end{pmatrix}=\begin{pmatrix}-13 & \frac{43}{2}\\ 9 & -15\end{pmatrix},$$

代入式(2-6)得

$$A^{-1}=\begin{pmatrix}1&-1&0&0\\-1&2&0&0\\-13&\frac{43}{2}&\frac{3}{2}&-\frac{5}{2}\\9&-15&-1&2\end{pmatrix}.$$

(3) 将矩阵分块为

$$A=\left(\begin{array}{cc:cc}1&1&1&1\\1&-1&1&-1\\\hdashline 1&1&-1&-1\\1&-1&-1&1\end{array}\right)=\begin{pmatrix}A_1&A_1\\A_1&-A_1\end{pmatrix}=A_1\begin{pmatrix}1&1\\1&-1\end{pmatrix},$$

所以

$$A^{-1}=\left[A_1\begin{pmatrix}1&1\\1&-1\end{pmatrix}\right]^{-1}=A_1^{-1}\begin{pmatrix}1&1\\1&-1\end{pmatrix}^{-1}=A_1^{-1}\frac{1}{2}\begin{pmatrix}1&1\\1&-1\end{pmatrix}=\frac{1}{2}\begin{pmatrix}A_1^{-1}&A_1^{-1}\\A_1^{-1}&-A_1^{-1}\end{pmatrix}.$$

又因为 $A_1^{-1}=\begin{pmatrix}1&1\\1&-1\end{pmatrix}^{-1}=-\frac{1}{2}\begin{pmatrix}-1&-1\\-1&1\end{pmatrix}=\frac{1}{2}A_1$,

代入上式可得 $A^{-1}=\frac{1}{4}\begin{pmatrix}A_1&A_1\\A_1&-A_1\end{pmatrix}$,所以

$$A^{-1}=\frac{1}{4}A=\frac{1}{4}\begin{pmatrix}1&1&1&1\\1&-1&1&-1\\1&1&-1&-1\\1&-1&-1&1\end{pmatrix}.$$

(4) 因为

$$A^{-1}=\left(\begin{array}{cc:cc}1&2&0&0\\0&2&3&0\\\hdashline 0&0&3&4\\0&0&0&4\end{array}\right)^{-1}=\begin{pmatrix}A_1&A_2\\O&A_3\end{pmatrix}^{-1}=\begin{pmatrix}A_1^{-1}&-A_1^{-1}A_2A_3^{-1}\\O&A_3^{-1}\end{pmatrix},$$

其中,

$$A_1^{-1}=\begin{pmatrix}1&2\\0&2\end{pmatrix}^{-1}=\begin{pmatrix}1&-1\\0&\frac{1}{2}\end{pmatrix},\quad A_3^{-1}=\begin{pmatrix}\frac{1}{3}&-\frac{1}{3}\\0&\frac{1}{4}\end{pmatrix},$$

$$-\boldsymbol{A}_1^{-1}\boldsymbol{A}_2\boldsymbol{A}_3^{-1}=-\begin{pmatrix}1&-1\\0&\frac{1}{2}\end{pmatrix}\begin{pmatrix}0&0\\3&0\end{pmatrix}\begin{pmatrix}\frac{1}{3}&-\frac{1}{3}\\0&\frac{1}{4}\end{pmatrix}=\begin{pmatrix}1&-1\\-\frac{1}{2}&\frac{1}{2}\end{pmatrix},$$

代入上式得
$$\boldsymbol{A}^{-1}=\begin{pmatrix}1&-1&1&-1\\0&\frac{1}{2}&-\frac{1}{2}&\frac{1}{2}\\0&0&\frac{1}{3}&-\frac{1}{3}\\0&0&0&\frac{1}{4}\end{pmatrix}.$$

(5) 因为 $\boldsymbol{A}^{-1}=\left(\begin{array}{ccc:cc}1&-2&1&0&0\\0&4&1&0&0\\1&0&2&0&0\\\hdashline 0&0&0&3&-2\\0&0&0&-5&4\end{array}\right)^{-1}=\begin{pmatrix}\boldsymbol{A}_1&\boldsymbol{O}\\\boldsymbol{O}&\boldsymbol{A}_2\end{pmatrix}^{-1}=\begin{pmatrix}\boldsymbol{A}_1^{-1}&\boldsymbol{O}\\\boldsymbol{O}&\boldsymbol{A}_2^{-1}\end{pmatrix}$,

又因为 $\boldsymbol{A}_1^{-1}=\begin{pmatrix}1&-2&1\\0&4&1\\1&0&2\end{pmatrix}^{-1}=\begin{pmatrix}4&2&-3\\\frac{1}{2}&\frac{1}{2}&-\frac{1}{2}\\-2&-1&2\end{pmatrix}$，$\boldsymbol{A}_2^{-1}=\begin{pmatrix}2&1\\\frac{5}{2}&\frac{3}{2}\end{pmatrix}$,

代入上式得
$$\boldsymbol{A}^{-1}=\begin{pmatrix}4&2&-3&0&0\\\frac{1}{2}&\frac{1}{2}&-\frac{1}{2}&0&0\\-2&-1&2&0&0\\0&0&0&2&1\\0&0&0&\frac{5}{2}&\frac{3}{2}\end{pmatrix}.$$

(6) 每一个元素为子块，用初等变换法求逆矩阵，有

$$\begin{pmatrix}2&1&0&0&0&1&0&0&0&0\\0&2&1&0&0&0&1&0&0&0\\0&0&2&1&0&0&0&1&0&0\\0&0&0&2&1&0&0&0&1&0\\0&0&0&0&2&0&0&0&0&1\end{pmatrix}\to\begin{pmatrix}2&0&0&0&0&1&-\frac{1}{2}&\frac{1}{4}&-\frac{1}{8}&\frac{1}{16}\\0&2&0&0&0&0&1&-\frac{1}{2}&\frac{1}{4}&-\frac{1}{8}\\0&0&2&0&0&0&0&1&-\frac{1}{2}&\frac{1}{4}\\0&0&0&2&0&0&0&0&1&-\frac{1}{2}\\0&0&0&0&1&0&0&0&0&\frac{1}{2}\end{pmatrix}$$

$$\rightarrow\begin{pmatrix}1&0&0&0&0&\frac{1}{2}&-\frac{1}{4}&\frac{1}{8}&-\frac{1}{16}&\frac{1}{32}\\0&1&0&0&0&0&\frac{1}{2}&-\frac{1}{4}&\frac{1}{8}&-\frac{1}{16}\\0&0&1&0&0&0&0&\frac{1}{2}&-\frac{1}{4}&\frac{1}{8}\\0&0&0&1&0&0&0&0&\frac{1}{2}&-\frac{1}{4}\\0&0&0&0&1&0&0&0&0&\frac{1}{2}\end{pmatrix},$$

得
$$\boldsymbol{A}^{-1}=\frac{1}{32}\begin{pmatrix}16&-8&4&-2&1\\0&16&-8&4&-2\\0&0&16&-8&4\\0&0&0&16&-8\\0&0&0&0&16\end{pmatrix}.$$

8. 已知 $\boldsymbol{A}=\begin{pmatrix}1&2&-2\\0&1&4\\0&0&1\end{pmatrix}$，且 $\boldsymbol{A}^2-\boldsymbol{AB}=\boldsymbol{E}$，求矩阵 $\boldsymbol{B}$.

解 解方程 $\boldsymbol{A}^2-\boldsymbol{AB}=\boldsymbol{E}\Rightarrow\boldsymbol{AB}=\boldsymbol{A}^2-\boldsymbol{E}\Rightarrow\boldsymbol{B}=\boldsymbol{A}^{-1}(\boldsymbol{A}^2-\boldsymbol{E})\Rightarrow\boldsymbol{B}=\boldsymbol{A}-\boldsymbol{A}^{-1}$.

又因为 $\boldsymbol{A}=\begin{pmatrix}1&2&-2\\0&1&4\\0&0&1\end{pmatrix}$，所以 $\boldsymbol{A}^{-1}=\begin{pmatrix}1&-2&10\\0&1&-4\\0&0&1\end{pmatrix}$，代入上式得 $\boldsymbol{B}=\begin{pmatrix}0&4&-12\\0&0&8\\0&0&0\end{pmatrix}$.

9. 设矩阵 $\boldsymbol{A}=\begin{pmatrix}1&1&-1\\-1&1&1\\1&-1&1\end{pmatrix}$，矩阵 $\boldsymbol{X}$ 满足 $\boldsymbol{A}^*\boldsymbol{X}=\boldsymbol{A}^{-1}+2\boldsymbol{X}$，其中 $\boldsymbol{A}^*$ 是 $\boldsymbol{A}$ 的伴随矩阵，求矩阵 $\boldsymbol{X}$.

解 解矩阵方程 $\boldsymbol{A}^*\boldsymbol{X}=\boldsymbol{A}^{-1}+2\boldsymbol{X}\Rightarrow\boldsymbol{A}^*\boldsymbol{X}-2\boldsymbol{X}=\boldsymbol{A}^{-1}$，等式两边同时左乘 $\boldsymbol{A}$，有 $\boldsymbol{AA}^*\boldsymbol{X}-2\boldsymbol{AX}=\boldsymbol{AA}^{-1}$，因为 $\boldsymbol{AA}^*=|\boldsymbol{A}|\boldsymbol{E}$，$\boldsymbol{AA}^{-1}=\boldsymbol{E}$，所以 $|\boldsymbol{A}|\boldsymbol{X}-2\boldsymbol{AX}=\boldsymbol{E}$.

又因为 $|\boldsymbol{A}|=\begin{vmatrix}1&1&-1\\-1&1&1\\1&-1&1\end{vmatrix}=4$，所以 $(4\boldsymbol{E}-2\boldsymbol{A})\boldsymbol{X}=\boldsymbol{E}\Rightarrow\boldsymbol{X}=(4\boldsymbol{E}-2\boldsymbol{A})^{-1}$，

其中，
$$4\boldsymbol{E}-2\boldsymbol{A}=\begin{pmatrix}4&0&0\\0&4&0\\0&0&4\end{pmatrix}-2\begin{pmatrix}1&1&-1\\-1&1&1\\1&-1&1\end{pmatrix}=\begin{pmatrix}2&-2&2\\2&2&-2\\-2&2&2\end{pmatrix},$$

所以
$$\boldsymbol{X}=(4\boldsymbol{E}-2\boldsymbol{A})^{-1}=\begin{pmatrix}2&-2&2\\2&2&-2\\-2&2&2\end{pmatrix}^{-1}=\frac{1}{4}\begin{pmatrix}1&1&0\\0&1&1\\1&0&1\end{pmatrix}.$$

10. 已知 $\boldsymbol{X}=\boldsymbol{A}\boldsymbol{X}+\boldsymbol{B}$，其中，$\boldsymbol{A}=\begin{pmatrix}0&1&0\\-1&1&1\\-1&0&-1\end{pmatrix}$，$\boldsymbol{B}=\begin{pmatrix}1&-1\\2&0\\5&-3\end{pmatrix}$，求矩阵 $\boldsymbol{X}$.

解　解矩阵方程

$$\boldsymbol{X}=\boldsymbol{A}\boldsymbol{X}+\boldsymbol{B}\Rightarrow\boldsymbol{X}-\boldsymbol{A}\boldsymbol{X}=\boldsymbol{B}\Rightarrow(\boldsymbol{E}-\boldsymbol{A})\boldsymbol{X}=\boldsymbol{B}\Rightarrow\boldsymbol{X}=(\boldsymbol{E}-\boldsymbol{A})^{-1}\boldsymbol{B}.$$

因为
$$\boldsymbol{E}-\boldsymbol{A}=\begin{pmatrix}1&0&0\\0&1&0\\0&0&1\end{pmatrix}-\begin{pmatrix}0&1&0\\-1&1&1\\-1&0&-1\end{pmatrix}=\begin{pmatrix}1&-1&0\\1&0&-1\\1&0&2\end{pmatrix},$$

由初等变换法得

$$(\boldsymbol{E}-\boldsymbol{A}\vdots\boldsymbol{B})=\begin{pmatrix}1&-1&0&1&-1\\1&0&-1&2&0\\1&0&2&5&-3\end{pmatrix}\to\begin{pmatrix}1&0&0&3&-1\\0&1&0&2&0\\0&0&1&1&-1\end{pmatrix}=(\boldsymbol{E}\quad\boldsymbol{X}),$$

所以
$$\boldsymbol{X}=\begin{pmatrix}3&-1\\2&0\\1&-1\end{pmatrix}.$$

2.5　矩阵的秩

2.5.1　内容提要

1. 矩阵的 k 阶子式

定义 1　在矩阵 $\boldsymbol{A}=(a_{ij})_{m\times n}$ 中任选 k 行 k 列（$k\leqslant\min\{m, n\}$），其交叉位置上的元素按原有的相对位置构成一个 k 阶行列式，称为矩阵 $\boldsymbol{A}$ 的 **k 阶子式**.

2. 非零子式

矩阵 $\boldsymbol{A}$ 的 k 阶子式中如果子式值不为零，称这样的 k 阶子式为**非零子式**.

3. 矩阵的秩

定义 2　如果一个矩阵 $\boldsymbol{A}$ 有一个 r 阶非零子式，且所有 $r+1$ 阶（如果存在）子式的值全为零，数 r 称为**矩阵 $\boldsymbol{A}$ 的秩**，记为 $R(\boldsymbol{A})=r$. 规定零矩阵的秩为零.

4. 满秩矩阵

矩阵 $\boldsymbol{A}=(a_{ij})_{m\times n}$ 的秩 r 满足 $0\leqslant r\leqslant\min\{m, n\}$，若 $r=\min\{m, n\}$，则称 $\boldsymbol{A}$ 为**满秩矩阵**.

5. 矩阵的秩的等价

一个矩阵 $\boldsymbol{A}=(a_{ij})_{m\times n}$ 的秩就是其最高阶非零子式的阶数.

6. 初等行变换与矩阵的关系

定理 1　任意一个 $m\times n$ 的矩阵都可以经过一系列初等行变换化为 $m\times n$ 的**阶梯形**

矩阵.

7. 初等变换与矩阵的秩的关系

定理 2 矩阵的初等变换不改变矩阵的秩.

8. 矩阵的秩的性质

(1) $R(\boldsymbol{A})=R(\boldsymbol{A}^{\mathrm{T}})$;

(2) n 阶矩阵 $\boldsymbol{A}$ 可逆的充分必要条件是 $\boldsymbol{A}$ 为满秩矩阵,即 $R(\boldsymbol{A})=n$;

(3) 设矩阵 $\boldsymbol{A}$ 为 n 阶可逆矩阵, $\boldsymbol{B}=(b_{ij})_{n\times t}$, $\boldsymbol{C}=(c_{ij})_{s\times n}$, 则 $R(\boldsymbol{AB})=R(\boldsymbol{B})$, $R(\boldsymbol{CA})=R(\boldsymbol{C})$;

(4) 设 $\boldsymbol{A}$, $\boldsymbol{B}$ 均为 $m\times n$ 矩阵,则 $R(\boldsymbol{A}\pm\boldsymbol{B})\leqslant R(\boldsymbol{A})+R(\boldsymbol{B})$;

(5) 设 $\boldsymbol{A}$ 为 $m\times n$ 矩阵, $\boldsymbol{B}$ 为 $n\times s$ 矩阵,则

$$R(\boldsymbol{A})+R(\boldsymbol{B})-n\leqslant R(\boldsymbol{AB})\leqslant \min\{R(\boldsymbol{A}),\ R(\boldsymbol{B})\};$$

(6) 设 $\boldsymbol{A}$ 为 $m\times n$ 矩阵, $\boldsymbol{B}$ 为 $n\times s$ 矩阵,若 $\boldsymbol{AB}=\boldsymbol{O}$, 则 $R(\boldsymbol{A})+R(\boldsymbol{B})\leqslant n$.

2.5.2 基本要求

熟记矩阵的秩的定义及矩阵等价的定义,了解矩阵的秩的相关性质;能够应用定义、性质和初等变换法求解矩阵的秩. 本节重点是矩阵的秩的定义和初等变换法求矩阵的秩.

2.5.3 典型范例

题型 1 用初等变换法求矩阵的秩.

例 1 用初等变换法求矩阵 $\boldsymbol{A}=\begin{pmatrix}1&2&3\\2&5&3\\7&4&1\end{pmatrix}$ 的秩.

解 对矩阵 $\boldsymbol{A}$ 施行初等行变换化为行阶梯形矩阵 $\boldsymbol{B}$, 则 $\boldsymbol{A}$ 与 $\boldsymbol{B}$ 等价,有相同的秩,且行阶梯形矩阵 $\boldsymbol{B}$ 的秩等于非零行的行数,即

$$\boldsymbol{A}=\begin{pmatrix}1&2&3\\2&5&3\\7&4&1\end{pmatrix}\xrightarrow[r_3+r_1\times(-7)]{r_2+r_1\times(-2)}\begin{pmatrix}1&2&3\\0&1&-3\\0&-10&-20\end{pmatrix}\xrightarrow{r_3+r_2\times 10}\begin{pmatrix}1&2&3\\0&1&-3\\0&0&-50\end{pmatrix}=\boldsymbol{B},$$

$$R(\boldsymbol{A})=R(\boldsymbol{B})=3.$$

题型 2 有关矩阵的秩的相关问题.

例 2 设矩阵 $\boldsymbol{A}=\begin{pmatrix}1&2&-1&1\\3&2&a&-1\\5&6&3&b\end{pmatrix}$, 当 a, b 取何值时, $R(\boldsymbol{A})=2$?

解 对矩阵 $\boldsymbol{A}$ 施行初等行变换化为行阶梯形矩阵:

$$\boldsymbol{A}=\begin{pmatrix}1&2&-1&1\\3&2&a&-1\\5&6&3&b\end{pmatrix}\xrightarrow[r_3+r_1\times(-5)]{r_2+r_1\times(-3)}\begin{pmatrix}1&2&-1&1\\0&-4&3+a&-4\\0&-4&8&b-5\end{pmatrix}$$

$$\xrightarrow{r_3+(-r_2)}\begin{pmatrix}1 & 2 & -1 & 1\\ 0 & -4 & a+3 & -4\\ 0 & 0 & 5-a & b-1\end{pmatrix}=\boldsymbol{B}.$$

因为 $R(\boldsymbol{A})=2$，所以阶梯形矩阵 $\boldsymbol{B}$ 的非零行数为 2，即最后一行全为 0，故

$$\begin{cases}5-a=0,\\ b-1=0,\end{cases}$$

解得 $a=5,\ b=1$.

例 3 设 $\boldsymbol{A}$ 与 $\boldsymbol{B}$ 均为 n 阶方阵，证明：若 $\boldsymbol{AB}=\boldsymbol{O}$，则 $R(\boldsymbol{A})+R(\boldsymbol{B})\leqslant n$.

证明 设矩阵 $\boldsymbol{B}$ 的列向量组为 $\boldsymbol{\beta}_1,\ \boldsymbol{\beta}_2,\ \cdots,\ \boldsymbol{\beta}_n$，则由分块矩阵的乘法有

$$\boldsymbol{AB}=(\boldsymbol{A\beta}_1,\ \boldsymbol{A\beta}_2,\ \cdots,\ \boldsymbol{A\beta}_n)=(\boldsymbol{0},\ \boldsymbol{0},\ \cdots,\ \boldsymbol{0})，于是\ \boldsymbol{A\beta}_j=\boldsymbol{0}\ (j=1,\ 2,\ \cdots,\ n),$$

可见 $\boldsymbol{B}$ 的列向量是齐次线性方程组 $\boldsymbol{Ax}=\boldsymbol{0}$ 的解.

设 $R(\boldsymbol{A})=r$，则此方程组的基础解系所含向量的个数为 $n-r$ 个. 于是，向量组 $\boldsymbol{\beta}_1$，$\boldsymbol{\beta}_2,\ \cdots,\ \boldsymbol{\beta}_n$ 的秩 $\leqslant n-r$，即 $R(\boldsymbol{B})\leqslant n-r$，故 $R(\boldsymbol{A})+R(\boldsymbol{B})\leqslant n$.

2.5.4 疑难解析

例 4 设 $\boldsymbol{A}$，$\boldsymbol{B}$ 为 n 阶矩阵，记 $r(\boldsymbol{X})$ 为矩阵 $\boldsymbol{X}$ 的秩，$(\boldsymbol{X},\ \boldsymbol{Y})$ 表示分块矩阵，则（　　）.

A. $r(\boldsymbol{A},\ \boldsymbol{AB})=r(\boldsymbol{A})$　　　　B. $r(\boldsymbol{A},\ \boldsymbol{BA})=r(\boldsymbol{A})$

C. $r(\boldsymbol{A},\ \boldsymbol{B})=\max\{r(\boldsymbol{A}),\ r(\boldsymbol{B})\}$　　　　D. $r(\boldsymbol{A},\ \boldsymbol{B})=r(\boldsymbol{A}^{\mathrm{T}},\ \boldsymbol{B}^{\mathrm{T}})$

解 举例排除法.

对于 B 选项，若 $\boldsymbol{A}=\begin{pmatrix}1 & 0\\ 0 & 0\end{pmatrix}$，$\boldsymbol{B}=\begin{pmatrix}0 & 0\\ 1 & 1\end{pmatrix}$，则 $r(\boldsymbol{A},\ \boldsymbol{BA})=2\neq r(\boldsymbol{A})$，排除 B 选项；

对于 C 选项，若 $\boldsymbol{A}=\begin{pmatrix}1 & 0\\ 0 & 0\end{pmatrix}$，$\boldsymbol{B}=\begin{pmatrix}0 & 0\\ 1 & 0\end{pmatrix}$，则 $r(\boldsymbol{A},\ \boldsymbol{B})=2\neq\max\{r(\boldsymbol{A}),\ r(\boldsymbol{B})\}$，排除 C 选项；

对于选项 D，若 $\boldsymbol{A}=\begin{pmatrix}1 & 0\\ 0 & 0\end{pmatrix}$，$\boldsymbol{B}=\begin{pmatrix}0 & 0\\ 1 & 0\end{pmatrix}$，则 $r(\boldsymbol{A},\ \boldsymbol{B})=2\neq r(\boldsymbol{A}^{\mathrm{T}},\ \boldsymbol{B}^{\mathrm{T}})$，排除 D 选项.

故选 A.

例 5 设矩阵 $\begin{pmatrix}a & -1 & -1\\ -1 & a & -1\\ -1 & -1 & a\end{pmatrix}$ 与矩阵 $\begin{pmatrix}1 & 1 & 0\\ 0 & -1 & 1\\ 1 & 0 & 1\end{pmatrix}$ 等价，则 $a=$________.

解 由于矩阵等价，则必有矩阵的秩相等，施行初等行变换化矩阵为行阶梯形矩阵，其中，矩阵 $\begin{pmatrix}1 & 1 & 0\\ 0 & -1 & 1\\ 1 & 0 & 1\end{pmatrix}\to\begin{pmatrix}1 & 1 & 0\\ 0 & -1 & 1\\ 0 & -1 & 1\end{pmatrix}\to\begin{pmatrix}1 & 1 & 0\\ 0 & -1 & 1\\ 0 & 0 & 0\end{pmatrix}$ 的秩为 2，矩阵 $\begin{pmatrix}a & -1 & -1\\ -1 & a & -1\\ -1 & -1 & a\end{pmatrix}\to$

$\begin{pmatrix} a-2 & a-2 & a-2 \\ -1 & a & -1 \\ -1 & -1 & a \end{pmatrix}$，只有当 $a-2=0$ 时，矩阵的秩为 2，所以，当 $a=2$ 时，两矩阵等价.

2.5.5 习题全解

1. 设矩阵 $\boldsymbol{A}=\begin{pmatrix} a_1b_1 & a_1b_2 & a_1b_3 \\ a_2b_1 & a_2b_2 & a_2b_3 \\ a_3b_1 & a_3b_2 & a_3b_3 \end{pmatrix}$，其中 $a_ib_i \neq 0(i=1,2,3)$，则 $R(\boldsymbol{A})=$__________.

解 因为 $\boldsymbol{A}=\begin{pmatrix} a_1b_1 & a_1b_2 & a_1b_3 \\ a_2b_1 & a_2b_2 & a_2b_3 \\ a_3b_1 & a_3b_2 & a_3b_3 \end{pmatrix}=\begin{pmatrix} a_1 \\ a_2 \\ a_3 \end{pmatrix}(b_1, b_2, b_3)$，

又因为 $a_ib_i \neq 0(i=1,2,3)$，所以 $R(\boldsymbol{A}) \geqslant 1$，且 $\begin{pmatrix} a_1 \\ a_2 \\ a_3 \end{pmatrix}$，$(b_1, b_2, b_3)$ 的秩都为 1，由矩阵乘积的秩的性质有 $R(\boldsymbol{A}) \leqslant 1$，综上，$R(\boldsymbol{A})=1$.

2. 矩阵 $\begin{pmatrix} 1 & -1 & -1 \\ 0 & -1 & -1 \\ 0 & 0 & -1 \end{pmatrix}$ 的秩等于__________.

解 因为该矩阵是上三角形矩阵，也是阶梯形矩阵，所以矩阵的秩等于非零行的行数 3.

3. 若 $\boldsymbol{A}=\begin{pmatrix} 1 & -1 & 1 & 2 \\ 2 & 3 & 3 & 2 \\ 1 & 1 & 2 & 1 \end{pmatrix}$，则 $R(\boldsymbol{A})=$__________.

解 因为 $\boldsymbol{A}=\begin{pmatrix} 1 & -1 & 1 & 2 \\ 2 & 3 & 3 & 2 \\ 1 & 1 & 2 & 1 \end{pmatrix} \to \begin{pmatrix} 1 & -1 & 1 & 2 \\ 0 & 5 & 1 & -2 \\ 0 & 2 & 1 & -1 \end{pmatrix} \to \begin{pmatrix} 1 & -1 & 1 & 2 \\ 0 & 5 & 1 & -2 \\ 0 & 0 & \frac{3}{5} & -\frac{1}{5} \end{pmatrix}=\boldsymbol{B}$，矩阵 $\boldsymbol{B}$ 为行阶梯形矩阵，所以 $R(\boldsymbol{A})=R(\boldsymbol{B})=3$.

4. 设三阶方阵 $\boldsymbol{A}$ 的秩为 2，矩阵 $\boldsymbol{P}=\begin{pmatrix} 0 & 1 & 0 \\ 1 & 0 & 0 \\ 0 & 0 & 1 \end{pmatrix}$，$\boldsymbol{Q}=\begin{pmatrix} 1 & 0 & 0 \\ 0 & 1 & 0 \\ 1 & 0 & 1 \end{pmatrix}$，若矩阵 $\boldsymbol{B}=\boldsymbol{PAQ}$，则 $R(\boldsymbol{B})=$__________.

解 因为矩阵 $\boldsymbol{P}$ 和矩阵 $\boldsymbol{Q}$ 都是初等矩阵，所以都可逆，由矩阵的秩的性质可得 $R(\boldsymbol{B})=R(\boldsymbol{PAQ})=R(\boldsymbol{A})=2$.

5. 若 $\boldsymbol{A}=\begin{pmatrix} 1 & 2 & 4 \\ 2 & \lambda & 1 \\ 1 & 1 & 0 \end{pmatrix}$，为使矩阵 $\boldsymbol{A}$ 的秩有最小秩，则 λ 应为__________.

解　对矩阵 $\boldsymbol{A}$ 施行初等行变换化为行阶梯形矩阵：

$$\boldsymbol{A}=\begin{pmatrix}1&2&4\\2&\lambda&1\\1&1&0\end{pmatrix}\to\begin{pmatrix}0&1&4\\0&\lambda-2&1\\1&1&0\end{pmatrix}\to\begin{pmatrix}1&1&0\\0&1&4\\0&\lambda-2&1\end{pmatrix}\to\begin{pmatrix}1&1&0\\0&1&4\\0&\lambda-\frac{9}{4}&0\end{pmatrix},$$

由题意，要使矩阵 $\boldsymbol{A}$ 有最小的秩，则第 3 行元素全为零，即当 $\lambda=\frac{9}{4}$ 时，秩最小为 2.

6. 若 $\boldsymbol{A}$ 是 n 阶可逆矩阵，$\boldsymbol{B}$ 是 m 阶可逆矩阵，$\boldsymbol{C}=\begin{pmatrix}\boldsymbol{A}&\boldsymbol{O}\\\boldsymbol{O}&\boldsymbol{B}\end{pmatrix}$，则 $R(\boldsymbol{C})=$__________.

解　因为 $\boldsymbol{A}$ 是 n 阶可逆矩阵，$\boldsymbol{B}$ 是 m 阶可逆矩阵，所以 $|\boldsymbol{A}|\neq 0$，$|\boldsymbol{B}|\neq 0$，从而分块对角矩阵 $\boldsymbol{C}$ 的行列式 $|\boldsymbol{C}|=\begin{vmatrix}\boldsymbol{A}&\boldsymbol{O}\\\boldsymbol{O}&\boldsymbol{B}\end{vmatrix}=|\boldsymbol{A}||\boldsymbol{B}|\neq 0$. 所以，$m+n$ 阶矩阵 $\boldsymbol{C}$ 可逆，且为满秩矩阵，秩为 $m+n$.

7. 设 $\boldsymbol{A}=\begin{pmatrix}1&2&-2\\4&a&1\\3&-1&1\end{pmatrix}$，$\boldsymbol{B}$ 为三阶非零矩阵，且 $\boldsymbol{AB}=\boldsymbol{O}$，则 $a=$__________.

解　因为 $\boldsymbol{B}$ 为三阶非零矩阵，即 $1\leqslant R(\boldsymbol{B})\leqslant 3$，又因为 $\boldsymbol{AB}=\boldsymbol{O}$，所以 $R(\boldsymbol{A})+R(\boldsymbol{B})\leqslant 3$，则 $R(\boldsymbol{A})\leqslant 2$. 对矩阵施行初等变换：

$$\boldsymbol{A}=\begin{pmatrix}1&2&-2\\4&a&1\\3&-1&1\end{pmatrix}\to\begin{pmatrix}1&2&-2\\0&a-8&9\\0&-7&7\end{pmatrix}\to\begin{pmatrix}1&2&-2\\0&1&-1\\0&a-8&9\end{pmatrix}\to\begin{pmatrix}1&2&-2\\0&1&-1\\0&a+1&0\end{pmatrix},$$

只有当 $a+1=0$ 时，满足 $R(\boldsymbol{A})\leqslant 2$，所以 $a=-1$.

8. 设 $\boldsymbol{A}$，$\boldsymbol{B}$ 均为三阶矩阵，若 $\boldsymbol{A}$ 可逆，$R(\boldsymbol{B})=2$，那么 $R(\boldsymbol{AB})=$(　　).

A. 0　　　B. 1　　　C. 2　　　D. 3

解　因为 $\boldsymbol{A}$ 可逆，所以 $R(\boldsymbol{AB})=R(\boldsymbol{B})=2$. 故选 C.

9. 已知 $\boldsymbol{A}$ 有一个 r 阶子式不等于零，则 $R(\boldsymbol{A})$ 为(　　).

A. r　　　B. $r+1$　　　C. $\leqslant r$　　　D. $\geqslant r$

解　因为 $\boldsymbol{A}$ 有一个 r 阶子式不等于零，则矩阵 $\boldsymbol{A}$ 的最高阶不为零的子式的阶数大于等于 r，由矩阵的秩的定义可知 $R(\boldsymbol{A})\geqslant r$. 故选 D.

10. 设三阶方阵 $\boldsymbol{A}$ 的元素全为 1，则 $R(\boldsymbol{A})$ 为(　　).

A. 0　　　B. 1　　　C. 2　　　D. 3

解　由题意可知 $\boldsymbol{A}=\begin{pmatrix}1&1&1\\1&1&1\\1&1&1\end{pmatrix}\to\begin{pmatrix}1&1&1\\0&0&0\\0&0&0\end{pmatrix}$，所以 $R(\boldsymbol{A})=1$. 故选 B.

11. $\boldsymbol{A}$，$\boldsymbol{B}$ 均为 n 阶方阵，$\boldsymbol{A}\neq\boldsymbol{O}$，且 $\boldsymbol{AB}=\boldsymbol{O}$，则 $\boldsymbol{B}$ 的秩为(　　).

A. 0　　　B. $<n$　　　C. n　　　D. $n-1$

解 因为 $\boldsymbol{A} \neq \boldsymbol{O}$，所以 $R(\boldsymbol{A}) \geqslant 1$，又因为 $\boldsymbol{AB} = \boldsymbol{O}$，所以 $R(\boldsymbol{A}) + R(\boldsymbol{B}) \leqslant n$，因此 $R(\boldsymbol{B}) < n$. 故选 B.

12. 设 $\boldsymbol{A}$，$\boldsymbol{B}$ 为 n 阶方阵，$\boldsymbol{A} \neq \boldsymbol{O}$，$\boldsymbol{B} \neq \boldsymbol{O}$，且 $\boldsymbol{AB} = \boldsymbol{O}$，则 $\boldsymbol{A}$，$\boldsymbol{B}$ 的秩(　　).

A. 一个小于 n，一个等于 n　　　　B. 都等于 n

C. 都小于 n　　　　D. 必有一个等于零

解 因为 $\boldsymbol{A} \neq \boldsymbol{O}$，$\boldsymbol{B} \neq \boldsymbol{O}$，所以 $R(\boldsymbol{A}) \geqslant 1$，$R(\boldsymbol{B}) \geqslant 1$，又因为 $\boldsymbol{AB} = \boldsymbol{O}$，所以 $R(\boldsymbol{A}) + R(\boldsymbol{B}) \leqslant n$，因此 $R(\boldsymbol{A}) < n$，$R(\boldsymbol{B}) < n$. 故选 C.

13. 设矩阵 $\boldsymbol{A} = \begin{pmatrix} 1 & -2 & -1 & 0 & 2 \\ -2 & 4 & 2 & 6 & -6 \\ 2 & -1 & 0 & 2 & 3 \\ 3 & 3 & 3 & 3 & 4 \end{pmatrix}$，求 $R(\boldsymbol{A})$.

解 用初等变换化矩阵 $\boldsymbol{A}$ 为行阶梯形矩阵 $\boldsymbol{B}$：

$$\boldsymbol{A} = \begin{pmatrix} 1 & -2 & -1 & 0 & 2 \\ -2 & 4 & 2 & 6 & -6 \\ 2 & -1 & 0 & 2 & 3 \\ 3 & 3 & 3 & 3 & 4 \end{pmatrix} \to \begin{pmatrix} 1 & -2 & -1 & 0 & 2 \\ 0 & 0 & 0 & 6 & -2 \\ 0 & 3 & 2 & 8 & -3 \\ 0 & 9 & 6 & 3 & -2 \end{pmatrix} \to \begin{pmatrix} 1 & -2 & -1 & 0 & 2 \\ 0 & 3 & 2 & 8 & -3 \\ 0 & 0 & 0 & 3 & -1 \\ 0 & 0 & 0 & 0 & 0 \end{pmatrix}$$

$$= \boldsymbol{B},$$

所以
$$R(\boldsymbol{A}) = R(\boldsymbol{B}) = 3.$$

思政元素：华罗庚

华罗庚(1910—1985)，中国数学家，生于江苏省金坛区(原金坛县)，卒于日本东京. 1924 年华罗庚初中毕业后，到上海中华职业学校学会计，但因家贫，不到一年便辍学回乡，协助父亲料理小杂货铺，业余自修数学. 1930 年，华罗庚在《科学》杂志上发表《苏家驹之代数的五次方程式解法不能成立的理由》，受到熊庆来的重视，被邀请到清华大学工作，第一年做管理员，次年任助教，再一年升为讲师. 1934 年成为文化基金会研究员. 1936 年作为访问学者到英国剑桥大学进修. 1938 年回国受聘为昆明西南联大教授. 1946 年后到苏联、美国等国访问讲学，其间曾任美国普林斯顿高等研究院研究员和普林斯顿大学教授. 1950 年回国，先后任清华大学教授，中国科学院数学研究所所长，中国数学会理事长，中国科学院数理化学部委员、学部副主任，中国科学技术大学数学系主任、副校长，中国科学院应用数学研究所所长，中国科学院副院长等职. 他还先后当选为美国科学院国外院士，第三世界科学院院士，联邦德国巴伐利亚科学院院士. 之后又被法国南锡大学、香港中文大学授予荣誉博士学位. 1979 年后到英、法、德、荷、美、日等国讲学与访问. 1985 年 6 月 12 日，华罗庚在日本东京大学作学术报告时，因心脏病发作去世.

华罗庚是中国解析数论、典型群、矩阵几何学、自守函数论与多个复变数函数论等很多方面研究的创始人与开拓者，也是我国进入世界著名数学家行列最杰出的代表之一，发表学术论文 200 余篇，专著 10 部，其中 8 部被国外翻译出版，有些列入 20 世纪经典著作. 华罗庚的名字

已进入美国华盛顿斯密司——宋尼博物馆，也被列为芝加哥科学技术博物馆中当今 88 个数学伟人之一．外国报刊上征引了很多著名数学家对华罗庚的赞扬："由于他工作范围之广，使他堪称世界名列前茅的数学家之一"（劳埃尔·熊飞尔德），"他是绝对第一流的数学家，他是作出特别多贡献的人"（李普曼·贝尔斯），"受他直接影响的人也许比受历史上任何数学家直接影响的人都多，他有一个普及数学的方法"（罗兰德·格雷汉），等等，这些绝非溢美之词，华罗庚是当之无愧的．

早在 20 世纪 50 年代初，华罗庚就提出"天才在于积累，聪明在于勤奋"，虽然他聪明过人，但他从不夸耀自己的天分，而是把比"聪明"重要得多的"勤奋"与"积累"看作两把成功的钥匙，反复告诉青年人，学数学要做到"拳不离手，曲不离口"，经常锻炼自己．

在治学方面，华罗庚总是不吃老本，永远向前看，当他成为世界著名数论学家时仍不停步，宁可另起炉灶，研究新领域——代数学与复分析，到老年时，他还勇敢地接触新的数学领域，如近似积分与偏微分方程等．他要大家不要"画地为牢"，要抓紧机会学习别人的长处与锻炼自己，特别是他提出了"专"与"漫"的关系．首先要专，使研究工作深入，其次必须注意从自己的专长出发，向有关方面漫出去，扩大研究领域．

华罗庚深知年龄不饶人，1979 年，他指出："树老易空，人老易松，科学之道，戒之以空，戒之以松，我愿一辈子从实以终，这是我对自己的鞭策，也可以说是我今后的打算．"

华罗庚正是以"实"与"紧"要求自己，即使在卧病时，仍然坚持工作，并且说："我的哲学不是生命尽量延长，而是工作尽量多做．"

华罗庚是我国在中学进行数学竞赛活动的创始人、组织者与参加者．20 世纪 50 年代北京的历次数学竞赛活动，他都参与组织，从出试题，监考，到改试卷都亲自参加，也多次到外地去推动这一工作的开展．特别在竞赛前，他都亲自给学生作报告，作动员．他写的通俗读物《从杨辉三角谈起》《从祖冲之的圆周率谈起》《从孙子的"神奇妙算"谈起》《数学归纳法》等，都源自当时的报告．这些报告不仅传授知识，富于启发性，更重要的是，这些报告都是极好的爱国主义教材．杨辉、祖冲之都是我国古代的卓越数学家，"神奇妙算"是《孙子算经》中的光辉篇章．《数学归纳法》中有一个李善兰恒等式的证明，其中还有个故事，当匈牙利数学家保尔·吐朗来北京访问时，曾讲了这个恒等式，并用兰向达多项式等高深知识给出了一个证明，中国人难道不能给他们祖先提出的问题一个数学证明吗？华罗庚连夜思考，终于在与保尔·吐朗临别时，给了他一个非常初等、漂亮的证明．这些书一版再版，在青年中广为流传，是他们最喜欢的课外书籍之一．

华罗庚治学严谨，教导有方，为国家培养了一大批优秀的人才．他为祖国争得荣誉，对中国数学事业的发展起了重要的推动作用．

总习题 2

（A）

一、选择题

1. 对于矩阵 $\boldsymbol{A}_{3\times 2}$，$\boldsymbol{B}_{2\times 3}$，$\boldsymbol{C}_{3\times 2}$，下列运算不可行的是（　　）．

A. $\boldsymbol{AB}$　　B. $\boldsymbol{BC}$　　C. $\boldsymbol{ABC}$　　D. $\boldsymbol{AB}-\boldsymbol{BC}$

解　由矩阵乘法定义，只有满足左乘矩阵的列数等于右乘矩阵的行数时，矩阵的乘法才有意义，A、B、

C 选项运算都可行；由矩阵加减法定义，只有同型矩阵才能进行加减运算，D 选项中 $\boldsymbol{AB}$ 是三阶方阵，$\boldsymbol{BC}$ 是二阶方阵，所以减法运算不可行. 故选 D.

2. 如果已知矩阵 $\boldsymbol{A}_{m\times n}$，$\boldsymbol{B}_{n\times m}(m\neq n)$，则下列运算结果不是 n 阶矩阵的是（　　）.

A. $\boldsymbol{AB}$　　B. $\boldsymbol{BA}$　　C. $(\boldsymbol{BA})^{\mathrm{T}}$　　D. $\boldsymbol{A}^{\mathrm{T}}\boldsymbol{B}^{\mathrm{T}}$

解　由矩阵乘法定义可知，A 选项中 $\boldsymbol{AB}$ 是 m 阶方阵且 $m\neq n$，所以 $\boldsymbol{AB}$ 不是 n 阶矩阵. 其余三个选项都是 n 阶矩阵. 故选 A.

3. 若 $\boldsymbol{A}$，$\boldsymbol{B}$ 均为 n 阶矩阵，当（　　）时，有 $(\boldsymbol{A}+\boldsymbol{B})(\boldsymbol{A}-\boldsymbol{B})=\boldsymbol{A}^2-\boldsymbol{B}^2$.

A. $\boldsymbol{A}=\boldsymbol{E}$　　B. $\boldsymbol{B}=\boldsymbol{O}$　　C. $\boldsymbol{A}=\boldsymbol{B}$　　D. $\boldsymbol{AB}=\boldsymbol{BA}$

解　由矩阵的乘法与加法的分配律可知 $(\boldsymbol{A}+\boldsymbol{B})(\boldsymbol{A}-\boldsymbol{B})=\boldsymbol{A}^2-\boldsymbol{AB}+\boldsymbol{BA}-\boldsymbol{B}^2$，只有当 $\boldsymbol{AB}=\boldsymbol{BA}$ 时，才有 $(\boldsymbol{A}+\boldsymbol{B})(\boldsymbol{A}-\boldsymbol{B})=\boldsymbol{A}^2-\boldsymbol{B}^2$，故选 D.

4. $\boldsymbol{A}$，$\boldsymbol{B}$，$\boldsymbol{C}$ 为同阶矩阵，若 $\boldsymbol{ABC}=\boldsymbol{E}$，则下列各式中总是成立的是（　　）.

A. $\boldsymbol{CAB}=\boldsymbol{E}$　　B. $\boldsymbol{BAC}=\boldsymbol{E}$　　C. $\boldsymbol{ACB}=\boldsymbol{E}$　　D. $\boldsymbol{CBA}=\boldsymbol{E}$

解　由矩阵乘法结合律可知 $\boldsymbol{ABC}=\boldsymbol{E}\Rightarrow(\boldsymbol{AB})\boldsymbol{C}=\boldsymbol{E}$，从而矩阵 $\boldsymbol{AB}$ 与矩阵 $\boldsymbol{C}$ 互为逆矩阵，所以 $\boldsymbol{C}(\boldsymbol{AB})=\boldsymbol{E}\Rightarrow\boldsymbol{CAB}=\boldsymbol{E}$，故选 A，同理，其他三个选项都不一定成立.

5. 若 $\boldsymbol{A}$ 是（　　），则必有 $\boldsymbol{A}^{\mathrm{T}}=\boldsymbol{A}$.

A. 对称矩阵　　B. 三角矩阵　　C. 三对角矩阵　　D. 可逆矩阵

解　由对称矩阵的定义 $\boldsymbol{A}^{\mathrm{T}}=\boldsymbol{A}$，故选 A.

6. 设 $\boldsymbol{A}$ 是任一 $n(n\geqslant 3)$ 阶方阵，常数 k 满足 $k\neq 0$，且 $k\neq\pm 1$，则 $(k\boldsymbol{A})^*$ 等于（　　）.

A. $k\boldsymbol{A}^*$　　B. $k^{n-1}\boldsymbol{A}^*$　　C. $k^n\boldsymbol{A}^*$　　D. $k^{-1}\boldsymbol{A}^*$

解　由伴随矩阵的性质可得 $(k\boldsymbol{A})(k\boldsymbol{A})^*=|k\boldsymbol{A}|\boldsymbol{E}\Rightarrow(k\boldsymbol{A})^*=|k\boldsymbol{A}|(k\boldsymbol{A})^{-1}$，又因为 $\boldsymbol{A}$ 是 $n(n\geqslant 3)$ 阶方阵，$k\neq 0$，且 $k\neq\pm 1$，则 $(k\boldsymbol{A})^{-1}=k^{-1}\boldsymbol{A}^{-1}=k^{-1}\dfrac{1}{|\boldsymbol{A}|}\boldsymbol{A}^*$，所以 $(k\boldsymbol{A})^*=(k^n|\boldsymbol{A}|)\left(k^{-1}\dfrac{1}{|\boldsymbol{A}|}\boldsymbol{A}^*\right)=k^{n-1}\boldsymbol{A}^*$. 故选 B.

7. 当 $\boldsymbol{A}=$（　　）时，$\boldsymbol{A}\begin{pmatrix}a_{11}&a_{12}&a_{13}\\a_{21}&a_{22}&a_{23}\\a_{31}&a_{32}&a_{33}\end{pmatrix}=\begin{pmatrix}a_{11}-3a_{31}&a_{12}-3a_{32}&a_{13}-3a_{33}\\a_{21}&a_{22}&a_{23}\\a_{31}&a_{32}&a_{33}\end{pmatrix}$.

A. $\begin{pmatrix}1&0&0\\0&1&0\\-3&0&1\end{pmatrix}$　　B. $\begin{pmatrix}1&0&-3\\0&1&0\\0&0&1\end{pmatrix}$　　C. $\begin{pmatrix}0&0&-3\\0&1&0\\1&0&1\end{pmatrix}$　　D. $\begin{pmatrix}1&0&0\\0&1&0\\0&-3&1\end{pmatrix}$

解　由题意可知，等号左边矩阵 $\begin{pmatrix}a_{11}&a_{12}&a_{13}\\a_{21}&a_{22}&a_{23}\\a_{31}&a_{32}&a_{33}\end{pmatrix}$ 经过第 3 行乘 -3 加到第 1 行的初等行变换，即可得等号右边矩阵，由矩阵初等行变换与初等矩阵的关系可知，矩阵 $\boldsymbol{A}$ 是一个初等矩阵，即单位矩阵 $\boldsymbol{E}$ 经过相同的行变换：第 3 行乘 -3 加到第 1 行得到初等矩阵 $\boldsymbol{A}=\begin{pmatrix}1&0&-3\\0&1&0\\0&0&1\end{pmatrix}$，故选 B.

8. 设 $n(n>3)$ 阶矩阵 $\boldsymbol{A}=\begin{pmatrix}1&a&a&\cdots&a\\a&1&a&\cdots&a\\a&a&1&\cdots&a\\\vdots&\vdots&\vdots&&\vdots\\a&a&a&\cdots&1\end{pmatrix}$，如果 $R(\boldsymbol{A})=n-1$，则 $a=$（　　）.

A. 1　　　B. $\frac{1}{1-n}$　　　C. -1　　　D. $\frac{1}{n-1}$

解　对矩阵 $\boldsymbol{A}$ 施行初等行变换：

$$\boldsymbol{A}=\begin{pmatrix}1 & a & a & \cdots & a\\ a & 1 & a & \cdots & a\\ a & a & 1 & \cdots & a\\ \vdots & \vdots & \vdots & & \vdots\\ a & a & a & \cdots & 1\end{pmatrix}\to\begin{pmatrix}1+(n-1)a & 1+(n-1)a & 1+(n-1)a & \cdots & 1+(n-1)a\\ a & 1 & a & \cdots & a\\ a & a & 1 & \cdots & a\\ \vdots & \vdots & \vdots & & \vdots\\ a & a & a & \cdots & 1\end{pmatrix},$$

当 $1+(n-1)a=0$，即 $a=\frac{1}{1-n}$ 时，继续施行初等行变换化为下三角形矩阵：

$$\begin{pmatrix}0 & 0 & 0 & \cdots & 0\\ a & 1 & a & \cdots & a\\ a & a & 1 & \cdots & a\\ \vdots & \vdots & \vdots & & \vdots\\ a & a & a & \cdots & 1\end{pmatrix}\to\begin{pmatrix}0 & 0 & 0 & \cdots & 0\\ 1 & 1 & a & \cdots & a\\ 1 & a & 1 & \cdots & a\\ \vdots & \vdots & \vdots & & \vdots\\ 1 & a & a & \cdots & 1\end{pmatrix}\to\begin{pmatrix}0 & 0 & 0 & \cdots & 0\\ 1 & 1-a & 0 & \cdots & 0\\ 1 & 0 & 1-a & \cdots & 0\\ \vdots & \vdots & \vdots & & \vdots\\ 1 & 0 & 0 & \cdots & 1-a\end{pmatrix},$$

可知此时 $R(\boldsymbol{A})=n-1$. 故选 B.

9. $\boldsymbol{A}$ 是三阶矩阵，$|\boldsymbol{A}|=5$；$\boldsymbol{B}$ 是二阶矩阵，$|\boldsymbol{B}|=-2$，则 $\begin{vmatrix} & \boldsymbol{A}^*\\ (3\boldsymbol{B})^{-1} & \end{vmatrix}=$(　　).

A. $\frac{75}{2}$　　　B. $\frac{25}{6}$　　　C. $-\frac{50}{9}$　　　D. $-\frac{25}{18}$

解　因为 $|\boldsymbol{A}^*|=||\boldsymbol{A}|\boldsymbol{A}^{-1}|=|5\boldsymbol{A}^{-1}|=5^3|\boldsymbol{A}|^{-1}=25$，又因为 $|(3\boldsymbol{B})^{-1}|=|3^{-1}\boldsymbol{B}^{-1}|=-\frac{1}{18}$，所以 $\begin{vmatrix} & \boldsymbol{A}^*\\ (3\boldsymbol{B})^{-1} & \end{vmatrix}=(-1)^{3\times2}|\boldsymbol{A}^*||(3\boldsymbol{B})^{-1}|=-\frac{25}{18}$. 故选 D.

10. 已知 $\boldsymbol{A}=\begin{pmatrix}3 & 2 & 1\\ 6 & 4 & t\\ 9 & 6 & 3\end{pmatrix}$，$\boldsymbol{P}$ 为三阶非零矩阵，且满足 $\boldsymbol{PA}=\boldsymbol{O}$，则(　　).

A. 当 $t=2$ 时，$R(\boldsymbol{P})=1$　　　B. 当 $t=2$ 时，$R(\boldsymbol{P})=2$

C. 当 $t\neq2$ 时，$R(\boldsymbol{P})=1$　　　D. 当 $t\neq2$ 时，$R(\boldsymbol{P})=2$

解　施行初等行变换化 $\boldsymbol{A}$ 为阶梯形矩阵，$\boldsymbol{A}=\begin{pmatrix}3 & 2 & 1\\ 6 & 4 & t\\ 9 & 6 & 3\end{pmatrix}\to\begin{pmatrix}3 & 2 & 1\\ 0 & 0 & t-2\\ 0 & 0 & 0\end{pmatrix}$，可知当 $t\neq2$ 时，$R(\boldsymbol{A})=2$，因为 $\boldsymbol{P}$ 为非零矩阵，所以 $R(\boldsymbol{P})\geqslant1$，又因为 $\boldsymbol{PA}=\boldsymbol{O}$，可知 $R(\boldsymbol{A})+R(\boldsymbol{P})\leqslant3$，所以，必有 $R(\boldsymbol{P})=1$，故选 C.

二、填空题

1. 如果 $\boldsymbol{A}^2-2\boldsymbol{A}+\boldsymbol{E}=\boldsymbol{O}$，则 $(\boldsymbol{A}-2\boldsymbol{E})^{-1}=$ ________.

解　由已知可得 $\boldsymbol{A}^2-2\boldsymbol{A}+\boldsymbol{E}=\boldsymbol{O}\Rightarrow\boldsymbol{A}^2-2\boldsymbol{A}=-\boldsymbol{E}\Rightarrow-\boldsymbol{A}(\boldsymbol{A}-2\boldsymbol{E})=\boldsymbol{E}$，所以 $(\boldsymbol{A}-2\boldsymbol{E})^{-1}=-\boldsymbol{A}$.

2. 如果 $\boldsymbol{A}=\begin{pmatrix}-8 & 2 & -2\\ 2 & x & -4\\ -2 & -4 & x\end{pmatrix}$ 不可逆，则 $x=$ ________.

解 由矩阵 $\boldsymbol{A}$ 不可逆，$|\boldsymbol{A}|=\begin{vmatrix}-8 & 2 & -2\\ 2 & x & -4\\ -2 & -4 & x\end{vmatrix}=-8(x-4)(x+5)=0$，所以 $x=4$ 或 -5.

3. 设 $\boldsymbol{A}=\dfrac{\boldsymbol{B}+\boldsymbol{E}}{2}$，则 $\boldsymbol{A}^2=\boldsymbol{A}$ 的充分必要条件为__________.

解 由题意知 $\boldsymbol{A}^2=\left(\dfrac{\boldsymbol{B}+\boldsymbol{E}}{2}\right)^2=\dfrac{\boldsymbol{B}^2}{4}+\dfrac{\boldsymbol{B}}{2}+\dfrac{\boldsymbol{E}}{4}=\boldsymbol{A}=\dfrac{\boldsymbol{B}+\boldsymbol{E}}{2}$，所以 $\dfrac{\boldsymbol{B}^2}{4}-\dfrac{\boldsymbol{E}}{4}=\boldsymbol{O}$，化简得 $\boldsymbol{B}^2=\boldsymbol{E}$.

4. $\boldsymbol{A}$，$\boldsymbol{B}$ 均是 n 阶对称矩阵，则 $\boldsymbol{AB}$ 是对称矩阵的充分必要条件是__________.

解 由题意知 $(\boldsymbol{AB})^{\mathrm{T}}=\boldsymbol{B}^{\mathrm{T}}\boldsymbol{A}^{\mathrm{T}}=\boldsymbol{BA}$，又因为 $\boldsymbol{AB}$ 是对称矩阵的充分必要条件是 $(\boldsymbol{AB})^{\mathrm{T}}=\boldsymbol{AB}$，所以必有 $\boldsymbol{AB}=\boldsymbol{BA}$.

5. $\begin{pmatrix}0 & 1 & 0\\ 1 & 0 & 0\\ 0 & 0 & 1\end{pmatrix}^{2\,011}\begin{pmatrix}1 & 6 & 7\\ 2 & 5 & 8\\ 3 & 4 & 9\end{pmatrix}\begin{pmatrix}0 & 0 & 1\\ 0 & 1 & 0\\ 1 & 0 & 0\end{pmatrix}^{2\,012}=$__________.

解 由矩阵的初等变换与初等矩阵的关系可知

$$\begin{pmatrix}0 & 1 & 0\\ 1 & 0 & 0\\ 0 & 0 & 1\end{pmatrix}^{2\,011}\begin{pmatrix}1 & 6 & 7\\ 2 & 5 & 8\\ 3 & 4 & 9\end{pmatrix}\begin{pmatrix}0 & 0 & 1\\ 0 & 1 & 0\\ 1 & 0 & 0\end{pmatrix}^{2\,012}=\begin{pmatrix}0 & 1 & 0\\ 1 & 0 & 0\\ 0 & 0 & 1\end{pmatrix}\begin{pmatrix}1 & 6 & 7\\ 2 & 5 & 8\\ 3 & 4 & 9\end{pmatrix}=\begin{pmatrix}2 & 5 & 8\\ 1 & 6 & 7\\ 3 & 4 & 9\end{pmatrix}.$$

6. 已知 $\boldsymbol{A}=\begin{pmatrix}0 & 1 & 0 & \cdots & 0\\ 0 & 0 & 2 & \cdots & 0\\ \vdots & \vdots & \vdots & & \vdots\\ 0 & 0 & 0 & \cdots & n-1\\ n & 0 & 0 & \cdots & 0\end{pmatrix}$，则 $(\boldsymbol{A}^*)^{-1}=$__________.

解 因为 $\boldsymbol{AA}^*=|\boldsymbol{A}|\boldsymbol{E}$，所以 $\dfrac{\boldsymbol{A}}{|\boldsymbol{A}|}\boldsymbol{A}^*=\boldsymbol{E}$，从而有 $(\boldsymbol{A}^*)^{-1}=\dfrac{1}{|\boldsymbol{A}|}\boldsymbol{A}=(-1)^{n-1}\dfrac{1}{n!}\boldsymbol{A}$.

7. 已知 $\boldsymbol{A}=\begin{pmatrix}0 & 0 & 1 & 0\\ 0 & 2 & 0 & 0\\ 3 & 0 & 0 & 0\\ 0 & 0 & 0 & 4\end{pmatrix}$，则 $\boldsymbol{A}^{-1}=$__________.

解 由分块矩阵逆矩阵公式，$\begin{pmatrix}\boldsymbol{A} & \boldsymbol{O}\\ \boldsymbol{O} & \boldsymbol{B}\end{pmatrix}^{-1}=\begin{pmatrix}\boldsymbol{A}^{-1} & \boldsymbol{O}\\ \boldsymbol{O} & \boldsymbol{B}^{-1}\end{pmatrix}$，及 $\begin{pmatrix}0 & 0 & 1\\ 0 & 2 & 0\\ 3 & 0 & 0\end{pmatrix}^{-1}=\begin{pmatrix}0 & 0 & \dfrac{1}{3}\\ 0 & \dfrac{1}{2} & 0\\ 1 & 0 & 0\end{pmatrix}$，可得

$$\boldsymbol{A}^{-1}=\begin{pmatrix}0 & 0 & \dfrac{1}{3} & 0\\ 0 & \dfrac{1}{2} & 0 & 0\\ 1 & 0 & 0 & 0\\ 0 & 0 & 0 & \dfrac{1}{4}\end{pmatrix}.$$

8. $\boldsymbol{A}=\begin{pmatrix}1&&\\&2&\\&&-1\end{pmatrix}$, $\boldsymbol{B}=\begin{pmatrix}1&0&0\\0&1&0\\0&3&1\end{pmatrix}$, 则 $(\boldsymbol{AB})^{-1}=$ ________.

解　由题意可知 $(\boldsymbol{AB})^{-1}=\left(\begin{array}{c:cc}1&0&0\\ \hdashline 0&2&0\\0&-3&-1\end{array}\right)^{-1}=\begin{pmatrix}1&0&0\\0&\dfrac{1}{2}&0\\0&-\dfrac{3}{2}&-1\end{pmatrix}$.

9. 如果 $\boldsymbol{A}^3=2\boldsymbol{E}$, 则 $\boldsymbol{A}^{-1}=$ ________.

解　由已知 $\boldsymbol{A}^3=2\boldsymbol{E}\Rightarrow\left(\dfrac{\boldsymbol{A}^2}{2}\right)\boldsymbol{A}=\boldsymbol{E}$, 所以 $\boldsymbol{A}^{-1}=\dfrac{\boldsymbol{A}^2}{2}$.

10. 如果 $\boldsymbol{A}^4=\boldsymbol{O}$, 则 $(\boldsymbol{E}+\boldsymbol{A}+\boldsymbol{A}^2+\boldsymbol{A}^3)^{-1}=$ ________.

解　由已知 $\boldsymbol{A}^4=\boldsymbol{O}$, 又 $\boldsymbol{A}^4-\boldsymbol{E}^4=(\boldsymbol{A}-\boldsymbol{E})(\boldsymbol{A}^3+\boldsymbol{A}^2+\boldsymbol{A}+\boldsymbol{E})=-\boldsymbol{E}$, 所以 $(\boldsymbol{E}-\boldsymbol{A})(\boldsymbol{E}+\boldsymbol{A}+\boldsymbol{A}^2+\boldsymbol{A}^3)=\boldsymbol{E}$, 从而 $(\boldsymbol{E}+\boldsymbol{A}+\boldsymbol{A}^2+\boldsymbol{A}^3)^{-1}=\boldsymbol{E}-\boldsymbol{A}$.

三、计算题

1. 设 $\boldsymbol{A}=\begin{pmatrix}1&2&1&2\\2&1&2&1\\1&2&3&4\end{pmatrix}$, $\boldsymbol{B}=\begin{pmatrix}4&3&2&1\\-2&1&-2&1\\0&-1&0&-1\end{pmatrix}$,

(1) 求 $3\boldsymbol{A}-\boldsymbol{B}$;

(2) 求 $2\boldsymbol{A}+3\boldsymbol{B}$;

(3) 若 $\boldsymbol{X}$ 满足 $\boldsymbol{A}+\boldsymbol{X}=\boldsymbol{B}$, 求 $\boldsymbol{X}$;

(4) 若 $\boldsymbol{Y}$ 满足 $(2\boldsymbol{A}-\boldsymbol{Y})+2(\boldsymbol{B}-\boldsymbol{Y})=\boldsymbol{O}$, 求 $\boldsymbol{Y}$.

解　(1) $3\boldsymbol{A}-\boldsymbol{B}=3\begin{pmatrix}1&2&1&2\\2&1&2&1\\1&2&3&4\end{pmatrix}-\begin{pmatrix}4&3&2&1\\-2&1&-2&1\\0&-1&0&-1\end{pmatrix}=\begin{pmatrix}-1&3&1&5\\8&2&8&2\\3&7&9&13\end{pmatrix}$.

(2) $2\boldsymbol{A}+3\boldsymbol{B}=2\begin{pmatrix}1&2&1&2\\2&1&2&1\\1&2&3&4\end{pmatrix}+3\begin{pmatrix}4&3&2&1\\-2&1&-2&1\\0&-1&0&-1\end{pmatrix}=\begin{pmatrix}14&13&8&7\\-2&5&-2&5\\2&1&6&5\end{pmatrix}$.

(3) 因为 $\boldsymbol{A}+\boldsymbol{X}=\boldsymbol{B}$,所以 $\boldsymbol{X}=\boldsymbol{B}-\boldsymbol{A}$, 从而有

$$\boldsymbol{X}=\boldsymbol{B}-\boldsymbol{A}=\begin{pmatrix}4&3&2&1\\-2&1&-2&1\\0&-1&0&-1\end{pmatrix}-\begin{pmatrix}1&2&1&2\\2&1&2&1\\1&2&3&4\end{pmatrix}=\begin{pmatrix}3&1&1&-1\\-4&0&-4&0\\-1&-3&-3&-5\end{pmatrix}.$$

(4) 因为 $(2\boldsymbol{A}-\boldsymbol{Y})+2(\boldsymbol{B}-\boldsymbol{Y})=\boldsymbol{O}\Rightarrow 2\boldsymbol{A}-\boldsymbol{Y}+2\boldsymbol{B}-2\boldsymbol{Y}=\boldsymbol{O}\Rightarrow 3\boldsymbol{Y}=2\boldsymbol{A}+2\boldsymbol{B}$,

所以
$$\boldsymbol{Y}=\frac{2(\boldsymbol{A}+\boldsymbol{B})}{3}=\frac{2}{3}\begin{pmatrix}5&5&3&3\\0&2&0&2\\1&1&3&3\end{pmatrix}.$$

2. 设 $\boldsymbol{A}=\begin{pmatrix}x&0\\6&y\end{pmatrix}$, $\boldsymbol{B}=\begin{pmatrix}u&v\\y&2\end{pmatrix}$, $\boldsymbol{C}=\begin{pmatrix}3&-4\\x&u\end{pmatrix}$, 且 $\boldsymbol{A}+2\boldsymbol{B}-\boldsymbol{C}=\boldsymbol{O}$, 求 x, y, u, v 的值.

解　由题意 $\boldsymbol{A}+2\boldsymbol{B}-\boldsymbol{C}=\boldsymbol{O}$, 代入得

$$\begin{pmatrix}x&0\\6&y\end{pmatrix}+2\begin{pmatrix}u&v\\y&2\end{pmatrix}-\begin{pmatrix}3&-4\\x&u\end{pmatrix}=\begin{pmatrix}x+2u-3&2v+4\\6+2y-x&y+4-u\end{pmatrix}=\begin{pmatrix}0&0\\0&0\end{pmatrix},$$

从而$\begin{cases}x+2u-3=0,\\2v+4=0,\\6+2y-x=0,\\y+4-u=0,\end{cases}$解得 $x=\dfrac{1}{2}$，$y=-\dfrac{11}{4}$，$u=\dfrac{5}{4}$，$v=-2$.

3. 计算.

(1) $\begin{pmatrix}3&-1\\2&5\end{pmatrix}\begin{pmatrix}2&1\\3&2\end{pmatrix}$；　　(2) $\begin{pmatrix}1&2&3\\2&4&6\\3&6&9\end{pmatrix}\begin{pmatrix}-1&-2&-4\\-1&-2&-4\\1&2&4\end{pmatrix}$；

(3) $\begin{pmatrix}1\\2\\4\end{pmatrix}(1\quad 2\quad 4)$；　　(4) $\begin{pmatrix}3&1&2&-1\\0&3&1&0\end{pmatrix}\begin{pmatrix}1&0&-5\\0&2&0\\1&0&1\\0&-3&0\end{pmatrix}\begin{pmatrix}-1&0\\1&5\\0&2\end{pmatrix}$.

解 (1) $\begin{pmatrix}3&-1\\2&5\end{pmatrix}\begin{pmatrix}2&1\\3&2\end{pmatrix}=\begin{pmatrix}3&1\\19&12\end{pmatrix}$；

(2) $\begin{pmatrix}1&2&3\\2&4&6\\3&6&9\end{pmatrix}\begin{pmatrix}-1&-2&-4\\-1&-2&-4\\1&2&4\end{pmatrix}=\begin{pmatrix}0&0&0\\0&0&0\\0&0&0\end{pmatrix}$；

(3) $\begin{pmatrix}1\\2\\4\end{pmatrix}(1\quad 2\quad 4)=\begin{pmatrix}1&2&4\\2&4&8\\4&8&16\end{pmatrix}$；

(4) $\begin{pmatrix}3&1&2&-1\\0&3&1&0\end{pmatrix}\begin{pmatrix}1&0&-5\\0&2&0\\1&0&1\\0&-3&0\end{pmatrix}\begin{pmatrix}-1&0\\1&5\\0&2\end{pmatrix}=\begin{pmatrix}5&5&-13\\1&6&1\end{pmatrix}\begin{pmatrix}-1&0\\1&5\\0&2\end{pmatrix}=\begin{pmatrix}0&-1\\5&32\end{pmatrix}$.

4. 设 $\boldsymbol{A}=\begin{pmatrix}a_{11}&a_{12}&a_{13}&a_{14}\\a_{21}&a_{22}&a_{23}&a_{24}\\a_{31}&a_{32}&a_{33}&a_{34}\end{pmatrix}$，计算

(1) $\begin{pmatrix}&&1\\&1&\\1&&\end{pmatrix}\boldsymbol{A}$；　(2) $\begin{pmatrix}1&0&0\\0&0&1\\0&1&0\end{pmatrix}\boldsymbol{A}$；　(3) $\boldsymbol{A}\begin{pmatrix}1&&&\\&1&&\\&&k&\\&&&1\end{pmatrix}$；　(4) $\begin{pmatrix}1&0&0\\l&1&0\\0&0&1\end{pmatrix}\boldsymbol{A}$.

解 (1) $\begin{pmatrix}&&1\\&1&\\1&&\end{pmatrix}\boldsymbol{A}=\begin{pmatrix}0&0&1\\0&1&0\\1&0&0\end{pmatrix}\begin{pmatrix}a_{11}&a_{12}&a_{13}&a_{14}\\a_{21}&a_{22}&a_{23}&a_{24}\\a_{31}&a_{32}&a_{33}&a_{34}\end{pmatrix}=\begin{pmatrix}a_{31}&a_{32}&a_{33}&a_{34}\\a_{21}&a_{22}&a_{23}&a_{24}\\a_{11}&a_{12}&a_{13}&a_{14}\end{pmatrix}$；

(2) $\begin{pmatrix}1&0&0\\0&0&1\\0&1&0\end{pmatrix}\boldsymbol{A}=\begin{pmatrix}1&0&0\\0&0&1\\0&1&0\end{pmatrix}\begin{pmatrix}a_{11}&a_{12}&a_{13}&a_{14}\\a_{21}&a_{22}&a_{23}&a_{24}\\a_{31}&a_{32}&a_{33}&a_{34}\end{pmatrix}=\begin{pmatrix}a_{11}&a_{12}&a_{13}&a_{14}\\a_{31}&a_{32}&a_{33}&a_{34}\\a_{21}&a_{22}&a_{23}&a_{24}\end{pmatrix}$；

(3) $\boldsymbol{A}\begin{pmatrix}1&&&\\&1&&\\&&k&\\&&&1\end{pmatrix}=\begin{pmatrix}a_{11}&a_{12}&a_{13}&a_{14}\\a_{21}&a_{22}&a_{23}&a_{24}\\a_{31}&a_{32}&a_{33}&a_{34}\end{pmatrix}\begin{pmatrix}1&0&0&0\\0&1&0&0\\0&0&k&0\\0&0&0&1\end{pmatrix}=\begin{pmatrix}a_{11}&a_{12}&ka_{13}&a_{14}\\a_{21}&a_{22}&ka_{23}&a_{24}\\a_{31}&a_{32}&ka_{33}&a_{34}\end{pmatrix}$；

(4) $\begin{pmatrix}1&0&0\\l&1&0\\0&0&1\end{pmatrix}\boldsymbol{A}=\begin{pmatrix}1&0&0\\l&1&0\\0&0&1\end{pmatrix}\begin{pmatrix}a_{11}&a_{12}&a_{13}&a_{14}\\a_{21}&a_{22}&a_{23}&a_{24}\\a_{31}&a_{32}&a_{33}&a_{34}\end{pmatrix}=\begin{pmatrix}a_{11}&a_{12}&a_{13}&a_{14}\\a_{21}+la_{11}&a_{22}+la_{12}&a_{23}+la_{13}&a_{24}+la_{14}\\a_{31}&a_{32}&a_{33}&a_{34}\end{pmatrix}$.

5. 设 $\boldsymbol{A}=\begin{pmatrix}1&1&0&0\\0&1&1&0\\0&0&1&1\\0&0&0&1\end{pmatrix}$, $\boldsymbol{B}=\begin{pmatrix}5&1&0\\0&5&2\\0&0&5\end{pmatrix}$, 求 $\boldsymbol{A}^k$, $\boldsymbol{B}^k$ (k 为正整数).

解 (1) 因为 $\boldsymbol{A}=\begin{pmatrix}1&1&0&0\\0&1&1&0\\0&0&1&1\\0&0&0&1\end{pmatrix}=\begin{pmatrix}1&0&0&0\\0&1&0&0\\0&0&1&0\\0&0&0&1\end{pmatrix}+\begin{pmatrix}0&1&0&0\\0&0&1&0\\0&0&0&1\\0&0&0&0\end{pmatrix}=\boldsymbol{E}+\boldsymbol{A}_1$,

又因为 $\boldsymbol{A}_1^2=\begin{pmatrix}0&0&1&0\\0&0&0&1\\0&0&0&0\\0&0&0&0\end{pmatrix}$, $\boldsymbol{A}_1^3=\begin{pmatrix}0&0&0&1\\0&0&0&0\\0&0&0&0\\0&0&0&0\end{pmatrix}$, $\boldsymbol{A}_1^4=\cdots=\boldsymbol{A}_1^k=\boldsymbol{O}$,

由二项式展开式,所以 $\boldsymbol{A}^k=(\boldsymbol{E}+\boldsymbol{A}_1)^k=\boldsymbol{E}^k+k\boldsymbol{A}_1+\frac{k(k-1)}{2}\boldsymbol{A}_1^2+\frac{k(k-1)(k-2)}{6}\boldsymbol{A}_1^3$, 代入得

$$\boldsymbol{A}^k=\begin{pmatrix}1&k&\frac{k(k-1)}{2}&\frac{k(k-1)(k-2)}{6}\\0&1&k&\frac{k(k-1)}{2}\\0&0&1&k\\0&0&0&1\end{pmatrix}.$$

(2) 因为 $\boldsymbol{B}=\begin{pmatrix}5&1&0\\0&5&2\\0&0&5\end{pmatrix}=\begin{pmatrix}5&0&0\\0&5&0\\0&0&5\end{pmatrix}+\begin{pmatrix}0&1&0\\0&0&2\\0&0&0\end{pmatrix}=5\boldsymbol{E}+\boldsymbol{B}_1$,

又因为 $\boldsymbol{B}_1^2=\begin{pmatrix}0&0&2\\0&0&0\\0&0&0\end{pmatrix}$, $\boldsymbol{B}_1^3=\cdots=\boldsymbol{B}_1^k=\boldsymbol{O}$, 由二项式展开式,所以

$$\boldsymbol{B}_1^k=(5\boldsymbol{E}+\boldsymbol{B}_1)^k=(5\boldsymbol{E})^k+k(5\boldsymbol{E})^{k-1}\boldsymbol{B}_1+\frac{k(k-1)}{2}(5\boldsymbol{E})^{k-2}\boldsymbol{B}_1^2$$
$$=5^k\boldsymbol{E}+k5^{k-1}\boldsymbol{B}_1+\frac{k(k-1)}{2}5^{k-2}\boldsymbol{B}_1^2,$$

代入得

$$\boldsymbol{B}^k=\begin{pmatrix}5^k&k5^{k-1}&k(k-1)5^{k-2}\\0&5^k&2k5^{k-1}\\0&0&5^k\end{pmatrix}.$$

6. 设 $\boldsymbol{A}=\begin{pmatrix}1&1\\0&1\end{pmatrix}$, 求所有与 $\boldsymbol{A}$ 可交换的矩阵.

解 设所有与 $\boldsymbol{A}$ 可交换的矩阵为二阶矩阵 $\boldsymbol{B}=\begin{pmatrix} a & b \\ c & d \end{pmatrix}$，则有

$$\boldsymbol{AB}=\begin{pmatrix} 1 & 1 \\ 0 & 1 \end{pmatrix}\begin{pmatrix} a & b \\ c & d \end{pmatrix}=\begin{pmatrix} a+c & b+d \\ c & d \end{pmatrix},\quad \boldsymbol{BA}=\begin{pmatrix} a & b \\ c & d \end{pmatrix}\begin{pmatrix} 1 & 1 \\ 0 & 1 \end{pmatrix}=\begin{pmatrix} a & a+b \\ c & c+d \end{pmatrix},$$

由矩阵可交换定义，$\boldsymbol{AB}=\boldsymbol{BA}$，代入得 $a+c=a$，$b+d=a+b$，$d=c+d$，

解得 $c=0$，$a=d$，所以 $\boldsymbol{B}=\begin{pmatrix} a & b \\ 0 & a \end{pmatrix}$（$a$，$b$ 为任意实数）.

7. 按指定分块用分块矩阵乘法求下列矩阵的乘积.

(1) $\left(\begin{array}{cc:c} 1 & -2 & 0 \\ -1 & 2 & 1 \\ \hdashline 0 & 3 & 2 \end{array}\right)\left(\begin{array}{c:c} 0 & 1 \\ 1 & 0 \\ \hdashline 0 & -1 \end{array}\right)$； (2) $\left(\begin{array}{ccc} 2 & 1 & -1 \\ \hdashline 3 & 0 & -2 \\ \hdashline 1 & -1 & 1 \end{array}\right)\left(\begin{array}{c:c:c} 1 & 1 & 0 \\ 0 & 0 & -1 \\ -1 & 2 & 1 \end{array}\right)$；

(3) $\left(\begin{array}{cc:cc} a & 0 & 0 & 0 \\ 0 & a & 0 & 0 \\ \hdashline 1 & 0 & b & 0 \\ 0 & 1 & 0 & b \end{array}\right)\left(\begin{array}{cc:cc} 1 & 0 & c & 0 \\ 0 & 1 & 0 & c \\ \hdashline 0 & 0 & d & 0 \\ 0 & 0 & 0 & d \end{array}\right)$.

解 (1) $\left(\begin{array}{cc:c} 1 & -2 & 0 \\ -1 & 2 & 1 \\ \hdashline 0 & 3 & 2 \end{array}\right)\left(\begin{array}{c:c} 0 & 1 \\ 1 & 0 \\ \hdashline 0 & -1 \end{array}\right)=\begin{pmatrix} \boldsymbol{A}_1 & \boldsymbol{A}_2 \\ \boldsymbol{A}_3 & 2 \end{pmatrix}\begin{pmatrix} \boldsymbol{B}_1 & \boldsymbol{B}_2 \\ 0 & -1 \end{pmatrix}=\begin{pmatrix} \boldsymbol{A}_1\boldsymbol{B}_1 & \boldsymbol{A}_1\boldsymbol{B}_2-\boldsymbol{A}_2 \\ \boldsymbol{A}_3\boldsymbol{B}_1 & \boldsymbol{A}_3\boldsymbol{B}_2-2 \end{pmatrix}$，

其中，$\boldsymbol{A}_1\boldsymbol{B}_1=\begin{pmatrix} 1 & -2 \\ -1 & 2 \end{pmatrix}\begin{pmatrix} 0 \\ 1 \end{pmatrix}=\begin{pmatrix} -2 \\ 2 \end{pmatrix}$，$\boldsymbol{A}_1\boldsymbol{B}_2-\boldsymbol{A}_2=\begin{pmatrix} 1 & -2 \\ -1 & 2 \end{pmatrix}\begin{pmatrix} 1 \\ 0 \end{pmatrix}-\begin{pmatrix} 0 \\ 1 \end{pmatrix}=\begin{pmatrix} 1 \\ -2 \end{pmatrix}$，

$$\boldsymbol{A}_3\boldsymbol{B}_1=(0\quad 3)\begin{pmatrix} 0 \\ 1 \end{pmatrix}=(3),\quad \boldsymbol{A}_3\boldsymbol{B}_2-2=(0\quad 3)\begin{pmatrix} 1 \\ 0 \end{pmatrix}-2=(-2),$$

代入以上原式得

$$\left(\begin{array}{cc:c} 1 & -2 & 0 \\ -1 & 2 & 1 \\ \hdashline 0 & 3 & 2 \end{array}\right)\left(\begin{array}{c:c} 0 & 1 \\ 1 & 0 \\ \hdashline 0 & -1 \end{array}\right)=\begin{pmatrix} -2 & 1 \\ 2 & -2 \\ 3 & -2 \end{pmatrix}.$$

(2) $\left(\begin{array}{ccc} 2 & 1 & -1 \\ \hdashline 3 & 0 & -2 \\ \hdashline 1 & -1 & 1 \end{array}\right)\left(\begin{array}{c:c:c} 1 & 1 & 0 \\ 0 & 0 & -1 \\ -1 & 2 & 1 \end{array}\right)=\begin{pmatrix} \boldsymbol{A}_1 \\ \boldsymbol{A}_2 \\ \boldsymbol{A}_3 \end{pmatrix}(\boldsymbol{B}_1\quad \boldsymbol{B}_2\quad \boldsymbol{B}_3)=\begin{pmatrix} \boldsymbol{A}_1\boldsymbol{B}_1 & \boldsymbol{A}_1\boldsymbol{B}_2 & \boldsymbol{A}_1\boldsymbol{B}_3 \\ \boldsymbol{A}_2\boldsymbol{B}_1 & \boldsymbol{A}_2\boldsymbol{B}_2 & \boldsymbol{A}_2\boldsymbol{B}_3 \\ \boldsymbol{A}_3\boldsymbol{B}_1 & \boldsymbol{A}_3\boldsymbol{B}_2 & \boldsymbol{A}_3\boldsymbol{B}_3 \end{pmatrix}=\begin{pmatrix} 3 & 0 & -2 \\ 5 & -1 & -2 \\ 0 & 3 & 2 \end{pmatrix}$.

(3) $\left(\begin{array}{cc:cc} a & 0 & 0 & 0 \\ 0 & a & 0 & 0 \\ \hdashline 1 & 0 & b & 0 \\ 0 & 1 & 0 & b \end{array}\right)\left(\begin{array}{cc:cc} 1 & 0 & c & 0 \\ 0 & 1 & 0 & c \\ \hdashline 0 & 0 & d & 0 \\ 0 & 0 & 0 & d \end{array}\right)=\begin{pmatrix} a\boldsymbol{E} & \boldsymbol{O} \\ \boldsymbol{E} & b\boldsymbol{E} \end{pmatrix}\begin{pmatrix} \boldsymbol{E} & c\boldsymbol{E} \\ \boldsymbol{O} & d\boldsymbol{E} \end{pmatrix}=\begin{pmatrix} a\boldsymbol{E} & ac\boldsymbol{E} \\ \boldsymbol{E} & (c+bd)\boldsymbol{E} \end{pmatrix}$，

代入得

$$\left(\begin{array}{cc:cc} a & 0 & 0 & 0 \\ 0 & a & 0 & 0 \\ \hdashline 1 & 0 & b & 0 \\ 0 & 1 & 0 & b \end{array}\right)\left(\begin{array}{cc:cc} 1 & 0 & c & 0 \\ 0 & 1 & 0 & c \\ \hdashline 0 & 0 & d & 0 \\ 0 & 0 & 0 & d \end{array}\right)=\begin{pmatrix} a & 0 & ac & 0 \\ 0 & a & 0 & ac \\ 1 & 0 & c+bd & 0 \\ 0 & 1 & 0 & c+bd \end{pmatrix}.$$

8. 求下列矩阵的逆矩阵.

(1) $\begin{pmatrix}3&1\\2&5\end{pmatrix}$；　(2) $\begin{pmatrix}1&2\\-1&2\end{pmatrix}\begin{pmatrix}4&2\\3&1\end{pmatrix}$；　(3) $\begin{pmatrix}1&1&1\\0&1&1\\0&0&1\end{pmatrix}$；

(4) $\begin{pmatrix}1&1&1\\1&2&1\\1&1&3\end{pmatrix}$；　(5) $\begin{pmatrix}1&-1&2\\2&3&-1\\0&-5&5\end{pmatrix}$；　(6) $\begin{pmatrix}5&2&0&0\\2&1&0&0\\0&0&1&-2\\0&0&1&1\end{pmatrix}$.

解　(1) 由伴随矩阵法求逆矩阵得 $\begin{pmatrix}3&1\\2&5\end{pmatrix}^{-1}=\dfrac{1}{3\times5-1\times2}\begin{pmatrix}5&-1\\-2&3\end{pmatrix}=\dfrac{1}{13}\begin{pmatrix}5&-1\\-2&3\end{pmatrix}$.

(2) 先算矩阵乘法，再用伴随矩阵法求逆矩阵，得

$$\left[\begin{pmatrix}1&2\\-1&2\end{pmatrix}\begin{pmatrix}4&2\\3&1\end{pmatrix}\right]^{-1}=\begin{pmatrix}10&4\\2&0\end{pmatrix}^{-1}=\frac{1}{-8}\begin{pmatrix}0&-4\\-2&10\end{pmatrix}=\begin{pmatrix}0&\frac{1}{2}\\\frac{1}{4}&-\frac{5}{4}\end{pmatrix}.$$

(3) 由初等变换法求逆矩阵，得

$$\left(\begin{array}{ccc:ccc}1&1&1&1&0&0\\0&1&1&0&1&0\\0&0&1&0&0&1\end{array}\right)\to\begin{pmatrix}1&0&0&1&-1&0\\0&1&0&0&1&-1\\0&0&1&0&0&1\end{pmatrix},$$

所以
$$\begin{pmatrix}1&1&1\\0&1&1\\0&0&1\end{pmatrix}^{-1}=\begin{pmatrix}1&-1&0\\0&1&-1\\0&0&1\end{pmatrix}.$$

(4) 用初等变换法求逆矩阵得 $\left(\begin{array}{ccc:ccc}1&1&1&1&0&0\\1&2&1&0&1&0\\1&1&3&0&0&1\end{array}\right)\to\left(\begin{array}{ccc:ccc}1&0&0&\frac{5}{2}&-1&-\frac{1}{2}\\0&1&0&-1&1&0\\0&0&1&-\frac{1}{2}&0&\frac{1}{2}\end{array}\right)$,

所以
$$\begin{pmatrix}1&1&1\\1&2&1\\1&1&3\end{pmatrix}^{-1}=\frac{1}{2}\begin{pmatrix}5&-2&-1\\-2&2&0\\-1&0&1\end{pmatrix}.$$

(5) 因为 $\begin{vmatrix}1&-1&2\\2&3&-1\\0&-5&5\end{vmatrix}=0$，所以矩阵 $\begin{pmatrix}1&-1&2\\2&3&-1\\0&-5&5\end{pmatrix}$ 的逆矩阵不存在.

(6) 利用分块对角矩阵逆矩阵公式及二阶矩阵逆矩阵公式可得

$$\left(\begin{array}{cc:cc}5&2&0&0\\2&1&0&0\\\hdashline0&0&1&-2\\0&0&1&1\end{array}\right)^{-1}=\begin{pmatrix}\boldsymbol{A}_1&\boldsymbol{O}\\\boldsymbol{O}&\boldsymbol{A}_2\end{pmatrix}^{-1}=\begin{pmatrix}\boldsymbol{A}_1^{-1}&\boldsymbol{O}\\\boldsymbol{O}&\boldsymbol{A}_2^{-1}\end{pmatrix}=\begin{pmatrix}1&-2&0&0\\-2&5&0&0\\0&0&\frac{1}{3}&\frac{2}{3}\\0&0&-\frac{1}{3}&\frac{1}{3}\end{pmatrix}.$$

9. 利用逆矩阵或初等变换解下列矩阵方程.

(1) $\begin{pmatrix}1&2&3\\3&1&2\\2&3&1\end{pmatrix}X=\begin{pmatrix}2&4&0\\4&0&2\\0&2&4\end{pmatrix}$； (2) $X\begin{pmatrix}5&3&1\\1&-3&-2\\-5&2&1\end{pmatrix}=\begin{pmatrix}-8&3&0\\-5&9&0\\-2&15&0\end{pmatrix}$；

(3) $\begin{pmatrix}1&4\\-1&2\end{pmatrix}X\begin{pmatrix}2&0\\-1&1\end{pmatrix}=\begin{pmatrix}3&1\\0&-1\end{pmatrix}$； (4) $\begin{pmatrix}0&1&0\\-1&1&1\\-1&0&-1\end{pmatrix}X+\begin{pmatrix}1&-1\\2&0\\5&-3\end{pmatrix}=X$.

解 (1) 因为 $X=\begin{pmatrix}1&2&3\\3&1&2\\2&3&1\end{pmatrix}^{-1}\begin{pmatrix}2&4&0\\4&0&2\\0&2&4\end{pmatrix}$,

施行初等行变换可得 $\left(\begin{array}{ccc:ccc}1&2&3&2&4&0\\3&1&2&4&0&2\\2&3&1&0&2&4\end{array}\right)\rightarrow\left(\begin{array}{ccc:ccc}1&0&0&1&-1&1\\0&1&0&-1&1&1\\0&0&1&1&1&-1\end{array}\right)$,

所以
$$X=\begin{pmatrix}1&-1&1\\-1&1&1\\1&1&-1\end{pmatrix}.$$

(2) 因为 $X=\begin{pmatrix}-8&3&0\\-5&9&0\\-2&15&0\end{pmatrix}\begin{pmatrix}5&3&1\\1&-3&-2\\-5&2&1\end{pmatrix}^{-1}$,

施行初等列变换可得

$$\begin{pmatrix}5&3&1\\1&-3&-2\\-5&2&1\\-8&3&0\\-5&9&0\\-2&15&0\end{pmatrix}\rightarrow\begin{pmatrix}0&0&1\\11&3&-2\\-10&-1&1\\-8&3&0\\-5&9&0\\-2&15&0\end{pmatrix}\rightarrow\begin{pmatrix}0&0&1\\-1&3&-2\\-6&-1&1\\-20&3&0\\-41&9&0\\-62&15&0\end{pmatrix}\rightarrow\begin{pmatrix}0&0&1\\1&0&0\\6&1&13\\20&3&40\\41&6&82\\62&9&124\end{pmatrix}\rightarrow\begin{pmatrix}0&0&1\\1&0&0\\0&1&0\\2&3&1\\5&6&4\\8&9&7\end{pmatrix}\rightarrow\begin{pmatrix}1&0&0\\0&1&0\\0&0&1\\1&2&3\\4&5&6\\7&8&9\end{pmatrix},$$

所以
$$X=\begin{pmatrix}1&2&3\\4&5&6\\7&8&9\end{pmatrix}.$$

(3) 因为
$$\begin{pmatrix}1&4\\-1&2\end{pmatrix}^{-1}=\frac{1}{6}\begin{pmatrix}2&-4\\1&1\end{pmatrix},\quad\begin{pmatrix}2&0\\-1&1\end{pmatrix}^{-1}=\frac{1}{2}\begin{pmatrix}1&0\\1&2\end{pmatrix},$$

所以

$$X=\begin{pmatrix}1&4\\-1&2\end{pmatrix}^{-1}\begin{pmatrix}3&1\\0&-1\end{pmatrix}\begin{pmatrix}2&0\\-1&1\end{pmatrix}^{-1}=\frac{1}{12}\begin{pmatrix}2&-4\\1&1\end{pmatrix}\begin{pmatrix}3&1\\0&-1\end{pmatrix}\begin{pmatrix}1&0\\1&2\end{pmatrix}=\begin{pmatrix}1&1\\\frac{1}{4}&0\end{pmatrix}.$$

(4) 先解矩阵方程可得 $\begin{pmatrix}1&-1&0\\1&0&-1\\1&0&2\end{pmatrix}X=\begin{pmatrix}1&-1\\2&0\\5&-3\end{pmatrix}$，再施行矩阵初等行变换可得

$$\left(\begin{array}{ccc:cc}1&-1&0&1&-1\\1&0&-1&2&0\\1&0&2&5&-3\end{array}\right)\rightarrow\left(\begin{array}{ccc:cc}1&0&0&3&-1\\0&1&0&2&0\\0&0&1&1&-1\end{array}\right),$$

所以
$$X=\begin{pmatrix}3&-1\\2&0\\1&-1\end{pmatrix}.$$

10. 求下列矩阵的秩.

(1)$\begin{pmatrix}1&2&3\\2&3&1\\3&1&2\end{pmatrix}$；　(2)$\begin{pmatrix}1&2&3&4\\1&-2&4&5\\1&10&1&2\end{pmatrix}$；　(3)$\begin{pmatrix}2&3\\1&-1\\-1&2\\2&4\end{pmatrix}$；

(4)$\begin{pmatrix}14&12&6&8&2\\6&104&21&9&17\\7&6&3&4&1\\35&30&15&20&6\end{pmatrix}$；　(5)$\begin{pmatrix}1&2&3&0&1\\-2&-2&0&3&2\\2&4&6&0&0\\1&2&-1&0&-1\\0&0&1&1&1\end{pmatrix}$.

解　先利用初等行变换化矩阵为行阶梯形矩阵，则行阶梯形矩阵非零行的行数为矩阵的秩.

(1)$\begin{pmatrix}1&2&3\\2&3&1\\3&1&2\end{pmatrix}\to\begin{pmatrix}1&2&3\\0&-1&-5\\0&-5&-7\end{pmatrix}\to\begin{pmatrix}1&2&3\\0&-1&-5\\0&0&18\end{pmatrix}$，所以秩为 3.

(2)$\begin{pmatrix}1&2&3&4\\1&-2&4&5\\1&10&1&2\end{pmatrix}\to\begin{pmatrix}1&2&3&4\\0&-4&1&1\\0&8&-2&-2\end{pmatrix}\to\begin{pmatrix}1&2&3&4\\0&-4&1&1\\0&0&0&0\end{pmatrix}$，所以秩为 2.

(3)$\begin{pmatrix}2&3\\1&-1\\-1&2\\2&4\end{pmatrix}\to\begin{pmatrix}1&-1\\0&5\\0&1\\0&8\end{pmatrix}\to\begin{pmatrix}1&-1\\0&1\\0&0\\0&0\end{pmatrix}$，所以秩为 2.

(4)$\begin{pmatrix}14&12&6&8&2\\6&104&21&9&17\\7&6&3&4&1\\35&30&15&20&6\end{pmatrix}\to\begin{pmatrix}0&0&0&0&0\\-1&98&18&5&16\\7&6&3&4&1\\0&0&0&0&1\end{pmatrix}\to\begin{pmatrix}-1&98&18&5&16\\0&692&129&39&113\\0&0&0&0&1\\0&0&0&0&0\end{pmatrix}$，所以秩为 3.

(5)$\begin{pmatrix}1&2&3&0&1\\-2&-2&0&3&2\\2&4&6&0&0\\1&2&-1&0&-1\\0&0&1&1&1\end{pmatrix}\to\begin{pmatrix}1&2&3&0&1\\0&2&6&3&4\\0&0&0&0&-2\\0&0&-4&0&-2\\0&0&1&1&1\end{pmatrix}\to\begin{pmatrix}1&2&3&0&1\\0&2&6&3&4\\0&0&1&1&1\\0&0&0&4&2\\0&0&0&0&-2\end{pmatrix}$，所以秩为 5.

11. 设 $\boldsymbol{A}=\begin{pmatrix}1&1&0&0\\1&1&0&0\\0&0&1&0\\0&0&1&1\end{pmatrix}$，求 $\boldsymbol{A}^k$.

解　将矩阵分块为分块对角矩阵：$\boldsymbol{A}=\left(\begin{array}{cc:cc}1&1&0&0\\1&1&0&0\\ \hdashline 0&0&1&0\\0&0&1&1\end{array}\right)=\begin{pmatrix}\boldsymbol{A}_1&\boldsymbol{O}\\\boldsymbol{O}&\boldsymbol{A}_2\end{pmatrix}$.

因为 $\boldsymbol{A}_1=\begin{pmatrix}1&1\\1&1\end{pmatrix}$，所以 $\boldsymbol{A}_1^2=\begin{pmatrix}1&1\\1&1\end{pmatrix}\begin{pmatrix}1&1\\1&1\end{pmatrix}=\begin{pmatrix}2&2\\2&2\end{pmatrix}$，…，$\boldsymbol{A}_1^k=\begin{pmatrix}2^{k-1}&2^{k-1}\\2^{k-1}&2^{k-1}\end{pmatrix}$，

又因为 $\boldsymbol{A}_2=\begin{pmatrix}1&0\\1&1\end{pmatrix}$，所以 $\boldsymbol{A}_2^2=\begin{pmatrix}1&0\\1&1\end{pmatrix}\begin{pmatrix}1&0\\1&1\end{pmatrix}=\begin{pmatrix}1&0\\2&1\end{pmatrix}$，…，$\boldsymbol{A}_2^k=\begin{pmatrix}1&0\\k&1\end{pmatrix}$，

故
$$\boldsymbol{A}^k=\begin{pmatrix}\boldsymbol{A}_1^k&\boldsymbol{O}\\\boldsymbol{O}&\boldsymbol{A}_2^k\end{pmatrix}=\begin{pmatrix}2^{k-1}&2^{k-1}&0&0\\2^{k-1}&2^{k-1}&0&0\\0&0&1&0\\0&0&k&1\end{pmatrix}.$$

四、证明题

1. 设 $\boldsymbol{A}$ 为 n 阶矩阵，$\boldsymbol{A}\neq\boldsymbol{O}$，且存在正整数 $k\geqslant 2$，使 $\boldsymbol{A}^k=\boldsymbol{O}$. 证明：$\boldsymbol{E}-\boldsymbol{A}$ 可逆，且 $(\boldsymbol{E}-\boldsymbol{A})^{-1}=\boldsymbol{E}+\boldsymbol{A}+\boldsymbol{A}^2+\cdots+\boldsymbol{A}^{k-1}$.

证明 因为 $\boldsymbol{A}^k=\boldsymbol{O}$，

又因为 $(\boldsymbol{E}-\boldsymbol{A})(\boldsymbol{E}+\boldsymbol{A}+\boldsymbol{A}^2+\cdots+\boldsymbol{A}^{k-1})=(\boldsymbol{E}+\boldsymbol{A}+\cdots+\boldsymbol{A}^{k-1})-\boldsymbol{A}-\boldsymbol{A}^2-\cdots-\boldsymbol{A}^k=\boldsymbol{E}-\boldsymbol{A}^k=\boldsymbol{E}-\boldsymbol{O}=\boldsymbol{E}$，

所以 $\boldsymbol{E}-\boldsymbol{A}$ 可逆，且 $(\boldsymbol{E}-\boldsymbol{A})^{-1}=\boldsymbol{E}+\boldsymbol{A}+\boldsymbol{A}^2+\cdots+\boldsymbol{A}^{k-1}$.

2. 已知 n 阶矩阵 $\boldsymbol{A}$ 满足 $\boldsymbol{A}^2-3\boldsymbol{A}+2\boldsymbol{E}=\boldsymbol{O}$，证明：$\boldsymbol{A}$ 可逆，并求 $\boldsymbol{A}^{-1}$.

证明 因为 $\boldsymbol{A}^2-3\boldsymbol{A}+2\boldsymbol{E}=\boldsymbol{O}\Rightarrow 3\boldsymbol{A}-\boldsymbol{A}^2=2\boldsymbol{E}$，

所以 $\frac{1}{2}(3\boldsymbol{E}-\boldsymbol{A})\boldsymbol{A}=\boldsymbol{E}$，故 $\boldsymbol{A}$ 可逆，且 $\boldsymbol{A}^{-1}=\frac{1}{2}(3\boldsymbol{E}-\boldsymbol{A})$.

3. 已知 $\boldsymbol{A}$，$\boldsymbol{B}$ 为三阶矩阵，满足 $2\boldsymbol{A}^{-1}\boldsymbol{B}=\boldsymbol{B}-4\boldsymbol{E}$.

(1) 证明：$\boldsymbol{A}-2\boldsymbol{E}$ 可逆；　　(2)若 $\boldsymbol{B}=\begin{pmatrix}1&-2&0\\3&2&0\\0&0&2\end{pmatrix}$，求矩阵 $\boldsymbol{A}$.

(1) **证明** 因为 $2\boldsymbol{A}^{-1}\boldsymbol{B}=\boldsymbol{B}-4\boldsymbol{E}\Rightarrow\boldsymbol{A}(2\boldsymbol{A}^{-1}\boldsymbol{B})=\boldsymbol{A}(\boldsymbol{B}-4\boldsymbol{E})$，

所以 $2\boldsymbol{A}\boldsymbol{A}^{-1}\boldsymbol{B}=\boldsymbol{AB}-4\boldsymbol{A}\Rightarrow 2\boldsymbol{B}=\boldsymbol{AB}-4\boldsymbol{A}\Rightarrow\boldsymbol{AB}-2\boldsymbol{B}=4\boldsymbol{A}$，$(\boldsymbol{A}-2\boldsymbol{E})\boldsymbol{B}=4\boldsymbol{A}$.

又因为 $\boldsymbol{A}$ 可逆，两边同时右乘 $\frac{1}{4}\boldsymbol{A}^{-1}$，则有 $(\boldsymbol{A}-2\boldsymbol{E})\frac{1}{4}\boldsymbol{B}\boldsymbol{A}^{-1}=\boldsymbol{E}$，所以 $\boldsymbol{A}-2\boldsymbol{E}$ 可逆.

(2) 解矩阵方程

$$2\boldsymbol{A}^{-1}\boldsymbol{B}=\boldsymbol{B}-4\boldsymbol{E}\Rightarrow 2\boldsymbol{B}=\boldsymbol{A}(\boldsymbol{B}-4\boldsymbol{E})\Rightarrow\boldsymbol{A}=2\boldsymbol{B}(\boldsymbol{B}-4\boldsymbol{E})^{-1},\tag{2-7}$$

因为 $\boldsymbol{B}=\begin{pmatrix}1&-2&0\\3&2&0\\0&0&2\end{pmatrix}$，所以 $\boldsymbol{B}-4\boldsymbol{E}=\begin{pmatrix}-3&-2&0\\3&-2&0\\0&0&-2\end{pmatrix}$.

由分块对角矩阵的逆矩阵公式和二阶矩阵的逆矩阵公式，易得 $(\boldsymbol{B}-4\boldsymbol{E})^{-1}=\begin{pmatrix}-\frac{1}{6}&\frac{1}{6}&0\\-\frac{1}{4}&-\frac{1}{4}&0\\0&0&-\frac{1}{2}\end{pmatrix}$，

代入式(2-7)得

$$A = 2\begin{pmatrix} 1 & -2 & 0 \\ 3 & 2 & 0 \\ 0 & 0 & 2 \end{pmatrix}\begin{pmatrix} -\frac{1}{6} & \frac{1}{6} & 0 \\ -\frac{1}{4} & -\frac{1}{4} & 0 \\ 0 & 0 & -\frac{1}{2} \end{pmatrix} = \begin{pmatrix} \frac{2}{3} & \frac{4}{3} & 0 \\ -2 & 0 & 0 \\ 0 & 0 & -2 \end{pmatrix}.$$

4. 证明：矩阵 $\boldsymbol{A}$ 与所有 n 阶对角矩阵可交换的充分必要条件是 $\boldsymbol{A}$ 为 n 阶对角矩阵.

证明　由对角矩阵乘法性质易知必要性显然成立.

再证充分性. 由矩阵可交换定义可知矩阵 $\boldsymbol{A}$ 必为 n 阶方阵，所以设 $\boldsymbol{A} = \begin{pmatrix} a_{11} & a_{12} & \cdots & a_{1n} \\ a_{21} & a_{22} & \cdots & a_{2n} \\ \vdots & \vdots & & \vdots \\ a_{n1} & a_{n2} & \cdots & a_{nn} \end{pmatrix}$，$n$ 阶对角矩阵 $\boldsymbol{B} = \begin{pmatrix} b_1 & 0 & \cdots & 0 \\ 0 & b_2 & \cdots & 0 \\ \vdots & \vdots & & \vdots \\ 0 & 0 & \cdots & b_n \end{pmatrix}$，$b_1, b_2, \cdots, b_n$ 为任意实数，则 $\boldsymbol{AB} = \boldsymbol{BA}$，

$$\begin{pmatrix} a_{11} & a_{12} & \cdots & a_{1n} \\ a_{21} & a_{22} & \cdots & a_{2n} \\ \vdots & \vdots & & \vdots \\ a_{n1} & a_{n2} & \cdots & a_{nn} \end{pmatrix}\begin{pmatrix} b_1 & 0 & \cdots & 0 \\ 0 & b_2 & \cdots & 0 \\ \vdots & \vdots & & \vdots \\ 0 & 0 & \cdots & b_n \end{pmatrix} = \begin{pmatrix} b_1 & 0 & \cdots & 0 \\ 0 & b_2 & \cdots & 0 \\ \vdots & \vdots & & \vdots \\ 0 & 0 & \cdots & b_n \end{pmatrix}\begin{pmatrix} a_{11} & a_{12} & \cdots & a_{1n} \\ a_{21} & a_{22} & \cdots & a_{2n} \\ \vdots & \vdots & & \vdots \\ a_{n1} & a_{n2} & \cdots & a_{nn} \end{pmatrix},$$

$$\begin{pmatrix} a_{11}b_1 & a_{12}b_2 & \cdots & a_{1n}b_n \\ a_{21}b_1 & a_{22}b_2 & \cdots & a_{2n}b_n \\ \vdots & \vdots & & \vdots \\ a_{n1}b_1 & a_{n2}b_2 & \cdots & a_{nn}b_n \end{pmatrix} = \begin{pmatrix} a_{11}b_1 & a_{12}b_1 & \cdots & a_{1n}b_1 \\ a_{21}b_2 & a_{22}b_2 & \cdots & a_{2n}b_2 \\ \vdots & \vdots & & \vdots \\ a_{n1}b_n & a_{n2}b_n & \cdots & a_{nn}b_n \end{pmatrix},$$

得 $a_{ij}b_i = a_{ij}b_j (i, j = 1, 2, \cdots, n; i \neq j)$，因为 $b_1, b_2, \cdots, b_n$ 为任意实数，所以当 $i \neq j$ 时，$a_{ij} = 0 (i, j = 1, 2, \cdots, n)$，矩阵 $\boldsymbol{A}$ 必为对角矩阵.

5. 证明：如果 $\boldsymbol{A}$ 是实数域上的一个对称矩阵，且满足 $\boldsymbol{A}^2 = \boldsymbol{O}$，则 $\boldsymbol{A} = \boldsymbol{O}$.

证明　设 $\boldsymbol{A} = (a_{ij})_{n\times n}$，因为 $\boldsymbol{A}$ 是实对称矩阵，所以 $\boldsymbol{A}^{\mathrm{T}} = \boldsymbol{A}$，且所有元素 a_{ij} 为实数，又因为 $\boldsymbol{A}^2 = \boldsymbol{AA}^{\mathrm{T}} = \boldsymbol{O}$，则 $\boldsymbol{AA}^{\mathrm{T}}$ 对角线元素都为 0，即

$$\begin{cases} a_{11}^2 + a_{12}^2 + \cdots + a_{1n}^2 = 0, \\ a_{21}^2 + a_{22}^2 + \cdots + a_{2n}^2 = 0, \\ \qquad\qquad \vdots \\ a_{n1}^2 + a_{n2}^2 + \cdots + a_{nn}^2 = 0, \end{cases}$$

因为所有元素 a_{ij} 为实数，所以必有 $a_{ij} = 0 (i, j = 1, 2, \cdots, n)$，即 $\boldsymbol{A} = \boldsymbol{O}$.

6. 设 $\boldsymbol{A}, \boldsymbol{B}, \boldsymbol{C}, \boldsymbol{D}$ 均为 n 阶矩阵，且 $\det\boldsymbol{A} \neq 0$，$\boldsymbol{AC} = \boldsymbol{CA}$. 证明：$\begin{vmatrix} \boldsymbol{A} & \boldsymbol{B} \\ \boldsymbol{C} & \boldsymbol{D} \end{vmatrix} = |\boldsymbol{AD} - \boldsymbol{CB}|$.

证明　利用分块初等变换，化为分块对角矩阵，因为 $\boldsymbol{AC} = \boldsymbol{CA}$，所以 $\boldsymbol{A}^{-1}\boldsymbol{C} = \boldsymbol{CA}^{-1}$.

$$\begin{pmatrix} E & O \\ -CA^{-1} & E \end{pmatrix}\begin{pmatrix} A & B \\ C & D \end{pmatrix}\begin{pmatrix} E & -A^{-1}B \\ O & E \end{pmatrix}=\begin{pmatrix} A & B \\ O & D-CA^{-1}B \end{pmatrix}\begin{pmatrix} E & -A^{-1}B \\ O & E \end{pmatrix}$$

$$=\begin{pmatrix} A & O \\ O & D-CA^{-1}B \end{pmatrix}=\begin{pmatrix} A & O \\ O & D-A^{-1}CB \end{pmatrix}.$$

又因为 $\begin{vmatrix} E & O \\ -CA^{-1} & E \end{vmatrix}=1$，$\begin{vmatrix} E & -A^{-1}B \\ O & E \end{vmatrix}=1$，

所以 $\begin{vmatrix} A & B \\ C & D \end{vmatrix}=\begin{vmatrix} A & O \\ O & D-A^{-1}CB \end{vmatrix}=|A||D-A^{-1}CB|=|AD-A(A^{-1}CB)|=|AD-CB|$.

7. 设 A 为 n 阶矩阵，且 $A^2-A=2E$，证明：

(1) A 及 $A+2E$ 均可逆，并求 A^{-1} 和 $(A+2E)^{-1}$；

(2) $R(2E-A)+R(E+A)=n$.

证明 (1) 因为 $A^2-A=2E$，所以 $\frac{1}{2}(A-E)A=E$，则矩阵 A 可逆，且 $A^{-1}=\frac{1}{2}(A-E)$，又因为矩阵 A^2 也可逆，由已知可得 $A+2E=A^2$，所以 $A+2E$ 也可逆，且 $(A+2E)^{-1}=(A^2)^{-1}$.

(2) 因为 $A^2-A=2E$，所以 $(2E-A)(E+A)=2E+A-A^2=O$，由矩阵的秩的性质可知 $R(2E-A)+R(E+A)\leqslant n$，又因为 $(2E-A)+(E+A)=3E$，所以 $R(2E-A)+R(E+A)\geqslant n$. 综上，可知 $R(2E-A)+R(E+A)=n$.

(B)

1. 设 A 为 m 阶方阵，B 为 n 阶方阵，且 $|A|=a$，$|B|=b$，$C=\begin{pmatrix} O & A \\ B & O \end{pmatrix}$，则 $|C|=$ __________.

解 因为 $\begin{vmatrix} O & A \\ B & O \end{vmatrix}=(-1)^{mn}\begin{vmatrix} A & O \\ O & B \end{vmatrix}$，所以 $|C|=(-1)^{mn}ab$.

2. 设 n 阶矩阵 $A=\begin{pmatrix} 0 & 1 & 1 & \cdots & 1 & 1 \\ 1 & 0 & 1 & \cdots & 1 & 1 \\ 1 & 1 & 0 & \cdots & 1 & 1 \\ \vdots & \vdots & \vdots & & \vdots & \vdots \\ 1 & 1 & 1 & \cdots & 0 & 1 \\ 1 & 1 & 1 & \cdots & 1 & 0 \end{pmatrix}$，则 $|A|=$ __________.

解 "和法"行列式，

$$|A|=\begin{vmatrix} 0 & 1 & 1 & \cdots & 1 & 1 \\ 1 & 0 & 1 & \cdots & 1 & 1 \\ 1 & 1 & 0 & \cdots & 1 & 1 \\ \vdots & \vdots & \vdots & & \vdots & \vdots \\ 1 & 1 & 1 & \cdots & 0 & 1 \\ 1 & 1 & 1 & \cdots & 1 & 0 \end{vmatrix}=(n-1)\begin{vmatrix} 1 & 1 & 1 & \cdots & 1 & 1 \\ 1 & 0 & 1 & \cdots & 1 & 1 \\ 1 & 1 & 0 & \cdots & 1 & 1 \\ \vdots & \vdots & \vdots & & \vdots & \vdots \\ 1 & 1 & 1 & \cdots & 0 & 1 \\ 1 & 1 & 1 & \cdots & 1 & 0 \end{vmatrix}$$

$$=(n-1)\begin{vmatrix} 1 & 1 & 1 & \cdots & 1 & 1 \\ 0 & -1 & 0 & \cdots & 0 & 0 \\ 0 & 0 & -1 & \cdots & 0 & 0 \\ \vdots & \vdots & \vdots & & \vdots & \vdots \\ 0 & 0 & 0 & \cdots & -1 & 0 \\ 0 & 0 & 0 & \cdots & 0 & -1 \end{vmatrix}=(-1)^{n-1}(n-1).$$

3. 设 $\boldsymbol{A}$, $\boldsymbol{B}$ 均为 n 阶矩阵，$|\boldsymbol{A}|=2$，$|\boldsymbol{B}|=-3$，则 $|2\boldsymbol{A}^*\boldsymbol{B}^{-1}|=$ __________.

解　因为 $|\boldsymbol{A}|^*=|\boldsymbol{A}|^{n-1}=2^{n-1}$，$|\boldsymbol{B}^{-1}|=|\boldsymbol{B}|^{-1}=-\dfrac{1}{3}$，

所以
$$|2\boldsymbol{A}^*\boldsymbol{B}^{-1}|=2^n\times 2^{n-1}\times\left(-\frac{1}{3}\right)=-\frac{2^{2n-1}}{3}.$$

4. 设 $\boldsymbol{\alpha}=(1,0,-1)^{\mathrm{T}}$，矩阵 $\boldsymbol{A}=\boldsymbol{\alpha}\boldsymbol{\alpha}^{\mathrm{T}}$，$n$ 为正整数，则 $|a\boldsymbol{E}-\boldsymbol{A}^n|=$ __________.

解　因为 $\boldsymbol{\alpha}^{\mathrm{T}}\boldsymbol{\alpha}=2$，$\boldsymbol{\alpha}\boldsymbol{\alpha}^{\mathrm{T}}=\begin{pmatrix}1&0&-1\\0&0&0\\-1&0&1\end{pmatrix}$，

所以

$$\boldsymbol{A}^n=\underbrace{(\boldsymbol{\alpha}\boldsymbol{\alpha}^{\mathrm{T}})(\boldsymbol{\alpha}\boldsymbol{\alpha}^{\mathrm{T}})\cdots(\boldsymbol{\alpha}\boldsymbol{\alpha}^{\mathrm{T}})}_{n\text{个}}=\boldsymbol{\alpha}\underbrace{(\boldsymbol{\alpha}^{\mathrm{T}}\boldsymbol{\alpha})\cdots(\boldsymbol{\alpha}^{\mathrm{T}}\boldsymbol{\alpha})}_{(n-1)\text{个}}\boldsymbol{\alpha}^{\mathrm{T}}=2^{n-1}\boldsymbol{\alpha}\boldsymbol{\alpha}^{\mathrm{T}}=\begin{pmatrix}2^{n-1}&0&-2^{n-1}\\0&0&0\\-2^{n-1}&0&2^{n-1}\end{pmatrix},$$

$$a\boldsymbol{E}-\boldsymbol{A}^n=\begin{pmatrix}a&0&0\\0&a&0\\0&0&a\end{pmatrix}-\begin{pmatrix}2^{n-1}&0&-2^{n-1}\\0&0&0\\-2^{n-1}&0&2^{n-1}\end{pmatrix}=\begin{pmatrix}a-2^{n-1}&0&2^{n-1}\\0&a&0\\2^{n-1}&0&a-2^{n-1}\end{pmatrix},$$

$$|a\boldsymbol{E}-\boldsymbol{A}^n|=\begin{vmatrix}a-2^{n-1}&0&2^{n-1}\\0&a&0\\2^{n-1}&0&a-2^{n-1}\end{vmatrix}=a(a^2-2^n).$$

5. 设三阶方阵 $\boldsymbol{A}$, $\boldsymbol{B}$ 满足 $\boldsymbol{A}^2\boldsymbol{B}-\boldsymbol{A}-\boldsymbol{B}=\boldsymbol{E}$，其中 $\boldsymbol{E}$ 为三阶单位矩阵，若 $\boldsymbol{A}=\begin{pmatrix}1&0&1\\0&2&0\\-2&0&1\end{pmatrix}$，则 $|\boldsymbol{B}|=$ __________.

解　因为 $\boldsymbol{A}^2\boldsymbol{B}-\boldsymbol{A}-\boldsymbol{B}=\boldsymbol{E}$，所以 $\boldsymbol{B}=(\boldsymbol{A}-\boldsymbol{E})^{-1}$，

又因为 $\boldsymbol{A}-\boldsymbol{E}=\begin{pmatrix}0&0&1\\0&1&0\\-2&0&0\end{pmatrix}$，$|\boldsymbol{A}-\boldsymbol{E}|=2$，

所以
$$|\boldsymbol{B}|=|\boldsymbol{A}-\boldsymbol{E}|^{-1}=\frac{1}{2}.$$

6. 设矩阵 $\boldsymbol{A}=\begin{pmatrix}2&1&0\\1&2&0\\0&0&1\end{pmatrix}$，矩阵 $\boldsymbol{B}$ 满足 $\boldsymbol{ABA}^*=2\boldsymbol{BA}^*+\boldsymbol{E}$，其中，$\boldsymbol{A}^*$ 为 $\boldsymbol{A}$ 的伴随矩阵，$\boldsymbol{E}$ 是单位矩阵，则 $|\boldsymbol{B}|=$ __________.

解　因为 $|\boldsymbol{A}|=\begin{vmatrix}2&1&0\\1&2&0\\0&0&1\end{vmatrix}=3$，$\boldsymbol{A}^*\boldsymbol{A}=|\boldsymbol{A}|\boldsymbol{E}=3\boldsymbol{E}$，对已知矩阵方程两边同时右乘矩阵 $\boldsymbol{A}$，并化简得 $\boldsymbol{ABA}^*\boldsymbol{A}=2\boldsymbol{BA}^*\boldsymbol{A}+\boldsymbol{EA}\Rightarrow 3\boldsymbol{AB}=6\boldsymbol{B}+\boldsymbol{A}\Rightarrow(3\boldsymbol{A}-6\boldsymbol{E})\boldsymbol{B}=\boldsymbol{A}$，

又因为 $|3\boldsymbol{A}-6\boldsymbol{E}|=\begin{vmatrix}0&3&0\\3&0&0\\0&0&-3\end{vmatrix}=27$，所以 $|3\boldsymbol{A}-6\boldsymbol{E}||\boldsymbol{B}|=|\boldsymbol{A}|$，代入得 $|\boldsymbol{B}|=\dfrac{1}{9}$.

7. 设 $\boldsymbol{A}=\begin{pmatrix}2&1\\-1&2\end{pmatrix}$，$\boldsymbol{E}$ 为二阶单位矩阵，矩阵 $\boldsymbol{B}$ 满足 $\boldsymbol{BA}=\boldsymbol{B}+2\boldsymbol{E}$，则 $|\boldsymbol{B}|=$ ________.

解 因为
$$\boldsymbol{BA}=\boldsymbol{B}+2\boldsymbol{E}\Rightarrow \boldsymbol{BA}-\boldsymbol{B}=2\boldsymbol{E}\Rightarrow \boldsymbol{B}(\boldsymbol{A}-\boldsymbol{E})=2\boldsymbol{E}, \tag{2-8}$$
又因为 $|\boldsymbol{A}-\boldsymbol{E}|=\begin{vmatrix}1&1\\-1&1\end{vmatrix}=2$，$|2\boldsymbol{E}|=2^2=4$，式(2-8)两端同时取行列式可得 $|\boldsymbol{B}|=2$.

8. 设 $\boldsymbol{A}$，$\boldsymbol{B}$ 为三阶矩阵，且 $|\boldsymbol{A}|=3$，$|\boldsymbol{B}|=2$，$|\boldsymbol{A}^{-1}+\boldsymbol{B}|=2$，则 $|\boldsymbol{A}+\boldsymbol{B}^{-1}|=$ ________.

解 因为 $\boldsymbol{A}+\boldsymbol{B}^{-1}=\boldsymbol{A}(\boldsymbol{B}+\boldsymbol{A}^{-1})\boldsymbol{B}^{-1}$，且 $|\boldsymbol{A}|=3$，$|\boldsymbol{B}|=2$，$|\boldsymbol{A}^{-1}+\boldsymbol{B}|=2$，
所以 $|\boldsymbol{A}+\boldsymbol{B}^{-1}|=|\boldsymbol{A}||\boldsymbol{A}^{-1}+\boldsymbol{B}||\boldsymbol{B}|^{-1}=3\times 2\times 2^{-1}=3$.

9. 设 $\boldsymbol{A}$ 为三阶矩阵，$|\boldsymbol{A}|=3$，$\boldsymbol{A}^*$ 为 $\boldsymbol{A}$ 伴随矩阵，若交换 $\boldsymbol{A}$ 的第 1 行与第 2 行，得矩阵 $\boldsymbol{B}$，则 $|\boldsymbol{BA}^*|=$ ________.

解 因为 $|\boldsymbol{A}^*|=|\boldsymbol{A}|^2=9$，由行列式的性质可知 $|\boldsymbol{B}|=-|\boldsymbol{A}|=-3$，所以 $|\boldsymbol{BA}^*|=-27$.

10. 设矩阵 $\boldsymbol{A}=\begin{pmatrix}3&0&0\\1&4&0\\0&0&3\end{pmatrix}$，$\boldsymbol{I}=\begin{pmatrix}1&0&0\\0&1&0\\0&0&1\end{pmatrix}$，则逆矩阵 $(\boldsymbol{A}-2\boldsymbol{I})^{-1}=$ ________.

解 因为 $\boldsymbol{A}-2\boldsymbol{I}=\begin{pmatrix}3&0&0\\1&4&0\\0&0&3\end{pmatrix}-2\begin{pmatrix}1&0&0\\0&1&0\\0&0&1\end{pmatrix}=\begin{pmatrix}1&0&0\\1&2&0\\0&0&1\end{pmatrix}$，由分块对角逆矩阵公式和二阶方阵逆矩阵公式，易得 $(\boldsymbol{A}-2\boldsymbol{I})^{-1}=\begin{pmatrix}1&0&0\\-\frac{1}{2}&\frac{1}{2}&0\\0&0&1\end{pmatrix}$.

11. 设四阶方阵 $\boldsymbol{A}=\begin{pmatrix}5&2&0&0\\2&1&0&0\\0&0&1&-2\\0&0&1&1\end{pmatrix}$，则 $\boldsymbol{A}^{-1}=$ ________.

解 由分块对角矩阵逆矩阵可知 $\boldsymbol{A}^{-1}=\begin{pmatrix}5&2&0&0\\2&1&0&0\\0&0&1&-2\\0&0&1&1\end{pmatrix}^{-1}=\begin{pmatrix}\boldsymbol{A}_1^{-1}&\boldsymbol{O}\\\boldsymbol{O}&\boldsymbol{A}_2^{-1}\end{pmatrix}$.

因为 $\boldsymbol{A}_1^{-1}=\begin{pmatrix}5&2\\2&1\end{pmatrix}^{-1}=\begin{pmatrix}1&-2\\-2&5\end{pmatrix}$，$\boldsymbol{A}_2^{-1}=\begin{pmatrix}1&-2\\1&1\end{pmatrix}^{-1}=\frac{1}{3}\begin{pmatrix}1&2\\-1&1\end{pmatrix}$，代入上式可得

$$\boldsymbol{A}^{-1}=\begin{pmatrix}5&2&0&0\\2&1&0&0\\0&0&1&-2\\0&0&1&1\end{pmatrix}^{-1}=\begin{pmatrix}1&-2&0&0\\-2&5&0&0\\0&0&\frac{1}{3}&\frac{2}{3}\\0&0&-\frac{1}{3}&\frac{1}{3}\end{pmatrix}.$$

12. 设 $a_i \neq 0\ (i=1,2,\cdots,n)$，且 $\boldsymbol{A}=\begin{pmatrix} 0 & a_1 & 0 & \cdots & 0 \\ 0 & 0 & a_2 & \cdots & 0 \\ \vdots & \vdots & \vdots & & \vdots \\ 0 & 0 & 0 & \cdots & a_{n-1} \\ a_n & 0 & 0 & \cdots & 0 \end{pmatrix}$，则 $\boldsymbol{A}^{-1}=$ ________.

解　分块矩阵 $\boldsymbol{A}^{-1}=\left(\begin{array}{c:cccc} 0 & a_1 & 0 & \cdots & 0 \\ 0 & 0 & a_2 & \cdots & 0 \\ \vdots & \vdots & \vdots & & \vdots \\ 0 & 0 & 0 & \cdots & a_{n-1} \\ \hdashline a_n & 0 & 0 & \cdots & 0 \end{array}\right)^{-1}=\begin{pmatrix} \boldsymbol{O} & \boldsymbol{A}_1 \\ a_n & \boldsymbol{O} \end{pmatrix}^{-1}=\begin{pmatrix} \boldsymbol{O} & a_n^{-1} \\ \boldsymbol{A}_1^{-1} & \boldsymbol{O} \end{pmatrix}=\begin{pmatrix} 0 & \cdots & 0 & \frac{1}{a_n} \\ \frac{1}{a_1} & \cdots & 0 & 0 \\ \vdots & & \vdots & \vdots \\ 0 & \cdots & \frac{1}{a_{n-1}} & 0 \end{pmatrix}$.

13. 设三阶方阵 $\boldsymbol{A}$，$\boldsymbol{B}$ 满足关系式 $\boldsymbol{A}^{-1}\boldsymbol{BA}=6\boldsymbol{A}+\boldsymbol{BA}$，且 $\boldsymbol{A}=\begin{pmatrix} \frac{1}{3} & 0 & 0 \\ 0 & \frac{1}{4} & 0 \\ 0 & 0 & \frac{1}{7} \end{pmatrix}$，则 $\boldsymbol{B}=$ ________.

解　将等式两边同时右乘 $\boldsymbol{A}^{-1}$，因为

$(\boldsymbol{A}^{-1}\boldsymbol{BA})\boldsymbol{A}^{-1}=(6\boldsymbol{A}+\boldsymbol{BA})\boldsymbol{A}^{-1} \Rightarrow \boldsymbol{A}^{-1}\boldsymbol{B}(\boldsymbol{AA}^{-1})=6(\boldsymbol{AA}^{-1})+\boldsymbol{B}(\boldsymbol{AA}^{-1}) \Rightarrow \boldsymbol{A}^{-1}\boldsymbol{B}=6\boldsymbol{E}+\boldsymbol{B} \Rightarrow (\boldsymbol{A}^{-1}-\boldsymbol{E})\boldsymbol{B}=6\boldsymbol{E}$，

所以
$$\boldsymbol{B}=6(\boldsymbol{A}^{-1}-\boldsymbol{E})^{-1}=6\begin{pmatrix} 2 & 0 & 0 \\ 0 & 3 & 0 \\ 0 & 0 & 6 \end{pmatrix}^{-1}=6\begin{pmatrix} \frac{1}{2} & 0 & 0 \\ 0 & \frac{1}{3} & 0 \\ 0 & 0 & \frac{1}{6} \end{pmatrix}=\begin{pmatrix} 3 & 0 & 0 \\ 0 & 2 & 0 \\ 0 & 0 & 1 \end{pmatrix}.$$

14. 设 $\boldsymbol{A}=\begin{pmatrix} 1 & 0 & 0 \\ 2 & 2 & 0 \\ 3 & 4 & 5 \end{pmatrix}$，$\boldsymbol{A}^*$ 为 $\boldsymbol{A}$ 的伴随矩阵，则 $(\boldsymbol{A}^*)^{-1}=$ ________.

解　$(\boldsymbol{A}^*)^{-1}=\dfrac{1}{|\boldsymbol{A}|}\boldsymbol{A}=\dfrac{1}{10}\begin{pmatrix} 1 & 0 & 0 \\ 2 & 2 & 0 \\ 3 & 4 & 5 \end{pmatrix}=\begin{pmatrix} \frac{1}{10} & 0 & 0 \\ \frac{1}{5} & \frac{1}{5} & 0 \\ \frac{3}{10} & \frac{2}{5} & \frac{1}{2} \end{pmatrix}$.

15. 设 $\boldsymbol{A}$ 是 4×3 矩阵，且 $R(\boldsymbol{A})=2$，而 $\boldsymbol{B}=\begin{pmatrix} 1 & 0 & 2 \\ 0 & 2 & 0 \\ -1 & 0 & 3 \end{pmatrix}$，则 $R(\boldsymbol{AB})=$ ________.

解　因为 $|\boldsymbol{B}|=10\neq 0$，所以矩阵 $\boldsymbol{B}$ 可逆，从而 $R(\boldsymbol{AB})=R(\boldsymbol{A})=2$.

16. 设 $\boldsymbol{A}=\begin{pmatrix} 1 & 2 & -2 \\ 4 & t & 3 \\ 3 & -1 & 1 \end{pmatrix}$，$\boldsymbol{B}$ 为三阶非零矩阵，且 $\boldsymbol{AB}=\boldsymbol{O}$，则 $t=$ ________.

解 因为 $\boldsymbol{B}$ 为三阶非零矩阵，所以 $R(\boldsymbol{B})\geqslant 1$，又因为 $\boldsymbol{AB}=\boldsymbol{O}$，所以 $R(\boldsymbol{A})+R(\boldsymbol{B})\leqslant 3$，所以 $R(\boldsymbol{A})\leqslant 2$，对矩阵 $\boldsymbol{A}$ 施行初等变换化为行阶梯形矩阵：$\boldsymbol{A}=\begin{pmatrix}1&2&-2\\4&t&3\\3&-1&1\end{pmatrix}\rightarrow\begin{pmatrix}1&2&-2\\0&1&-1\\0&t+3&0\end{pmatrix}$，则只有 $t+3=0$，满足 $R(\boldsymbol{A})\leqslant 2$，即 $t=-3$.

17. 设矩阵 $\boldsymbol{A}$，$\boldsymbol{B}$ 满足 $\boldsymbol{A}^*\boldsymbol{BA}=2\boldsymbol{BA}-8\boldsymbol{E}$，其中，$\boldsymbol{A}=\begin{pmatrix}1&0&0\\0&-2&0\\0&0&1\end{pmatrix}$，$\boldsymbol{E}$ 为单位矩阵，$\boldsymbol{A}^*$ 为 $\boldsymbol{A}$ 的伴随矩阵，则 $\boldsymbol{B}=$ __________.

解 由题意可知 $|\boldsymbol{A}|=-2$，矩阵方程两边同时左乘 $\boldsymbol{A}$，右乘 $\boldsymbol{A}^{-1}$，有

$$\boldsymbol{A}^*\boldsymbol{BA}=2\boldsymbol{BA}-8\boldsymbol{E}\Rightarrow\boldsymbol{A}(\boldsymbol{A}^*\boldsymbol{BA})\boldsymbol{A}^{-1}=\boldsymbol{A}(2\boldsymbol{BA})\boldsymbol{A}^{-1}-8\boldsymbol{AEA}^{-1}\Rightarrow\boldsymbol{AA}^*\boldsymbol{B}=2\boldsymbol{AB}-8\boldsymbol{E},$$

又 $\boldsymbol{AA}^*=|\boldsymbol{A}|\,\boldsymbol{E}=-2\boldsymbol{E}$，代入上式得 $\boldsymbol{B}=4(\boldsymbol{A}+\boldsymbol{E})^{-1}=\begin{pmatrix}2&0&0\\0&-4&0\\0&0&2\end{pmatrix}$.

18. 设 $\boldsymbol{A}=\begin{pmatrix}1&0&0&0\\-2&3&0&0\\0&-4&5&0\\0&0&-6&7\end{pmatrix}$，$\boldsymbol{E}$ 为四阶单位矩阵，且 $\boldsymbol{B}=(\boldsymbol{E}+\boldsymbol{A})^{-1}(\boldsymbol{E}-\boldsymbol{A})$，则 $(\boldsymbol{E}+\boldsymbol{B})^{-1}=$ __________.

解 因为 $\boldsymbol{B}=(\boldsymbol{E}+\boldsymbol{A})^{-1}(\boldsymbol{E}-\boldsymbol{A})$，将矩阵 $\boldsymbol{A}$ 代入，然后施行初等行变换先出矩阵 $\boldsymbol{B}$，

$$(\boldsymbol{E}+\boldsymbol{A}\,\vdots\,\boldsymbol{E}-\boldsymbol{A})=\left(\begin{array}{cccc:cccc}2&0&0&0&0&0&0&0\\-2&4&0&0&2&-2&0&0\\0&-4&6&0&0&4&-4&0\\0&0&-6&8&0&0&6&-6\end{array}\right)\rightarrow\begin{pmatrix}1&0&0&0&0&0&0&0\\0&1&0&0&\frac{1}{2}&-\frac{1}{2}&0&0\\0&0&1&0&\frac{1}{3}&\frac{1}{3}&-\frac{2}{3}&0\\0&0&0&1&\frac{1}{4}&\frac{1}{4}&\frac{1}{4}&-\frac{3}{4}\end{pmatrix},$$

所以
$$\boldsymbol{B}=\begin{pmatrix}0&0&0&0\\\frac{1}{2}&-\frac{1}{2}&0&0\\\frac{1}{3}&\frac{1}{3}&-\frac{2}{3}&0\\\frac{1}{4}&\frac{1}{4}&\frac{1}{4}&-\frac{3}{4}\end{pmatrix},$$

从而
$$\boldsymbol{E}+\boldsymbol{B}=\begin{pmatrix}1&0&0&0\\\frac{1}{2}&\frac{1}{2}&0&0\\\frac{1}{3}&\frac{1}{3}&\frac{1}{3}&0\\\frac{1}{4}&\frac{1}{4}&\frac{1}{4}&\frac{1}{4}\end{pmatrix}=\frac{1}{12}\begin{pmatrix}12&0&0&0\\6&6&0&0\\4&4&4&0\\3&3&3&3\end{pmatrix},$$

再施行初等行变换求逆矩阵法，可得

$$(\boldsymbol{E}+\boldsymbol{B})^{-1}=\begin{pmatrix}1&0&0&0\\-1&2&0&0\\0&-2&3&0\\0&0&-3&4\end{pmatrix}.$$

19. 设矩阵 $\boldsymbol{A}$ 满足 $\boldsymbol{A}^2+\boldsymbol{A}-4\boldsymbol{E}=\boldsymbol{O}$，其中 $\boldsymbol{E}$ 为单位矩阵，则 $(\boldsymbol{A}-\boldsymbol{E})^{-1}=$ ________.

解　$\boldsymbol{A}^2+\boldsymbol{A}-4\boldsymbol{E}=\boldsymbol{O}\Rightarrow\boldsymbol{A}^2+\boldsymbol{A}-2\boldsymbol{E}=2\boldsymbol{E}\Rightarrow(\boldsymbol{A}+2\boldsymbol{E})(\boldsymbol{A}-\boldsymbol{E})=2\boldsymbol{E}\Rightarrow\frac{1}{2}(\boldsymbol{A}+2\boldsymbol{E})(\boldsymbol{A}-\boldsymbol{E})=\boldsymbol{E}$，$(\boldsymbol{A}-\boldsymbol{E})^{-1}=\frac{1}{2}\boldsymbol{A}+\boldsymbol{E}$.

20. 设矩阵 $\boldsymbol{A}=\begin{pmatrix}k&1&1&1\\1&k&1&1\\1&1&k&1\\1&1&1&k\end{pmatrix}$，且 $R(\boldsymbol{A})=3$，则 $k=$ ________.

解　由已知 $R(\boldsymbol{A})=3$，施行初等行变换矩阵的秩不变，有

$$\boldsymbol{A}=\begin{pmatrix}k&1&1&1\\1&k&1&1\\1&1&k&1\\1&1&1&k\end{pmatrix}\to\begin{pmatrix}k+3&k+3&k+3&k+3\\1&k&1&1\\1&1&k&1\\1&1&1&k\end{pmatrix},$$

当 $k=-3$ 时，继续施行初等变换得 $\begin{pmatrix}0&0&0&0\\1&-4&0&0\\0&0&-4&0\\0&0&0&-4\end{pmatrix}$，此时矩阵的秩为 3，满足条件，所以 $k=-3$.

21. 设矩阵 $\boldsymbol{A}=\begin{pmatrix}1&-1\\2&3\end{pmatrix}$，$\boldsymbol{B}=\boldsymbol{A}^2-3\boldsymbol{A}+2\boldsymbol{E}$，则 $\boldsymbol{B}^{-1}=$ ________.

解　因为 $\boldsymbol{B}=\boldsymbol{A}^2-3\boldsymbol{A}+2\boldsymbol{E}=(\boldsymbol{A}-2\boldsymbol{E})(\boldsymbol{A}-\boldsymbol{E})=\begin{pmatrix}-1&-1\\2&1\end{pmatrix}\begin{pmatrix}0&-1\\2&2\end{pmatrix}=\begin{pmatrix}-2&-1\\2&0\end{pmatrix}$，

所以
$$\boldsymbol{B}^{-1}=\frac{1}{2}\begin{pmatrix}0&1\\-2&-2\end{pmatrix}=\begin{pmatrix}0&\frac{1}{2}\\-1&-1\end{pmatrix}.$$

22. 设 $\boldsymbol{A}$，$\boldsymbol{B}$ 均为三阶方阵，$\boldsymbol{E}$ 为三阶单位矩阵，已知 $\boldsymbol{AB}=2\boldsymbol{A}+\boldsymbol{B}$，$\boldsymbol{B}=\begin{pmatrix}2&0&2\\0&4&0\\2&0&2\end{pmatrix}$，则 $(\boldsymbol{A}-\boldsymbol{E})^{-1}=$ ________.

解　先求出矩阵 $\boldsymbol{A}$，

$$\boldsymbol{AB}=2\boldsymbol{A}+\boldsymbol{B}\Rightarrow\boldsymbol{AB}-2\boldsymbol{A}=\boldsymbol{B}\Rightarrow\boldsymbol{A}(\boldsymbol{B}-2\boldsymbol{E})=\boldsymbol{B}\Rightarrow\boldsymbol{A}=\boldsymbol{B}(\boldsymbol{B}-2\boldsymbol{E})^{-1},$$

再求出 $(\boldsymbol{B}-2\boldsymbol{E})^{-1}=\begin{pmatrix}0&0&2\\0&2&0\\2&0&0\end{pmatrix}^{-1}=\frac{1}{2}\begin{pmatrix}0&0&1\\0&1&0\\1&0&0\end{pmatrix}$，

代入上式得 $A=\begin{pmatrix}1&0&1\\0&2&0\\1&0&1\end{pmatrix}$，从而 $(A-E)^{-1}=\begin{pmatrix}0&0&1\\0&1&0\\1&0&0\end{pmatrix}^{-1}=\begin{pmatrix}0&0&1\\0&1&0\\1&0&0\end{pmatrix}$.

23. 设 $\boldsymbol{A}$ 为 n 阶方阵，且 $\boldsymbol{A}$ 的行列式 $|\boldsymbol{A}|=a\neq 0$，而 $\boldsymbol{A}^*$ 是 $\boldsymbol{A}$ 的伴随矩阵，则 $|\boldsymbol{A}^*|$ 等于(　　).

A. a　　B. $\dfrac{1}{a}$　　C. a^{n-1}　　D. a^n

解　因为 $|\boldsymbol{A}|\neq 0$，所以 $|\boldsymbol{A}^*|=|\boldsymbol{A}|^{n-1}=a^{n-1}$. 故选 C.

24. 设 $\boldsymbol{A},\boldsymbol{B},\boldsymbol{A}+\boldsymbol{B},\boldsymbol{A}^{-1}+\boldsymbol{B}^{-1}$ 均为 n 阶可逆矩阵，则 $(\boldsymbol{A}^{-1}+\boldsymbol{B}^{-1})^{-1}$ 等于(　　).

A. $\boldsymbol{A}^{-1}+\boldsymbol{B}^{-1}$　　B. $\boldsymbol{A}+\boldsymbol{B}$　　C. $\boldsymbol{A}(\boldsymbol{A}+\boldsymbol{B})^{-1}\boldsymbol{B}$　　D. $(\boldsymbol{A}+\boldsymbol{B})^{-1}$

解　排除法. 利用逆矩阵定义应满足 $(\boldsymbol{A}^{-1}+\boldsymbol{B}^{-1})^{-1}(\boldsymbol{A}^{-1}+\boldsymbol{B}^{-1})=\boldsymbol{E}$，其中 A、B、D 选项显然不成立，C 选项验证如下：

$$\begin{aligned}(\boldsymbol{A}^{-1}+\boldsymbol{B}^{-1})[\boldsymbol{A}(\boldsymbol{A}+\boldsymbol{B})^{-1}\boldsymbol{B}]&=(\boldsymbol{A}+\boldsymbol{B})^{-1}\boldsymbol{B}+\boldsymbol{B}^{-1}\boldsymbol{A}(\boldsymbol{A}+\boldsymbol{B})^{-1}\boldsymbol{B}\\&=(\boldsymbol{E}+\boldsymbol{B}^{-1}\boldsymbol{A})(\boldsymbol{A}+\boldsymbol{B})^{-1}\boldsymbol{B}=(\boldsymbol{E}+\boldsymbol{B}^{-1}\boldsymbol{A})(\boldsymbol{B}^{-1}(\boldsymbol{A}+\boldsymbol{B}))^{-1}\\&=(\boldsymbol{E}+\boldsymbol{B}^{-1}\boldsymbol{A})(\boldsymbol{B}^{-1}\boldsymbol{A}+\boldsymbol{E})^{-1}=\boldsymbol{E}.\end{aligned}$$

故选 C.

25. 已知 $\boldsymbol{Q}=\begin{pmatrix}1&2&3\\2&4&t\\3&6&9\end{pmatrix}$，$\boldsymbol{P}$ 为三阶非零矩阵，且满足 $\boldsymbol{PQ}=\boldsymbol{O}$，则(　　).

A. 当 $t=6$ 时，$\boldsymbol{P}$ 的秩必为 1　　B. 当 $t=6$ 时，$\boldsymbol{P}$ 的秩必为 2

C. 当 $t\neq 6$ 时，$\boldsymbol{P}$ 的秩必为 1　　D. 当 $t\neq 6$ 时，$\boldsymbol{P}$ 的秩必为 2

解　因为 $\boldsymbol{P}$ 为三阶非零矩阵，所以 $R(\boldsymbol{P})\geqslant 1$，对 $\boldsymbol{Q}$ 施行初等行变换求秩，$\boldsymbol{Q}=\begin{pmatrix}1&2&3\\2&4&t\\3&6&9\end{pmatrix}\to\begin{pmatrix}1&2&3\\0&0&t-6\\0&0&0\end{pmatrix}$，所以当 $t\neq 6$ 时，$R(\boldsymbol{Q})=2$，又因为 $\boldsymbol{PQ}=\boldsymbol{O}$，所以 $R(\boldsymbol{P})+R(\boldsymbol{Q})\leqslant 3$，从而可知此时必有 $R(\boldsymbol{P})=1$. 故选 C.

26. 设 $\boldsymbol{A}$ 是 $n\times n$ 矩阵，$\boldsymbol{C}$ 是 n 阶可逆矩阵，矩阵 $\boldsymbol{A}$ 的秩为 r，矩阵 $\boldsymbol{B}=\boldsymbol{AC}$ 的秩为 r_1，则(　　).

A. $r>r_1$　　B. $r<r_1$

C. $r=r_1$　　D. r 与 r_1 的关系依 $\boldsymbol{C}$ 而定

解　因为 $\boldsymbol{C}$ 是 n 阶可逆矩阵，所以矩阵 $\boldsymbol{B}=\boldsymbol{AC}$ 的秩等于矩阵 $\boldsymbol{A}$ 的秩，即 $r=r_1$. 故选 C.

27. 设矩阵 $\begin{pmatrix}a_1&b_1&c_1\\a_2&b_2&c_2\\a_3&b_3&c_3\end{pmatrix}$ 是满秩的，则直线 $\dfrac{x-a_3}{a_1-a_2}=\dfrac{y-b_3}{b_1-b_2}=\dfrac{z-c_3}{c_1-c_2}$ 与直线 $\dfrac{x-a_1}{a_2-a_3}=\dfrac{y-b_1}{b_2-b_3}=\dfrac{z-c_1}{c_2-c_3}$ 的位置关系是(　　).

A. 相交于一点　　B. 重合　　C. 平行但不重合　　D. 异面

解　易知，两直线的方向向量分别为 $\boldsymbol{S}_1=(a_1-a_2,b_1-b_2,c_1-c_2)$，$\boldsymbol{S}_2=(a_2-a_3,b_2-b_3,c_2-c_3)$，因为矩阵 $\begin{pmatrix}a_1&b_1&c_1\\a_2&b_2&c_2\\a_3&b_3&c_3\end{pmatrix}$ 是满秩的，所以行列式不等于 0，有 $\begin{vmatrix}a_1&b_1&c_1\\a_2&b_2&c_2\\a_3&b_3&c_3\end{vmatrix}=\begin{vmatrix}a_1-a_2&b_1-b_2&c_1-c_2\\a_2-a_3&b_2-b_3&c_2-c_3\\a_3&b_3&c_3\end{vmatrix}\neq$

0，所以 $\boldsymbol{S}_1$，$\boldsymbol{S}_2$ 不平行，则两条直线不平行，又因为两条直线都经过点 $(a_1-a_2+a_3, b_1-b_2+b_3, c_1-c_2+c_3)$，所以两条直线相交于一点. 故选 A.

28. 设 $\boldsymbol{A}$ 为 $m\times n$ 矩阵，$\boldsymbol{B}$ 为 $n\times m$ 矩阵，$\boldsymbol{E}$ 为 m 阶单位矩阵，若 $\boldsymbol{AB}=\boldsymbol{E}$，则(　　).

A. $r(\boldsymbol{A})=m$，$r(\boldsymbol{B})=m$　　B. $r(\boldsymbol{A})=m$，$r(\boldsymbol{B})=n$

C. $r(\boldsymbol{A})=n$，$r(\boldsymbol{B})=m$　　D. $r(\boldsymbol{A})=n$，$r(\boldsymbol{B})=n$

解　由于 $\boldsymbol{A}$ 为 $m\times n$ 矩阵，$\boldsymbol{B}$ 为 $n\times m$ 矩阵，故 $r(\boldsymbol{A})\leqslant m$，$r(\boldsymbol{B})\leqslant m$，又因为 $\boldsymbol{AB}=\boldsymbol{E}$，于是 $m=r(\boldsymbol{AB})\leqslant r(\boldsymbol{A})\leqslant m$，$m=r(\boldsymbol{AB})\leqslant r(\boldsymbol{B})\leqslant m$，所以 $r(\boldsymbol{A})=m$，$r(\boldsymbol{B})=m$. 故选 A.

29. 设 $\boldsymbol{A}$ 为四阶对称矩阵，且 $\boldsymbol{A}^2+\boldsymbol{A}=\boldsymbol{O}$，且 $r(\boldsymbol{A})=3$，则 $\boldsymbol{A}$ 相似于(　　).

A. $\begin{pmatrix}1&&&\\&1&&\\&&1&\\&&&0\end{pmatrix}$　　B. $\begin{pmatrix}1&&&\\&1&&\\&&-1&\\&&&0\end{pmatrix}$

C. $\begin{pmatrix}1&&&\\&-1&&\\&&-1&\\&&&0\end{pmatrix}$　　D. $\begin{pmatrix}-1&&&\\&-1&&\\&&-1&\\&&&0\end{pmatrix}$

解　因为 $\boldsymbol{A}^2+\boldsymbol{A}=\boldsymbol{O}$，所以 $\boldsymbol{A}$ 的特征值满足 $\lambda^2+\lambda=0$，则 $\boldsymbol{A}$ 的特征值只能为 -1 和 0，又因为 $r(\boldsymbol{A})=3$，所以四阶矩阵 $\boldsymbol{A}$ 的全部特征值为 $0, -1, -1, -1$，与 $\boldsymbol{A}$ 相似的矩阵应该有相同的特征值，故选 D.

30. 设 $\boldsymbol{A}$ 为三阶矩阵，将 $\boldsymbol{A}$ 的第 2 列加到第 1 列，得到矩阵 $\boldsymbol{B}$，再交换 $\boldsymbol{B}$ 的第 2 行与第 3 行得单位矩阵，记 $\boldsymbol{P}_1=\begin{pmatrix}1&0&0\\1&1&0\\0&0&1\end{pmatrix}$，$\boldsymbol{P}_2=\begin{pmatrix}1&0&0\\0&0&1\\0&1&0\end{pmatrix}$，则 $\boldsymbol{A}=$(　　).

A. $\boldsymbol{P}_1\boldsymbol{P}_2$　　B. $\boldsymbol{P}_1^{-1}\boldsymbol{P}_2$　　C. $\boldsymbol{P}_2\boldsymbol{P}_1$　　D. $\boldsymbol{P}_2\boldsymbol{P}_1^{-1}$

解　由矩阵的初等变换与初等矩阵的关系可知 $\boldsymbol{P}_2\boldsymbol{AP}_1=\boldsymbol{E}$，且 $\boldsymbol{P}_2^{-1}=\boldsymbol{P}_2$，所以 $\boldsymbol{A}=\boldsymbol{P}_2^{-1}\boldsymbol{P}_1^{-1}=\boldsymbol{P}_2\boldsymbol{P}_1^{-1}$. 故选 D.

第3章 线性方程组

3.1 消 元 法

3.1.1 内容提要

1. 线性方程组的基本概念

(1) 系数矩阵和增广矩阵

设有线性方程组

$$\begin{cases} a_{11}x_1+a_{12}x_2+\cdots+a_{1n}x_n=b_1, \\ a_{21}x_1+a_{22}x_2+\cdots+a_{2n}x_n=b_2, \\ \qquad\qquad\qquad\qquad\vdots \\ a_{m1}x_1+a_{m2}x_2+\cdots+a_{mn}x_n=b_m. \end{cases}$$

其矩阵形式为

$$\boldsymbol{Ax}=\boldsymbol{b},$$

其中，$\boldsymbol{A}=\begin{pmatrix} a_{11} & a_{12} & \cdots & a_{1n} \\ a_{21} & a_{22} & \cdots & a_{2n} \\ \vdots & \vdots & & \vdots \\ a_{m1} & a_{m2} & \cdots & a_{mn} \end{pmatrix}$，$\boldsymbol{x}=\begin{pmatrix} x_1 \\ x_2 \\ \vdots \\ x_n \end{pmatrix}$，$\boldsymbol{b}=\begin{pmatrix} b_1 \\ b_2 \\ \vdots \\ b_m \end{pmatrix}$.

称矩阵 $\boldsymbol{A}$ 为该线性方程组的**系数矩阵**，这里我们定义 $\widetilde{\boldsymbol{A}}=(\boldsymbol{A}, \boldsymbol{b})$ 为该线性方程组的**增广矩阵**.

(2) 齐次与非齐次线性方程组

当 $b_i=0(i=1, 2, \cdots, m)$ 时，该线性方程组称为**齐次**的；否则，称为**非齐次**的. 显然，齐次线性方程组的矩阵形式为

$$\boldsymbol{Ax}=\boldsymbol{0}.$$

称 $\boldsymbol{Ax}=\boldsymbol{0}$ 为非齐次线性方程组 $\boldsymbol{Ax}=\boldsymbol{b}$ **对应的齐次线性方程组**或**导出方程组**.

2. 高斯消元法

用消元法求解线性方程组的具体做法就是对方程组重复实施以下三种变换：

(1) 交换两个方程的位置;

(2) 用一个非零数乘某一个方程;

(3) 将一个方程的倍数加到另一个方程上去.

以上这三种变换称为线性方程组的初等变换. 消元法就是利用线性方程组的初等变换将原方程组化为阶梯形方程组,显然这个阶梯形方程组与原线性方程组同解,解这个阶梯形方程组即得原方程组的解.

利用方程组的初等变换将原方程组化为行阶梯形的方程组,再利用回代法解出未知量的过程,称为**高斯消元法**.

3. 线性方程组解的判定定理

定理1 设 $\boldsymbol{A}=(a_{ij})_{m\times n}$,齐次线性方程组 $\boldsymbol{Ax}=\boldsymbol{0}$ 有非零解的充分必要条件是系数矩阵 $\boldsymbol{A}$ 的秩 $r(\boldsymbol{A})<n$.

推论1 如果齐次方程组中方程的个数小于未知量的个数,则该方程组必有非零解.

推论2 n 个方程 n 个未知量的齐次线性方程组有非零解的充分必要条件是方程组的系数行列式等于零.

定理2 设 $\boldsymbol{A}=(a_{ij})_{m\times n}$,非齐次线性方程组 $\boldsymbol{Ax}=\boldsymbol{b}$ 有解的充分必要条件是系数矩阵 $\boldsymbol{A}$ 的秩等于增广矩阵 $\widetilde{\boldsymbol{A}}=(\boldsymbol{A},\boldsymbol{b})$ 的秩,即 $r(\boldsymbol{A})=r(\widetilde{\boldsymbol{A}})$.

推论3 n 个方程 n 个未知量的非齐次线性方程组有唯一解的充分必要条件是方程组的系数行列式不等于零.

若记 $\widetilde{\boldsymbol{A}}=(\boldsymbol{A},\boldsymbol{b})$,总结以上定理,可得以下结果:

(1) $r(\boldsymbol{A})=r(\widetilde{\boldsymbol{A}})=n$,当且仅当 $\boldsymbol{Ax}=\boldsymbol{b}$,有唯一解;

(2) $r(\boldsymbol{A})=r(\widetilde{\boldsymbol{A}})<n$,当且仅当 $\boldsymbol{Ax}=\boldsymbol{b}$,有无穷多解;

(3) $r(\boldsymbol{A})\neq r(\widetilde{\boldsymbol{A}})$,当且仅当 $\boldsymbol{Ax}=\boldsymbol{b}$,无解;

(4) $r(\boldsymbol{A})=n$,当且仅当 $\boldsymbol{Ax}=\boldsymbol{0}$,只有零解;

(5) $r(\boldsymbol{A})<n$,当且仅当 $\boldsymbol{Ax}=\boldsymbol{0}$,有非零解.

3.1.2 基本要求

理解消元法的基本原理和步骤,了解如何应用它来解决线性方程组的问题;学会利用消元法解线性方程组,掌握在解决过程中如何计算行列式;深入理解线性方程组解的可能情况,能够使用消元法正确地找到线性方程组的解.

3.1.3 典型范例

题型1 用高斯消元法求解线性方程组.

例1 解线性方程组

$$\begin{cases}2x_1+3x_2+5x_3+x_4=3,\\3x_1+4x_2+2x_3+3x_4=-2,\\x_1+2x_2+8x_3-x_4=8,\\7x_1+9x_2+x_3+8x_4=0.\end{cases}$$

解 对增广矩阵 $\widetilde{A}$ 施行初等行变换：

$$\widetilde{\boldsymbol{A}}=\begin{pmatrix}2&3&5&1&3\\3&4&2&3&-2\\1&2&8&-1&8\\7&9&1&8&0\end{pmatrix}\to\begin{pmatrix}1&2&8&-1&8\\3&4&2&3&-2\\2&3&5&1&3\\7&9&1&8&0\end{pmatrix}\to\begin{pmatrix}1&2&8&-1&8\\0&-2&-22&6&-26\\0&-1&-11&3&-13\\0&-5&-55&15&-56\end{pmatrix}$$

$$\to\begin{pmatrix}1&2&8&-1&8\\0&1&11&-3&13\\0&0&0&0&9\\0&0&0&0&0\end{pmatrix}.$$

容易看出，$r(\boldsymbol{A})=2$，$r(\widetilde{\boldsymbol{A}})=3$，由 $r(\boldsymbol{A})\neq r(\widetilde{\boldsymbol{A}})$ 知方程组无解.

例 2 解线性方程组

$$\begin{cases}x_1+3x_2\qquad\quad+\ x_4=2,\\x_1-3x_2\qquad\quad+\ x_4=-1,\\2x_1+\ x_2+\ 7x_3+2x_4=5,\\4x_1+2x_2+14x_3\qquad\quad=6.\end{cases}$$

解 对增广矩阵 $\widetilde{A}$ 施行初等行变换：

$$\widetilde{\boldsymbol{A}}=\begin{pmatrix}1&3&0&1&2\\1&-3&0&1&-1\\2&1&7&2&5\\4&2&14&0&6\end{pmatrix}\to\begin{pmatrix}1&3&0&1&2\\0&-6&0&0&-3\\0&-5&7&0&1\\0&-10&14&-4&-2\end{pmatrix}\to\begin{pmatrix}1&3&0&1&2\\0&1&0&0&\frac{1}{2}\\0&0&7&0&\frac{7}{2}\\0&0&14&-4&3\end{pmatrix}$$

$$\to\begin{pmatrix}1&3&0&1&2\\0&1&0&0&\frac{1}{2}\\0&0&7&0&\frac{7}{2}\\0&0&0&-4&-4\end{pmatrix}\to\begin{pmatrix}1&3&0&1&2\\0&1&0&0&\frac{1}{2}\\0&0&1&0&\frac{1}{2}\\0&0&0&1&1\end{pmatrix}\to\begin{pmatrix}1&3&0&0&1\\0&1&0&0&\frac{1}{2}\\0&0&1&0&\frac{1}{2}\\0&0&0&1&1\end{pmatrix}$$

$$\to\begin{pmatrix}1&0&0&0&-\frac{1}{2}\\0&1&0&0&\frac{1}{2}\\0&0&1&0&\frac{1}{2}\\0&0&0&1&1\end{pmatrix}.$$

容易看出，由 $r(\boldsymbol{A})=r(\widetilde{\boldsymbol{A}})=4=n$，故方程组有解，且有唯一解.

即得与原方程组同解的方程组

$$\begin{cases} x_1=-\dfrac{1}{2}, \\ x_2=\dfrac{1}{2}, \\ x_3=\dfrac{1}{2}, \\ x_4=1. \end{cases}$$

故方程组的解为 $x_1=-\dfrac{1}{2}$, $x_2=\dfrac{1}{2}$, $x_3=\dfrac{1}{2}$, $x_4=1$.

例 3 解线性方程组

$$\begin{cases} x_1+x_2+x_3+x_4=-1, \\ 4x_1+3x_2+5x_3-x_4=-1, \\ 2x_1+x_2+3x_3-3x_4=1. \end{cases}$$

解 对增广矩阵 $\widetilde{\mathbf{A}}$ 施行初等行变换:

$$\widetilde{\mathbf{A}}=\begin{pmatrix} 1 & 1 & 1 & 1 & -1 \\ 4 & 3 & 5 & -1 & -1 \\ 2 & 1 & 3 & -3 & 1 \end{pmatrix} \to \begin{pmatrix} 1 & 1 & 1 & 1 & -1 \\ 0 & -1 & 1 & -5 & 3 \\ 0 & -1 & 1 & -5 & 3 \end{pmatrix} \to \begin{pmatrix} 1 & 0 & 2 & -4 & 2 \\ 0 & 1 & -1 & 5 & -3 \\ 0 & 0 & 0 & 0 & 0 \end{pmatrix}.$$

容易看出,由 $r(\mathbf{A})=r(\widetilde{\mathbf{A}})=2<4$,故方程组有解,且有无穷多解.

即得与原方程组同解的方程组

$$\begin{cases} x_1+2x_3-4x_4=2, \\ x_2-x_3+5x_4=-3. \end{cases}$$

该方程组含有 $n-r(\mathbf{A})=4-2=2$ 个自由未知量. 取 x_3 和 x_4 为自由未知量,令 $x_3=k_1$, $x_4=k_2(k_1, k_2\in\mathbf{R})$,则方程组的通解为

$$\begin{cases} x_1=2-2k_1+4k_2, \\ x_2=-3+k_1-5k_2, \\ x_3=k_1, \\ x_4=k_2. \end{cases}$$

例 4 求解齐次线性方程组

$$\begin{cases} x_1+2x_2+2x_3+x_4=0, \\ 2x_1+x_2-2x_3-2x_4=0, \\ x_1-x_2-4x_3-3x_4=0. \end{cases}$$

解 对系数矩阵 $\mathbf{A}$ 施行初等行变换:

$$A=\begin{pmatrix}1&2&2&1\\2&1&-2&-2\\1&-1&-4&-3\end{pmatrix}\to\begin{pmatrix}1&2&2&1\\0&-3&-6&-4\\0&-3&-6&-4\end{pmatrix}\to\begin{pmatrix}1&2&2&1\\0&1&2&\frac{4}{3}\\0&0&0&0\end{pmatrix}\to\begin{pmatrix}1&0&-2&-\frac{5}{3}\\0&1&2&\frac{4}{3}\\0&0&0&0\end{pmatrix}.$$

容易看出，由 $r(A)=2<4$，故方程组有解，且有无穷多解.

即得与原方程组同解的方程组

$$\begin{cases}x_1\quad-2x_3-\frac{5}{3}x_4=0,\\ \quad x_2+2x_3+\frac{4}{3}x_4=0.\end{cases}$$

该方程组含有 $n-r(A)=4-2=2$ 个自由未知量. 取 x_3 和 x_4 为自由未知量，令 $x_3=k_1$，$x_4=k_2(k_1, k_2\in\mathbf{R})$，则方程组的通解为

$$\begin{cases}x_1=2k_1+\frac{5}{3}k_2,\\ x_2=-2k_1-\frac{4}{3}k_2,\\ x_3=k_1,\\ x_4=k_2.\end{cases}$$

题型 2　求方程组中的未知数.

例 5　讨论当 λ 为何值时，齐次线性方程组

$$\begin{cases}(2-\lambda)x_1+2x_2-2x_3=1,\\ 2x_1+(5-\lambda)x_2-4x_3=2,\\ -2x_1-4x_2+(5-\lambda)x_3=-\lambda-1\end{cases}$$

无解、有唯一解、有无穷多解？并在有无穷多解时求其解.

解法 1　对增广矩阵 $\widetilde{A}$ 施行初等行变换：

$$\widetilde{A}=\begin{pmatrix}2-\lambda&2&-2&1\\2&5-\lambda&-4&2\\-2&-4&5-\lambda&-\lambda-1\end{pmatrix}\to\begin{pmatrix}1&2&-\frac{1}{2}(5-\lambda)&\frac{1}{2}(\lambda+1)\\0&1-\lambda&1-\lambda&1-\lambda\\0&2(\lambda-1)&\frac{1}{2}(\lambda-1)(\lambda-6)&\frac{1}{2}\lambda(\lambda-1)\end{pmatrix}$$

$$\to\begin{pmatrix}1&2&-\frac{1}{2}(5-\lambda)&\frac{1}{2}(\lambda+1)\\0&1-\lambda&1-\lambda&1-\lambda\\0&0&\frac{1}{2}(\lambda-1)(\lambda-10)&\frac{1}{2}(\lambda-1)(\lambda-4)\end{pmatrix}.$$

(1) 当 $\lambda \neq 1$ 且 $\lambda \neq 10$ 时，$r(\boldsymbol{A})=r(\widetilde{\boldsymbol{A}})=3=n$，方程组有唯一解；

(2) 当 $\lambda=10$ 时，$r(\boldsymbol{A})=2$，$r(\widetilde{\boldsymbol{A}})=3$，$r(\boldsymbol{A})\neq r(\widetilde{\boldsymbol{A}})$，方程组无解；

(3) 当 $\lambda=1$ 时，$r(\boldsymbol{A})=r(\widetilde{\boldsymbol{A}})=1<3$，方程组有无穷多解.

此时，有

$$\widetilde{\boldsymbol{A}}=\begin{pmatrix}1 & 2 & -2 & 1\\ 2 & 4 & -4 & 2\\ -2 & -4 & 4 & -2\end{pmatrix}\rightarrow\begin{pmatrix}1 & 2 & -2 & 1\\ 0 & 0 & 0 & 0\\ 0 & 0 & 0 & 0\end{pmatrix},$$

对应的方程组为 $x_1+2x_2-2x_3=1$. 取 x_2 和 x_3 为自由未知量，令 $x_2=k_1$，$x_3=k_2(k_1, k_2\in\mathbf{R})$，则方程组的通解为

$$\begin{cases}x_1=1-2k_1+2k_2,\\ x_2=k_1,\\ x_3=k_2.\end{cases}$$

解法 2 该方程组的系数矩阵为方阵，可以求得其系数行列式为

$$|\boldsymbol{A}|=\begin{vmatrix}2-\lambda & 2 & -2\\ 2 & 5-\lambda & -4\\ -2 & -4 & 5-\lambda\end{vmatrix}=\begin{vmatrix}2-\lambda & 2 & -2\\ 2 & 5-\lambda & -4\\ 0 & 1-\lambda & 1-\lambda\end{vmatrix}=\begin{vmatrix}2-\lambda & 4 & -2\\ 2 & 9-\lambda & -4\\ 0 & 0 & 1-\lambda\end{vmatrix}$$

$$=(1-\lambda)(-1)^{3+3}\begin{vmatrix}2-\lambda & 4\\ 2 & 9-\lambda\end{vmatrix}=-(\lambda-1)^2(\lambda-10).$$

(1) 当 $\lambda\neq 1$ 且 $\lambda\neq 10$ 时，$|\boldsymbol{A}|\neq 0$，方程组有唯一解.

(2) 当 $\lambda=10$ 时，对增广矩阵施行初等行变换，化为行阶梯形矩阵：

$$\widetilde{\boldsymbol{A}}=\begin{pmatrix}-8 & 2 & -2 & 1\\ 2 & -5 & -4 & 2\\ -2 & -4 & -5 & -11\end{pmatrix}\rightarrow\begin{pmatrix}2 & -5 & -4 & 2\\ 0 & -9 & -9 & -9\\ 0 & -18 & -18 & 9\end{pmatrix}\rightarrow\begin{pmatrix}2 & -5 & -4 & 2\\ 0 & 1 & 1 & 1\\ 0 & 0 & 0 & -3\end{pmatrix}.$$

容易看出，由 $r(\boldsymbol{A})=2$，$r(\widetilde{\boldsymbol{A}})=3$，$r(\boldsymbol{A})\neq r(\widetilde{\boldsymbol{A}})$，故方程组无解.

(3) 当 $\lambda=1$ 时，对增广矩阵施行初等行变换，化为行阶梯形矩阵：

$$\widetilde{\boldsymbol{A}}=\begin{pmatrix}1 & 2 & -2 & 1\\ 2 & 4 & -4 & 2\\ -2 & -4 & 4 & -2\end{pmatrix}\rightarrow\begin{pmatrix}1 & 2 & -2 & 1\\ 0 & 0 & 0 & 0\\ 0 & 0 & 0 & 0\end{pmatrix},$$

容易看出，由 $r(\boldsymbol{A})=r(\widetilde{\boldsymbol{A}})=1<3$，故方程组有无穷多解.

其解的求解过程与解法 1 相同.

3.1.4 疑难解析

例 1 有 3 个平面两两相交，交线相互平行，它们的方程

$$\boldsymbol{\alpha}_{i1}x+\boldsymbol{\alpha}_{i2}y+\boldsymbol{\alpha}_{i3}z=d_i \quad (i=1, 2, 3)$$

组成的线性方程组的系数矩阵和增广矩阵分别记为 $\boldsymbol{A}$, $\widetilde{\boldsymbol{A}}$，则(　　).

A. $r(\boldsymbol{A})=2$, $r(\widetilde{\boldsymbol{A}})=3$　　B. $r(\boldsymbol{A})=2$, $r(\widetilde{\boldsymbol{A}})=2$

C. $r(\boldsymbol{A})=1$, $r(\widetilde{\boldsymbol{A}})=2$　　D. $r(\boldsymbol{A})=1$, $r(\widetilde{\boldsymbol{A}})=1$

解　3 个平面无公共交线，则 $\boldsymbol{Ax}=\boldsymbol{b}$ 无解 $\Rightarrow r(\boldsymbol{A})<r(\widetilde{\boldsymbol{A}})$，排除 B、D 选项. 又因为 3 个平面两两相交，且交线相互平行，则齐次方程组 $\boldsymbol{Ax}=\boldsymbol{0}$ 只有一个线性无关解，所以 $r(\boldsymbol{A})=2$. 故选 A.

例 2　设 $\boldsymbol{A}=(\boldsymbol{\alpha}_1, \boldsymbol{\alpha}_2, \boldsymbol{\alpha}_3)$ 为三阶矩阵. 若 $\boldsymbol{\alpha}_1$, $\boldsymbol{\alpha}_2$ 线性无关，且 $\boldsymbol{\alpha}_3=-\boldsymbol{\alpha}_1+2\boldsymbol{\alpha}_2$，则线性方程组 $\boldsymbol{Ax}=\boldsymbol{0}$ 的通解为________.

解　先计算 $\boldsymbol{A}$ 的秩，由于 $\boldsymbol{\alpha}_1$, $\boldsymbol{\alpha}_2$ 线性无关，可知 $r(\boldsymbol{A})\geqslant 2$.

又由于 $\boldsymbol{\alpha}_3=-\boldsymbol{\alpha}_1+2\boldsymbol{\alpha}_2$，可知 $r(\boldsymbol{A})\leqslant 2$. 从而有 $r(\boldsymbol{A})=2$, $\boldsymbol{Ax}=\boldsymbol{0}$ 的基础解系中含有一个向量.

由 $\boldsymbol{\alpha}_3=-\boldsymbol{\alpha}_1+2\boldsymbol{\alpha}_2$，可知 $\boldsymbol{A}\begin{pmatrix}1\\-2\\1\end{pmatrix}=\boldsymbol{\alpha}_1-2\boldsymbol{\alpha}_2+\boldsymbol{\alpha}_3=0$，从而 $\begin{pmatrix}1\\-2\\1\end{pmatrix}$ 即为 $\boldsymbol{Ax}=\boldsymbol{0}$ 的基础解系.

$\boldsymbol{Ax}=\boldsymbol{0}$ 的通解为 $k(1, -2, 1)^{\mathrm{T}}$，故应填 $\boldsymbol{x}=k(1, -2, 1)^{\mathrm{T}}$, k 为任意常数.

例 3　设矩阵 $\boldsymbol{A}=\begin{pmatrix}1&1&1\\1&a&a^2\\1&b&b^2\end{pmatrix}$, $\boldsymbol{b}=\begin{pmatrix}1\\2\\4\end{pmatrix}$，则线性方程组 $\boldsymbol{Ax}=\boldsymbol{b}$ 解的情况为(　　).

A. 有解　　B. 无解

C. 有无穷多解或无解　　D. 有唯一解或无解

解　对增广矩阵施行初等行变换：

$$\begin{pmatrix}1&1&1&1\\1&a&a^2&2\\1&b&b^2&4\end{pmatrix}\to\begin{pmatrix}1&1&1&1\\0&a-1&a^2-1&1\\0&b-1&b^2-1&3\end{pmatrix}.$$

若 $a=b$ 且 $a=1$，则 $r(\boldsymbol{A}, \boldsymbol{b})=2>r(\boldsymbol{A})=1$，线性方程组无解；

若 $a=b$ 且 $a\neq 1$，则 $r(\boldsymbol{A}, \boldsymbol{b})=3>r(\boldsymbol{A})=2$，线性方程组无解；

若 $a\neq b$ 且 $a\neq 1$，则 $r(\boldsymbol{A}, \boldsymbol{b})=r(\boldsymbol{A})=3$，线性方程组有唯一解；

若 $a\neq b$ 且 $b\neq 1$，则 $r(\boldsymbol{A}, \boldsymbol{b})=r(\boldsymbol{A})=3$，线性方程组有唯一解；

若 $a\neq b$ 且 $a=1$，则 $r(\boldsymbol{A}, \boldsymbol{b})=3>r(\boldsymbol{A})=2$，线性方程组无解；

若 $a\neq b$ 且 $b=1$，则 $r(\boldsymbol{A}, \boldsymbol{b})=3>r(\boldsymbol{A})=2$，线性方程组无解.

因此，线性方程组有唯一解或无解. 故选 D.

例 4　设矩阵 $\boldsymbol{A}=\begin{pmatrix}1&1&1\\1&2&a\\1&4&a^2\end{pmatrix}$, $\boldsymbol{b}=\begin{pmatrix}1\\d\\d^2\end{pmatrix}$. 若集合 $\Omega=\{1, 2\}$，则线性方程组 $\boldsymbol{Ax}=\boldsymbol{b}$ 有

无穷多解的充分必要条件为(　　).

A. $a \notin \Omega$, $d \notin \Omega$　　　　B. $a \notin \Omega$, $d \in \Omega$

C. $a \in \Omega$, $d \notin \Omega$　　　　D. $a \in \Omega$, $d \in \Omega$

解　线性方程组 $\boldsymbol{Ax}=\boldsymbol{b}$ 有无穷多解的充分必要条件为 $r(\boldsymbol{A})=r(\boldsymbol{A},\boldsymbol{b})<3$.

$$(\boldsymbol{A},\boldsymbol{b}) \to \begin{pmatrix} 1 & 1 & 1 & 1 \\ 1 & 2 & a & d \\ 1 & 4 & a^2 & d^2 \end{pmatrix} \to \begin{pmatrix} 1 & 1 & 1 & 1 \\ 0 & 1 & a-1 & d-1 \\ 0 & 0 & (a-1)(a-2) & (d-1)(d-2) \end{pmatrix},$$

由 $r(\boldsymbol{A})=r(\boldsymbol{A},\boldsymbol{b})<3$, 故 $a=1$ 或 $a=2$, $d=1$ 或 $d=2$. 即 $a \in \Omega$, $d \in \Omega$. 故选 D.

例 5　已知矩阵 $\boldsymbol{A}=\begin{pmatrix} 1 & 0 & -1 \\ 1 & 1 & -1 \\ 0 & 1 & a^2-1 \end{pmatrix}$, $\boldsymbol{b}=\begin{pmatrix} 0 \\ 1 \\ a \end{pmatrix}$, 若线性方程组 $\boldsymbol{Ax}=\boldsymbol{b}$ 有无穷多解,则 $a=$__________.

解　由题意得

$$(\boldsymbol{A},\boldsymbol{b}) \to \begin{pmatrix} 1 & 0 & -1 & 0 \\ 1 & 1 & -1 & 1 \\ 0 & 1 & a^2-1 & a \end{pmatrix} \to \begin{pmatrix} 1 & 0 & -1 & 0 \\ 0 & 1 & 0 & 1 \\ 0 & 1 & a^2-1 & a \end{pmatrix} \to \begin{pmatrix} 1 & 0 & -1 & 0 \\ 0 & 1 & 0 & 1 \\ 0 & 0 & a^2-1 & a-1 \end{pmatrix}.$$

要使 $\boldsymbol{Ax}=\boldsymbol{b}$ 有无穷多解,应使 $r(\boldsymbol{A})=r(\boldsymbol{A},\boldsymbol{b})<3$.

当 $a^2-1=a-1=0$, 即 $a=1$ 时, $r(\boldsymbol{A})=r(\boldsymbol{A},\boldsymbol{b})=2<3$.

故 $a=1$.

3.1.5　习题全解

1. 求解下列齐次线性方程组.

(1) $\begin{cases} x_1+x_2-2x_3=0, \\ 2x_1+3x_2+4x_3=0, \\ 3x_1+4x_2-5x_3=0; \end{cases}$　　(2) $\begin{cases} x_1-2x_2+3x_3-4x_4=0, \\ x_2-x_3+x_4=0, \\ x_1+3x_2-3x_4=0, \\ -7x_2+3x_3+x_4=0; \end{cases}$

(3) $\begin{cases} x_1-x_2-4x_3-3x_4=0, \\ x_1+2x_2+2x_3+x_4=0, \\ 2x_1+x_2-2x_3-2x_4=0; \end{cases}$　　(4) $\begin{cases} x_1+x_2+2x_3-x_4=0, \\ 2x_1+x_2+x_3-x_4=0, \\ 2x_1+2x_2+x_3+2x_4=0. \end{cases}$

解　(1) 首先写出方程组的系数矩阵 $\boldsymbol{A}$, 并施行初等行变换:

$$\boldsymbol{A}=\begin{pmatrix} 1 & 1 & -2 \\ 2 & 3 & 4 \\ 3 & 4 & -5 \end{pmatrix} \to \begin{pmatrix} 1 & 1 & -2 \\ 0 & 1 & 8 \\ 0 & 1 & 1 \end{pmatrix} \to \begin{pmatrix} 1 & 1 & -2 \\ 0 & 1 & 8 \\ 0 & 0 & -7 \end{pmatrix}.$$

由 $r(\boldsymbol{A})=3$ 知方程组只有零解.

(2) 对系数矩阵 $\boldsymbol{A}$ 施行初等行变换:

$$\boldsymbol{A}=\begin{pmatrix}1&-2&3&-4\\0&1&-1&1\\1&3&0&-3\\0&-7&3&1\end{pmatrix}\to\begin{pmatrix}1&-2&3&-4\\0&1&-1&1\\0&5&-3&1\\0&-7&3&1\end{pmatrix}\to\begin{pmatrix}1&-2&3&-4\\0&1&-1&1\\0&0&2&-4\\0&0&-4&8\end{pmatrix}$$

$$\to\begin{pmatrix}1&-2&3&-4\\0&1&-1&1\\0&0&1&-2\\0&0&0&0\end{pmatrix}\to\begin{pmatrix}1&-2&0&2\\0&1&0&-1\\0&0&1&-2\\0&0&0&0\end{pmatrix}\to\begin{pmatrix}1&0&0&0\\0&1&0&-1\\0&0&1&-2\\0&0&0&0\end{pmatrix},$$

即得与原方程组同解的方程组

$$\begin{cases}x_1=0,\\x_2-x_4=0,\\x_3-2x_4=0.\end{cases}$$

取 x_4 为自由未知量,令 $x_4=k\ (k\in\mathbf{R})$,则方程组的解为

$$\begin{cases}x_1=0,\\x_2=k,\\x_3=2k,\\x_4=k.\end{cases}$$

(3) 对系数矩阵 $\boldsymbol{A}$ 施行初等行变换:

$$\boldsymbol{A}=\begin{pmatrix}1&-1&-4&-3\\1&2&2&1\\2&1&-2&-2\end{pmatrix}\to\begin{pmatrix}1&-1&-4&-3\\0&3&6&4\\0&3&6&4\end{pmatrix}\to\begin{pmatrix}1&-1&-4&-3\\0&1&2&\frac{4}{3}\\0&0&0&0\end{pmatrix}\to\begin{pmatrix}1&0&-2&-\frac{5}{3}\\0&1&2&\frac{4}{3}\\0&0&0&0\end{pmatrix},$$

即得与原方程组同解的方程组

$$\begin{cases}x_1=2x_3+\dfrac{5}{3}x_4,\\x_2=-2x_3-\dfrac{4}{3}x_4,\\x_3=x_3,\\x_4=x_4.\end{cases}$$

取 x_3，x_4 为自由未知量,令 $x_3=k_1$，$x_4=k_2(k_1, k_2\in\mathbf{R})$，则方程组的解为

$$\begin{cases}x_1=2k_1+\dfrac{5}{3}k_2,\\ x_2=-2k_1-\dfrac{4}{3}k_2,\\ x_3=k_1,\\ x_4=k_2.\end{cases}$$

（4）对系数矩阵 $\mathbf{A}$ 施行初等行变换：

$$\mathbf{A}=\begin{pmatrix}1&1&2&-1\\2&1&1&-1\\2&2&1&2\end{pmatrix}\rightarrow\begin{pmatrix}1&1&2&-1\\0&-1&-3&1\\0&0&-3&4\end{pmatrix}\rightarrow\begin{pmatrix}1&1&2&-1\\0&1&3&-1\\0&0&1&-\dfrac{4}{3}\end{pmatrix}$$

$$\rightarrow\begin{pmatrix}1&1&2&-1\\0&1&0&3\\0&0&1&-\dfrac{4}{3}\end{pmatrix}\rightarrow\begin{pmatrix}1&1&0&\dfrac{5}{3}\\0&1&0&3\\0&0&1&-\dfrac{4}{3}\end{pmatrix}\rightarrow\begin{pmatrix}1&0&0&-\dfrac{4}{3}\\0&1&0&3\\0&0&1&-\dfrac{4}{3}\end{pmatrix},$$

即得与原方程组同解的方程组

$$\begin{cases}x_1=\dfrac{4}{3}x_4,\\ x_2=-3x_4,\\ x_3=\dfrac{4}{3}x_4,\\ x_4=x_4.\end{cases}$$

取 x_4 为自由未知量,令 $x_4=k\ (k\in\mathbf{R})$，则方程组的解为

$$\begin{cases}x_1=\dfrac{4}{3}k,\\ x_2=-3k,\\ x_3=\dfrac{4}{3}k,\\ x_4=k.\end{cases}$$

2. 求解下列非齐次线性方程组.

（1）$\begin{cases}x_1+x_2+x_3=1,\\ x_1+2x_2-5x_3=2,\\ 2x_1+3x_2-4x_3=5;\end{cases}$　　（2）$\begin{cases}2x_1+x_2-x_3+x_4=1,\\ 4x_1+2x_2-2x_3+x_4=2,\\ 2x_1+x_2-x_3-x_4=1;\end{cases}$

(3) $\begin{cases} x_1+5x_2-x_3-x_4=-1, \\ x_1-2x_2+x_3+3x_4=3, \\ 3x_1+8x_2-x_3+x_4=1, \\ x_1-9x_2+3x_3+7x_4=7; \end{cases}$ (4) $\begin{cases} 2x_1+x_2-x_3+x_4=1, \\ 3x_1-2x_2+x_3-3x_4=4, \\ x_1+4x_2-3x_3+5x_4=-2. \end{cases}$

解 (1) 对增广矩阵 $\widetilde{\boldsymbol{A}}$ 施行初等行变换：

$$\widetilde{\boldsymbol{A}}=\begin{pmatrix} 1 & 1 & 1 & 1 \\ 1 & 2 & -5 & 2 \\ 2 & 3 & -4 & 5 \end{pmatrix} \to \begin{pmatrix} 1 & 1 & 1 & 1 \\ 0 & 1 & -6 & 1 \\ 0 & 1 & -6 & 3 \end{pmatrix} \to \begin{pmatrix} 1 & 1 & 1 & 1 \\ 0 & 1 & -6 & 1 \\ 0 & 0 & 0 & 2 \end{pmatrix}.$$

容易看出，$r(\boldsymbol{A})=2$，$r(\widetilde{\boldsymbol{A}})=3$，由 $r(\boldsymbol{A}) \neq r(\widetilde{\boldsymbol{A}})$ 知方程组无解.

(2) 对增广矩阵 $\widetilde{\boldsymbol{A}}$ 施行初等行变换：

$$\widetilde{\boldsymbol{A}}=\begin{pmatrix} 2 & 1 & -1 & 1 & 1 \\ 4 & 2 & -2 & 1 & 2 \\ 2 & 1 & -1 & -1 & 1 \end{pmatrix} \to \begin{pmatrix} 1 & \frac{1}{2} & -\frac{1}{2} & \frac{1}{2} & \frac{1}{2} \\ 0 & 0 & 0 & -1 & 0 \\ 0 & 0 & 0 & -2 & 0 \end{pmatrix} \to \begin{pmatrix} 1 & \frac{1}{2} & -\frac{1}{2} & 0 & \frac{1}{2} \\ 0 & 0 & 0 & 1 & 0 \\ 0 & 0 & 0 & 0 & 0 \end{pmatrix},$$

即得与原方程组同解的方程组

$$\begin{cases} x_1=-\frac{1}{2}x_2+\frac{1}{2}x_3+\frac{1}{2}, \\ x_2=x_2, \\ x_3=x_3, \\ x_4=0. \end{cases}$$

取 x_2，x_3 为自由未知量，令 $x_2=k_1$，$x_3=k_2(k_1, k_2 \in \mathbf{R})$，则方程组的解为

$$\begin{cases} x_1=-\frac{1}{2}k_1+\frac{1}{2}k_2+\frac{1}{2}, \\ x_2=k_1, \\ x_3=k_2, \\ x_4=0. \end{cases}$$

(3) 对增广矩阵 $\widetilde{\boldsymbol{A}}$ 施行初等行变换：

$$\widetilde{\boldsymbol{A}}=\begin{pmatrix} 1 & 5 & -1 & -1 & -1 \\ 1 & -2 & 1 & 3 & 3 \\ 3 & 8 & -1 & 1 & 1 \\ 1 & -9 & 3 & 7 & 7 \end{pmatrix} \to \begin{pmatrix} 1 & 5 & -1 & -1 & -1 \\ 0 & -7 & 2 & 4 & 4 \\ 0 & -7 & 2 & 4 & 4 \\ 0 & -14 & 4 & 8 & 8 \end{pmatrix}$$

$$\to\begin{pmatrix}1&5&-1&-1&-1\\0&1&-\frac{2}{7}&-\frac{4}{7}&-\frac{4}{7}\\0&0&0&0&0\\0&0&0&0&0\end{pmatrix}\to\begin{pmatrix}1&0&\frac{3}{7}&\frac{13}{7}&\frac{13}{7}\\0&1&-\frac{2}{7}&-\frac{4}{7}&-\frac{4}{7}\\0&0&0&0&0\\0&0&0&0&0\end{pmatrix}.$$

由 $r(\widetilde{\boldsymbol{A}})=r(\boldsymbol{A})=2<4$ 知方程组有无穷多解. 取 x_3 和 x_4 为自由未知量,令 $x_3=k_1$, $x_4=k_2(k_1, k_2\in\mathbf{R})$, 则方程组的解为

$$\begin{cases}x_1=\frac{13}{7}-\frac{3}{7}k_1-\frac{13}{7}k_2,\\x_2=-\frac{4}{7}+\frac{2}{7}k_1+\frac{4}{7}k_2,\\x_3=k_1,\\x_4=k_2.\end{cases}$$

(4) 对增广矩阵 $\widetilde{\boldsymbol{A}}$ 施行初等行变换:

$$\widetilde{\boldsymbol{A}}=\begin{pmatrix}2&1&-1&1&1\\3&-2&1&-3&4\\1&4&-3&5&-2\end{pmatrix}\to\begin{pmatrix}0&-7&5&-9&5\\0&-14&10&-18&10\\1&4&-3&5&-2\end{pmatrix}$$

$$\to\begin{pmatrix}1&4&-3&5&-2\\0&1&-\frac{5}{7}&\frac{9}{7}&-\frac{5}{7}\\0&0&0&0&0\end{pmatrix}\to\begin{pmatrix}1&0&-\frac{1}{7}&-\frac{1}{7}&\frac{6}{7}\\0&1&-\frac{5}{7}&\frac{9}{7}&-\frac{5}{7}\\0&0&0&0&0\end{pmatrix}.$$

由 $r(\widetilde{\boldsymbol{A}})=r(\boldsymbol{A})=2<4$ 知方程组有无穷多解. 取 x_3 和 x_4 为自由未知量,令 $x_3=k_1$, $x_4=k_2(k_1, k_2\in\mathbf{R})$, 则方程组的解为

$$\begin{cases}x_1=\frac{6}{7}+\frac{1}{7}k_1+\frac{1}{7}k_2,\\x_2=-\frac{5}{7}+\frac{5}{7}k_1-\frac{9}{7}k_2,\\x_3=k_1,\\x_4=k_2.\end{cases}$$

3. 讨论当 a 取何值时,齐次方程组

$$\begin{cases}ax_1+x_2+x_3=0,\\x_1+ax_2+x_3=0,\\x_1+x_2+ax_3=0\end{cases}$$

有非零解?

解 齐次方程组有非零解,则方程组的系数行列式等于零,即

$$|\boldsymbol{A}|=\begin{vmatrix}a&1&1\\1&a&1\\1&1&a\end{vmatrix}=-\begin{vmatrix}1&1&a\\1&a&1\\a&1&1\end{vmatrix}=-\begin{vmatrix}1&1&a\\0&a-1&1-a\\0&1-a&1-a^2\end{vmatrix}$$

$$=-(-1)^{1+1}\times 1\times[(a-1)(1-a^2)-(1-a)^2]$$

$$=a^3-3a+2=(a+2)(a-1)^2$$

$$=0,$$

则 $a=-2$ 或 $a=1$.

4. 讨论 a, b 取何值时,非齐次方程组

$$\begin{cases}x_1+2x_2-2x_3+2x_4=2,\\ \quad\ \ x_2-\ x_3-\ x_4=1,\\ x_1+\ x_2-\ x_3+3x_4=a,\\ x_1-\ x_2+\ x_3+5x_4=b\end{cases}$$

有解? 并求其解.

解 $$\widetilde{\boldsymbol{A}}=\begin{pmatrix}1&2&-2&2&2\\0&1&-1&-1&1\\1&1&-1&3&a\\1&-1&1&5&b\end{pmatrix}\to\begin{pmatrix}1&2&-2&2&2\\0&1&-1&-1&1\\0&-1&1&1&a-2\\0&-3&3&3&b-2\end{pmatrix}$$

$$\to\begin{pmatrix}1&2&-2&2&2\\0&1&-1&-1&1\\0&0&0&0&a-1\\0&0&0&0&b+1\end{pmatrix}\to\begin{pmatrix}1&0&0&4&0\\0&1&-1&-1&1\\0&0&0&0&a-1\\0&0&0&0&b+1\end{pmatrix}.$$

当 $r(\boldsymbol{A})=r(\widetilde{\boldsymbol{A}})$,即当 $a=1$, $b=-1$ 时,方程组有解. 此时 $r(\boldsymbol{A})=2<4$,方程组有无穷多解. 取 x_3 和 x_4 为自由未知量,令 $x_3=k_1$, $x_4=k_2(k_1, k_2\in\mathbf{R})$,则方程组的解为

$$\begin{cases}x_1=-4k_2,\\ x_2=1+k_1+k_2,\\ x_3=k_1,\\ x_4=k_2.\end{cases}$$

3.2 向量组的线性相关性

3.2.1 内容提要

1. n 维向量的概念

(1) n 维向量

定义 1 由 n 个数 a_1, a_2, $\cdots$, a_n 组成的有序数组称为 **n 维向量**,其中,a_i 为向量 $\boldsymbol{\alpha}$ 的

第 i 个分量，n 为向量的**维数**.

分量均为实数的向量称为**实向量**，分向量均为复数的向量称为**复向量**.

(2) 零向量

分量均为零的向量称为**零向量**，记为 $\mathbf{0}$.

(3) 行向量、列向量

n 维向量可写成一行，称为**行向量**；也可写成一列，称为**列向量**.

例如，行向量 $\boldsymbol{\alpha}=(a_1, a_2, \cdots, a_n)$，列向量 $\boldsymbol{\beta}=\begin{pmatrix} b_1 \\ b_2 \\ \vdots \\ b_n \end{pmatrix}$.

本书中，常用黑体小写字母 $\boldsymbol{\alpha}$，$\boldsymbol{\beta}$，$\boldsymbol{a}$，$\boldsymbol{b}$ 等表示列向量，用 $\boldsymbol{\alpha}^{\mathrm{T}}$，$\boldsymbol{\beta}^{\mathrm{T}}$，$\boldsymbol{a}^{\mathrm{T}}$，$\boldsymbol{b}^{\mathrm{T}}$ 等表示行向量，所讨论的向量在没有特别指明的情况下都被视为列向量.

2. 向量的线性运算

(1) 向量的加法

定义 2　两个 n 维向量组 $\boldsymbol{\alpha}=(a_1, a_2, \cdots, a_n)^{\mathrm{T}}$ 与 $\boldsymbol{\beta}=(b_1, b_2, \cdots, b_n)^{\mathrm{T}}$ 的各对应分量之和组成的向量，称为向量 $\boldsymbol{\alpha}$ 与 $\boldsymbol{\beta}$ 的**和**，记为 $\boldsymbol{\alpha}+\boldsymbol{\beta}$，即

$$\boldsymbol{\alpha}+\boldsymbol{\beta}=(a_1+b_1, a_2+b_2, \cdots, a_n+b_n)^{\mathrm{T}}.$$

向量 $\boldsymbol{\alpha}=(a_1, a_2, \cdots, a_n)^{\mathrm{T}}$ 的各对应分量取负得到的向量，称为向量 $\boldsymbol{\alpha}$ 的**负向量**，记为 $-\boldsymbol{\alpha}$，即

$$-\boldsymbol{\alpha}=(-a_1, -a_2, \cdots, -a_n)^{\mathrm{T}}.$$

由向量加法和负向量的定义，可定义向量的**减法**：

$$\boldsymbol{\alpha}-\boldsymbol{\beta}=\boldsymbol{\alpha}+(-\boldsymbol{\beta})=(a_1-b_1, a_2-b_2, \cdots, a_n-b_n)^{\mathrm{T}}.$$

(2) 向量的数乘

定义 3　n 维向量 $\boldsymbol{\alpha}=(a_1, a_2, \cdots, a_n)^{\mathrm{T}}$ 的各个分量都乘以实数 k 所组成的向量，称为数 k 与向量 $\boldsymbol{\alpha}$ 的**乘积**（简称向量的**数乘**），记为 $k\boldsymbol{\alpha}$，即

$$k\boldsymbol{\alpha}=(ka_1, ka_2, \cdots, ka_n)^{\mathrm{T}}.$$

(3) 向量的线性运算规律

向量的加法和数乘运算统称为向量的线性运算. 向量的线性运算与行(列)矩阵的运算规律相同，从而也满足下列运算规律（$\boldsymbol{\alpha}, \boldsymbol{\beta}, \boldsymbol{\gamma} \in \mathbf{R}^n$；$k, l \in \mathbf{R}$）：

① $\boldsymbol{\alpha}+\boldsymbol{\beta}=\boldsymbol{\beta}+\boldsymbol{\alpha}$；

② $(\boldsymbol{\alpha}+\boldsymbol{\beta})+\boldsymbol{\gamma}=\boldsymbol{\alpha}+(\boldsymbol{\beta}+\boldsymbol{\gamma})$；

③ $\boldsymbol{\alpha}+\mathbf{0}=\boldsymbol{\alpha}$；

④ $\boldsymbol{\alpha}+(-\boldsymbol{\alpha})=\mathbf{0}$；

⑤ $1\boldsymbol{\alpha}=\boldsymbol{\alpha}$；

⑥ $k(l\boldsymbol{\alpha})=(kl)\boldsymbol{\alpha}$;

⑦ $k(\boldsymbol{\alpha}+\boldsymbol{\beta})=k\boldsymbol{\alpha}+k\boldsymbol{\beta}$;

⑧ $(k+l)\boldsymbol{\alpha}=k\boldsymbol{\alpha}+l\boldsymbol{\alpha}$.

2. 向量组间的线性关系

(1) 向量组的概念

由若干个同维数的列向量(或行向量)组成的集合称为**向量组**.

例如,一个 $m\times n$ 矩阵 $\boldsymbol{A}=\begin{pmatrix} a_{11} & a_{12} & \cdots & a_{1n} \\ a_{21} & a_{22} & \cdots & a_{2n} \\ \vdots & \vdots & & \vdots \\ a_{m1} & a_{m2} & \cdots & a_{mn} \end{pmatrix}$ 的每一列

$$\boldsymbol{\alpha}_j=\begin{pmatrix} a_{1j} \\ a_{2j} \\ \vdots \\ a_{mj} \end{pmatrix} \quad (j=1,\ 2,\ \cdots,\ n)$$

组成的向量组 $\boldsymbol{\alpha}_1,\ \boldsymbol{\alpha}_2,\ \cdots,\ \boldsymbol{\alpha}_n$,称为矩阵 $\boldsymbol{A}$ 的**列向量组**;而由矩阵 $\boldsymbol{A}$ 的每一行

$$\boldsymbol{\beta}_i=(a_{i1},\ a_{i2},\ \cdots a_{in}) \quad (i=1,\ 2,\ \cdots,\ m)$$

组成的向量组 $\boldsymbol{\beta}_1,\ \boldsymbol{\beta}_2,\ \cdots,\ \boldsymbol{\beta}_m$,称为矩阵 $\boldsymbol{A}$ 的**行向量组**.

据此,方程组

$$\begin{cases} a_{11}x_1+a_{12}x_2+\cdots+a_{1n}x_n=b_1, \\ a_{21}x_1+a_{22}x_2+\cdots+a_{2n}x_n=b_2, \\ \qquad\qquad\qquad\qquad\vdots \\ a_{m1}x_1+a_{m2}x_2+\cdots+a_{mn}x_n=b_m \end{cases}$$

可以写成向量形式:$\boldsymbol{\alpha}_1x_1+\boldsymbol{\alpha}_2x_2+\cdots+\boldsymbol{\alpha}_nx_n=\boldsymbol{b}$,其中,$\boldsymbol{b}=\begin{pmatrix} b_1 \\ b_2 \\ \vdots \\ b_m \end{pmatrix}$.

(2) 线性组合与线性表示

定义 4 给定向量组 A:$\boldsymbol{\alpha}_1,\ \boldsymbol{\alpha}_2,\ \cdots,\ \boldsymbol{\alpha}_s$,对于任何一组实数 $k_1,\ k_2,\ \cdots,\ k_s$,表达式 $k_1\boldsymbol{\alpha}_1+k_2\boldsymbol{\alpha}_2+\cdots+k_s\boldsymbol{\alpha}_s$ 称为**向量组 A 的一个线性组合**,$k_1,\ k_2,\ \cdots,\ k_s$ 称为这个**线性组合的系数**,也称为该**线性组合的权重**.

定义 5 给定向量组 A:$\boldsymbol{\alpha}_1,\ \boldsymbol{\alpha}_2,\ \cdots,\ \boldsymbol{\alpha}_s$ 和 $\boldsymbol{\beta}$,若存在一组数 $k_1,\ k_2,\ \cdots,\ k_s$ 使得 $\boldsymbol{\beta}=k_1\boldsymbol{\alpha}_1+k_2\boldsymbol{\alpha}_2+\cdots+k_s\boldsymbol{\alpha}_s$ 成立,则称**向量 $\boldsymbol{\beta}$ 是向量组 A 的线性组合**,又称**向量 $\boldsymbol{\beta}$ 能由向量组 A 线性表示(或线性表出)**.

定理 1 给定向量 $\boldsymbol{\alpha}_1,\ \boldsymbol{\alpha}_2,\ \cdots,\ \boldsymbol{\alpha}_s,\ \boldsymbol{\beta}$,则向量 $\boldsymbol{\beta}$ 可由向量组 $\boldsymbol{\alpha}_1,\ \boldsymbol{\alpha}_2,\ \cdots,\ \boldsymbol{\alpha}_s$ 线性表示的充分必要条件是矩阵 $\boldsymbol{A}=(\boldsymbol{\alpha}_1,\ \boldsymbol{\alpha}_2\cdots,\ \boldsymbol{\alpha}_s)$ 与 $\widetilde{\boldsymbol{A}}=(\boldsymbol{\alpha}_1,\ \boldsymbol{\alpha}_2\cdots,\ \boldsymbol{\alpha}_s,\ \boldsymbol{\beta})$ 的秩相等,即方程组

$\boldsymbol{A}\boldsymbol{x}=\boldsymbol{\beta}$ 有解.

3. 等价向量组

定义6 设两向量组

$$A: \boldsymbol{\alpha}_1, \boldsymbol{\alpha}_2, \cdots, \boldsymbol{\alpha}_s; \quad B: \boldsymbol{\beta}_1, \boldsymbol{\beta}_2, \cdots, \boldsymbol{\beta}_t,$$

若向量组 B 中的每一个向量都可由向量组 A 线性表示，则称**向量组 B 可由向量组 A 线性表示**. 若向量组 A 和向量组 B 可相互线性表示，则称这两个向量组**等价**.

定理2 若向量组 A 可由向量组 B 线性表示，向量组 B 可由向量组 C 线性表示，则向量组 A 可由向量组 C 线性表示.

4. 线性相关性

定义7 对于给定向量组 $\boldsymbol{\alpha}_1, \boldsymbol{\alpha}_2, \cdots, \boldsymbol{\alpha}_s$，如果存在一组不全为零的数 $k_1, k_2, \cdots, k_s$，使

$$k_1\boldsymbol{\alpha}_1+k_2\boldsymbol{\alpha}_2+\cdots+k_s\boldsymbol{\alpha}_s=\boldsymbol{0},$$

则称向量组 $\boldsymbol{\alpha}_1, \boldsymbol{\alpha}_2, \cdots, \boldsymbol{\alpha}_s$ **线性相关**；否则，称该向量组**线性无关**.

5. 向量组线性相关的判定

若向量组只含一个非零向量 $\boldsymbol{\alpha}$，则此向量组线性无关；若向量组只含一个零向量 $\boldsymbol{0}$，则此向量组线性相关；进一步得到，包含零向量的任何向量组都是线性相关的.

仅含两个向量的向量组线性相关的充分必要条件是这两个向量的对应分量成比例. 由解析几何的知识知道，两个向量线性相关的几何意义是这两个向量共线，三个向量线性相关的几何意义是这三个向量共面.

如果当且仅当 $k_1=k_2=\cdots=k_s=0$ 时，$k_1\boldsymbol{\alpha}_1+k_2\boldsymbol{\alpha}_2+\cdots+k_s\boldsymbol{\alpha}_s=\boldsymbol{0}$ 成立，则向量组 $\boldsymbol{\alpha}_1, \boldsymbol{\alpha}_2, \cdots, \boldsymbol{\alpha}_s$ 是线性无关的，这是证明向量组线性无关的基本方法.

定理3 向量组 $\boldsymbol{\alpha}_1, \boldsymbol{\alpha}_2, \cdots, \boldsymbol{\alpha}_s(s\geqslant 2)$ 线性相关的充分必要条件是向量组中至少有一个向量可由其余 $s-1$ 个向量线性表示.

定理4 设有向量组 $\boldsymbol{\alpha}_1, \boldsymbol{\alpha}_2, \cdots, \boldsymbol{\alpha}_s$，其中，$\boldsymbol{\alpha}_j=(a_{1j}, a_{2j}, \cdots, a_{nj})^{\mathrm{T}}(j=1, 2, \cdots, s)$，则向量组 $\boldsymbol{\alpha}_1, \boldsymbol{\alpha}_2, \cdots, \boldsymbol{\alpha}_s$ 线性相关的充分必要条件是矩阵 $\boldsymbol{A}=(\boldsymbol{\alpha}_1, \boldsymbol{\alpha}_2, \cdots, \boldsymbol{\alpha}_s)$ 的秩小于向量的个数 s.

推论1 s 个 n 维向量 $\boldsymbol{\alpha}_1, \boldsymbol{\alpha}_2, \cdots, \boldsymbol{\alpha}_s$ 线性无关的充分必要条件是矩阵 $\boldsymbol{A}=(\boldsymbol{\alpha}_1, \boldsymbol{\alpha}_2, \cdots, \boldsymbol{\alpha}_s)$ 的秩等于向量的个数 s.

推论2 n 个 n 维向量 $\boldsymbol{\alpha}_1, \boldsymbol{\alpha}_2, \cdots, \boldsymbol{\alpha}_s$ 线性无关（线性相关）的充分必要条件是矩阵 $\boldsymbol{A}=(\boldsymbol{\alpha}_1, \boldsymbol{\alpha}_2, \cdots, \boldsymbol{\alpha}_s)$ 的行列式不等于（等于）零.

推论3 $n+1$ 个 n 维向量构成的向量组必线性相关.

定理5 若向量组中有一部分向量（部分组）线性相关，则整个向量组线性相关.

推论4 线性无关的向量组中的任一部分向量组皆线性无关.

定理6 若向量组 $\boldsymbol{\alpha}_1, \boldsymbol{\alpha}_2, \cdots, \boldsymbol{\alpha}_s$ 线性无关，而向量组 $\boldsymbol{\alpha}_1, \boldsymbol{\alpha}_2, \cdots, \boldsymbol{\alpha}_s, \boldsymbol{\beta}$ 线性相关，则向量 $\boldsymbol{\beta}$ 可由 $\boldsymbol{\alpha}_1, \boldsymbol{\alpha}_2, \cdots, \boldsymbol{\alpha}_s$ 线性表示，且表示法唯一.

定理7 设有向量组

$$A: \boldsymbol{\alpha}_1, \boldsymbol{\alpha}_2, \cdots, \boldsymbol{\alpha}_s;\quad B: \boldsymbol{\beta}_1, \boldsymbol{\beta}_2, \cdots, \boldsymbol{\beta}_t,$$

若向量组 B 可由向量组 A 线性表示，且 $s<t$，则向量组 B 线性相关.

推论 5 设向量组 B 可由向量组 A 线性表示，若向量组 B 线性无关，则 $s\geqslant t$.

推论 6 设向量组 A 与向量组 B 可相互线性表示，若向量组 A 与向量组 B 都线性无关，则 $s=t$.

3.2.2 基本要求

掌握向量的基本概念，理解向量的几何意义和代数表示；理解向量组的线性相关与线性无关的概念，掌握判断向量组是否线性相关或线性无关的条件和方法；掌握向量组线性相关与线性无关的性质.

3.2.3 典型范例

题型 1 求向量.

例 1 设 $\boldsymbol{\alpha}=(1,0,2,3)$，$\boldsymbol{\beta}=(-2,1,-2,0)$，求满足 $\boldsymbol{\alpha}+2\boldsymbol{\beta}-3\boldsymbol{\gamma}=\mathbf{0}$ 的向量 $\boldsymbol{\gamma}$.

解 $\boldsymbol{\gamma}=\frac{1}{3}(\boldsymbol{\alpha}+2\boldsymbol{\beta})=\frac{1}{3}\boldsymbol{\alpha}+\frac{2}{3}\boldsymbol{\beta}=\frac{1}{3}(1,0,2,3)+\frac{2}{3}(-2,1,-2,0)$

$$=\left(-1,\frac{2}{3},-\frac{2}{3},1\right).$$

题型 2 向量组线性相关性的判定.

例 2 讨论向量组 $\boldsymbol{\alpha}_1=\begin{pmatrix}1\\1\\1\\2\end{pmatrix}$，$\boldsymbol{\alpha}_2=\begin{pmatrix}0\\2\\1\\3\end{pmatrix}$，$\boldsymbol{\alpha}_3=\begin{pmatrix}3\\1\\0\\1\end{pmatrix}$，$\boldsymbol{\alpha}_4=\begin{pmatrix}2\\-4\\-3\\-7\end{pmatrix}$ 的线性相关性.

解 对于向量组 $\boldsymbol{\alpha}_1,\boldsymbol{\alpha}_2,\boldsymbol{\alpha}_3,\boldsymbol{\alpha}_4$，设存在一组实数 k_1,k_2,k_3,k_4，使得

$$k_1\boldsymbol{\alpha}_1+k_2\boldsymbol{\alpha}_2+k_3\boldsymbol{\alpha}_3+k_4\boldsymbol{\alpha}_4=\mathbf{0},$$

即有齐次线性方程组

$$\begin{pmatrix}1&0&3&2\\1&2&1&-4\\1&1&0&-3\\2&3&1&-7\end{pmatrix}\begin{pmatrix}k_1\\k_2\\k_3\\k_4\end{pmatrix}=\begin{pmatrix}0\\0\\0\\0\end{pmatrix},$$

对方程组的系数矩阵 $\boldsymbol{A}$ 施行初等行变换：

$$\boldsymbol{A}=\begin{pmatrix}1&0&3&2\\1&2&1&-4\\1&1&0&-3\\2&3&1&-7\end{pmatrix}\to\begin{pmatrix}1&0&3&2\\0&2&-2&-6\\0&1&-3&-5\\0&3&-5&-11\end{pmatrix}\to\begin{pmatrix}1&0&3&2\\0&1&-1&-3\\0&0&-2&-2\\0&0&-2&-2\end{pmatrix}$$

$$\rightarrow\begin{pmatrix}1&0&3&2\\0&1&0&-2\\0&0&1&1\\0&0&0&0\end{pmatrix}\rightarrow\begin{pmatrix}1&0&0&-1\\0&1&0&-2\\0&0&1&1\\0&0&0&0\end{pmatrix}.$$

可见 $r(\boldsymbol{A})=3<4$，故该齐次线性方程组有非零解，即存在一组实数 k_1,k_2,k_3,k_4，使得 $k_1\boldsymbol{\alpha}_1+k_2\boldsymbol{\alpha}_2+k_3\boldsymbol{\alpha}_3+k_4\boldsymbol{\alpha}_4=\boldsymbol{0}$，因而向量组 $\boldsymbol{\alpha}_1,\boldsymbol{\alpha}_2,\boldsymbol{\alpha}_3,\boldsymbol{\alpha}_4$ 线性相关.

例 3　讨论向量组 $\boldsymbol{\alpha}_1=(2,-1,3,-1)$，$\boldsymbol{\alpha}_2=(4,-2,5,4)$，$\boldsymbol{\alpha}_3=(2,-1,4,-1)$ 的线性相关性.

解　令

$$\boldsymbol{A}=\begin{pmatrix}\boldsymbol{\alpha}_1\\\boldsymbol{\alpha}_2\\\boldsymbol{\alpha}_3\end{pmatrix}=\begin{pmatrix}2&-1&3&-1\\4&-2&5&4\\2&-1&4&-1\end{pmatrix},$$

对矩阵 $\boldsymbol{A}$ 施行初等行变换：

$$\boldsymbol{A}=\begin{pmatrix}2&-1&3&-1\\4&-2&5&4\\2&-1&4&-1\end{pmatrix}\rightarrow\begin{pmatrix}2&-1&3&-1\\0&0&-1&6\\0&0&1&0\end{pmatrix}\rightarrow\begin{pmatrix}2&-1&3&-1\\0&0&1&-6\\0&0&0&6\end{pmatrix}.$$

可见 $r(\boldsymbol{A})=3$，故向量组 $\boldsymbol{\alpha}_1,\boldsymbol{\alpha}_2,\boldsymbol{\alpha}_3,\boldsymbol{\alpha}_4$ 线性无关.

题型 3　向量组线性相关性的性质的应用.

例 4　设 $\boldsymbol{\alpha}_1=(1,-1,1)^{\mathrm{T}}$，$\boldsymbol{\alpha}_2(-1,0,1)^{\mathrm{T}}$，$\boldsymbol{\alpha}_3(1,3,-2)^{\mathrm{T}}$，$\boldsymbol{\alpha}_4(0,-5,5)^{\mathrm{T}}$，那么

(1) $\boldsymbol{\alpha}_1,\boldsymbol{\alpha}_2,\boldsymbol{\alpha}_3$ 是否线性无关？

(2) $\boldsymbol{\alpha}_4$ 是否能由 $\boldsymbol{\alpha}_1,\boldsymbol{\alpha}_2,\boldsymbol{\alpha}_3$ 线性表示？如能，把 $\boldsymbol{\alpha}_4$ 写成 $\boldsymbol{\alpha}_1,\boldsymbol{\alpha}_2,\boldsymbol{\alpha}_3$ 的线性组合的形式.

解　(1)对于 $\boldsymbol{\alpha}_1,\boldsymbol{\alpha}_2,\boldsymbol{\alpha}_3$，令

$$\boldsymbol{A}=(\boldsymbol{\alpha}_1,\boldsymbol{\alpha}_2,\boldsymbol{\alpha}_3)=\begin{pmatrix}1&-1&1\\-1&0&3\\1&1&-2\end{pmatrix},$$

矩阵 $\boldsymbol{A}$ 的行列式

$$|\boldsymbol{A}|=\begin{vmatrix}1&-1&1\\-1&0&3\\1&1&-2\end{vmatrix}=\begin{vmatrix}0&-1&4\\-1&0&3\\0&1&1\end{vmatrix}=-1\times(-1)^{2+1}\begin{vmatrix}-1&4\\1&1\end{vmatrix}=-5\neq0,$$

故 $\boldsymbol{\alpha}_1,\boldsymbol{\alpha}_2,\boldsymbol{\alpha}_3$ 线性无关.

(2) 令

$$\boldsymbol{A}=(\boldsymbol{\alpha}_1,\boldsymbol{\alpha}_2,\boldsymbol{\alpha}_3,\boldsymbol{\alpha}_4)=\begin{pmatrix}1&-1&1&0\\-1&0&3&-5\\1&1&-2&5\end{pmatrix},$$

对矩阵 $\boldsymbol{A}$ 施行初等行变换：

$$\boldsymbol{A}=\begin{pmatrix}1&-1&1&0\\-1&0&3&-5\\1&1&-2&5\end{pmatrix}\to\begin{pmatrix}1&-1&1&0\\0&-1&4&-5\\0&2&-3&5\end{pmatrix}\to\begin{pmatrix}1&-1&1&0\\0&1&-4&5\\0&0&5&-5\end{pmatrix}$$

$$\to\begin{pmatrix}1&0&-3&5\\0&1&-4&5\\0&0&1&-1\end{pmatrix}\to\begin{pmatrix}1&0&0&2\\0&1&0&1\\0&0&1&-1\end{pmatrix}.$$

可见 $r(\boldsymbol{A})=3<4$，因而向量组 $\boldsymbol{\alpha}_1, \boldsymbol{\alpha}_2, \boldsymbol{\alpha}_3, \boldsymbol{\alpha}_4$ 线性相关，且 $\boldsymbol{\alpha}_4=2\boldsymbol{\alpha}_1+\boldsymbol{\alpha}_2-\boldsymbol{\alpha}_3$.

3.2.4 疑难解析

例 5 设 $\boldsymbol{A}, \boldsymbol{B}, \boldsymbol{C}$ 均为 n 阶矩阵，若 $\boldsymbol{AB}=\boldsymbol{C}$，且 $\boldsymbol{B}$ 可逆，则(　　).

A. 矩阵 $\boldsymbol{C}$ 的行向量组与矩阵 $\boldsymbol{A}$ 的行向量组等价

B. 矩阵 $\boldsymbol{C}$ 的列向量组与矩阵 $\boldsymbol{A}$ 的列向量组等价

C. 矩阵 $\boldsymbol{C}$ 的行向量组与矩阵 $\boldsymbol{B}$ 的行向量组等价

D. 矩阵 $\boldsymbol{C}$ 的列向量组与矩阵 $\boldsymbol{B}$ 的列向量组等价

解 由于 $\boldsymbol{AB}=\boldsymbol{C}$，那么对矩阵 $\boldsymbol{A}, \boldsymbol{C}$ 按列分块，有

$$(\boldsymbol{\alpha}_1, \boldsymbol{\alpha}_2, \cdots, \boldsymbol{\alpha}_n)\begin{pmatrix}b_{11}&b_{12}&\cdots&b_{1n}\\b_{21}&b_{22}&\cdots&b_{2n}\\\vdots&\vdots&\vdots&\vdots\\b_{n1}&b_{n2}&\cdots&b_{nn}\end{pmatrix}=(\boldsymbol{\gamma}_1, \boldsymbol{\gamma}_2, \cdots, \boldsymbol{\gamma}_n),$$

即

$$\begin{cases}\boldsymbol{\gamma}_1=b_{11}\boldsymbol{\alpha}_1+b_{21}\boldsymbol{\alpha}_2+\cdots+b_{n1}\boldsymbol{\alpha}_n,\\\boldsymbol{\gamma}_2=b_{12}\boldsymbol{\alpha}_1+b_{22}\boldsymbol{\alpha}_2+\cdots+b_{n2}\boldsymbol{\alpha}_n,\\\quad\vdots\\\boldsymbol{\gamma}_n=b_{1n}\boldsymbol{\alpha}_1+b_{2n}\boldsymbol{\alpha}_2+\cdots+b_{nn}\boldsymbol{\alpha}_n.\end{cases}$$

这说明矩阵 $\boldsymbol{C}$ 的列向量组 $\boldsymbol{\gamma}_1, \boldsymbol{\gamma}_2, \cdots, \boldsymbol{\gamma}_n$ 可由矩阵 $\boldsymbol{A}$ 的列向量组 $\boldsymbol{\alpha}_1, \boldsymbol{\alpha}_2, \cdots, \boldsymbol{\alpha}_n$ 线性表出. 又因为矩阵 $\boldsymbol{B}$ 可逆，从而 $\boldsymbol{A}=\boldsymbol{CB}^{-1}$，那么，矩阵 $\boldsymbol{A}$ 的列向量组也可由矩阵 $\boldsymbol{C}$ 的列向量组线性表出. 由向量组等价的定义可知，故选 B.

例 6 已知直线 L_1：$\dfrac{x-a_2}{a_1}=\dfrac{y-b_2}{b_1}=\dfrac{z-c_2}{c_1}$ 与直线 L_2：$\dfrac{x-a_3}{a_2}=\dfrac{y-b_3}{b_2}=\dfrac{z-c_3}{c_2}$ 相交于一点，记向量 $\boldsymbol{\alpha}_i=\begin{pmatrix}a_i\\b_i\\c_i\end{pmatrix}(i=1, 2, 3)$，则(　　).

A. $\boldsymbol{\alpha}_1$ 可由 $\boldsymbol{\alpha}_2, \boldsymbol{\alpha}_3$ 线性表示

B. $\boldsymbol{\alpha}_2$ 可由 $\boldsymbol{\alpha}_1, \boldsymbol{\alpha}_3$ 线性表示

C. $\boldsymbol{\alpha}_3$ 可由 $\boldsymbol{\alpha}_1, \boldsymbol{\alpha}_2$ 线性表示

D. $\boldsymbol{\alpha}_1, \boldsymbol{\alpha}_2, \boldsymbol{\alpha}_3$ 线性无关

解 设直线 L_1：$\dfrac{x-a_2}{a_1}=\dfrac{y-b_2}{b_1}=\dfrac{z-c_2}{c_1}=t_1 \Rightarrow \begin{cases} x=a_2+a_1t_1, \\ y=b_2+b_1t_1, \\ z=c_2+c_1t_1; \end{cases}$

直线 L_2：$\dfrac{x-a_3}{a_2}=\dfrac{y-b_3}{b_2}=\dfrac{z-c_3}{c_2}=t_2 \Rightarrow \begin{cases} x=a_3+a_2t_2, \\ y=b_3+b_2t_2, \\ z=c_3+c_2t_2. \end{cases}$

L_1, L_2 交于一点，设交点为 (x_0, y_0, z_0)，有

$$\begin{cases} a_2+a_1t_1=a_3+a_2t_2=x_0, \\ b_2+b_1t_1=b_3+a_2t_2=y_0, \\ c_2+c_1t_1=c_3+a_2t_2=z_0 \end{cases} \Rightarrow \begin{cases} a_3=a_1t_1+(1-t_2)a_2, \\ b_3=b_1t_1+(1-t_2)b_2, \\ c_3=c_1t_1+(1-t_2)c_2 \end{cases} \Rightarrow \begin{pmatrix} a_3 \\ b_3 \\ c_3 \end{pmatrix}=\begin{pmatrix} a_1 \\ b_1 \\ c_1 \end{pmatrix}t_1+(1-t_2)\begin{pmatrix} a_2 \\ b_2 \\ c_2 \end{pmatrix},$$

即 $\boldsymbol{\alpha}_3=t_1\boldsymbol{\alpha}_1+(1-t_2)\boldsymbol{\alpha}_2$. 从而 $\boldsymbol{\alpha}_3$ 可由 $\boldsymbol{\alpha}_1, \boldsymbol{\alpha}_2$ 线性表示. 故选 C.

例 7 设 $\boldsymbol{\alpha}_1=\begin{pmatrix} \lambda \\ 1 \\ 1 \end{pmatrix}, \boldsymbol{\alpha}_2=\begin{pmatrix} 1 \\ \lambda \\ 1 \end{pmatrix}, \boldsymbol{\alpha}_3=\begin{pmatrix} 1 \\ 1 \\ \lambda \end{pmatrix}, \boldsymbol{\alpha}_4=\begin{pmatrix} 1 \\ \lambda \\ \lambda^2 \end{pmatrix}$，若 $\boldsymbol{\alpha}_1, \boldsymbol{\alpha}_2, \boldsymbol{\alpha}_3$ 与 $\boldsymbol{\alpha}_1, \boldsymbol{\alpha}_2, \boldsymbol{\alpha}_4$ 等价，则 $\lambda \in$ (　　).

A. $\{\lambda \mid \lambda \in \mathbf{R}\}$　　　　B. $\{\lambda \mid \lambda \in \mathbf{R}, \lambda \neq -1\}$

C. $\{\lambda \mid \lambda \in \mathbf{R}, \lambda \neq -1, \lambda \neq -2\}$　　　　D. $\{\lambda \mid \lambda \in \mathbf{R}, \lambda \neq -2\}$

解 由于

$$|\boldsymbol{\alpha}_1, \boldsymbol{\alpha}_2, \boldsymbol{\alpha}_3|=\begin{vmatrix} \lambda & 1 & 1 \\ 1 & \lambda & 1 \\ 1 & 1 & \lambda \end{vmatrix}=\lambda^3-3\lambda+2=(\lambda-1)^2(\lambda+2),$$

$$|\boldsymbol{\alpha}_1, \boldsymbol{\alpha}_2, \boldsymbol{\alpha}_4|=\begin{vmatrix} \lambda & 1 & 1 \\ 1 & \lambda & \lambda \\ 1 & 1 & \lambda^2 \end{vmatrix}=\lambda^4-2\lambda^2+1=(\lambda-1)^2(\lambda+1)^2.$$

当 $\lambda=1$ 时，$\boldsymbol{\alpha}_1=\boldsymbol{\alpha}_2=\boldsymbol{\alpha}_3=\boldsymbol{\alpha}_4=\begin{pmatrix} 1 \\ 1 \\ 1 \end{pmatrix}$，此时 $\boldsymbol{\alpha}_1, \boldsymbol{\alpha}_2, \boldsymbol{\alpha}_3$ 与 $\boldsymbol{\alpha}_1, \boldsymbol{\alpha}_2, \boldsymbol{\alpha}_4$ 等价；

当 $\lambda=-2$ 时，$2=r(\boldsymbol{\alpha}_1, \boldsymbol{\alpha}_2, \boldsymbol{\alpha}_3)<r(\boldsymbol{\alpha}_1, \boldsymbol{\alpha}_2, \boldsymbol{\alpha}_4)=3$，$\boldsymbol{\alpha}_1, \boldsymbol{\alpha}_2, \boldsymbol{\alpha}_3$ 与 $\boldsymbol{\alpha}_1, \boldsymbol{\alpha}_2, \boldsymbol{\alpha}_4$ 不等价；

当 $\lambda=-1$ 时，$3=r(\boldsymbol{\alpha}_1, \boldsymbol{\alpha}_2, \boldsymbol{\alpha}_3)>r(\boldsymbol{\alpha}_1, \boldsymbol{\alpha}_2, \boldsymbol{\alpha}_4)=1$，$\boldsymbol{\alpha}_1, \boldsymbol{\alpha}_2, \boldsymbol{\alpha}_3$ 与 $\boldsymbol{\alpha}_1, \boldsymbol{\alpha}_2, \boldsymbol{\alpha}_4$ 不等价.

因此，当 $\lambda=-2$ 或 $\lambda=-1$ 时，$\boldsymbol{\alpha}_1, \boldsymbol{\alpha}_2, \boldsymbol{\alpha}_3$ 与 $\boldsymbol{\alpha}_1, \boldsymbol{\alpha}_2, \boldsymbol{\alpha}_4$ 不等价，所以 λ 的取值范围为 $\{\lambda \mid \lambda \in \mathbf{R}, \lambda \neq -1, \lambda \neq -2\}$. 故选 C.

例 8 已知向量 $\boldsymbol{\alpha}_1=\begin{pmatrix} 1 \\ 2 \\ 3 \end{pmatrix}, \boldsymbol{\alpha}_2=\begin{pmatrix} 2 \\ 1 \\ 1 \end{pmatrix}, \boldsymbol{\beta}_1=\begin{pmatrix} 2 \\ 5 \\ 9 \end{pmatrix}, \boldsymbol{\beta}_2=\begin{pmatrix} 1 \\ 0 \\ 1 \end{pmatrix}$，若 $\boldsymbol{\gamma}$ 既可由 $\boldsymbol{\alpha}_1, \boldsymbol{\alpha}_2$ 线性表示，

也可由 $\boldsymbol{\beta}_1, \boldsymbol{\beta}_2$ 线性表示,则 $\boldsymbol{\gamma}=($　　$)$.

A. $k\begin{pmatrix}3\\3\\4\end{pmatrix}, k\in\mathbf{R}$　　B. $k\begin{pmatrix}3\\5\\10\end{pmatrix}, k\in\mathbf{R}$　　C. $k\begin{pmatrix}-1\\1\\2\end{pmatrix}, k\in\mathbf{R}$　　D. $k\begin{pmatrix}1\\5\\8\end{pmatrix}, k\in\mathbf{R}$

解　令 $\boldsymbol{\gamma}=k_1\boldsymbol{\alpha}_1+k_2\boldsymbol{\alpha}_2=l_1\boldsymbol{\beta}_1+l_2\boldsymbol{\beta}_2$,则有 $k_1\boldsymbol{\alpha}_1+k_2\boldsymbol{\alpha}_2-l_1\boldsymbol{\beta}_1-l_2\boldsymbol{\beta}_2=\mathbf{0}$,

即
$$(\boldsymbol{\alpha}_1, \boldsymbol{\alpha}_2, -\boldsymbol{\beta}_1, -\boldsymbol{\beta}_2)\begin{pmatrix}k_1\\k_2\\l_1\\l_2\end{pmatrix}=\mathbf{0},$$

而
$$(\boldsymbol{\alpha}_1, \boldsymbol{\alpha}_2, -\boldsymbol{\beta}_1, -\boldsymbol{\beta}_2)=\begin{pmatrix}1&2&-2&-1\\2&1&-5&0\\3&1&-9&-1\end{pmatrix}\to\begin{pmatrix}1&2&2&1\\0&-3&-1&2\\0&-5&-3&2\end{pmatrix}\to\begin{pmatrix}1&0&-4&-1\\0&1&1&0\\0&0&1&1\end{pmatrix}$$
$$\to\begin{pmatrix}1&0&0&3\\0&1&0&-1\\0&0&1&1\end{pmatrix},$$

所以
$$(k_1, k_2, l_1, l_2)^{\mathrm{T}}=c(-3, 1, -1, 1)^{\mathrm{T}},\quad c\in\mathbf{R},$$
因此
$$\boldsymbol{\gamma}=-c\boldsymbol{\beta}_1+c\boldsymbol{\beta}_2=-c(1, 5, 8)^{\mathrm{T}}=k(1, 5, 8)^{\mathrm{T}},\quad k\in\mathbf{R}.$$

故选 D.

例 9　设三阶矩阵 $\boldsymbol{A}=(\boldsymbol{\alpha}_1, \boldsymbol{\alpha}_2, \boldsymbol{\alpha}_3)$, $\boldsymbol{B}=(\boldsymbol{\beta}_1, \boldsymbol{\beta}_2, \boldsymbol{\beta}_3)$,若向量组 $\boldsymbol{\alpha}_1, \boldsymbol{\alpha}_2, \boldsymbol{\alpha}_3$ 可以由向量组 $\boldsymbol{\beta}_1, \boldsymbol{\beta}_2, \boldsymbol{\beta}_3$ 线性表示,则(　　).

A. $\boldsymbol{Ax}=\mathbf{0}$ 的解均为 $\boldsymbol{Bx}=\mathbf{0}$ 的解

B. $\boldsymbol{A}^{\mathrm{T}}\boldsymbol{x}=\mathbf{0}$ 的解均为 $\boldsymbol{B}^{\mathrm{T}}\boldsymbol{x}=\mathbf{0}$ 的解

C. $\boldsymbol{Bx}=\mathbf{0}$ 的解均为 $\boldsymbol{Ax}=\mathbf{0}$ 的解

D. $\boldsymbol{B}^{\mathrm{T}}\boldsymbol{x}=\mathbf{0}$ 的解均为 $\boldsymbol{A}^{\mathrm{T}}\boldsymbol{x}=\mathbf{0}$ 的解

解　令 $\boldsymbol{A}=(\boldsymbol{\alpha}_1, \boldsymbol{\alpha}_2, \boldsymbol{\alpha}_3)$, $\boldsymbol{B}=(\boldsymbol{\beta}_1, \boldsymbol{\beta}_2, \boldsymbol{\beta}_3)$,由题意,向量组 $\boldsymbol{\alpha}_1, \boldsymbol{\alpha}_2, \boldsymbol{\alpha}_3$ 可由向量组 $\boldsymbol{\beta}_1, \boldsymbol{\beta}_2, \boldsymbol{\beta}_3$ 线性表示,即存在矩阵 $\boldsymbol{C}$,使得 $\boldsymbol{A}=\boldsymbol{BC}$,则当 $\boldsymbol{B}^{\mathrm{T}}\boldsymbol{x}_0=\mathbf{0}$ 时,$\boldsymbol{A}^{\mathrm{T}}\boldsymbol{x}_0=(\boldsymbol{BC})^{\mathrm{T}}x_0=\boldsymbol{C}^{\mathrm{T}}\boldsymbol{B}^{\mathrm{T}}\boldsymbol{x}_0=\mathbf{0}$ 恒成立. 故选 D.

例 10　设四阶矩阵 $\boldsymbol{A}=(a_{ij})$ 不可逆,a_{12} 的代数余子式 $A_{12}\neq 0$,$\boldsymbol{\alpha}_1, \boldsymbol{\alpha}_2, \boldsymbol{\alpha}_3, \boldsymbol{\alpha}_4$ 为矩阵 $\boldsymbol{A}$ 的列向量组,$\boldsymbol{A}^*$ 为 $\boldsymbol{A}$ 的伴随矩阵,则方程组 $\boldsymbol{Ax}=\mathbf{0}$ 的通解为(　　).

A. $\boldsymbol{x}=k_1\boldsymbol{\alpha}_1+k_2\boldsymbol{\alpha}_2+k_3\boldsymbol{\alpha}_3$, k_1, k_2, k_3 为任意常数

B. $\boldsymbol{x}=k_1\boldsymbol{\alpha}_1+k_2\boldsymbol{\alpha}_2+k_3\boldsymbol{\alpha}_4$, k_1, k_2, k_3 为任意常数

C. $\boldsymbol{x}=k_1\boldsymbol{\alpha}_1+k_2\boldsymbol{\alpha}_3+k_3\boldsymbol{\alpha}_4$, k_1, k_2, k_3 为任意常数

D. $\boldsymbol{x}=k_1\boldsymbol{\alpha}_2+k_2\boldsymbol{\alpha}_3+k_3\boldsymbol{\alpha}_4$, k_1, k_2, k_3 为任意常数

解　本题中 4 个选项已表明,$\boldsymbol{Ax}=\mathbf{0}$ 的基础解系由 $\boldsymbol{A}$ 的 3 个列向量所构成. 因此只要判断 $\boldsymbol{A}$ 的哪 3 个列向量是线性无关的即可. 而条件就是 $\boldsymbol{A}_{12}\neq 0$.

因为

$$A_{12}=-\begin{vmatrix} a_{21} & a_{23} & a_{24} \\ a_{31} & a_{33} & a_{34} \\ a_{41} & a_{43} & a_{44} \end{vmatrix}\neq 0,$$

所以 $(a_{21}, a_{31}, a_{41})^{T}$, $(a_{23}, a_{33}, a_{43})^{T}$, $(a_{24}, a_{34}, a_{44})^{T}$ 线性无关,那么,必有 $\boldsymbol{\alpha}_1, \boldsymbol{\alpha}_3, \boldsymbol{\alpha}_4$ 线性无关. 故选 C.

例 11 设 $\boldsymbol{\alpha}_1, \boldsymbol{\alpha}_2, \boldsymbol{\alpha}_3$ 均为三维向量,则对任意常数 k, l,向量组 $\boldsymbol{\alpha}_1+k\boldsymbol{\alpha}_3, \boldsymbol{\alpha}_2+l\boldsymbol{\alpha}_3$ 线性无关是向量组 $\boldsymbol{\alpha}_1, \boldsymbol{\alpha}_2, \boldsymbol{\alpha}_3$ 线性无关的(　　).

A. 必要非充分条件　　B. 充分非必要条件

C. 充分必要条件　　D. 既非充分也非必要条件

解 已知 $\boldsymbol{\alpha}_1, \boldsymbol{\alpha}_2, \boldsymbol{\alpha}_3$ 线性无关,设 $\lambda_1(\boldsymbol{\alpha}_1+k\boldsymbol{\alpha}_3)+\lambda_2(\boldsymbol{\alpha}_2+l\boldsymbol{\alpha}_3)=\mathbf{0}$, 即 $\lambda_1\boldsymbol{\alpha}_1+\lambda_2\boldsymbol{\alpha}_2+(k\lambda_1+l\lambda_2)\boldsymbol{\alpha}_3=\mathbf{0}\Rightarrow\lambda_1=\lambda_2=k\lambda_1+l\lambda_2=0$, 从而 $\boldsymbol{\alpha}_1+k\boldsymbol{\alpha}_3, \boldsymbol{\alpha}_2+l\boldsymbol{\alpha}_3$ 线性无关;反之,若 $\boldsymbol{\alpha}_1+k\boldsymbol{\alpha}_3$, $\boldsymbol{\alpha}_2+l\boldsymbol{\alpha}_3$ 线性无关,不一定有 $\boldsymbol{\alpha}_1, \boldsymbol{\alpha}_2, \boldsymbol{\alpha}_3$ 无关. 例如, $\boldsymbol{\alpha}_1=\begin{pmatrix}1\\0\\0\end{pmatrix}$, $\boldsymbol{\alpha}_2=\begin{pmatrix}0\\1\\0\end{pmatrix}$, $\boldsymbol{\alpha}_3=\begin{pmatrix}0\\0\\0\end{pmatrix}$. 故选 A.

例 12 设向量 $\boldsymbol{\alpha}_1=\begin{pmatrix}a\\1\\-1\\1\end{pmatrix}$, $\boldsymbol{\alpha}_2=\begin{pmatrix}1\\1\\b\\a\end{pmatrix}$, $\boldsymbol{\alpha}_3=\begin{pmatrix}1\\a\\-1\\1\end{pmatrix}$, 若 $\boldsymbol{\alpha}_1, \boldsymbol{\alpha}_2, \boldsymbol{\alpha}_3$ 线性相关,且其中任意两个向量均线性无关,则 $ab=$__________.

解

$$(\boldsymbol{\alpha}_1, \boldsymbol{\alpha}_2, \boldsymbol{\alpha}_3)=\begin{pmatrix} a & 1 & 1 \\ 1 & 1 & a \\ -1 & b & -1 \\ 1 & a & 1 \end{pmatrix}\to\begin{pmatrix} 1 & 1 & a \\ 0 & 1-a & 1-a^2 \\ 0 & b+1 & a-1 \\ 0 & a-1 & 1-a \end{pmatrix}\to\begin{pmatrix} 1 & 1 & a \\ 0 & a-1 & 1-a \\ 0 & b+1 & a-1 \\ 0 & 0 & (1-a)(2+a) \end{pmatrix}.$$

由于任意两向量线性无关,则 $a\neq 1, 1-a\neq 0$,

$$(\boldsymbol{\alpha}_1, \boldsymbol{\alpha}_2, \boldsymbol{\alpha}_3)\to\begin{pmatrix} 1 & 1 & a \\ 0 & 1 & -1 \\ 0 & b+1 & a-1 \\ 0 & 0 & a+2 \end{pmatrix}\to\begin{pmatrix} 1 & 1 & a \\ 0 & 1 & -1 \\ 0 & 0 & a+b \\ 0 & 0 & a+2 \end{pmatrix}.$$

由于 $\boldsymbol{\alpha}_1, \boldsymbol{\alpha}_2, \boldsymbol{\alpha}_3$ 线性相关, $r(\boldsymbol{\alpha}_1, \boldsymbol{\alpha}_2, \boldsymbol{\alpha}_3)<3$, 则 $a=-2, b=2$, 故 $ab=-4$.

3.2.5 习题全解

1. 设 $\boldsymbol{\alpha}=(2, 1, -4, -2)^{T}$, $\boldsymbol{\beta}=(-1, 1, 0, -4)^{T}$, $\boldsymbol{\gamma}=(2, -3, 0, 4)^{T}$. 求 $2\boldsymbol{\alpha}-\boldsymbol{\beta}+2\boldsymbol{\gamma}$, 并求向量 $\boldsymbol{x}$, 使 $\boldsymbol{\alpha}+2\boldsymbol{\beta}-\boldsymbol{\gamma}-2\boldsymbol{x}=\mathbf{0}$ 成立.

解
$$\begin{aligned} 2\boldsymbol{\alpha}-\boldsymbol{\beta}+2\boldsymbol{\gamma} &=2(2, 1, -4, -2)^{T}-(-1, 1, 0, -4)^{T}+2(2, -3, 0, 4)^{T} \\ &=(9, -5, -8, 8)^{T}. \end{aligned}$$

由 $\boldsymbol{\alpha}+2\boldsymbol{\beta}-\boldsymbol{\gamma}-2\boldsymbol{x}=\mathbf{0}$, 得

$$\boldsymbol{x}=\frac{1}{2}(\boldsymbol{\alpha}+2\boldsymbol{\beta}-\boldsymbol{\gamma})=\frac{1}{2}[(2,1,-4,-2)^{\mathrm{T}}+2(-1,1,0,-4)^{\mathrm{T}}-(2,-3,0,4)^{\mathrm{T}}]$$
$$=(-1,3,-2,-7)^{\mathrm{T}}.$$

2. 讨论下列向量组的线性相关性.

(1) $\boldsymbol{\alpha}_1=(1,3,5)^{\mathrm{T}}$, $\boldsymbol{\alpha}_2=(0,1,2)^{\mathrm{T}}$, $\boldsymbol{\alpha}_3=(2,7,12)^{\mathrm{T}}$;

(2) $\boldsymbol{\alpha}_1=(1,1,3,1)^{\mathrm{T}}$, $\boldsymbol{\alpha}_2=(3,-1,2,4)^{\mathrm{T}}$, $\boldsymbol{\alpha}_3=(2,2,7,-1)^{\mathrm{T}}$.

解 (1) 写出矩阵 $\boldsymbol{A}=(\boldsymbol{\alpha}_1,\boldsymbol{\alpha}_2,\boldsymbol{\alpha}_3)$, 并对其施行初等行变换:

$$\boldsymbol{A}=(\boldsymbol{\alpha}_1,\boldsymbol{\alpha}_2,\boldsymbol{\alpha}_3)=\begin{pmatrix}1&0&2\\3&1&7\\5&2&12\end{pmatrix}\to\begin{pmatrix}1&0&2\\0&1&1\\0&2&2\end{pmatrix}\to\begin{pmatrix}1&0&2\\0&1&1\\0&0&0\end{pmatrix}.$$

容易看出 $r(\boldsymbol{A})=2<3$, 故向量组 $\boldsymbol{\alpha}_1$, $\boldsymbol{\alpha}_2$, $\boldsymbol{\alpha}_3$ 线性相关.

(2) 写出矩阵 $\boldsymbol{A}=(\boldsymbol{\alpha}_1,\boldsymbol{\alpha}_2,\boldsymbol{\alpha}_3)$, 并对其施行初等行变换:

$$\boldsymbol{A}=(\boldsymbol{\alpha}_1,\boldsymbol{\alpha}_2,\boldsymbol{\alpha}_3)=\begin{pmatrix}1&3&2\\1&-1&2\\3&2&7\\1&4&-1\end{pmatrix}\to\begin{pmatrix}1&3&2\\0&-4&0\\0&-7&1\\0&1&-3\end{pmatrix}\to\begin{pmatrix}1&3&2\\0&1&0\\0&0&1\\0&0&-3\end{pmatrix}\to\begin{pmatrix}1&3&2\\0&1&0\\0&0&1\\0&0&0\end{pmatrix}.$$

容易看出 $r(\boldsymbol{A})=3$, 故向量组 $\boldsymbol{\alpha}_1$, $\boldsymbol{\alpha}_2$, $\boldsymbol{\alpha}_3$ 线性无关.

3. 设 $\boldsymbol{\alpha}_1$, $\boldsymbol{\alpha}_2$ 线性无关, $\boldsymbol{\alpha}_1+\boldsymbol{\beta}$, $\boldsymbol{\alpha}_2+\boldsymbol{\beta}$ 线性相关,试把 $\boldsymbol{\beta}$ 写成 $\boldsymbol{\alpha}_1$, $\boldsymbol{\alpha}_2$ 的线性组合的形式.

解 因为 $\boldsymbol{\alpha}_1+\boldsymbol{\beta}$, $\boldsymbol{\alpha}_2+\boldsymbol{\beta}$ 线性相关,则存在不全为零的数 k_1, k_2, 使得 $k_1(\boldsymbol{\alpha}_1+\boldsymbol{\beta})+k_2(\boldsymbol{\alpha}_2+\boldsymbol{\beta})=\mathbf{0}$ 成立,则 $(k_1+k_2)\boldsymbol{\beta}=-k_1\boldsymbol{\alpha}_1-k_2\boldsymbol{\alpha}_2$. 又因为 $\boldsymbol{\alpha}_1$, $\boldsymbol{\alpha}_2$ 线性无关,故 $k_1+k_2\neq 0$. 故 $\boldsymbol{\beta}=-\dfrac{k_1}{k_1+k_2}\boldsymbol{\alpha}_1-\dfrac{k_2}{k_1+k_2}\boldsymbol{\alpha}_2$, 其中 k_1, $k_2\in\mathbf{R}$, 且 $k_1+k_2\neq 0$.

3.3 向量组的秩

3.3.1 内容提要

1. 极大线性无关组

定义 1 设有向量组 $\boldsymbol{\alpha}_1,\boldsymbol{\alpha}_2,\cdots,\boldsymbol{\alpha}_s$, 其中部分组 $\boldsymbol{\alpha}_{j_1},\boldsymbol{\alpha}_{j_2},\cdots,\boldsymbol{\alpha}_{j_r}$ $(r\leqslant s)$ 满足:

(1) $\boldsymbol{\alpha}_{j_1},\boldsymbol{\alpha}_{j_2},\cdots,\boldsymbol{\alpha}_{j_r}$ 线性无关;

(2) 向量组 $\boldsymbol{\alpha}_1,\boldsymbol{\alpha}_2,\cdots,\boldsymbol{\alpha}_s$ 中的每一个向量都可由此部分组线性表示,

则称部分组 $\boldsymbol{\alpha}_{j_1},\boldsymbol{\alpha}_{j_2},\cdots,\boldsymbol{\alpha}_{j_r}$ 是向量组 $\boldsymbol{\alpha}_1,\boldsymbol{\alpha}_2,\cdots,\boldsymbol{\alpha}_s$ 的一个**极大线性无关组**(简称**极大无关组**).

向量组与其极大线性无关组可相互线性表示,即向量组与其极大线性无关组等价.

n 维单位向量组 $\boldsymbol{\varepsilon}_1=(1, 0, \cdots, 0)^{\mathrm{T}}$, $\boldsymbol{\varepsilon}_2=(0, 1, 0, \cdots, 0)^{\mathrm{T}}$, $\cdots$, $\boldsymbol{\varepsilon}_n=(0, \cdots, 0, 1)^{\mathrm{T}}$ 是全体 n 维向量的集合 $\mathbf{R}^n$ 的一个最简单的极大无关组.

2. 向量组的秩

定义 2 向量组 $\boldsymbol{\alpha}_1, \boldsymbol{\alpha}_2, \cdots, \boldsymbol{\alpha}_s$ 的极大线性无关组所含向量的个数称为该向量组的秩,记为

$$R(\boldsymbol{\alpha}_1, \boldsymbol{\alpha}_2, \cdots, \boldsymbol{\alpha}_s).$$

规定由零向量组成的向量组的秩为零.

全体 n 维向量构成的向量组 $\mathbf{R}^n$ 的秩为 n;等价的向量组有相同的秩.

3. 矩阵与向量组秩的关系

定义 3 矩阵 $\boldsymbol{A}$ 的行向量组的秩称为矩阵 $\boldsymbol{A}$ 的行秩,$\boldsymbol{A}$ 的列向量组的秩称为矩阵 $\boldsymbol{A}$ 的列秩.

定理 1 矩阵 $\boldsymbol{A}$ 的秩等于它的行秩,也等于它的列秩.

定理 2 矩阵 $\boldsymbol{A}$ 经过初等行变换得矩阵 $\boldsymbol{B}$,则矩阵 $\boldsymbol{B}$ 的列向量组与矩阵 $\boldsymbol{A}$ 的列向量组间有相同的线性关系.

4. 极大无关组的求法

矩阵行的初等变换保持了列向量间的线性无关性和线性相关性,它提供了求极大无关组的方法. 即以向量组中各向量为列向量组成矩阵后,只作初等行变换将该矩阵化为行阶梯形矩阵,则可直接写出所求向量组的极大无关组. 同理,也可以向量组中各向量为行向量组成矩阵,通过作初等列变换求向量组的极大无关组.

定理 3 若向量组 B 能由向量组 A 线性表示,则 $r(B)\leqslant r(A)$.

推论 1 等价的向量组的秩相等.

推论 2 设向量组 B 是向量组 A 的部分组,若向量组 B 线性无关,且向量组 A 能由向量组 B 线性表示,则向量组 B 是向量组 A 的一个极大无关组.

3.3.2 基本要求

理解向量组极大线性无关组的概念,掌握如何寻找一个向量组的极大线性无关组的方法;理解向量组的等价概念,掌握判断两个向量组是否等价的条件和方法;掌握向量组的秩的概念,了解秩的计算方法;理解向量组的秩与矩阵的秩之间的关系,掌握如何通过矩阵的秩计算向量组的秩.

3.3.3 典型范例

题型 1 证明两向量组等价.

例 1 证明:向量组 $\boldsymbol{\alpha}_1=(1, 1, 1)^{\mathrm{T}}$, $\boldsymbol{\alpha}_2=(0, 2, 5)^{\mathrm{T}}$, $\boldsymbol{\alpha}_3=(1, 3, 6)^{\mathrm{T}}$ 等价于其部分向量组 $\boldsymbol{\alpha}_1, \boldsymbol{\alpha}_2$.

证明 (1) $\boldsymbol{\alpha}_1, \boldsymbol{\alpha}_2, \boldsymbol{\alpha}_3$ 中的每一个向量可由 $\boldsymbol{\alpha}_1, \boldsymbol{\alpha}_2$ 线性表示为

$$\boldsymbol{\alpha}_1=\boldsymbol{\alpha}_1+0\boldsymbol{\alpha}_2,\quad \boldsymbol{\alpha}_2=0\boldsymbol{\alpha}_1+\boldsymbol{\alpha}_2,\quad \boldsymbol{\alpha}_3=\boldsymbol{\alpha}_1+\boldsymbol{\alpha}_2;$$

(2) $\boldsymbol{\alpha}_1,\boldsymbol{\alpha}_2$ 中的每一个向量可由 $\boldsymbol{\alpha}_1,\boldsymbol{\alpha}_2,\boldsymbol{\alpha}_3$ 线性表示为

$$\boldsymbol{\alpha}_1=\boldsymbol{\alpha}_1+0\boldsymbol{\alpha}_2+0\boldsymbol{\alpha}_3,\quad \boldsymbol{\alpha}_2=0\boldsymbol{\alpha}_1+\boldsymbol{\alpha}_2+0\boldsymbol{\alpha}_3.$$

综上,向量组 $\boldsymbol{\alpha}_1=(1,1,1),\boldsymbol{\alpha}_2=(0,2,5),\boldsymbol{\alpha}_3=(1,3,6)$ 等价于其部分向量组 $\boldsymbol{\alpha}_1,\boldsymbol{\alpha}_2$.

题型 2　求向量组的秩.

例 2　已知向量组 $\boldsymbol{\alpha}_1=(1,2,3,4)^{\mathrm{T}},\boldsymbol{\alpha}_2=(2,3,4,5)^{\mathrm{T}},\boldsymbol{\alpha}_3=(3,4,5,6)^{\mathrm{T}},\boldsymbol{\alpha}_4=(4,5,6,7)^{\mathrm{T}}$,求该向量组的秩.

解　令

$$\boldsymbol{A}=\begin{pmatrix}\boldsymbol{\alpha}_1\\\boldsymbol{\alpha}_2\\\boldsymbol{\alpha}_3\\\boldsymbol{\alpha}_4\end{pmatrix}=\begin{pmatrix}1&2&3&4\\2&3&4&5\\3&4&5&6\\4&5&6&7\end{pmatrix},$$

对矩阵 $\boldsymbol{A}$ 施行初等行变换:

$$\boldsymbol{A}=\begin{pmatrix}1&2&3&4\\2&3&4&5\\3&4&5&6\\4&5&6&7\end{pmatrix}\rightarrow\begin{pmatrix}1&2&3&4\\0&-1&-2&-3\\0&-2&-4&-6\\0&-3&-6&-9\end{pmatrix}\rightarrow\begin{pmatrix}1&2&3&4\\0&1&2&3\\0&0&0&0\\0&0&0&0\end{pmatrix},$$

故 $r(\boldsymbol{A})=2$.

题型 3　求极大线性无关组.

例 3　求向量组 $\boldsymbol{\alpha}_1=\begin{pmatrix}1\\1\\1\\3\end{pmatrix},\boldsymbol{\alpha}_2=\begin{pmatrix}-1\\-3\\5\\1\end{pmatrix},\boldsymbol{\alpha}_3=\begin{pmatrix}3\\2\\-1\\4\end{pmatrix},\boldsymbol{\alpha}_4=\begin{pmatrix}-2\\-6\\10\\2\end{pmatrix}$ 的一个极大线性无关组,并将其余向量用该极大线性无关组线性表示.

解　令

$$\boldsymbol{A}=(\boldsymbol{\alpha}_1,\boldsymbol{\alpha}_2,\boldsymbol{\alpha}_3,\boldsymbol{\alpha}_4)=\begin{pmatrix}1&-1&3&-2\\1&-3&2&-6\\1&5&-1&10\\3&1&4&2\end{pmatrix},$$

对矩阵 $\boldsymbol{A}$ 施行初等行变换:

$$\boldsymbol{A}=\begin{pmatrix}1&-1&3&-2\\1&-3&2&-6\\1&5&-1&10\\3&1&4&2\end{pmatrix}\rightarrow\begin{pmatrix}1&-1&3&-2\\0&-2&-1&-4\\0&6&-4&12\\0&4&-5&8\end{pmatrix}\rightarrow\begin{pmatrix}1&-1&3&-2\\0&-2&-1&-4\\0&0&-7&0\\0&0&-7&0\end{pmatrix}$$

$$\rightarrow\begin{pmatrix}1&0&\frac{7}{2}&0\\0&1&\frac{1}{2}&2\\0&0&1&0\\0&0&0&0\end{pmatrix}\rightarrow\begin{pmatrix}1&0&0&0\\0&1&0&2\\0&0&1&0\\0&0&0&0\end{pmatrix}.$$

容易看出 $r(\boldsymbol{\alpha}_1,\boldsymbol{\alpha}_2,\boldsymbol{\alpha}_3,\boldsymbol{\alpha}_4)=3$,故 $\boldsymbol{\alpha}_1,\boldsymbol{\alpha}_2,\boldsymbol{\alpha}_3$ 为向量组的一个极大无关组,$\boldsymbol{\alpha}_4=2\boldsymbol{\alpha}_2$.

3.3.4 疑难解析

例 1 设矩阵 $\boldsymbol{A}=\begin{pmatrix}1&0&1\\1&1&2\\0&1&1\end{pmatrix}$,$\boldsymbol{\alpha}_1,\boldsymbol{\alpha}_2,\boldsymbol{\alpha}_3$ 为线性无关的三维列向量组,则向量组 $\boldsymbol{A\alpha}_1$,$\boldsymbol{A\alpha}_2,\boldsymbol{A\alpha}_3$ 的秩为________.

解 $(\boldsymbol{A\alpha}_1,\boldsymbol{A\alpha}_2,\boldsymbol{A\alpha}_3)=\boldsymbol{A}(\boldsymbol{\alpha}_1,\boldsymbol{\alpha}_2,\boldsymbol{\alpha}_3)$,因为 $\boldsymbol{\alpha}_1,\boldsymbol{\alpha}_2,\boldsymbol{\alpha}_3$ 线性无关,故矩阵 $(\boldsymbol{\alpha}_1,\boldsymbol{\alpha}_2,\boldsymbol{\alpha}_3)$ 可逆,所以 $r(\boldsymbol{A\alpha}_1,\boldsymbol{A\alpha}_2,\boldsymbol{A\alpha}_3)=r(\boldsymbol{A})$,

$$\boldsymbol{A}=\begin{pmatrix}1&0&1\\1&1&2\\0&1&1\end{pmatrix}\rightarrow\begin{pmatrix}1&0&1\\0&1&1\\0&1&1\end{pmatrix}\rightarrow\begin{pmatrix}1&0&1\\0&1&1\\0&0&0\end{pmatrix}.$$

可知,$r(\boldsymbol{A})=2$. 故应填 2.

例 2 已知向量组 I:$\boldsymbol{\alpha}_1=\begin{pmatrix}1\\1\\4\end{pmatrix}$,$\boldsymbol{\alpha}_2=\begin{pmatrix}1\\0\\4\end{pmatrix}$,$\boldsymbol{\alpha}_3=\begin{pmatrix}1\\2\\a^2+3\end{pmatrix}$ 与向量组 II:$\boldsymbol{\beta}_1=\begin{pmatrix}1\\1\\a+3\end{pmatrix}$,$\boldsymbol{\beta}_2=\begin{pmatrix}0\\2\\1-a\end{pmatrix}$,$\boldsymbol{\beta}_3=\begin{pmatrix}1\\3\\a^2+3\end{pmatrix}$. 若向量组 I 与 II 等价,求 a 的取值,并将 $\boldsymbol{\beta}_3$ 用 $\boldsymbol{\alpha}_1,\boldsymbol{\alpha}_2,\boldsymbol{\alpha}_3$ 线性表示.

解 $(\boldsymbol{\alpha}_1,\boldsymbol{\alpha}_2,\boldsymbol{\alpha}_3)=\begin{pmatrix}1&1&1\\1&0&2\\4&4&a^2+3\end{pmatrix}\rightarrow\begin{pmatrix}1&1&1\\0&-1&1\\0&0&a^2-1\end{pmatrix}\rightarrow\begin{pmatrix}1&1&1\\0&1&-1\\0&0&a^2-1\end{pmatrix}.$

等价的向量组的秩相等,考虑向量组的秩,若 $a^2-1=0$,则 $a=-1$ 或 $a=1$.

(1) 当 $a=-1$ 时,$r(\boldsymbol{\alpha}_1,\boldsymbol{\alpha}_2,\boldsymbol{\alpha}_3)=2$,

$$(\boldsymbol{\beta}_1,\boldsymbol{\beta}_2,\boldsymbol{\beta}_3)=\begin{pmatrix}1&0&1\\1&2&3\\2&2&4\end{pmatrix}\rightarrow\begin{pmatrix}1&0&1\\0&2&2\\0&2&2\end{pmatrix}\rightarrow\begin{pmatrix}1&0&1\\0&1&1\\0&0&0\end{pmatrix},$$

$r(\boldsymbol{\beta}_1,\boldsymbol{\beta}_2,\boldsymbol{\beta}_3)=2$.

$$(\boldsymbol{\alpha}_1,\boldsymbol{\alpha}_2,\boldsymbol{\alpha}_3,\boldsymbol{\beta}_1,\boldsymbol{\beta}_2,\boldsymbol{\beta}_3)=\begin{pmatrix}1&1&1&1&0&1\\1&0&2&1&2&3\\4&4&4&2&2&4\end{pmatrix}\to\begin{pmatrix}1&1&1&1&0&1\\0&-1&1&0&2&2\\0&0&0&-2&2&0\end{pmatrix},$$

$r(\boldsymbol{\alpha}_1,\boldsymbol{\alpha}_2,\boldsymbol{\alpha}_3,\boldsymbol{\beta}_1,\boldsymbol{\beta}_2,\boldsymbol{\beta}_3)=3$.

因为 $r(\boldsymbol{\alpha}_1,\boldsymbol{\alpha}_2,\boldsymbol{\alpha}_3)\neq r(\boldsymbol{\alpha}_1,\boldsymbol{\alpha}_2,\boldsymbol{\alpha}_3,\boldsymbol{\beta}_1,\boldsymbol{\beta}_2,\boldsymbol{\beta}_3)$，所以两个向量组不等价.

(2) 当 $a=1$ 时，$r(\boldsymbol{\alpha}_1,\boldsymbol{\alpha}_2,\boldsymbol{\alpha}_3)=2$，

$$(\boldsymbol{\beta}_1,\boldsymbol{\beta}_2,\boldsymbol{\beta}_3)=\begin{pmatrix}1&0&1\\1&2&3\\4&0&4\end{pmatrix}\to\begin{pmatrix}1&0&1\\0&2&2\\0&0&0\end{pmatrix}\to\begin{pmatrix}1&0&1\\0&1&1\\0&0&0\end{pmatrix},$$

$r(\boldsymbol{\beta}_1,\boldsymbol{\beta}_2,\boldsymbol{\beta}_3)=2$.

$$(\boldsymbol{\alpha}_1,\boldsymbol{\alpha}_2,\boldsymbol{\alpha}_3,\boldsymbol{\beta}_1,\boldsymbol{\beta}_2,\boldsymbol{\beta}_3)=\begin{pmatrix}1&1&1&1&0&1\\1&0&2&1&2&3\\4&4&4&4&0&4\end{pmatrix}\to\begin{pmatrix}1&1&1&1&0&1\\0&-1&1&0&2&2\\0&0&0&0&0&0\end{pmatrix},$$

$r(\boldsymbol{\alpha}_1,\boldsymbol{\alpha}_2,\boldsymbol{\alpha}_3,\boldsymbol{\beta}_1,\boldsymbol{\beta}_2,\boldsymbol{\beta}_3)=2$.

因为 $r(\boldsymbol{\alpha}_1,\boldsymbol{\alpha}_2,\boldsymbol{\alpha}_3)=r(\boldsymbol{\beta}_1,\boldsymbol{\beta}_2,\boldsymbol{\beta}_3)=r(\boldsymbol{\alpha}_1,\boldsymbol{\alpha}_2,\boldsymbol{\alpha}_3,\boldsymbol{\beta}_1,\boldsymbol{\beta}_2,\boldsymbol{\beta}_3)=2$，所以两个向量组等价.

令 $x_1\boldsymbol{\alpha}_1+x_2\boldsymbol{\alpha}_2+x_3\boldsymbol{\alpha}_3=\boldsymbol{\beta}_3$，

$$(\boldsymbol{\alpha}_1,\boldsymbol{\alpha}_2,\boldsymbol{\alpha}_3,\boldsymbol{\beta}_3)=\begin{pmatrix}1&1&1&1\\1&0&2&3\\4&4&4&4\end{pmatrix}\to\begin{pmatrix}1&1&1&1\\0&-1&1&2\\0&0&0&0\end{pmatrix}\to\begin{pmatrix}1&0&2&3\\0&1&-1&-2\\0&0&0&0\end{pmatrix},$$

方程组 $x_1\boldsymbol{\alpha}_1+x_2\boldsymbol{\alpha}_2+x_3\boldsymbol{\alpha}_3=\boldsymbol{\beta}_3$ 的通解为

$$\boldsymbol{x}=k\begin{pmatrix}-2\\1\\1\end{pmatrix}+\begin{pmatrix}3\\-2\\0\end{pmatrix}=\begin{pmatrix}-2k+3\\k-2\\k\end{pmatrix}\quad(k\text{ 为任意常数}),$$

故 $\boldsymbol{\beta}_3=(-2k+3)\boldsymbol{\alpha}_1+(k-2)\boldsymbol{\alpha}_2+k\boldsymbol{\alpha}_3$，$k$ 为任意常数.

(3) 当 $a\neq\pm1$ 时，$r(\boldsymbol{\alpha}_1,\boldsymbol{\alpha}_2,\boldsymbol{\alpha}_3)=3$，

$$(\boldsymbol{\beta}_1,\boldsymbol{\beta}_2,\boldsymbol{\beta}_3)=\begin{pmatrix}1&0&1\\1&2&3\\a+3&1-a&a^2+3\end{pmatrix}\to\begin{pmatrix}1&0&1\\0&1&1\\0&1-a&a^2-a\end{pmatrix}\to\begin{pmatrix}1&0&1\\0&1&1\\0&0&a^2-1\end{pmatrix},$$

$r(\boldsymbol{\beta}_1,\boldsymbol{\beta}_2,\boldsymbol{\beta}_3)=3$.

$$(\boldsymbol{\alpha}_1,\boldsymbol{\alpha}_2,\boldsymbol{\alpha}_3,\boldsymbol{\beta}_1,\boldsymbol{\beta}_2,\boldsymbol{\beta}_3)=\begin{pmatrix}1&1&1&1&0&1\\1&0&2&1&2&3\\4&4&a^2+3&a+3&1-a&a^2+3\end{pmatrix}$$

$$\to\begin{pmatrix}1 & 1 & 1 & 1 & 0 & 1\\ 0 & -1 & 1 & 0 & 2 & 2\\ 0 & 0 & a^2-1 & a-1 & 1-a & a^2-1\end{pmatrix}.$$

因为 $r(\boldsymbol{\alpha}_1, \boldsymbol{\alpha}_2, \boldsymbol{\alpha}_3)=r(\boldsymbol{\beta}_1, \boldsymbol{\beta}_2, \boldsymbol{\beta}_3)=r(\boldsymbol{\alpha}_1, \boldsymbol{\alpha}_2, \boldsymbol{\alpha}_3, \boldsymbol{\beta}_1, \boldsymbol{\beta}_2, \boldsymbol{\beta}_3)=3$,所以两个向量组等价.

令 $x_1\boldsymbol{\alpha}_1+x_2\boldsymbol{\alpha}_2+x_3\boldsymbol{\alpha}_3=\boldsymbol{\beta}_3$,

$$(\boldsymbol{\alpha}_1, \boldsymbol{\alpha}_2, \boldsymbol{\alpha}_3, \boldsymbol{\beta}_3)=\begin{pmatrix}1 & 1 & 1 & 1\\ 1 & 0 & 2 & 3\\ 4 & 4 & a^2+3 & a^2+3\end{pmatrix}\to\begin{pmatrix}1 & 1 & 1 & 1\\ 0 & -1 & 1 & 2\\ 0 & 0 & a^2-1 & a^2-1\end{pmatrix}$$

$$\to\begin{pmatrix}1 & 0 & 2 & 3\\ 0 & 1 & -1 & -2\\ 0 & 0 & 1 & 1\end{pmatrix}\to\begin{pmatrix}1 & 0 & 0 & 1\\ 0 & 1 & 0 & -1\\ 0 & 0 & 1 & 1\end{pmatrix},$$

故 $\boldsymbol{\beta}_3=\boldsymbol{\alpha}_1-\boldsymbol{\alpha}_2+\boldsymbol{\alpha}_3$.

3.3.5　习题全解

1. 设矩阵 $\boldsymbol{A}=\begin{pmatrix}1 & 2 & 3 & -1\\ 2 & 5 & 7 & -2\\ 3 & 7 & 10 & -3\end{pmatrix}$,求矩阵 $\boldsymbol{A}$ 的秩,并求其列向量组的一个极大无关组,把其他列向量用此极大无关组线性表示.

解　写出矩阵 $\boldsymbol{A}$,并对矩阵 $\boldsymbol{A}$ 施行初等行变换:

$$\boldsymbol{A}=\begin{pmatrix}1 & 2 & 3 & -1\\ 2 & 5 & 7 & -2\\ 3 & 7 & 10 & -3\end{pmatrix}\to\begin{pmatrix}1 & 2 & 3 & -1\\ 0 & 1 & 1 & 0\\ 0 & 1 & 1 & 0\end{pmatrix}\to\begin{pmatrix}1 & 0 & 1 & -1\\ 0 & 1 & 1 & 0\\ 0 & 0 & 0 & 0\end{pmatrix},$$

故 $r(\boldsymbol{A})=2$,$\boldsymbol{\alpha}_1$,$\boldsymbol{\alpha}_2$ 为列向量组的一个极大无关组,$\boldsymbol{\alpha}_3=\boldsymbol{\alpha}_1+\boldsymbol{\alpha}_2$,$\boldsymbol{\alpha}_4=-\boldsymbol{\alpha}_1$.

2. 求下列向量组的秩,并求向量组的一个极大无关组,把其他向量用此极大无关组线性表示.

(1) $\boldsymbol{\alpha}_1=(1, 1, 1)^{\mathrm{T}}$,$\boldsymbol{\alpha}_2=(1, 1, 0)^{\mathrm{T}}$,$\boldsymbol{\alpha}_3=(1, 0, 0)^{\mathrm{T}}$,$\boldsymbol{\alpha}_4=(1, 2, -3)^{\mathrm{T}}$;

(2) $\boldsymbol{\alpha}_1=(1, -1, 0, 2)^{\mathrm{T}}$,$\boldsymbol{\alpha}_2=(0, 2, 1, -1)^{\mathrm{T}}$,$\boldsymbol{\alpha}_3=(2, 4, 3, 1)^{\mathrm{T}}$;

(3) $\boldsymbol{\alpha}_1=(1, 2, -1, 1)^{\mathrm{T}}$,$\boldsymbol{\alpha}_2=(2, 0, 3, 0)^{\mathrm{T}}$,$\boldsymbol{\alpha}_3=(0, -4, 5, -2)^{\mathrm{T}}$,$\boldsymbol{\alpha}_4=(3, -2, 7, -1)^{\mathrm{T}}$.

解　(1) 用向量组中向量作矩阵的列向量,写出矩阵 $\boldsymbol{A}$,并对矩阵 $\boldsymbol{A}$ 施行初等行变换:

$$\boldsymbol{A}=\begin{pmatrix}1 & 1 & 1 & 1\\ 1 & 1 & 0 & 2\\ 1 & 0 & 0 & -3\end{pmatrix}\to\begin{pmatrix}1 & 1 & 1 & 1\\ 0 & 0 & -1 & 1\\ 0 & -1 & -1 & -4\end{pmatrix}\to\begin{pmatrix}1 & 1 & 1 & 1\\ 0 & 1 & 1 & 4\\ 0 & 0 & 1 & -1\end{pmatrix}\to\begin{pmatrix}1 & 0 & 0 & -3\\ 0 & 1 & 0 & 5\\ 0 & 0 & 1 & -1\end{pmatrix},$$

故 $r(\boldsymbol{A})=3$,$\boldsymbol{\alpha}_1$,$\boldsymbol{\alpha}_2$,$\boldsymbol{\alpha}_3$ 为向量组的一个极大无关组,$\boldsymbol{\alpha}_4=-3\boldsymbol{\alpha}_1+5\boldsymbol{\alpha}_2-\boldsymbol{\alpha}_3$.

(2) 用向量组中向量作矩阵的列向量，写出矩阵 $\boldsymbol{A}$，并对矩阵 $\boldsymbol{A}$ 施行初等行变换：

$$\boldsymbol{A}=\begin{pmatrix}1&0&2\\-1&2&4\\0&1&3\\2&-1&1\end{pmatrix}\to\begin{pmatrix}1&0&2\\0&2&6\\0&1&3\\0&-1&-3\end{pmatrix}\to\begin{pmatrix}1&0&2\\0&1&3\\0&0&0\\0&0&0\end{pmatrix},$$

故 $r(\boldsymbol{A})=2$，$\boldsymbol{\alpha}_1$，$\boldsymbol{\alpha}_2$ 为向量组的一个极大无关组，$\boldsymbol{\alpha}_3=2\boldsymbol{\alpha}_1+3\boldsymbol{\alpha}_2$.

(3) 用向量组中向量作矩阵的列向量，写出矩阵 $\boldsymbol{A}$，并对矩阵 $\boldsymbol{A}$ 施行初等行变换：

$$\boldsymbol{A}=\begin{pmatrix}1&2&0&3\\2&0&-4&-2\\-1&3&5&7\\1&0&-2&-1\end{pmatrix}\to\begin{pmatrix}1&2&0&3\\0&-4&-4&-8\\0&5&5&10\\0&-2&-2&-4\end{pmatrix}\to\begin{pmatrix}1&2&0&3\\0&1&1&2\\0&0&0&0\\0&0&0&0\end{pmatrix}\to\begin{pmatrix}1&0&-2&-1\\0&1&1&2\\0&0&0&0\\0&0&0&0\end{pmatrix},$$

故 $r(\boldsymbol{A})=2$，$\boldsymbol{\alpha}_1$，$\boldsymbol{\alpha}_2$ 为向量组的一个极大无关组，$\boldsymbol{\alpha}_3=-2\boldsymbol{\alpha}_1+\boldsymbol{\alpha}_2$，$\boldsymbol{\alpha}_4=-\boldsymbol{\alpha}_1+2\boldsymbol{\alpha}_2$.

3. 设向量组 $\boldsymbol{\alpha}_1=(a,3,1)^{\mathrm{T}}$，$\boldsymbol{\alpha}_2=(2,b,3)^{\mathrm{T}}$，$\boldsymbol{\alpha}_3=(1,2,1)^{\mathrm{T}}$，$\boldsymbol{\alpha}_4=(2,3,1)^{\mathrm{T}}$ 的秩为 2，求 a 和 b 的值，并求向量组的一个极大无关组.

解 用向量组中向量作矩阵的列向量，写出矩阵 $\boldsymbol{A}$，并对矩阵 $\boldsymbol{A}$ 施行初等行变换：

$$\boldsymbol{A}=\begin{pmatrix}a&2&1&2\\3&b&2&3\\1&3&1&1\end{pmatrix}\to\begin{pmatrix}1&3&1&1\\0&b-9&-1&0\\0&2-3a&1-a&2-a\end{pmatrix},$$

向量组的秩 $r(\boldsymbol{A})=2$，则 $\begin{cases}2-a=0,\\b-9=2-3a,\end{cases}$ 即 $a=2$，$b=5$. 进而

$$\boldsymbol{A}=\begin{pmatrix}2&2&1&2\\3&5&2&3\\1&3&1&1\end{pmatrix}\to\begin{pmatrix}1&3&1&1\\3&5&2&3\\2&2&1&2\end{pmatrix}\to\begin{pmatrix}1&0&\frac{1}{4}&1\\0&1&\frac{1}{4}&0\\0&0&0&0\end{pmatrix},$$

$\boldsymbol{\alpha}_1$，$\boldsymbol{\alpha}_2$ 为向量组的一个极大无关组.

3.4 向量空间

3.4.1 内容提要

1. 向量空间与子空间

(1) 向量空间

定义 1 设 V 为 n 维向量的集合，若集合 V 对于 n 维向量的加法及数乘两种运算封闭，即

① 若 $\boldsymbol{\alpha} \in V$, $\boldsymbol{\beta} \in V$, 则 $\boldsymbol{\alpha}+\boldsymbol{\beta} \in V$;

② 若 $\boldsymbol{\alpha} \in V$, $\lambda \in \mathbf{R}$, 则 $\lambda\boldsymbol{\alpha} \in V$,

则称集合 V 为 $\mathbf{R}$ 上的**向量空间**.

只含零向量的向量空间称为**零空间**.

记所有 n 维向量的集合为 $\mathbf{R}^n$，容易验证集合 $\mathbf{R}^n$ 对于加法及数乘两种运算封闭，因而集合 $\mathbf{R}^n$ 构成向量空间，称 $\mathbf{R}^n$ 为 n 维向量空间. 一维向量空间 $\mathbf{R}^1$ 表示数轴；二维向量空间 $\mathbf{R}^2$ 表示平面；三维向量空间 $\mathbf{R}^3$ 表示空间；当 $n>3$ 时，$\mathbf{R}^n$ 没有直观的几何形象.

一般地，由向量组 $\boldsymbol{\alpha}_1, \boldsymbol{\alpha}_2, \cdots, \boldsymbol{\alpha}_m$ 所生成的向量空间为

$$\boldsymbol{L}[\boldsymbol{\alpha}_1, \boldsymbol{\alpha}_2, \cdots, \boldsymbol{\alpha}_m]=\{\boldsymbol{\xi}=\lambda_1\boldsymbol{\alpha}_1+\lambda_2\boldsymbol{\alpha}_2+\cdots+\lambda_m\boldsymbol{\alpha}_m \mid \lambda_1, \lambda_2, \cdots, \lambda_m \in \mathbf{R}\}.$$

(2) 子空间

定义 2 设有向量空间 V_1, V_2, 若 $V_1 \subset V_2$, 则称 V_1 是 V_2 的**子空间**.

2. 向量空间的基与维数

定义 3 设 V 是向量空间，若有 r 个向量 $\boldsymbol{\alpha}_1, \boldsymbol{\alpha}_2, \cdots, \boldsymbol{\alpha}_r \in V$，满足：

(1) $\boldsymbol{\alpha}_1, \boldsymbol{\alpha}_2, \cdots, \boldsymbol{\alpha}_r$ 线性无关；

(2) V 中任一向量都可由 $\boldsymbol{\alpha}_1, \boldsymbol{\alpha}_2, \cdots, \boldsymbol{\alpha}_r$ 线性表示，

则称向量组 $\boldsymbol{\alpha}_1, \boldsymbol{\alpha}_2, \cdots, \boldsymbol{\alpha}_r$ 为向量空间 V 的一个**基**，数 r 称为向量空间 V 的**维数**，记为 $\dim V=r$，并称 V 为 **r 维向量空间**.

规定零空间的维数为零.

若把向量空间 V 看作向量组，则 V 的基就是向量组的极大无关组，V 的维数就是向量组的秩.

相反，若向量组 $\boldsymbol{\alpha}_1, \boldsymbol{\alpha}_2, \cdots, \boldsymbol{\alpha}_r$ 是向量空间 V 的基，则 V 可表示为

$$V=\{\boldsymbol{x} \mid \boldsymbol{x}=\lambda_1\boldsymbol{\alpha}_1+\cdots+\lambda_r\boldsymbol{\alpha}_r, \lambda_1, \lambda_2, \cdots, \lambda_r \in \mathbf{R}\}.$$

此时，V 又称为由基 $\boldsymbol{\alpha}_1, \boldsymbol{\alpha}_2, \cdots, \boldsymbol{\alpha}_r$ 所生成的向量空间.

定理 1 n 维向量空间 V 中任意 n 个线性无关的向量都是 V 的一个基.

3. 向量的坐标

定义 4 设向量组 $\boldsymbol{\alpha}_1, \boldsymbol{\alpha}_2, \cdots, \boldsymbol{\alpha}_r$ 是向量空间 V 的一个基，向量空间 V 中任一向量 $\boldsymbol{\alpha}$ 可唯一地表示为

$$\boldsymbol{\alpha}=\lambda_1\boldsymbol{\alpha}_1+\lambda_2\boldsymbol{\alpha}_2+\cdots+\lambda_r\boldsymbol{\alpha}_r,$$

其中有序数组 $\lambda_1, \lambda_2, \cdots, \lambda_r$ 称为向量 $\boldsymbol{\alpha}$ 在基 $\boldsymbol{\alpha}_1, \boldsymbol{\alpha}_2, \cdots, \boldsymbol{\alpha}_r$ 下的坐标.

特别地，在 n 维向量空间 $\mathbf{R}^n$ 中取单位向量组 $\boldsymbol{\varepsilon}_1, \boldsymbol{\varepsilon}_2, \cdots, \boldsymbol{\varepsilon}_n$ 为基，则以 $x_1, x_2, \cdots, x_n$ 为分量的向量 $\boldsymbol{x}$，可表示为

$$\boldsymbol{x}=x_1\boldsymbol{\varepsilon}_1+x_2\boldsymbol{\varepsilon}_2+\cdots+x_n\boldsymbol{\varepsilon}_n,$$

可见，向量 $\boldsymbol{x}$ 在基 $\boldsymbol{\varepsilon}_1, \boldsymbol{\varepsilon}_2, \cdots, \boldsymbol{\varepsilon}_n$ 下的坐标就是该向量的分量.

因此，$\boldsymbol{\varepsilon}_1, \boldsymbol{\varepsilon}_2, \cdots, \boldsymbol{\varepsilon}_n$ 称为 $\mathbf{R}^n$ 的自然基.

4. 基变换与坐标变换

定义 5 设向量组 $\boldsymbol{\alpha}_1, \boldsymbol{\alpha}_2, \cdots, \boldsymbol{\alpha}_n$ 和 $\boldsymbol{\beta}_1, \boldsymbol{\beta}_2, \cdots, \boldsymbol{\beta}_n$ 是 n 维向量空间 V 的两个基，若它们之间的关系可表示为

$$(\boldsymbol{\beta}_1, \boldsymbol{\beta}_2, \cdots, \boldsymbol{\beta}_n)=(\boldsymbol{\alpha}_1, \boldsymbol{\alpha}_2, \cdots, \boldsymbol{\alpha}_n)\boldsymbol{C},$$

其中 $\boldsymbol{C}=(c_{ij})_{n\times n}$，则称矩阵 $\boldsymbol{C}$ 为从基 $\boldsymbol{\alpha}_1, \boldsymbol{\alpha}_2, \cdots, \boldsymbol{\alpha}_n$ 到基 $\boldsymbol{\beta}_1, \boldsymbol{\beta}_2, \cdots, \boldsymbol{\beta}_n$ 的**过渡矩阵**(或**基变换矩阵**)，此式为**基变换公式**.

易知，$\boldsymbol{C}$ 是可逆矩阵，否则 $|\boldsymbol{\beta}_1, \boldsymbol{\beta}_2, \cdots, \boldsymbol{\beta}_n|=0$，即 $\boldsymbol{\beta}_1, \boldsymbol{\beta}_2, \cdots, \boldsymbol{\beta}_n$ 不是 n 维向量空间 V 的基. 另外，$\boldsymbol{C}^{-1}$ 是从基 $\boldsymbol{\beta}_1, \boldsymbol{\beta}_2, \cdots, \boldsymbol{\beta}_n$ 到基 $\boldsymbol{\alpha}_1, \boldsymbol{\alpha}_2, \cdots, \boldsymbol{\alpha}_n$ 的过渡矩阵，即

$$(\boldsymbol{\alpha}_1, \boldsymbol{\alpha}_2, \cdots, \boldsymbol{\alpha}_n)=(\boldsymbol{\beta}_1, \boldsymbol{\beta}_2, \cdots, \boldsymbol{\beta}_n)\boldsymbol{C}^{-1}.$$

定理 2 设向量空间 V 的一组基 $\boldsymbol{\alpha}_1, \boldsymbol{\alpha}_2, \cdots, \boldsymbol{\alpha}_n$ 到另一组基 $\boldsymbol{\beta}_1, \boldsymbol{\beta}_2, \cdots, \boldsymbol{\beta}_n$ 的过渡矩阵为 $\boldsymbol{C}$，V 中一个向量在这两组基下的坐标分别为 $\boldsymbol{X}$ 和 $\boldsymbol{Y}$，则 $\boldsymbol{X}=\boldsymbol{CY}$.

3.4.2 基本要求

理解向量空间的概念，掌握判断一组向量是否构成向量空间的条件；掌握向量空间中的加法和数乘运算，理解向量的线性组合和线性表达式的概念及性质；理解向量空间的基和维数的概念，掌握求向量空间基的方法.

3.4.3 典型范例

题型 1 判别一个集合是否为向量空间.

例 1 证明：设 $\boldsymbol{\alpha}, \boldsymbol{\beta}$ 为两个已知的 n 维向量，集合 $V=\{\boldsymbol{x}=k\boldsymbol{\alpha}+l\boldsymbol{\beta} \mid k, l\in \mathbf{R}\}$ 是一个空间向量.

证明 因为若 $\boldsymbol{x}_1=k_1\boldsymbol{\alpha}+l_1\boldsymbol{\beta}\in V$，$\boldsymbol{x}_2=k_2\boldsymbol{\alpha}+l_2\boldsymbol{\beta}\in V$，则

$$\boldsymbol{x}_1+\boldsymbol{x}_2=k_1\boldsymbol{\alpha}+l_1\boldsymbol{\beta}+k_2\boldsymbol{\alpha}+l_2\boldsymbol{\beta}=(k_1+k_2)\boldsymbol{\alpha}+(l_1+l_2)\boldsymbol{\beta}\in V,$$
$$m\boldsymbol{x}_1=(mk_1)\boldsymbol{\alpha}+(ml_1)\boldsymbol{\beta}\in V,$$

其中，$k_1, l_1, k_2, l_2, m\in \mathbf{R}$.

题型 2 求一个向量空间的基和维数.

例 2 设 $\boldsymbol{\alpha}_1=(1, 1, 2, 3)^{\mathrm{T}}$，$\boldsymbol{\alpha}_2=(-1, 1, -4, -5)^{\mathrm{T}}$，$\boldsymbol{\alpha}_3=(1, -3, 6, 7)^{\mathrm{T}}$，求 $\boldsymbol{L}[\boldsymbol{\alpha}_1, \boldsymbol{\alpha}_2, \boldsymbol{\alpha}_3]$ 的一个基和维数.

解 令

$$\boldsymbol{A}=(\boldsymbol{\alpha}_1, \boldsymbol{\alpha}_2, \boldsymbol{\alpha}_3)=\begin{pmatrix}1 & -1 & 1\\ 1 & 1 & -3\\ 2 & -4 & 6\\ 3 & -5 & 7\end{pmatrix},$$

对矩阵 $\boldsymbol{A}$ 施行初等行变换：

$$\boldsymbol{A}=\begin{pmatrix}1&-1&1\\1&1&-3\\2&-4&6\\3&-5&7\end{pmatrix}\to\begin{pmatrix}1&-1&1\\0&2&-4\\0&-2&4\\0&-2&4\end{pmatrix}\to\begin{pmatrix}1&-1&1\\0&1&-2\\0&0&0\\0&0&0\end{pmatrix},$$

因 $r(\boldsymbol{A})=2$，则 $\boldsymbol{\alpha}_1, \boldsymbol{\alpha}_2, \boldsymbol{\alpha}_3$ 线性相关，而 $\boldsymbol{\alpha}_1, \boldsymbol{\alpha}_2$ 线性无关，故 $\boldsymbol{\alpha}_1, \boldsymbol{\alpha}_2$ 是 $\boldsymbol{L}[\boldsymbol{\alpha}_1, \boldsymbol{\alpha}_2, \boldsymbol{\alpha}_3]$ 的一个基. $\dim\boldsymbol{L}[\boldsymbol{\alpha}_1, \boldsymbol{\alpha}_2, \boldsymbol{\alpha}_3]=2$.

题型3　求一个向量在基下的坐标.

例3　设有 $\mathbf{R}^4$ 的一个基 $\boldsymbol{\alpha}_1, \boldsymbol{\alpha}_2, \boldsymbol{\alpha}_3, \boldsymbol{\alpha}_4$，其中，$\boldsymbol{\alpha}_1=(1, 1, 0, 1)^{\mathrm{T}}$，$\boldsymbol{\alpha}_2=(2, 1, 3, 1)^{\mathrm{T}}$，$\boldsymbol{\alpha}_3=(1, 1, 0, 0)^{\mathrm{T}}$，$\boldsymbol{\alpha}_4=(0, 1, -1, -1)^{\mathrm{T}}$，求向量 $\boldsymbol{\alpha}=(2, 2, 4, 1)^{\mathrm{T}}$ 在此基下的坐标.

解　设 $\boldsymbol{\alpha}=x_1\boldsymbol{\alpha}_1+x_2\boldsymbol{\alpha}_2+x_3\boldsymbol{\alpha}_3+x_4\boldsymbol{\alpha}_4$，即有非齐次线性方程组为

$$\begin{pmatrix}1&2&1&0\\1&1&1&1\\0&3&0&-1\\1&1&0&-1\end{pmatrix}\begin{pmatrix}x_1\\x_2\\x_3\\x_4\end{pmatrix}=\begin{pmatrix}2\\2\\4\\1\end{pmatrix},$$

对方程组的增广矩阵施行初等行变换：

$$(\boldsymbol{\alpha}_1, \boldsymbol{\alpha}_2, \boldsymbol{\alpha}_3, \boldsymbol{\alpha}_4, \boldsymbol{\alpha})=\begin{pmatrix}1&2&1&0&2\\1&1&1&1&2\\0&3&0&-1&4\\1&1&0&-1&1\end{pmatrix}\to\begin{pmatrix}1&2&1&0&2\\0&-1&0&1&0\\0&3&0&-1&4\\0&-1&-1&-1&-1\end{pmatrix}$$

$$\to\begin{pmatrix}1&0&1&2&2\\0&1&0&-1&0\\0&0&0&2&4\\0&0&-1&-2&-1\end{pmatrix}\to\begin{pmatrix}1&0&1&2&2\\0&1&0&-1&0\\0&0&1&2&1\\0&0&0&1&2\end{pmatrix}$$

$$\to\begin{pmatrix}1&0&0&0&1\\0&1&0&0&2\\0&0&1&0&-3\\0&0&0&1&2\end{pmatrix},$$

解得方程组的解为 $(x_1, x_2, x_3, x_4)^{\mathrm{T}}=(1, 2, -3, 2)^{\mathrm{T}}$，此即向量 $\boldsymbol{\alpha}=(2, 2, 4, 1)^{\mathrm{T}}$ 在基 $\boldsymbol{\alpha}_1, \boldsymbol{\alpha}_2, \boldsymbol{\alpha}_3, \boldsymbol{\alpha}_4$ 下的坐标.

题型4　求过渡矩阵.

例4　设 $\mathbf{R}^3$ 中的两个基为 $\boldsymbol{\alpha}_1=(1, 0, 1)^{\mathrm{T}}$，$\boldsymbol{\alpha}_2=(1, 1, 0)^{\mathrm{T}}$，$\boldsymbol{\alpha}_3=(0, 1, 1)^{\mathrm{T}}$ 和 $\boldsymbol{\beta}_1=(1, 1, 1)^{\mathrm{T}}$，$\boldsymbol{\beta}_2=(1, 1, 2)^{\mathrm{T}}$，$\boldsymbol{\beta}_3=(1, 2, 1)^{\mathrm{T}}$，求 $\boldsymbol{\alpha}_1, \boldsymbol{\alpha}_2, \boldsymbol{\alpha}_3$ 到 $\boldsymbol{\beta}_1, \boldsymbol{\beta}_2, \boldsymbol{\beta}_3$ 的过渡矩阵.

解法1　由 $(\boldsymbol{\beta}_1, \boldsymbol{\beta}_2, \boldsymbol{\beta}_3)=(\boldsymbol{\alpha}_1, \boldsymbol{\alpha}_2, \boldsymbol{\alpha}_3)\boldsymbol{C}$，得

$$\begin{pmatrix}1&1&1\\1&1&2\\1&2&1\end{pmatrix}=\begin{pmatrix}1&1&0\\0&1&1\\1&0&1\end{pmatrix}\boldsymbol{C},$$

解得

$$\boldsymbol{C}=\begin{pmatrix}1&1&0\\0&1&1\\1&0&1\end{pmatrix}^{-1}\begin{pmatrix}1&1&1\\1&1&2\\1&2&1\end{pmatrix}=\frac{1}{2}\begin{pmatrix}1&-1&1\\1&1&-1\\-1&1&1\end{pmatrix}\begin{pmatrix}1&1&1\\1&1&2\\1&2&1\end{pmatrix}=\begin{pmatrix}\frac{1}{2}&1&0\\\frac{1}{2}&0&1\\\frac{1}{2}&1&1\end{pmatrix}.$$

解法 2 因为 $(\boldsymbol{\beta}_1,\boldsymbol{\beta}_2,\boldsymbol{\beta}_3)=(\boldsymbol{\alpha}_1,\boldsymbol{\alpha}_2,\boldsymbol{\alpha}_3)\boldsymbol{C}$,所以 $\boldsymbol{C}=(\boldsymbol{\alpha}_1,\boldsymbol{\alpha}_2,\boldsymbol{\alpha}_3)^{-1}(\boldsymbol{\beta}_1,\boldsymbol{\beta}_2,\boldsymbol{\beta}_3)$. 令 $\boldsymbol{A}=(\boldsymbol{\alpha}_1,\boldsymbol{\alpha}_2,\boldsymbol{\alpha}_3)$,$\boldsymbol{B}=(\boldsymbol{\beta}_1,\boldsymbol{\beta}_2,\boldsymbol{\beta}_3)$,则 $\boldsymbol{C}=\boldsymbol{A}^{-1}\boldsymbol{B}$.

$$(\boldsymbol{A},\boldsymbol{B})=\begin{pmatrix}1&1&0&1&1&1\\0&1&1&1&1&2\\1&0&1&1&2&1\end{pmatrix}\rightarrow\begin{pmatrix}1&0&0&\frac{1}{2}&1&0\\0&1&0&\frac{1}{2}&0&1\\0&0&1&\frac{1}{2}&1&1\end{pmatrix},$$

故

$$\boldsymbol{C}=\begin{pmatrix}\frac{1}{2}&1&0\\\frac{1}{2}&0&1\\\frac{1}{2}&1&1\end{pmatrix}.$$

3.4.4 疑难解析

例 5 设向量组 $\boldsymbol{\alpha}_1,\boldsymbol{\alpha}_2,\boldsymbol{\alpha}_3$ 为 $\mathbf{R}^3$ 的一个基,$\boldsymbol{\beta}_1=2\boldsymbol{\alpha}_1+2k\boldsymbol{\alpha}_3$,$\boldsymbol{\beta}_2=2\boldsymbol{\alpha}_2$,$\boldsymbol{\beta}_3=\boldsymbol{\alpha}_1+(k+1)\boldsymbol{\alpha}_3$.

(1) 证明:向量组 $\boldsymbol{\beta}_1,\boldsymbol{\beta}_2,\boldsymbol{\beta}_3$ 为 $\mathbf{R}^3$ 的一个基.

(2) 当 k 为何值时,存在非零向量 $\boldsymbol{\xi}$ 在基 $\boldsymbol{\alpha}_1,\boldsymbol{\alpha}_2,\boldsymbol{\alpha}_3$ 与基 $\boldsymbol{\beta}_1,\boldsymbol{\beta}_2,\boldsymbol{\beta}_3$ 下的坐标相同?并求所有的 $\boldsymbol{\xi}$.

解 (1) 由于 $(\boldsymbol{\beta}_1,\boldsymbol{\beta}_2,\boldsymbol{\beta}_3)=(2\boldsymbol{\alpha}_1+2k\boldsymbol{\alpha}_3,2\boldsymbol{\alpha}_2,\boldsymbol{\alpha}_1+(k+1)\boldsymbol{\alpha}_3)=(\boldsymbol{\alpha}_1,\boldsymbol{\alpha}_2,\boldsymbol{\alpha}_3)\boldsymbol{P}$,

其中

$$\boldsymbol{P}=\begin{pmatrix}2&0&1\\0&2&0\\2k&0&k+1\end{pmatrix},$$

且 $|\boldsymbol{P}|=4\neq 0$，所以 $\boldsymbol{\beta}_1,\boldsymbol{\beta}_2,\boldsymbol{\beta}_3$ 为 $\mathbf{R}^3$ 的一个基.

(2) 设 $\boldsymbol{\xi}$ 在基 $\boldsymbol{\alpha}_1,\boldsymbol{\alpha}_2,\boldsymbol{\alpha}_3$ 与基 $\boldsymbol{\beta}_1,\boldsymbol{\beta}_2,\boldsymbol{\beta}_3$ 下的坐标向量为 $\boldsymbol{x}$，则

$$\boldsymbol{\xi}=(\boldsymbol{\alpha}_1,\boldsymbol{\alpha}_2,\boldsymbol{\alpha}_3)\boldsymbol{x}=(\boldsymbol{\beta}_1,\boldsymbol{\beta}_2,\boldsymbol{\beta}_3)\boldsymbol{x}=(\boldsymbol{\alpha}_1,\boldsymbol{\alpha}_2,\boldsymbol{\alpha}_3)\boldsymbol{P}\boldsymbol{x},$$

所以 $(\boldsymbol{P}-\boldsymbol{E})\boldsymbol{x}=\mathbf{0}$.

对 $\boldsymbol{P}-\boldsymbol{E}$ 施行初等行变换：

$$\boldsymbol{P}-\boldsymbol{E}=\begin{pmatrix}1&0&1\\0&1&0\\2k&0&k\end{pmatrix}\rightarrow\begin{pmatrix}1&0&1\\0&1&0\\0&0&-k\end{pmatrix},$$

所以当 $k=0$ 时，方程 $(\boldsymbol{P}-\boldsymbol{E})\boldsymbol{x}=\mathbf{0}$ 有非零解，且所有非零解为

$$\boldsymbol{x}=C\begin{pmatrix}1\\0\\-1\end{pmatrix},\quad C\text{ 为任意非零常数.}$$

故在基 $\boldsymbol{\alpha}_1,\boldsymbol{\alpha}_2,\boldsymbol{\alpha}_3$ 与基 $\boldsymbol{\beta}_1,\boldsymbol{\beta}_2,\boldsymbol{\beta}_3$ 下的坐标相同的所有非零向量为

$$\boldsymbol{\xi}=(\boldsymbol{\alpha}_1,\boldsymbol{\alpha}_2,\boldsymbol{\alpha}_3)\begin{pmatrix}C\\0\\-C\end{pmatrix}=C(\boldsymbol{\alpha}_1-\boldsymbol{\alpha}_3),\quad C\text{ 为任意非零常数.}$$

例 6 设向量组 $\boldsymbol{\alpha}_1=(1,2,1)^{\mathrm{T}}$，$\boldsymbol{\alpha}_2=(1,3,2)^{\mathrm{T}}$，$\boldsymbol{\alpha}_3=(1,a,3)^{\mathrm{T}}$ 为 $\mathbf{R}^3$ 的一个基，$\boldsymbol{\beta}=(1,1,1)^{\mathrm{T}}$ 在这个基下的坐标为 $(b,c,1)^{\mathrm{T}}$.

(1) 求 a,b,c；

(2) 证明：$\boldsymbol{\alpha}_2,\boldsymbol{\alpha}_3,\boldsymbol{\beta}$ 为 $\mathbf{R}^3$ 的一个基，并求 $\boldsymbol{\alpha}_2,\boldsymbol{\alpha}_3,\boldsymbol{\beta}$ 到 $\boldsymbol{\alpha}_1,\boldsymbol{\alpha}_2,\boldsymbol{\alpha}_3$ 的过渡矩阵.

解 (1) 由题目可知 $\boldsymbol{\beta}=b\boldsymbol{\alpha}_1+c\boldsymbol{\alpha}_2+\boldsymbol{\alpha}_3$，

代入可得 $\begin{cases}b+c+1=1,\\2b+3c+a=1,\\b+2c+3=1,\end{cases}$ 解得 $\begin{cases}a=3,\\b=2,\\c=-2.\end{cases}$

(2) 由于 $|(\boldsymbol{\alpha}_2,\boldsymbol{\alpha}_3,\boldsymbol{\beta})|=\begin{vmatrix}1&1&1\\0&0&-2\\0&1&-1\end{vmatrix}=2\neq 0$，

故 $\boldsymbol{\alpha}_2,\boldsymbol{\alpha}_3,\boldsymbol{\beta}$ 线性无关，则 $\boldsymbol{\alpha}_2,\boldsymbol{\alpha}_3,\boldsymbol{\beta}$ 为 $\mathbf{R}^3$ 的一个基.

因为 $\boldsymbol{\beta}=2\boldsymbol{\alpha}_1-2\boldsymbol{\alpha}_2+\boldsymbol{\alpha}_3$，所以 $\boldsymbol{\alpha}_1=\boldsymbol{\alpha}_2-\frac{1}{2}\boldsymbol{\alpha}_3+\frac{1}{2}\boldsymbol{\beta}$，

从而 $(\boldsymbol{\alpha}_1,\boldsymbol{\alpha}_2,\boldsymbol{\alpha}_3)=(\boldsymbol{\alpha}_2,\boldsymbol{\alpha}_3,\boldsymbol{\beta})\begin{pmatrix}1&1&0\\-\frac{1}{2}&0&1\\\frac{1}{2}&0&0\end{pmatrix}$，故 $\begin{pmatrix}1&1&0\\-\frac{1}{2}&0&1\\\frac{1}{2}&0&0\end{pmatrix}$ 为所求过渡矩阵.

3.4.5 习题全解

1. 验证向量组 $\boldsymbol{\alpha}_1=(-1,-1,0)^{\mathrm{T}}$，$\boldsymbol{\alpha}_2=(2,1,3)^{\mathrm{T}}$，$\boldsymbol{\alpha}_3=(3,1,2)^{\mathrm{T}}$ 是 $\mathbf{R}^3$ 的一个基，并将 $\boldsymbol{\beta}_1=(5,0,7)^{\mathrm{T}}$ 和 $\boldsymbol{\beta}_2=(-9,-8,-13)^{\mathrm{T}}$ 用此基线性表示.

解 由于矩阵 $\boldsymbol{A}=(\boldsymbol{\alpha}_1,\boldsymbol{\alpha}_2,\boldsymbol{\alpha}_3)$ 的行列式

$$|\boldsymbol{A}|=\begin{vmatrix}-1&2&3\\-1&1&1\\0&3&2\end{vmatrix}=\begin{vmatrix}1&-1&-1\\-1&2&3\\0&3&2\end{vmatrix}=\begin{vmatrix}1&-1&-1\\0&1&2\\0&3&2\end{vmatrix}=1\times(-1)^{1+1}\begin{vmatrix}1&2\\3&2\end{vmatrix}=-4\neq 0,$$

故向量组 $\boldsymbol{\alpha}_1,\boldsymbol{\alpha}_2,\boldsymbol{\alpha}_3$ 线性无关,向量组 $\boldsymbol{\alpha}_1,\boldsymbol{\alpha}_2,\boldsymbol{\alpha}_3$ 是 $\mathbf{R}^3$ 的一个基.

设 $\boldsymbol{\beta}_1=\lambda_1\boldsymbol{\alpha}_1+\lambda_2\boldsymbol{\alpha}_2+\lambda_3\boldsymbol{\alpha}_3$，则

$$\begin{cases}\lambda_1+2\lambda_2+3\lambda_3=5,\\-\lambda_1+\lambda_2+\lambda_3=0,\\3\lambda_2+2\lambda_3=7.\end{cases}$$

对系数矩阵 $\boldsymbol{A}$ 施行初等行变换：

$$\boldsymbol{A}=\begin{pmatrix}1&2&3&5\\-1&1&1&0\\0&3&2&7\end{pmatrix}\to\begin{pmatrix}1&2&3&5\\0&3&4&5\\0&3&2&7\end{pmatrix}\to\begin{pmatrix}1&2&3&5\\0&3&4&5\\0&0&1&-1\end{pmatrix}\to\begin{pmatrix}1&0&0&2\\0&1&0&3\\0&0&1&-1\end{pmatrix},$$

则方程组的解 $\begin{cases}\lambda_1=2,\\\lambda_2=3,\\\lambda_3=-1,\end{cases}$ 故 $\boldsymbol{\beta}_1=2\boldsymbol{\alpha}_1+3\boldsymbol{\alpha}_2-\boldsymbol{\alpha}_3$.

设 $\boldsymbol{\beta}_2=\lambda_1\boldsymbol{\alpha}_1+\lambda_2\boldsymbol{\alpha}_2+\lambda_3\boldsymbol{\alpha}_3$，则

$$\begin{cases}\lambda_1+2\lambda_2+3\lambda_3=-9,\\-\lambda_1+\lambda_2+\lambda_3=-8,\\3\lambda_2+2\lambda_3=-13.\end{cases}$$

对增广矩阵 $\widetilde{\boldsymbol{A}}$ 施行初等行变换：

$$\widetilde{\boldsymbol{A}}=\begin{pmatrix}1&2&3&-9\\-1&1&1&-8\\0&3&2&-13\end{pmatrix}\to\begin{pmatrix}1&2&3&-9\\0&3&4&-17\\0&3&2&-13\end{pmatrix}\to\begin{pmatrix}1&2&3&-9\\0&3&4&-17\\0&0&-2&4\end{pmatrix}\to\begin{pmatrix}1&0&0&3\\0&1&0&-3\\0&0&1&-2\end{pmatrix},$$

则方程组的解 $\begin{cases}\lambda_1=3,\\\lambda_2=-3,\\\lambda_3=-2,\end{cases}$ 故 $\boldsymbol{\beta}_2=3\boldsymbol{\alpha}_1-3\boldsymbol{\alpha}_2-2\boldsymbol{\alpha}_3$.

2. 证明：向量组 $\boldsymbol{\alpha}_1=(1,0,2,1)^{\mathrm{T}}$，$\boldsymbol{\alpha}_2=(0,1,0,1)^{\mathrm{T}}$，$\boldsymbol{\alpha}_3=(-1,2,0,1)^{\mathrm{T}}$，$\boldsymbol{\alpha}_4=(0,0,0,1)^{\mathrm{T}}$ 是 $\mathbf{R}^4$ 的一个基.

解 由于矩阵 $\boldsymbol{A}=(\boldsymbol{\alpha}_1,\boldsymbol{\alpha}_2,\boldsymbol{\alpha}_3,\boldsymbol{\alpha}_4)$ 的行列式

$$|\boldsymbol{A}|=\begin{vmatrix}1&0&-1&0\\0&1&2&0\\2&0&0&0\\1&1&1&1\end{vmatrix}=2\times(-1)^{3+1}\begin{vmatrix}0&-1&0\\1&2&0\\1&1&1\end{vmatrix}=2\times(-1)^{3+3}\begin{vmatrix}0&-1\\1&2\end{vmatrix}=2\neq 0,$$

故向量组 $\boldsymbol{\alpha}_1,\boldsymbol{\alpha}_2,\boldsymbol{\alpha}_3,\boldsymbol{\alpha}_4$ 线性无关,向量组 $\boldsymbol{\alpha}_1,\boldsymbol{\alpha}_2,\boldsymbol{\alpha}_3,\boldsymbol{\alpha}_4$ 是 $\mathbf{R}^4$ 的一个基.

3. 设有 $\mathbf{R}^4$ 的一个基 $\boldsymbol{\alpha}_1,\boldsymbol{\alpha}_2,\boldsymbol{\alpha}_3,\boldsymbol{\alpha}_4$,其中,$\boldsymbol{\alpha}_1=(1,0,2,1)^{\mathrm{T}}$,$\boldsymbol{\alpha}_2=(0,1,0,1)^{\mathrm{T}}$,$\boldsymbol{\alpha}_3=(-1,2,0,1)^{\mathrm{T}}$,$\boldsymbol{\alpha}_4=(0,0,0,1)^{\mathrm{T}}$,求向量 $\boldsymbol{\alpha}=(1,-1,4,5)^{\mathrm{T}}$ 在基 $\boldsymbol{\alpha}_1,\boldsymbol{\alpha}_2,\boldsymbol{\alpha}_3,\boldsymbol{\alpha}_4$ 下的坐标.

解 设 $\boldsymbol{\alpha}=\lambda_1\boldsymbol{\alpha}_1+\lambda_2\boldsymbol{\alpha}_2+\lambda_3\boldsymbol{\alpha}_3+\lambda_4\boldsymbol{\alpha}_4$,为解此方程组,列出其增广矩阵并施行初等行变换:

$$(\boldsymbol{\alpha}_1,\boldsymbol{\alpha}_2,\boldsymbol{\alpha}_3,\boldsymbol{\alpha}_4,\boldsymbol{\alpha})=\begin{pmatrix}1&0&-1&0&1\\0&1&2&0&-1\\2&0&0&0&4\\1&1&1&1&5\end{pmatrix}\to\begin{pmatrix}1&0&-1&0&1\\0&1&2&0&-1\\0&0&2&0&2\\0&1&2&1&4\end{pmatrix}$$

$$\to\begin{pmatrix}1&0&-1&0&1\\0&1&2&0&-1\\0&0&1&0&1\\0&0&0&1&5\end{pmatrix}\to\begin{pmatrix}1&0&0&0&2\\0&1&0&0&-3\\0&0&1&0&1\\0&0&0&1&5\end{pmatrix},$$

得方程组的解为 $(\lambda_1,\lambda_2,\lambda_3,\lambda_4)=(2,-3,1,5)$,此即为向量 $\boldsymbol{\alpha}=(1,-1,4,5)^{\mathrm{T}}$ 在基 $\boldsymbol{\alpha}_1,\boldsymbol{\alpha}_2,\boldsymbol{\alpha}_3,\boldsymbol{\alpha}_4$ 下的坐标.

4. 设向量组 $\boldsymbol{\alpha}_1,\boldsymbol{\alpha}_2,\boldsymbol{\alpha}_3$ 和 $\boldsymbol{\beta}_1,\boldsymbol{\beta}_2,\boldsymbol{\beta}_3$ 是 $\mathbf{R}^3$ 的两个基,其中,$\boldsymbol{\alpha}_1=(1,1,1)^{\mathrm{T}}$,$\boldsymbol{\alpha}_2=(1,0,-1)^{\mathrm{T}}$,$\boldsymbol{\alpha}_3=(1,0,1)^{\mathrm{T}}$,$\boldsymbol{\beta}_1=(1,2,1)^{\mathrm{T}}$,$\boldsymbol{\beta}_2=(2,3,4)^{\mathrm{T}}$,$\boldsymbol{\beta}_3=(3,4,3)^{\mathrm{T}}$,求从基 $\boldsymbol{\alpha}_1,\boldsymbol{\alpha}_2,\boldsymbol{\alpha}_3$ 到基 $\boldsymbol{\beta}_1,\boldsymbol{\beta}_2,\boldsymbol{\beta}_3$ 的过渡矩阵 $\boldsymbol{P}$.

解 设矩阵 $\boldsymbol{A}=(\boldsymbol{\alpha}_1,\boldsymbol{\alpha}_2,\boldsymbol{\alpha}_3)=\begin{pmatrix}1&1&1\\1&0&0\\1&-1&1\end{pmatrix}$,$\boldsymbol{B}=(\boldsymbol{\beta}_1,\boldsymbol{\beta}_2,\boldsymbol{\beta}_3)=\begin{pmatrix}1&2&3\\2&3&4\\1&4&3\end{pmatrix}$,

$$(\boldsymbol{A}\vdots\boldsymbol{E})=\left(\begin{array}{ccc:ccc}1&1&1&1&0&0\\1&0&0&0&1&0\\1&-1&1&0&0&1\end{array}\right)\to\left(\begin{array}{ccc:ccc}1&1&1&1&0&0\\0&-1&-1&-1&1&0\\0&-2&0&-1&0&1\end{array}\right)$$

$$\to\left(\begin{array}{ccc:ccc}1&1&1&1&0&0\\0&1&1&1&-1&0\\0&0&2&1&-2&1\end{array}\right)\to\left(\begin{array}{ccc:ccc}1&1&1&1&0&0\\0&1&1&1&-1&0\\0&0&1&\frac{1}{2}&-1&\frac{1}{2}\end{array}\right)$$

$$\rightarrow\left(\begin{array}{ccc:ccc}1&0&0&0&1&0\\0&1&0&\frac{1}{2}&0&-\frac{1}{2}\\0&0&1&\frac{1}{2}&-1&\frac{1}{2}\end{array}\right),$$

所以

$$\boldsymbol{A}^{-1}=\begin{pmatrix}0&1&0\\\frac{1}{2}&0&-\frac{1}{2}\\\frac{1}{2}&-1&\frac{1}{2}\end{pmatrix}.$$

设过渡矩阵为 $\boldsymbol{P}$，则 $\boldsymbol{P}=\boldsymbol{A}^{-1}\boldsymbol{B}$，进而有

$$\boldsymbol{P}=\boldsymbol{A}^{-1}\boldsymbol{B}=\begin{pmatrix}0&1&0\\\frac{1}{2}&0&-\frac{1}{2}\\\frac{1}{2}&-1&\frac{1}{2}\end{pmatrix}\begin{pmatrix}1&2&3\\2&3&4\\1&4&3\end{pmatrix}=\begin{pmatrix}2&3&4\\0&-1&0\\-1&0&-1\end{pmatrix}.$$

3.5 线性方程组解的结构

3.5.1 内容提要

1. 齐次线性方程组解

(1) 解向量

设齐次线性方程组

$$\begin{cases}a_{11}x_1+a_{12}x_2+\cdots+a_{1n}x_n=0,\\a_{21}x_1+a_{22}x_2+\cdots+a_{2n}x_n=0,\\\qquad\vdots\\a_{m1}x_1+a_{m2}x_2+\cdots+a_{mn}x_n=0.\end{cases}$$

其矩阵形式为

$$\boldsymbol{Ax}=\boldsymbol{0},$$

其中，$\boldsymbol{A}=\begin{pmatrix}a_{11}&a_{12}&\cdots&a_{1n}\\a_{21}&a_{22}&\cdots&a_{2n}\\\vdots&\vdots&&\vdots\\a_{m1}&a_{m2}&\cdots&a_{mn}\end{pmatrix}$，$\boldsymbol{x}=\begin{pmatrix}x_1\\x_2\\\vdots\\x_n\end{pmatrix}$.

由于方程组的解 $\boldsymbol{x}=\begin{pmatrix}x_1\\x_2\\\vdots\\x_n\end{pmatrix}$ 为向量形式,故称为方程组的**解向量**.

(2) 齐次线性方程组解的性质

性质1 若 $\boldsymbol{\xi}_1$, $\boldsymbol{\xi}_2$ 是方程组 $\boldsymbol{Ax}=\boldsymbol{0}$ 的解,则 $\boldsymbol{\xi}_1+\boldsymbol{\xi}_2$ 也是方程组 $\boldsymbol{Ax}=\boldsymbol{0}$ 的解.

性质2 若 $\boldsymbol{\xi}$ 是方程组 $\boldsymbol{Ax}=\boldsymbol{0}$ 的解, k 为任意实数,则 $k\boldsymbol{\xi}$ 也是方程组 $\boldsymbol{Ax}=\boldsymbol{0}$ 的解.

推论 若 $\boldsymbol{\xi}_1$, $\boldsymbol{\xi}_2$, $\cdots$, $\boldsymbol{\xi}_n$ 是方程组 $\boldsymbol{Ax}=\boldsymbol{0}$ 的解, k_1, k_2, $\cdots$, k_n 为任意实数,则 $k_1\boldsymbol{\xi}_1+k_2\boldsymbol{\xi}_2+\cdots+k_n\boldsymbol{\xi}_n$ 也是方程组 $\boldsymbol{Ax}=\boldsymbol{0}$ 的解.

若方程组 $\boldsymbol{Ax}=\boldsymbol{0}$ 有非零解,则必有无穷多解.

方程组 $\boldsymbol{Ax}=\boldsymbol{0}$ 的解进行加法和数乘运算后还是它的解,方程组 $\boldsymbol{Ax}=\boldsymbol{0}$ 全体解向量所构成的集合构成一个向量空间,称其为齐次线性方程组 $\boldsymbol{Ax}=\boldsymbol{0}$ 的**解空间**.

定义 设方程组 $\boldsymbol{Ax}=\boldsymbol{0}$ 有解 $\boldsymbol{\xi}_1$, $\boldsymbol{\xi}_2$, $\cdots$, $\boldsymbol{\xi}_n$,且满足:

(1) $\boldsymbol{\xi}_1$, $\boldsymbol{\xi}_2$, $\cdots$, $\boldsymbol{\xi}_n$ 线性无关;

(2) $\boldsymbol{Ax}=\boldsymbol{0}$ 的任意一个解都可由 $\boldsymbol{\xi}_1$, $\boldsymbol{\xi}_2$, $\cdots$, $\boldsymbol{\xi}_n$ 线性表示,

则称 $\boldsymbol{\xi}_1$, $\boldsymbol{\xi}_2$, $\cdots$, $\boldsymbol{\xi}_n$ 为方程组 $\boldsymbol{Ax}=\boldsymbol{0}$ 的一个**基础解系**.

若有方程组 $\boldsymbol{Ax}=\boldsymbol{0}$ 的基础解系 $\boldsymbol{\xi}_1$, $\boldsymbol{\xi}_2$, $\cdots$, $\boldsymbol{\xi}_n$,则方程组 $\boldsymbol{Ax}=\boldsymbol{0}$ 的全部解可表示为

$$\boldsymbol{x}=k_1\boldsymbol{\xi}_1+k_2\boldsymbol{\xi}_2+\cdots+k_n\boldsymbol{\xi}_n,$$

其中, k_1, k_2, $\cdots$, k_n 为任意实数,而上式又称为方程组 $\boldsymbol{Ax}=\boldsymbol{0}$ 的**通解**.

(3) 齐次线性方程组解的结构

定理1 设方程组 $\boldsymbol{Ax}=\boldsymbol{0}$,若 $r(\boldsymbol{A})=r<n$,则该方程组一定存在基础解系,且基础解系中所含向量个数为 $n-r$,其中 n 为方程组所含未知量个数.

2. 非齐次线性方程组解

设非齐次线性方程组

$$\begin{cases}a_{11}x_1+a_{12}x_2+\cdots+a_{1n}x_n=b_1,\\a_{21}x_1+a_{22}x_2+\cdots+a_{2n}x_n=b_2,\\\qquad\qquad\vdots\\a_{m1}x_1+a_{m2}x_2+\cdots+a_{mn}x_n=b_m.\end{cases}$$

其矩阵形式为

$$\boldsymbol{Ax}=\boldsymbol{b},$$

其中,

$$\boldsymbol{A}=\begin{pmatrix}a_{11}&a_{12}&\cdots&a_{1n}\\a_{21}&a_{22}&\cdots&a_{2n}\\\vdots&\vdots&&\vdots\\a_{m1}&a_{m2}&\cdots&a_{mn}\end{pmatrix},\quad\boldsymbol{x}=\begin{pmatrix}x_1\\x_2\\\vdots\\x_n\end{pmatrix},\quad\boldsymbol{b}=\begin{pmatrix}b_1\\b_2\\\vdots\\b_m\end{pmatrix}.$$

称 $\boldsymbol{Ax}=\mathbf{0}$ 为 $\boldsymbol{Ax}=\boldsymbol{b}$ 对应的齐次线性方程组，又称导出组.

性质 3 若 $\boldsymbol{\xi}_1$，$\boldsymbol{\xi}_2$ 是方程组 $\boldsymbol{Ax}=\boldsymbol{b}$ 的解，则 $\boldsymbol{\xi}_1-\boldsymbol{\xi}_2$ 是其对应的齐次方程组 $\boldsymbol{Ax}=\mathbf{0}$ 的解.

性质 4 若 $\boldsymbol{\eta}$ 是方程组 $\boldsymbol{Ax}=\boldsymbol{b}$ 的解，$\boldsymbol{\xi}$ 是其对应的齐次方程组 $\boldsymbol{Ax}=\mathbf{0}$ 的解，则 $\boldsymbol{\xi}+\boldsymbol{\eta}$ 是方程组 $\boldsymbol{Ax}=\boldsymbol{b}$ 的解.

定理 2 若 $\boldsymbol{\eta}^*$ 是方程组 $\boldsymbol{Ax}=\boldsymbol{b}$ 的一个解，$\boldsymbol{\xi}$ 是其对应的齐次方程组 $\boldsymbol{Ax}=\mathbf{0}$ 的通解，则 $\boldsymbol{x}=\boldsymbol{\xi}+\boldsymbol{\eta}^*$ 是方程组 $\boldsymbol{Ax}=\boldsymbol{b}$ 的通解.

若 $\boldsymbol{\eta}^*$ 是方程组 $\boldsymbol{Ax}=\boldsymbol{b}$ 的一个解，$\boldsymbol{\xi}_1$，$\boldsymbol{\xi}_2$，…，$\boldsymbol{\xi}_{n-r}$ 是方程组 $\boldsymbol{Ax}=\mathbf{0}$ 的基础解系，方程组 $\boldsymbol{Ax}=\boldsymbol{b}$ 的通解可表示为

$$\boldsymbol{x}=k_1\boldsymbol{\xi}_1+k_2\boldsymbol{\xi}_2+\cdots+k_{n-r}\boldsymbol{\xi}_{n-r}+\boldsymbol{\eta}^*,$$

其中，k_1，k_2，…，k_n 为任意实数.

3.5.2 基本要求

理解线性方程组解的性质和解的结构，掌握如何判断一个线性方程组是否有解，以及如何求解线性方程组；掌握齐次线性方程组有非零解的充分必要条件，理解其解空间的概念，能找出齐次线性方程组的基础解系；掌握非齐次线性方程组有解的充分必要条件，理解通解的概念，能找出非齐次线性方程组的通解；掌握用行初等变换求解线性方程组的方法，理解其求解原理和步骤.

3.5.3 典型范例

题型 1 求解齐次线性方程组.

例 1 求解齐次线性方程组

$$\begin{cases} x_1+2x_2+2x_3+x_4=0,\\ 2x_1+x_2-2x_3-2x_4=0,\\ x_1-x_2-4x_3-3x_4=0. \end{cases}$$

解 对系数矩阵 $\boldsymbol{A}$ 施行初等行变换：

$$\boldsymbol{A}=\begin{pmatrix}1&2&2&1\\2&1&-2&-2\\1&-1&-4&-3\end{pmatrix}\to\begin{pmatrix}1&2&2&1\\0&-3&-6&-4\\0&-3&-6&-4\end{pmatrix}\to\begin{pmatrix}1&2&2&1\\0&1&2&\frac{4}{3}\\0&0&0&0\end{pmatrix}\to\begin{pmatrix}1&0&-2&-\frac{5}{3}\\0&1&2&\frac{4}{3}\\0&0&0&0\end{pmatrix}.$$

由 $n=4$，$r=2$，$n-r=2$，故方程组的基础解系含 2 个向量：

$$\boldsymbol{\xi}_1=\begin{pmatrix}2\\-2\\1\\0\end{pmatrix},\quad \boldsymbol{\xi}_2=\begin{pmatrix}\frac{5}{3}\\-\frac{4}{3}\\0\\1\end{pmatrix},$$

方程组的通解为

$$x=k_1\boldsymbol{\xi}_1+k_2\boldsymbol{\xi}_2=k_1\begin{pmatrix}2\\-2\\1\\0\end{pmatrix}+k_2\begin{pmatrix}\frac{5}{3}\\-\frac{4}{3}\\0\\1\end{pmatrix},\quad k_1,k_2\in\mathbf{R}.$$

题型 2　求解非齐次线性方程组.

例 2　求解非齐次线性方程组

$$\begin{cases}x_1+x_2+x_3+x_4+x_5=7,\\3x_1+2x_2+x_3+x_4-3x_5=-2,\\x_2+2x_3+2x_4+6x_5=23,\\5x_1+4x_2+3x_3+3x_4-x_5=12.\end{cases}$$

解　对方程组的增广矩阵 $\widetilde{\boldsymbol{A}}$ 施行初等行变换：

$$\widetilde{\boldsymbol{A}}=\begin{pmatrix}1&1&1&1&1&7\\3&2&1&1&-3&-2\\0&1&2&2&6&23\\5&4&3&3&-1&12\end{pmatrix}\to\begin{pmatrix}1&1&1&1&1&7\\0&-1&-2&-2&-6&-23\\0&1&2&2&6&23\\0&-1&-2&-2&-6&-23\end{pmatrix}$$

$$\to\begin{pmatrix}1&1&1&1&1&7\\0&1&2&2&6&23\\0&0&0&0&0&0\\0&0&0&0&0&0\end{pmatrix}\to\begin{pmatrix}1&0&-1&-1&-5&-16\\0&1&2&2&6&23\\0&0&0&0&0&0\\0&0&0&0&0&0\end{pmatrix}.$$

容易看出，$r(\widetilde{\boldsymbol{A}})=r(\boldsymbol{A})=2<5$，故方程组有无穷多解，且与其同解的方程组为

$$\begin{cases}x_1-x_3-x_4-5x_5=-16,\\x_2+2x_3+2x_4+6x_5=23.\end{cases}$$

由 $n=5$，$r=2$，$n-r=3$，故方程组的基础解系含 3 个向量：

$$\boldsymbol{\xi}_1=\begin{pmatrix}1\\-2\\1\\0\\0\end{pmatrix},\quad\boldsymbol{\xi}_2=\begin{pmatrix}1\\-2\\0\\1\\0\end{pmatrix},\quad\boldsymbol{\xi}_3=\begin{pmatrix}5\\-6\\0\\0\\1\end{pmatrix},$$

方程组的通解为

$$x=k_1\begin{pmatrix}1\\-2\\1\\0\\0\end{pmatrix}+k_2\begin{pmatrix}1\\-2\\0\\1\\0\end{pmatrix}+k_3\begin{pmatrix}5\\-6\\0\\0\\1\end{pmatrix}+\begin{pmatrix}-16\\23\\0\\0\\0\end{pmatrix},\quad k_1,k_2,k_3\in\mathbf{R}.$$

3.5.4 疑难解析

例 3 设 $\boldsymbol{A}=\begin{pmatrix}1&-2&3&-4\\0&1&-1&1\\1&2&0&-3\end{pmatrix}$，$\boldsymbol{E}$ 为三阶单位矩阵. 求

(1) 方程组 $\boldsymbol{Ax}=\boldsymbol{0}$ 的一个基础解系；

(2) 满足 $\boldsymbol{AB}=\boldsymbol{E}$ 的所有矩阵 $\boldsymbol{B}$.

解 (1) 对矩阵 $\boldsymbol{A}$ 施行初等行变换：

$$\boldsymbol{A}=\begin{pmatrix}1&-2&3&-4\\0&1&-1&1\\1&2&0&-3\end{pmatrix}\to\begin{pmatrix}1&-2&3&-4\\0&1&-1&1\\0&4&-3&1\end{pmatrix}\to\begin{pmatrix}1&0&1&-2\\0&1&-1&1\\0&0&1&-3\end{pmatrix}\to\begin{pmatrix}1&0&0&1\\0&1&0&-2\\0&0&1&-3\end{pmatrix},$$

则方程组 $\boldsymbol{Ax}=\boldsymbol{0}$ 的一个基础解系为 $\boldsymbol{\alpha}=\begin{pmatrix}-1\\2\\3\\1\end{pmatrix}$.

(2) 对矩阵 $(\boldsymbol{A}\vdots\boldsymbol{E})$ 施行初等行变换：

$$(\boldsymbol{A}\vdots\boldsymbol{E})=\left(\begin{array}{cccc:ccc}1&-2&3&-4&1&0&0\\0&1&-1&1&0&1&0\\1&2&0&-3&0&0&1\end{array}\right)\to\left(\begin{array}{cccc:ccc}1&-2&3&-4&1&0&0\\0&1&-1&1&0&1&0\\0&4&-3&1&-1&0&1\end{array}\right)$$

$$\to\left(\begin{array}{cccc:ccc}1&0&1&-2&1&2&0\\0&1&-1&1&0&1&0\\0&0&1&-3&-1&-4&1\end{array}\right)\to\left(\begin{array}{cccc:ccc}1&0&0&1&2&6&-1\\0&1&0&-2&-1&-3&1\\0&0&1&-3&-1&-4&1\end{array}\right).$$

记 $\boldsymbol{E}=(\boldsymbol{e}_1,\boldsymbol{e}_2,\boldsymbol{e}_3)$，则

$\boldsymbol{Ax}=\boldsymbol{e}_1$ 的通解为 $\boldsymbol{x}=\begin{pmatrix}2\\-1\\-1\\0\end{pmatrix}+k_1\boldsymbol{\alpha}$，$k_1$ 为任意常数；

$\boldsymbol{Ax}=\boldsymbol{e}_2$ 的通解为 $\boldsymbol{x}=\begin{pmatrix}6\\-3\\-4\\0\end{pmatrix}+k_2\boldsymbol{\alpha}$，$k_2$ 为任意常数；

$Ax = e_3$ 的通解为 $x = \begin{pmatrix} -1 \\ 1 \\ 1 \\ 0 \end{pmatrix} + k_3\boldsymbol{\alpha}$，$k_3$ 为任意常数.

于是，所求矩阵为

$$B = \begin{pmatrix} 2 & 6 & -1 \\ -1 & -3 & 1 \\ -1 & -4 & 1 \\ 0 & 0 & 0 \end{pmatrix} + (k_1\boldsymbol{\alpha}, k_2\boldsymbol{\alpha}, k_3\boldsymbol{\alpha}),\quad k_1, k_2, k_3 \text{ 为任意常数.}$$

例 4 设矩阵 $A = \begin{pmatrix} 1 & 1 & 1 \\ 1 & 2 & a \\ 1 & 4 & a^2 \end{pmatrix}$，$b = \begin{pmatrix} 1 \\ d \\ d^2 \end{pmatrix}$. 若集合 $\Omega = \{1, 2\}$，则线性方程组 $Ax = b$ 有无穷多解的充分必要条件为(　　).

A. $a \notin \Omega, d \notin \Omega$　　　　B. $a \notin \Omega, d \in \Omega$

C. $a \in \Omega, d \notin \Omega$　　　　D. $a \in \Omega, d \in \Omega$

解 $|A| = \begin{vmatrix} 1 & 1 & 1 \\ 1 & 2 & a \\ 1 & 4 & a^2 \end{vmatrix} = \begin{vmatrix} 1 & 1 & 1 \\ 0 & 1 & a-1 \\ 0 & 3 & a^2-1 \end{vmatrix} = \begin{vmatrix} 1 & 1 & 1 \\ 0 & 1 & a-1 \\ 0 & 0 & a^2-3a+2 \end{vmatrix} = (a-2)(a-1)$.

由线性方程组有无穷多解，得 $|A| = 0$，即 $a = 1$ 或 $a = 2$.

当 $a = 1$ 时，$(A, b) \to \begin{pmatrix} 1 & 1 & 1 & d \\ 0 & 1 & 0 & d-1 \\ 0 & 0 & 0 & (d-1)(d-2) \end{pmatrix}$，

由题意知 $r(A) = r(A, b) < 3$，即 $d = 1$ 或 $d = 2$.

同理，当 $a = 2$ 时，$(A, b) \to \begin{pmatrix} 1 & 1 & 1 & d \\ 0 & 1 & 1 & d-1 \\ 0 & 0 & 0 & (d-1)(d-2) \end{pmatrix}$，

由题意知 $r(A) = r(A, b) < 3$，即 $d = 1$ 或 $d = 2$.

综上，$a \in \Omega$，$d \in \Omega$. 故选 D.

例 5 设矩阵 $A = \begin{pmatrix} 1 & -1 & -1 \\ 2 & a & 1 \\ -1 & 1 & a \end{pmatrix}$，$B = \begin{pmatrix} 2 & 2 \\ 1 & a \\ -a-1 & -2 \end{pmatrix}$. 当 a 为何值时，方程 $AX = B$ 无解、有唯一解、有无穷多解？在有解时，求解此方程.

解 对矩阵 $(A \vdots B)$ 施行初等行变换：

$$(A \vdots B) = \left(\begin{array}{ccc:cc} 1 & -1 & -1 & 2 & 2 \\ 2 & a & 1 & 1 & a \\ -1 & 1 & a & -a-1 & -2 \end{array}\right) \to \left(\begin{array}{ccc:cc} 1 & -1 & -1 & 2 & 2 \\ 0 & a+2 & 3 & -3 & a-4 \\ 0 & 0 & a-1 & 1-a & 0 \end{array}\right).$$

(1) 当 $a=-2$ 时，$2=r(\boldsymbol{A})\neq r(\boldsymbol{A}\vdots\boldsymbol{B})=3$，方程无解.

(2) 当 $a\neq 1$ 且 $a\neq -2$ 时，

$$(\boldsymbol{A}\vdots\boldsymbol{B})\to\left(\begin{array}{ccc:cc}1&-1&-1&2&2\\0&a+2&3&-3&a-4\\0&0&1&-1&0\end{array}\right)\to\left(\begin{array}{ccc:cc}1&-1&0&1&2\\0&a+2&0&0&a-4\\0&0&1&-1&0\end{array}\right)$$

$$\to\left(\begin{array}{ccc:cc}1&0&0&1&\frac{3a}{a+2}\\0&1&0&0&\frac{a-4}{a+2}\\0&0&1&-1&0\end{array}\right).$$

因为 $r(\boldsymbol{A})=r(\boldsymbol{A}\vdots\boldsymbol{B})=3$，方程有唯一解，且

$$\boldsymbol{X}=\begin{pmatrix}1&\frac{3a}{a+2}\\0&\frac{a-4}{a+2}\\-1&0\end{pmatrix}.$$

(3) 当 $a=1$ 时，

$$(\boldsymbol{A}\vdots\boldsymbol{B})\to\left(\begin{array}{ccc:cc}1&-1&-1&2&2\\0&a+2&3&-3&a-4\\0&0&1&-1&0\end{array}\right)\to\left(\begin{array}{ccc:cc}1&-1&-1&2&2\\0&3&3&-3&-3\\0&0&0&0&0\end{array}\right)$$

$$\to\left(\begin{array}{ccc:cc}1&0&0&1&1\\0&1&1&-1&-1\\0&0&0&0&0\end{array}\right).$$

因为 $r(\boldsymbol{A})=r(\boldsymbol{A}\vdots\boldsymbol{B})=2<3$，方程有无穷多解，且

$$\boldsymbol{X}=\begin{pmatrix}1&1\\-1&-1\\0&0\end{pmatrix}+\begin{pmatrix}0&0\\k_1&k_2\\-k_1&-k_2\end{pmatrix},\quad k_1,k_2\text{ 为任意常数.}$$

例 6 设三阶矩阵 $\boldsymbol{A}=(\boldsymbol{\alpha}_1,\boldsymbol{\alpha}_2,\boldsymbol{\alpha}_3)$ 有 3 个不同的特征值，且 $\boldsymbol{\alpha}_3=\boldsymbol{\alpha}_1+2\boldsymbol{\alpha}_2$.

(1) 证明：$r(\boldsymbol{A})=2$；

(2) 若 $\boldsymbol{\beta}=\boldsymbol{\alpha}_1+\boldsymbol{\alpha}_2+\boldsymbol{\alpha}_3$，求方程组 $\boldsymbol{Ax}=\boldsymbol{\beta}$ 的通解.

解 (1) 由 $\boldsymbol{\alpha}_3=\boldsymbol{\alpha}_1+2\boldsymbol{\alpha}_2$ 知 $\boldsymbol{\alpha}_1,\boldsymbol{\alpha}_2,\boldsymbol{\alpha}_3$ 线性相关，故 $r(\boldsymbol{A})\leqslant 2$. 又因为 $\boldsymbol{A}$ 有 3 个不同的特征值，所以 $\boldsymbol{A}$ 至少有 2 个不为零的特征值，从而 $r(\boldsymbol{A})\geqslant 2$. 故 $r(\boldsymbol{A})=2$.

(2) 由 $\boldsymbol{\alpha}_1+2\boldsymbol{\alpha}_2-\boldsymbol{\alpha}_3=\boldsymbol{0}$ 知 $\boldsymbol{A}\begin{pmatrix}1\\2\\-1\end{pmatrix}=\boldsymbol{0}$，故 $\begin{pmatrix}1\\2\\-1\end{pmatrix}$ 为方程组 $\boldsymbol{Ax}=\boldsymbol{0}$ 的一个解.

又 $r(\boldsymbol{A})=2$，所以 $\begin{pmatrix}1\\2\\-1\end{pmatrix}$ 为 $\boldsymbol{Ax}=\boldsymbol{0}$ 的一个基础解系.

因为 $\boldsymbol{\beta}=\boldsymbol{\alpha}_1+\boldsymbol{\alpha}_2+\boldsymbol{\alpha}_3=\boldsymbol{A}\begin{pmatrix}1\\1\\1\end{pmatrix}$，所以 $\begin{pmatrix}1\\1\\1\end{pmatrix}$ 为方程组 $\boldsymbol{Ax}=\boldsymbol{\beta}$ 的一个特解.

故 $\boldsymbol{Ax}=\boldsymbol{\beta}$ 的通解为 $x=\begin{pmatrix}1\\1\\1\end{pmatrix}+k\begin{pmatrix}1\\2\\-1\end{pmatrix}$，$k$ 为任意常数.

例7 已知线性方程组 $\begin{cases}ax_1+x_3=1,\\x_1+ax_2+x_3=0,\\x_1+2x_2+ax_3=0,\\ax_1+bx_2=2\end{cases}$ 有解，a，b 为常数. 若 $\begin{vmatrix}a&0&1\\1&a&1\\1&2&a\end{vmatrix}=4$，

则 $\begin{vmatrix}1&a&1\\1&2&a\\a&b&0\end{vmatrix}=$__________.

解 由已知 $r(\boldsymbol{A})=r(\boldsymbol{A},\boldsymbol{b})\leqslant 3<4$，故 $|(\boldsymbol{A},\boldsymbol{b})|=0$，即

$$|(\boldsymbol{A},\boldsymbol{b})|=\begin{vmatrix}a&0&1&1\\1&a&1&0\\1&2&a&0\\a&b&0&2\end{vmatrix}=1\times(-1)^{1+4}\begin{vmatrix}1&a&1\\1&2&a\\a&b&0\end{vmatrix}+2\times(-1)^{4+4}\begin{vmatrix}a&0&1\\1&a&1\\1&2&a\end{vmatrix}=0,$$

所以 $\begin{vmatrix}1&a&1\\1&2&a\\a&b&0\end{vmatrix}=8$.

例8 设 $\boldsymbol{A}$ 是四阶矩阵，$\boldsymbol{A}^*$ 是 $\boldsymbol{A}$ 的伴随矩阵，若线性方程组 $\boldsymbol{Ax}=\boldsymbol{0}$ 的基础解系中只有 2 个向量，则 $r(\boldsymbol{A}^*)=$（　　）.

A. 0　　B. 1　　C. 2　　D. 3

解 因为线性方程组 $\boldsymbol{Ax}=\boldsymbol{0}$ 的基础解系中含有 2 个向量，所以 $r(\boldsymbol{A})=2<4$，故 $r(\boldsymbol{A}^*)=0$. 故选 A.

例9 设矩阵 $\boldsymbol{A}=\begin{pmatrix}1&-2&3&-4\\0&1&-1&1\\1&2&0&-3\end{pmatrix}$，$\boldsymbol{E}$ 为三阶单位矩阵. 求

(1) 方程组 $\boldsymbol{Ax}=\boldsymbol{0}$ 的一个基础解系；

(2) 满足 $\boldsymbol{AB}=\boldsymbol{E}$ 的所有矩阵 $\boldsymbol{B}$.

解 (1) $\boldsymbol{A}=\begin{pmatrix}1&-2&3&-4\\0&1&-1&1\\1&2&0&-3\end{pmatrix}\to\begin{pmatrix}1&-2&3&-4\\0&1&-1&1\\0&4&-3&1\end{pmatrix}\to\begin{pmatrix}1&-2&3&-4\\0&1&-1&1\\0&0&1&-3\end{pmatrix}$

$$\rightarrow\begin{pmatrix}1&-2&0&5\\0&1&0&-2\\0&0&1&-3\end{pmatrix}\rightarrow\begin{pmatrix}1&0&0&1\\0&1&0&-2\\0&0&1&-3\end{pmatrix},$$

即得与原方程组同解的方程组

$$\begin{cases}x_1=-x_4,\\x_2=2x_4,\\x_3=3x_4,\\x_4=x_4.\end{cases}$$

故所求方程组通解为 $\begin{pmatrix}x_1\\x_2\\x_3\\x_4\end{pmatrix}=k\begin{pmatrix}-1\\2\\3\\1\end{pmatrix}$，$k$ 为任意常数.

(2) 设 $\boldsymbol{B}=\begin{pmatrix}x_1&y_1&z_1\\x_2&y_2&z_2\\x_3&y_3&z_3\end{pmatrix}$，则

$$\boldsymbol{A}\begin{pmatrix}x_1\\x_2\\x_3\end{pmatrix}=\begin{pmatrix}1\\0\\0\end{pmatrix}\Rightarrow\left(\begin{array}{cccc:c}1&-2&3&-4&1\\0&1&-1&1&0\\1&2&0&-3&0\end{array}\right),$$

$$\boldsymbol{A}\begin{pmatrix}y_1\\y_2\\y_3\end{pmatrix}=\begin{pmatrix}0\\1\\0\end{pmatrix}\Rightarrow\left(\begin{array}{cccc:c}1&-2&3&-4&0\\0&1&-1&1&1\\1&2&0&-3&0\end{array}\right),$$

$$\boldsymbol{A}\begin{pmatrix}z_1\\z_2\\z_3\end{pmatrix}=\begin{pmatrix}0\\0\\1\end{pmatrix}\Rightarrow\left(\begin{array}{cccc:c}1&-2&3&-4&0\\0&1&-1&1&0\\1&2&0&-3&1\end{array}\right),$$

即

$$\left(\begin{array}{cccc:ccc}1&-2&3&-4&1&0&0\\0&1&-1&1&0&1&0\\1&2&0&-3&0&0&1\end{array}\right)\rightarrow\left(\begin{array}{cccc:ccc}1&-2&3&-4&1&0&0\\0&1&-1&1&0&1&0\\0&4&-3&1&-1&0&1\end{array}\right)$$

$$\rightarrow\left(\begin{array}{cccc:ccc}1&-2&3&-4&1&0&0\\0&1&-1&1&0&1&0\\0&0&1&-3&-1&-4&1\end{array}\right)$$

$$\rightarrow\left(\begin{array}{cccc:ccc}1&-2&0&5&4&12&-3\\0&1&0&-2&-1&-3&1\\0&0&1&-3&-1&-4&1\end{array}\right)$$

$$\rightarrow\left(\begin{array}{cccc:ccc}1&0&0&1&2&6&-1\\0&1&0&-2&-1&-3&1\\0&0&1&-3&-1&-4&1\end{array}\right),$$

所求方程组通解为

$$\begin{pmatrix}x_1\\x_2\\x_3\\x_4\end{pmatrix}=k_1\begin{pmatrix}-1\\2\\3\\1\end{pmatrix}+\begin{pmatrix}2\\-1\\-1\\0\end{pmatrix},\quad\begin{pmatrix}y_1\\y_2\\y_3\\y_4\end{pmatrix}=k_2\begin{pmatrix}-1\\2\\3\\1\end{pmatrix}+\begin{pmatrix}6\\-3\\-4\\0\end{pmatrix},\quad\begin{pmatrix}z_1\\z_2\\z_3\\z_4\end{pmatrix}=k_3\begin{pmatrix}-1\\2\\3\\1\end{pmatrix}+\begin{pmatrix}-1\\1\\1\\0\end{pmatrix},$$

故 $$\boldsymbol{B}=\begin{pmatrix}-k_1+2&-k_2+6&-k_3-1\\2k_1-1&2k_2-3&2k_3+1\\3k_1-1&3k_2-4&3k_3+1\\k_1&k_2&k_3\end{pmatrix},\quad k_1,k_2,k_3\text{ 为任意常数.}$$

例 10　设 $\boldsymbol{A}=(\boldsymbol{\alpha}_1,\boldsymbol{\alpha}_2,\boldsymbol{\alpha}_3,\boldsymbol{\alpha}_4)$ 为四阶正交矩阵，若矩阵 $\boldsymbol{B}=\begin{pmatrix}\boldsymbol{\alpha}_1^{\mathrm{T}}\\\boldsymbol{\alpha}_2^{\mathrm{T}}\\\boldsymbol{\alpha}_3^{\mathrm{T}}\end{pmatrix}$，$\boldsymbol{\beta}=\begin{pmatrix}1\\1\\1\end{pmatrix}$，$k$ 为任意常数，则线性方程组 $\boldsymbol{Bx}=\boldsymbol{\beta}$ 的通解 $\boldsymbol{x}=($　　$)$.

A. $\boldsymbol{\alpha}_2+\boldsymbol{\alpha}_3+\boldsymbol{\alpha}_4+k\boldsymbol{\alpha}_1$　　B. $\boldsymbol{\alpha}_1+\boldsymbol{\alpha}_3+\boldsymbol{\alpha}_4+k\boldsymbol{\alpha}_2$

C. $\boldsymbol{\alpha}_1+\boldsymbol{\alpha}_2+\boldsymbol{\alpha}_4+k\boldsymbol{\alpha}_3$　　D. $\boldsymbol{\alpha}_1+\boldsymbol{\alpha}_2+\boldsymbol{\alpha}_3+k\boldsymbol{\alpha}_4$

解　由 $\boldsymbol{A}$ 是正交矩阵知 $\boldsymbol{A}$ 的列向量线性无关，所以 $r(\boldsymbol{B})=3$，且 $\boldsymbol{B\alpha}_4=\boldsymbol{0}$. $\boldsymbol{Bx}=\boldsymbol{0}$ 的通解为 $k\boldsymbol{\alpha}_4$，又 $\boldsymbol{B}(\boldsymbol{\alpha}_1+\boldsymbol{\alpha}_2+\boldsymbol{\alpha}_3)=(1,1,1)^{\mathrm{T}}=\boldsymbol{\beta}\Rightarrow\boldsymbol{Bx}=\boldsymbol{\beta}$ 的通解为 $\boldsymbol{\alpha}_1+\boldsymbol{\alpha}_2+\boldsymbol{\alpha}_3+k\boldsymbol{\alpha}_4$. 故选 D.

例 11　设矩阵 $\boldsymbol{A}=\begin{pmatrix}1&1&1-a\\1&0&a\\a+1&1&a+1\end{pmatrix}$，$\boldsymbol{\beta}=\begin{pmatrix}0\\1\\2a-2\end{pmatrix}$，且方程组 $\boldsymbol{Ax}=\boldsymbol{\beta}$ 无解. 求

(1) a 的值；

(2) 方程组 $\boldsymbol{A}^{\mathrm{T}}\boldsymbol{Ax}=\boldsymbol{A}^{\mathrm{T}}\boldsymbol{\beta}$ 的通解.

解　(1) 对矩阵 $(\boldsymbol{A},\boldsymbol{\beta})$ 施行初等行变换：

$$(\boldsymbol{A},\boldsymbol{\beta})=\begin{pmatrix}1&1&1-a&0\\1&0&a&1\\a+1&1&a+1&2a-2\end{pmatrix}\rightarrow\begin{pmatrix}1&1&1-a&0\\0&-1&2a-1&1\\0&-a&a(a+1)&2a-2\end{pmatrix}$$

$$\rightarrow\begin{pmatrix}1&1&1-a&0\\0&-1&2a-1&1\\0&0&-a^2+2a&a-2\end{pmatrix}\rightarrow\begin{pmatrix}1&0&a&1\\0&1&1-2a&-1\\0&0&-a^2+2a&a-2\end{pmatrix}.$$

由上面的式子可知，$r(\boldsymbol{A})\geqslant 2$，从而方程组 $\boldsymbol{Ax}=\boldsymbol{\beta}$ 无解，当且仅当 $r(\boldsymbol{A})=2$，且 $r(\boldsymbol{A},\boldsymbol{\beta})=3$. 此时 $-a^2+2a=0$，且 $a-2\neq 0$，解得 $a=0$.

(2) 当 $a=0$ 时，$\boldsymbol{A}^{\mathrm{T}}=\begin{pmatrix}1&1&1\\1&0&1\\1&0&1\end{pmatrix}$，$\boldsymbol{A}^{\mathrm{T}}\boldsymbol{A}=\begin{pmatrix}3&2&2\\2&2&2\\2&2&2\end{pmatrix}$，$\boldsymbol{A}^{\mathrm{T}}\boldsymbol{\beta}=\begin{pmatrix}-1\\-2\\-2\end{pmatrix}$.

对矩阵 $(\boldsymbol{A}^{\mathrm{T}}\boldsymbol{A},\ \boldsymbol{A}^{\mathrm{T}}\boldsymbol{\beta})$ 施行初等行变换：

$$(\boldsymbol{A}^{\mathrm{T}}\boldsymbol{A},\ \boldsymbol{A}^{\mathrm{T}}\boldsymbol{\beta})=\begin{pmatrix}3&2&2&-1\\2&2&2&-2\\2&2&2&-2\end{pmatrix}\to\begin{pmatrix}3&2&2&-1\\1&1&1&-1\\0&0&0&0\end{pmatrix}\to\begin{pmatrix}1&0&0&1\\0&1&1&-2\\0&0&0&0\end{pmatrix}.$$

$\boldsymbol{A}^{\mathrm{T}}\boldsymbol{A}\boldsymbol{x}=\boldsymbol{A}^{\mathrm{T}}\boldsymbol{\beta}$ 对应的齐次线性方程组等价于 $\begin{cases}x_1=0,\\x_2+x_3=0,\end{cases}$ $\begin{pmatrix}0\\-1\\1\end{pmatrix}$ 为该方程组的一个基础解系. 又因为 $\begin{pmatrix}1\\-2\\0\end{pmatrix}$ 是 $\boldsymbol{A}^{\mathrm{T}}\boldsymbol{A}\boldsymbol{x}=\boldsymbol{A}^{\mathrm{T}}\boldsymbol{\beta}$ 的一个特解，所以，方程组的通解为 $\boldsymbol{x}=\begin{pmatrix}1\\-2\\0\end{pmatrix}+k\begin{pmatrix}0\\-1\\1\end{pmatrix}$，$k$ 为任意常数.

例 12 设矩阵 $\boldsymbol{A}=\begin{pmatrix}1&-1&0&-1\\1&1&0&3\\2&1&2&6\end{pmatrix}$，$\boldsymbol{B}=\begin{pmatrix}1&0&1&2\\1&-1&a&a-1\\2&-3&2&-2\end{pmatrix}$，向量 $\boldsymbol{\alpha}=\begin{pmatrix}0\\2\\3\end{pmatrix}$，$\boldsymbol{\beta}=\begin{pmatrix}1\\0\\-1\end{pmatrix}$.

(1) 证明：方程组 $\boldsymbol{A}\boldsymbol{x}=\boldsymbol{\alpha}$ 的解均为方程组 $\boldsymbol{B}\boldsymbol{x}=\boldsymbol{\beta}$ 的解；

(2) 若方程组 $\boldsymbol{A}\boldsymbol{x}=\boldsymbol{\alpha}$ 与方程组 $\boldsymbol{B}\boldsymbol{x}=\boldsymbol{\beta}$ 不同解，求 a 的值.

(1) **证明** 由于

$$\begin{pmatrix}\boldsymbol{A}&\boldsymbol{\alpha}\\\boldsymbol{B}&\boldsymbol{\beta}\end{pmatrix}=\begin{pmatrix}1&-1&0&-1&0\\1&1&0&3&2\\2&1&2&6&3\\1&0&1&2&1\\1&-1&a&a-1&0\\2&-3&2&-2&-1\end{pmatrix}\to\begin{pmatrix}1&-1&0&-1&0\\0&1&0&2&1\\0&0&2&2&0\\0&0&0&0&0\\0&0&0&0&0\\0&0&0&0&0\end{pmatrix},$$

故 $r\begin{pmatrix}\boldsymbol{A}&\boldsymbol{\alpha}\\\boldsymbol{B}&\boldsymbol{\beta}\end{pmatrix}=r(\boldsymbol{A}\quad\boldsymbol{\alpha})$，故 $\begin{cases}\boldsymbol{A}\boldsymbol{x}=\boldsymbol{\alpha},\\\boldsymbol{B}\boldsymbol{x}=\boldsymbol{\beta}\end{cases}$ 与 $\boldsymbol{A}\boldsymbol{x}=\boldsymbol{\alpha}$ 同解，故 $\boldsymbol{A}\boldsymbol{x}=\boldsymbol{\alpha}$ 的解均为 $\boldsymbol{B}\boldsymbol{x}=\boldsymbol{\beta}$ 的解.

(2) 由于 $\boldsymbol{A}\boldsymbol{x}=\boldsymbol{\alpha}$ 的解均为 $\boldsymbol{B}\boldsymbol{x}=\boldsymbol{\beta}$ 的解，若 $\boldsymbol{A}\boldsymbol{x}=\boldsymbol{\alpha}$ 与 $\boldsymbol{B}\boldsymbol{x}=\boldsymbol{\beta}$ 同解，则与题意矛盾，故 $\boldsymbol{A}\boldsymbol{x}=\boldsymbol{\alpha}$ 的解是 $\boldsymbol{B}\boldsymbol{x}=\boldsymbol{\beta}$ 解的真子集，$\boldsymbol{A}\boldsymbol{x}=\boldsymbol{0}$ 基础解系中解向量的个数小于 $\boldsymbol{B}\boldsymbol{x}=\boldsymbol{0}$ 基础解系中解向量的个数，则 $3-r(\boldsymbol{A})<3-r(\boldsymbol{B})$，故 $r(\boldsymbol{A})>r(\boldsymbol{B})$，又由 $r(\boldsymbol{A})=3$，$r(\boldsymbol{B})<3$，$\begin{vmatrix}1&0&1\\1&-1&a\\2&-3&2\end{vmatrix}=0$，得 $a=1$.

3.5.5 习题全解

1. 求下列齐次方程组的基础解系和通解.

(1) $\begin{cases} x_1+x_2-x_3-x_4=0, \\ 2x_1-5x_2+3x_3+2x_4=0, \\ 7x_1-7x_2+3x_3+x_4=0; \end{cases}$

(2) $\begin{cases} x_1-x_2+2x_4+x_5=0, \\ 3x_1-3x_2+7x_4=0, \\ x_1-x_2+2x_3+3x_4+2x_5=0, \\ 2x_1-2x_2+2x_3+7x_4-3x_5=0; \end{cases}$

(3) $\begin{cases} x_1+x_2+x_3-x_4=0, \\ x_1-x_2+x_3-3x_4=0, \\ x_1+3x_2+x_3+x_4=0; \end{cases}$

(4) $\begin{cases} 2x_1-3x_2-2x_3+x_4=0, \\ 3x_1+5x_2+4x_3-2x_4=0, \\ 8x_1+7x_2+6x_3-3x_4=0. \end{cases}$

解 (1) 对系数矩阵施行初等行变换：

$$\begin{pmatrix} 1 & 1 & -1 & -1 \\ 2 & -5 & 3 & 2 \\ 7 & -7 & 3 & 1 \end{pmatrix} \to \begin{pmatrix} 1 & 1 & -1 & -1 \\ 0 & -7 & 5 & 4 \\ 0 & -14 & 10 & 8 \end{pmatrix} \to \begin{pmatrix} 1 & 1 & -1 & -1 \\ 0 & -7 & 5 & 4 \\ 0 & 0 & 0 & 0 \end{pmatrix} \to \begin{pmatrix} 1 & 0 & -\frac{2}{7} & -\frac{3}{7} \\ 0 & 1 & -\frac{5}{7} & -\frac{4}{7} \\ 0 & 0 & 0 & 0 \end{pmatrix}.$$

由 $n=4$，$r=2$，$n-r=2$，故方程组的基础解系含 2 个向量：

$$\boldsymbol{\xi}_1=\begin{pmatrix} \frac{2}{7} \\ \frac{5}{7} \\ 1 \\ 0 \end{pmatrix}, \quad \boldsymbol{\xi}_2=\begin{pmatrix} \frac{3}{7} \\ \frac{4}{7} \\ 0 \\ 1 \end{pmatrix},$$

方程组的通解为

$$\boldsymbol{x}=k_1\boldsymbol{\xi}_1+k_2\boldsymbol{\xi}_2=k_1\begin{pmatrix} \frac{2}{7} \\ \frac{5}{7} \\ 1 \\ 0 \end{pmatrix}+k_2\begin{pmatrix} \frac{3}{7} \\ \frac{4}{7} \\ 0 \\ 1 \end{pmatrix}, \quad k_1, k_2 \in \mathbf{R}.$$

(2) 对系数矩阵施行初等行变换：

$$\begin{pmatrix} 1 & -1 & 0 & 2 & 1 \\ 3 & -3 & 0 & 7 & 0 \\ 1 & -1 & 2 & 3 & 2 \\ 2 & -2 & 2 & 7 & -3 \end{pmatrix} \to \begin{pmatrix} 1 & -1 & 0 & 2 & 1 \\ 0 & 0 & 0 & 1 & -3 \\ 0 & 0 & 2 & 1 & 1 \\ 0 & 0 & 2 & 3 & -5 \end{pmatrix} \to \begin{pmatrix} 1 & -1 & 0 & 2 & 1 \\ 0 & 0 & 2 & 1 & 1 \\ 0 & 0 & 0 & 2 & -6 \\ 0 & 0 & 0 & 1 & -3 \end{pmatrix}$$

$$\rightarrow\begin{pmatrix}1&-1&0&2&1\\0&0&1&\frac{1}{2}&\frac{1}{2}\\0&0&0&1&-3\\0&0&0&0&0\end{pmatrix}\rightarrow\begin{pmatrix}1&-1&0&0&7\\0&0&1&0&2\\0&0&0&1&-3\\0&0&0&0&0\end{pmatrix}.$$

由 $n=5$，$r=3$，$n-r=2$，故方程组的基础解系含 2 个向量：

$$\boldsymbol{\xi}_1=\begin{pmatrix}1\\1\\0\\0\\0\end{pmatrix},\quad \boldsymbol{\xi}_2=\begin{pmatrix}-7\\0\\-2\\3\\1\end{pmatrix},$$

方程组的通解为

$$\boldsymbol{x}=k_1\boldsymbol{\xi}_1+k_2\boldsymbol{\xi}_2=k_1\begin{pmatrix}1\\1\\0\\0\\0\end{pmatrix}+k_2\begin{pmatrix}-7\\0\\-2\\3\\1\end{pmatrix},\quad k_1,\ k_2\in\mathbf{R}.$$

(3) 对系数矩阵施行初等行变换：

$$\begin{pmatrix}1&1&1&-1\\1&-1&1&-3\\1&3&1&1\end{pmatrix}\rightarrow\begin{pmatrix}1&1&1&-1\\0&-2&0&-2\\0&2&0&2\end{pmatrix}\rightarrow\begin{pmatrix}1&1&1&-1\\0&1&0&1\\0&0&0&0\end{pmatrix}\rightarrow\begin{pmatrix}1&0&1&-2\\0&1&0&1\\0&0&0&0\end{pmatrix}.$$

由 $n=4$，$r=2$，$n-r=2$，故方程组的基础解系含 2 个向量：

$$\boldsymbol{\xi}_1=\begin{pmatrix}-1\\0\\1\\0\end{pmatrix},\quad \boldsymbol{\xi}_2=\begin{pmatrix}2\\-1\\0\\1\end{pmatrix},$$

方程组的通解为

$$\boldsymbol{x}=k_1\boldsymbol{\xi}_1+k_2\boldsymbol{\xi}_2=k_1\begin{pmatrix}-1\\0\\1\\0\end{pmatrix}+k_2\begin{pmatrix}2\\-1\\0\\1\end{pmatrix},\quad k_1,\ k_2\in\mathbf{R}.$$

(4) 对系数矩阵施行初等行变换：

$$\begin{pmatrix}2&-3&-2&1\\3&5&4&-2\\8&7&6&-3\end{pmatrix}\rightarrow\begin{pmatrix}1&-\frac{3}{2}&-1&\frac{1}{2}\\0&\frac{19}{2}&7&-\frac{7}{2}\\0&19&14&-7\end{pmatrix}\rightarrow\begin{pmatrix}1&-\frac{3}{2}&-1&\frac{1}{2}\\0&19&14&-7\\0&0&0&0\end{pmatrix}\rightarrow\begin{pmatrix}1&0&\frac{2}{19}&-\frac{1}{19}\\0&1&\frac{14}{19}&-\frac{7}{19}\\0&0&0&0\end{pmatrix}.$$

由 $n=4$，$r=2$，$n-r=2$，故方程组的基础解系含2个向量：

$$\boldsymbol{\xi}_1=\begin{pmatrix}-\frac{2}{19}\\-\frac{14}{19}\\1\\0\end{pmatrix},\quad \boldsymbol{\xi}_2=\begin{pmatrix}\frac{1}{19}\\\frac{7}{19}\\0\\1\end{pmatrix},$$

方程组的通解为

$$\boldsymbol{x}=k_1\boldsymbol{\xi}_1+k_2\boldsymbol{\xi}_2=k_1\begin{pmatrix}-\frac{2}{19}\\-\frac{14}{19}\\1\\0\end{pmatrix}+k_2\begin{pmatrix}\frac{1}{19}\\\frac{7}{19}\\0\\1\end{pmatrix},\quad k_1,k_2\in\mathbf{R}.$$

2. 求下列非齐次方程组的通解.

(1) $\begin{cases}x_1+x_2-2x_3-x_4=1,\\3x_1-x_2+x_3+4x_4=4,\\x_1+5x_2-9x_3-8x_4=0;\end{cases}$　　(2) $\begin{cases}x_1+x_2+x_3+x_4+x_5=7,\\3x_1+x_2+2x_3+x_4-3x_5=-2,\\2x_2+x_3+2x_4+6x_5=23;\end{cases}$

(3) $\begin{cases}x_1+x_2=5,\\2x_1+x_2+x_3+2x_4=1,\\5x_1+3x_2+2x_3+2x_4=3;\end{cases}$　　(4) $\begin{cases}x_1+3x_3+x_4=2,\\x_1-3x_2+x_4=-1,\\2x_1+x_2+7x_3+2x_4=5,\\4x_1+2x_2+14x_3=6.\end{cases}$

解　(1) $\widetilde{\boldsymbol{A}}=\begin{pmatrix}1&1&-2&-1&1\\3&-1&1&4&4\\1&5&-9&-8&0\end{pmatrix}\to\begin{pmatrix}1&1&-2&-1&1\\0&-4&7&7&1\\0&4&-7&-7&-1\end{pmatrix}$

$$\to\begin{pmatrix}1&1&-2&-1&1\\0&1&-\frac{7}{4}&-\frac{7}{4}&-\frac{1}{4}\\0&0&0&0&0\end{pmatrix}\to\begin{pmatrix}1&0&-\frac{1}{4}&\frac{3}{4}&\frac{5}{4}\\0&1&-\frac{7}{4}&-\frac{7}{4}&-\frac{1}{4}\\0&0&0&0&0\end{pmatrix}.$$

容易看出，$r(\widetilde{\boldsymbol{A}})=r(\boldsymbol{A})=2<4$，故方程组有无穷多解，且与其同解的方程组为

$$\begin{cases}x_1-\frac{1}{4}x_3+\frac{3}{4}x_4=\frac{5}{4},\\x_2-\frac{7}{4}x_3-\frac{7}{4}x_4=-\frac{1}{4}.\end{cases}$$

由 $n=4$，$r=2$，$n-r=2$，故方程组的基础解系含2个向量：

$$\boldsymbol{\xi}_1=\begin{pmatrix}\frac{1}{4}\\ \frac{7}{4}\\ 1\\ 0\end{pmatrix},\quad \boldsymbol{\xi}_2=\begin{pmatrix}-\frac{3}{4}\\ \frac{7}{4}\\ 0\\ 1\end{pmatrix},$$

方程组的通解为

$$\boldsymbol{x}=k_1\begin{pmatrix}\frac{1}{4}\\ \frac{7}{4}\\ 1\\ 0\end{pmatrix}+k_2\begin{pmatrix}-\frac{3}{4}\\ \frac{7}{4}\\ 0\\ 1\end{pmatrix}+\begin{pmatrix}\frac{5}{4}\\ -\frac{1}{4}\\ 0\\ 0\end{pmatrix},\quad k_1,k_2\in\mathbf{R}.$$

$$(2)\ \widetilde{\boldsymbol{A}}=\begin{pmatrix}1&1&1&1&1&7\\3&1&2&1&-3&-2\\0&2&1&2&6&23\end{pmatrix}\rightarrow\begin{pmatrix}1&1&1&1&1&7\\0&-2&-1&-2&-6&-23\\0&2&1&2&6&23\end{pmatrix}$$

$$\rightarrow\begin{pmatrix}1&1&1&1&1&7\\0&1&\frac{1}{2}&1&3&\frac{23}{2}\\0&0&0&0&0&0\end{pmatrix}\rightarrow\begin{pmatrix}1&0&\frac{1}{2}&0&-2&-\frac{9}{2}\\0&1&\frac{1}{2}&1&3&\frac{23}{2}\\0&0&0&0&0&0\end{pmatrix}.$$

容易看出，$r(\widetilde{\boldsymbol{A}})=r(\boldsymbol{A})=2<5$，故方程组有无穷多解，且与其同解的方程组为

$$\begin{cases}x_1+\frac{1}{2}x_3-2x_5=-\frac{9}{2},\\ x_2+\frac{1}{2}x_3+x_4+3x_5=\frac{23}{2}.\end{cases}$$

由 $n=5$，$r=2$，$n-r=3$，故方程组的基础解系含 3 个向量：

$$\boldsymbol{\xi}_1=\begin{pmatrix}-\frac{1}{2}\\ -\frac{1}{2}\\ 1\\ 0\\ 0\end{pmatrix},\quad \boldsymbol{\xi}_2=\begin{pmatrix}0\\ -1\\ 0\\ 1\\ 0\end{pmatrix},\quad \boldsymbol{\xi}_3=\begin{pmatrix}2\\ -3\\ 0\\ 0\\ 1\end{pmatrix},$$

方程组的通解为

$$\boldsymbol{x}=k_1\left(-\frac{1}{2},-\frac{1}{2},1,0,0\right)^{\mathrm{T}}+k_2(0,-1,0,1,0)^{\mathrm{T}}+k_3(2,-3,0,0,1)^{\mathrm{T}}+$$

$\left(-\frac{9}{2}, \frac{23}{2}, 0, 0, 0\right)^T$, $k_1, k_2, k_3 \in \mathbf{R}$.

(3) $\widetilde{\boldsymbol{A}}=\begin{pmatrix}1&1&0&0&5\\2&1&1&2&1\\5&3&2&2&3\end{pmatrix}\to\begin{pmatrix}1&1&0&0&5\\0&-1&1&2&-9\\0&-2&2&2&-22\end{pmatrix}\to\begin{pmatrix}1&1&0&0&5\\0&1&-1&-2&9\\0&1&-1&-1&11\end{pmatrix}$

$\to\begin{pmatrix}1&1&0&0&5\\0&1&-1&-2&9\\0&0&0&1&2\end{pmatrix}\to\begin{pmatrix}1&0&1&2&-4\\0&1&-1&-2&9\\0&0&0&1&2\end{pmatrix}\to\begin{pmatrix}1&0&1&0&-8\\0&1&-1&0&13\\0&0&0&1&2\end{pmatrix}$.

容易看出，$r(\widetilde{\boldsymbol{A}})=r(\boldsymbol{A})=3<4$，故方程组有无穷多解，且与其同解的方程组为

$$\begin{cases}x_1+x_3=-8,\\x_2-x_3=13,\\x_4=2.\end{cases}$$

由 $n=4$，$r=3$，$n-r=1$，故方程组的基础解系含 1 个向量 $\boldsymbol{\xi}=\begin{pmatrix}-1\\1\\1\\0\end{pmatrix}$，

方程组的通解为

$$\boldsymbol{x}=k\begin{pmatrix}-1\\1\\1\\0\end{pmatrix}+\begin{pmatrix}-8\\13\\0\\2\end{pmatrix},\quad k\in\mathbf{R}.$$

(4) $\widetilde{\boldsymbol{A}}=\begin{pmatrix}1&0&3&1&2\\1&-3&0&1&-1\\2&1&7&2&5\\4&2&14&0&6\end{pmatrix}\to\begin{pmatrix}1&0&3&1&2\\0&-3&-3&0&-3\\0&1&1&0&1\\0&2&2&-4&-2\end{pmatrix}$

$\to\begin{pmatrix}1&0&3&1&2\\0&1&1&0&1\\0&0&0&-4&-4\\0&0&0&0&0\end{pmatrix}\to\begin{pmatrix}1&0&3&1&2\\0&1&1&0&1\\0&0&0&1&1\\0&0&0&0&0\end{pmatrix}\to\begin{pmatrix}1&0&3&0&1\\0&1&1&0&1\\0&0&0&1&1\\0&0&0&0&0\end{pmatrix}$.

容易看出，$r(\widetilde{\boldsymbol{A}})=r(\boldsymbol{A})=3<4$，故方程组有无穷多解，且与其同解的方程组为

$$\begin{cases}x_1+3x_3=1,\\x_2+x_3=1,\\x_4=1.\end{cases}$$

由 $n=4$, $r=3$, $n-r=1$, 故方程组的基础解系含 1 个向量 $\boldsymbol{\xi}=\begin{pmatrix}-3\\-1\\1\\0\end{pmatrix}$,

方程组的通解为

$$\boldsymbol{x}=k\begin{pmatrix}-3\\-1\\1\\0\end{pmatrix}+\begin{pmatrix}1\\1\\0\\1\end{pmatrix},\quad k\in\mathbf{R}.$$

3. 当 a, b 为何值时, 方程组 $\begin{cases}x_1+x_2+x_3+x_4+x_5=1,\\3x_1+2x_2+x_3+x_4-3x_5=a,\\x_2+2x_3+2x_4+6x_5=1,\\5x_1+4x_2+3x_3+3x_4-x_5=b\end{cases}$ 有无穷多解? 并求其通解.

解 $$\widetilde{\boldsymbol{A}}=\begin{pmatrix}1&1&1&1&1&1\\3&2&1&1&-3&a\\0&1&2&2&6&1\\5&4&3&3&-1&b\end{pmatrix}\to\begin{pmatrix}1&1&1&1&1&1\\0&1&2&2&6&1\\0&-1&-2&-2&-6&a-3\\0&-1&-2&-2&-6&b-5\end{pmatrix}$$

$$\to\begin{pmatrix}1&1&1&1&1&1\\0&1&2&2&6&1\\0&0&0&0&0&a-2\\0&0&0&0&0&b-4\end{pmatrix}.$$

因为方程组有无穷多解, 故 $a=2$, $b=4$.

$$\widetilde{\boldsymbol{A}}=\begin{pmatrix}1&1&1&1&1&1\\3&2&1&1&-3&2\\0&1&2&2&6&1\\5&4&3&3&-1&4\end{pmatrix}\to\begin{pmatrix}1&1&1&1&1&1\\0&1&2&2&6&1\\0&0&0&0&0&0\\0&0&0&0&0&0\end{pmatrix}\to\begin{pmatrix}1&0&-1&-1&-5&0\\0&1&2&2&6&1\\0&0&0&0&0&0\\0&0&0&0&0&0\end{pmatrix},$$

故所求方程组的通解为

$$\boldsymbol{x}=k_1\begin{pmatrix}1\\-2\\1\\0\\0\end{pmatrix}+k_2\begin{pmatrix}1\\-2\\0\\1\\0\end{pmatrix}+k_3\begin{pmatrix}5\\-6\\0\\0\\1\end{pmatrix}+\begin{pmatrix}0\\1\\0\\0\\0\end{pmatrix},\quad k_1,k_2,k_3\in\mathbf{R}.$$

4. 设四元非齐次线性方程组的系数矩阵的秩为 3, 已知 $\boldsymbol{\xi}_1$, $\boldsymbol{\xi}_2$, $\boldsymbol{\xi}_3$ 是它的 3 个解向量,

且 $\boldsymbol{\xi}_1=(2,3,4,5)^{\mathrm{T}}$, $\boldsymbol{\xi}_2+\boldsymbol{\xi}_3=(1,2,3,4)^{\mathrm{T}}$,求方程组的通解.

解 设四元非齐次线性方程组为 $\boldsymbol{Ax}=\boldsymbol{b}$,已知 $\boldsymbol{\xi}_1$, $\boldsymbol{\xi}_2$, $\boldsymbol{\xi}_3$ 是它的3个解向量,则 $\boldsymbol{A\xi}_1=\boldsymbol{b}$, $\boldsymbol{A\xi}_2=\boldsymbol{b}$, $\boldsymbol{A\xi}_3=\boldsymbol{b}$.

$2\boldsymbol{A\xi}_1-\boldsymbol{A}(\boldsymbol{\xi}_2+\boldsymbol{\xi}_3)=\boldsymbol{0}$,即 $\boldsymbol{A}[2\boldsymbol{\xi}_1-(\boldsymbol{\xi}_2+\boldsymbol{\xi}_3)]=\boldsymbol{0}$,因此,$2\boldsymbol{\xi}_1-(\boldsymbol{\xi}_2+\boldsymbol{\xi}_3)$ 是对应齐次方程组 $\boldsymbol{Ax}=\boldsymbol{0}$ 解,即

$$2\boldsymbol{\xi}_1-(\boldsymbol{\xi}_2+\boldsymbol{\xi}_3)=2(2,3,4,5)^{\mathrm{T}}-(1,2,3,4)^{\mathrm{T}}=(3,4,5,6)^{\mathrm{T}}.$$

再由 $n=4$, $r(\boldsymbol{A})=3$ 知道,方程组 $\boldsymbol{Ax}=\boldsymbol{0}$ 的基础解系应该含有1个向量,故 $2\boldsymbol{\xi}_1-(\boldsymbol{\xi}_2+\boldsymbol{\xi}_3)$ 为方程组 $\boldsymbol{Ax}=\boldsymbol{0}$ 的一个基础解系. $\boldsymbol{\xi}_1$ 为 $\boldsymbol{Ax}=\boldsymbol{b}$ 的一个特解. 进一步,可以写出方程组 $\boldsymbol{Ax}=\boldsymbol{b}$ 的通解为

$$\boldsymbol{x}=k[2\boldsymbol{\xi}_1-(\boldsymbol{\xi}_2+\boldsymbol{\xi}_3)]+\boldsymbol{\xi}_1=k(3,4,5,6)^{\mathrm{T}}+(2,3,4,5)^{\mathrm{T}},\quad k\in\mathbf{R}.$$

思政元素:刘徽与《九章算术》

刘徽(约225—约295),我国古代卓越的数学家. 关于他的生平没有可靠的记载.《隋书》是二十四史之一,其中《律历志》出自李淳风(602—670)之手,上面记载:"魏陈留王景元四年(263),刘徽注《九章》……". 由此知道他给《九章算术》作注的确切年份. 如果那时他40岁,那么他应当生于东汉末年或三国魏初,以后又在西晋生活了一段时间.

《汉书·艺文志》(班固根据刘歆《七略》写成者)中著录的数学书仅有《许商算术》《杜忠算术》两种,并无《九章算术》,可见《九章算术》的出现要晚于《七略》.《后汉书·马援传》载其侄孙马续"博览群书,善《九章算术》",马续是公元1世纪最后二三十年时人. 再根据《九章算术》中可供判定年代的官名、地名等来推断,现传本《九章算术》的成书年代大约是公元1世纪的下半叶. 后世的数学家,大都是从《九章算术》开始学习和研究数学的,许多人曾为它作过注释. 其中最著名的有刘徽(263)、李淳风(656)等人. 刘、李等人的注释和《九章算术》一起流传至今.

《九章算术》是中国古代流传下来最早、最重要的数学著作. 它几乎集中了当时的全部数学知识,将246个问题分为九章,所以叫做《九章算术》. 它不是出自某一个人的手笔,也不是一个年代的作品,而是经过历代各家的修订和增补,才逐渐形成的. 263年,刘徽给它作注,加上自己的心得,使其便于了解,因而流传下来. 刘徽注文的内容非常丰富,有很多独到的见解,从中可以看出刘徽本人对数学的理论造诣很深. 他不但纠正了原书流传下来的一些错误,而且指出了正确的解法,刘徽可以说是中国古代数学理论的奠基者.

刘徽的贡献主要有:创造了割圆术,运用朴素的极限思想计算圆面积及圆周率;建立了重差术;重视逻辑推理("析理以辞"),同时又注意几何直观的作用("解体用图"). 他指出《九章算术》原来定圆周率 $\pi=3$ 过于粗略,于是创设割圆术. 他通过极限的方法(虽然不是很严格)证明了圆

面积等于“半圆乘半径”，再推出圆周率 $\pi=3.14$（有些学者认为已求得 $\pi=3.1416$）. 他的方法比希腊的阿基米德更加巧妙，只用到内接多边形，就确定了圆面积的上、下界，而阿基米德却用到内接和外切多边形. 他在求体积问题上的创见，为日后祖暅原理的建立指明了方向. 刘徽熟练地运用直角三角形的性质，推广了古代的重差术，撰写的《海岛算经》虽然只有 9 题，但足以表明刘徽已掌握相当复杂的测量方法. 此外，他还改进了许多原书的方法，如给出等差级数求和公式等.

《九章算术》把 246 个问题及 202 个“术”分为九章：

第一章“方田”：田亩面积计算.

第二章“粟米”：谷物粮食等按比例折算.

第三章“衰分”：比例分配问题.

第四章“少广”：由面积求边长或径长.

第五章“商功”：土石工程、体积计算.

第六章“均输”：合理摊派赋税徭役.

第七章“盈不足”：用双设法解的问题.

第八章“方程”：用一次方程组解的问题.

第九章“勾股”：用勾股定理解的问题.

《九章算术·方程》共 18 问，全都是一次方程组问题，未知数最多时可达 5 个. 其解法，首先以竖行用算筹列出各方程的系数，如“方程”章第一题，它相当于求解：

$$3x+2y+z=39, \quad (1)$$
$$2x+3y+z=34, \quad (2)$$
$$x+2y+3z=26. \quad (3)$$

列出的筹式如

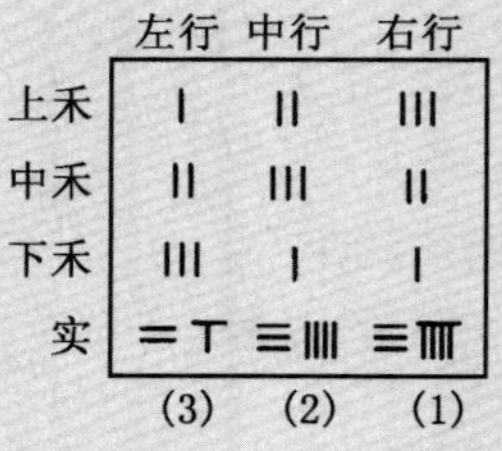

1	2	3
2	3	2
3	1	1
26	34	39
[3]	[2]	[1]

竖行[1]、[2]、[3]，即相当于上面的式(1)、式(2)、式(3). 其消元方法就是令左右行连续相减（如以 3 乘[2]再连续减[1]即可消去 x 项系数）. 书中第八章“方程”采用分离系数的方法表示线性方程组，相当于现在的矩阵；解线性方程组时使用的直除法，与矩阵的初等变换一致. “程”是指“计算”，“方”是指这样列出的筹式是方形的，这才是“方程”这一数学术语的原意.《九章算术》中的这项成果，是世界上最早的完整的线性方程组的解法，比西方早 1 000 多年.《九章算术》的思想方法对中国古代数学产生了巨大的影响，并成为现代数学思想方法的重要源泉之一. 中华民族的智慧结晶应被新时代的青年学子所铭记，不断弘扬中华优秀传统文化，增强民族自豪感、文化自信和爱国情怀.

经过刘徽注释的《九章算术》，影响我国数学的发展 1 000 多年，是东方数学的代表作，和古希腊欧几里得的《几何原本》交相辉映.

总习题3

(A)

1. 用消元法求解下列齐次方程组.

(1) $\begin{cases}2x_1+x_2+3x_3=0,\\4x_1+2x_2-x_3=0;\end{cases}$　　(2) $\begin{cases}2x_1+5x_2+2x_3=0,\\3x_1-x_2-4x_3=0,\\x_1+2x_2-3x_3=0;\end{cases}$

(3) $\begin{cases}x_1-x_2+x_3=0,\\3x_1-x_2+5x_3=0,\\2x_1+3x_2+7x_3=0;\end{cases}$　　(4) $\begin{cases}2x_1+x_2-x_3+3x_4=0,\\3x_1-x_2+2x_3+5x_4=0,\\x_1-2x_2+2x_3-x_4=0.\end{cases}$

解 (1) 对系数矩阵 $\boldsymbol{A}$ 施行初等行变换:

$$\boldsymbol{A}=\begin{pmatrix}2&1&3\\4&2&-1\end{pmatrix}\to\begin{pmatrix}2&1&3\\0&0&-7\end{pmatrix}\to\begin{pmatrix}1&\frac{1}{2}&\frac{3}{2}\\0&0&1\end{pmatrix}\to\begin{pmatrix}1&\frac{1}{2}&0\\0&0&1\end{pmatrix},$$

得与原方程组同解的方程组

$$\begin{cases}x_1+\frac{1}{2}x_2=0,\\x_3=0.\end{cases}$$

取 x_2 为自由未知量,令 $x_2=k\ (k\in\mathbf{R})$,则方程组的解为

$$\begin{cases}x_1=-\frac{1}{2}k,\\x_2=k,\\x_3=0.\end{cases}$$

(2) 对系数矩阵 $\boldsymbol{A}$ 施行初等行变换:

$$\boldsymbol{A}=\begin{pmatrix}2&5&2\\3&-1&-4\\1&2&-3\end{pmatrix}\to\begin{pmatrix}1&2&-3\\0&1&8\\0&-7&5\end{pmatrix}\to\begin{pmatrix}1&2&-3\\0&1&8\\0&0&1\end{pmatrix}.$$

由 $r(\boldsymbol{A})=3$ 知,方程组只有零解.

(3) 对系数矩阵 $\boldsymbol{A}$ 施行初等行变换:

$$\boldsymbol{A}=\begin{pmatrix}1&-1&1\\3&-1&5\\2&3&7\end{pmatrix}\to\begin{pmatrix}1&-1&1\\0&2&2\\0&5&5\end{pmatrix}\to\begin{pmatrix}1&-1&1\\0&1&1\\0&0&0\end{pmatrix}\to\begin{pmatrix}1&0&2\\0&1&1\\0&0&0\end{pmatrix},$$

得与原方程组同解的方程组

$$\begin{cases}x_1+2x_3=0,\\x_2+x_3=0.\end{cases}$$

取 x_3 为自由未知量,令 $x_3=k\ (k\in\mathbf{R})$,则方程组的解为

$$\begin{cases}x_1=-2k,\\x_2=-k,\\x_3=k.\end{cases}$$

(4) 对系数矩阵 $\boldsymbol{A}$ 施行初等行变换：

$$\boldsymbol{A}=\begin{pmatrix}2&1&-1&3\\3&-1&2&5\\1&-2&2&-1\end{pmatrix}\to\begin{pmatrix}1&-2&2&-1\\0&5&-5&5\\0&5&-4&8\end{pmatrix}\to\begin{pmatrix}1&-2&2&-1\\0&1&-1&1\\0&0&1&3\end{pmatrix}$$
$$\to\begin{pmatrix}1&0&0&1\\0&1&-1&1\\0&0&1&3\end{pmatrix}\to\begin{pmatrix}1&0&0&1\\0&1&0&4\\0&0&1&3\end{pmatrix},$$

得与原方程组同解的方程组

$$\begin{cases}x_1+x_4=0,\\x_2+4x_4=0,\\x_3+3x_4=0.\end{cases}$$

取 x_4 为自由未知量,令 $x_4=k\ (k\in\mathbf{R})$，则方程组的解为

$$\begin{cases}x_1=-k,\\x_2=-4k,\\x_3=-3k,\\x_4=k.\end{cases}$$

2. 用消元法求解下列非齐次方程组.

(1) $\begin{cases}x_1+3x_2-x_3=6,\\2x_1-x_2+3x_3=3,\\4x_1-2x_2+x_3=1;\end{cases}$　　(2) $\begin{cases}2x_1+x_2-x_3+2x_4=2,\\3x_1-x_2+x_3+x_4=5,\\x_1-2x_2+2x_3-x_4=1;\end{cases}$

(3) $\begin{cases}x_1-x_2+x_3=1,\\3x_1-x_2+5x_3=7,\\2x_1+3x_2+7x_3=12;\end{cases}$　　(4) $\begin{cases}x_1+5x_2-x_3-x_4=-1,\\x_1-2x_2+x_3+3x_4=3,\\x_1-9x_2+3x_3+7x_4=7,\\2x_1+3x_2+2x_4=2.\end{cases}$

解 (1) 对增广矩阵 $\widetilde{\boldsymbol{A}}$ 施行初等行变换：

$$\widetilde{\boldsymbol{A}}=\begin{pmatrix}1&3&-1&6\\2&-1&3&3\\4&-2&1&1\end{pmatrix}\to\begin{pmatrix}1&3&-1&6\\0&-7&5&-9\\0&-14&5&-23\end{pmatrix}\to\begin{pmatrix}1&3&-1&6\\0&-7&5&-9\\0&0&-5&-5\end{pmatrix}$$
$$\to\begin{pmatrix}1&3&-1&6\\0&-7&0&-14\\0&0&-5&-5\end{pmatrix}\to\begin{pmatrix}1&3&-1&6\\0&1&0&2\\0&0&1&1\end{pmatrix}\to\begin{pmatrix}1&0&0&1\\0&1&0&2\\0&0&1&1\end{pmatrix}.$$

容易看出，$r(\boldsymbol{A})=r(\widetilde{\boldsymbol{A}})=3$，方程组有唯一解 $\begin{cases}x_1=1,\\x_2=2,\\x_3=1.\end{cases}$

(2) 对增广矩阵 $\widetilde{\boldsymbol{A}}$ 施行初等行变换：

$$\widetilde{\boldsymbol{A}}=\begin{pmatrix}2&1&-1&2&2\\3&-1&1&1&5\\1&-2&2&-1&1\end{pmatrix}\to\begin{pmatrix}1&-2&2&-1&1\\0&5&-5&4&0\\0&5&-5&4&2\end{pmatrix}\to\begin{pmatrix}1&-2&2&-1&1\\0&5&-5&4&0\\0&0&0&0&2\end{pmatrix}.$$

容易看出，$r(\boldsymbol{A})=2$，$r(\widetilde{\boldsymbol{A}})=3$，由 $r(\boldsymbol{A})\neq r(\widetilde{\boldsymbol{A}})$ 知，方程组无解.

(3) 对增广矩阵 $\widetilde{\boldsymbol{A}}$ 施行初等行变换：

$$\widetilde{\boldsymbol{A}}=\begin{pmatrix}1&-1&1&1\\3&-1&5&7\\2&3&7&12\end{pmatrix}\to\begin{pmatrix}1&-1&1&1\\0&2&2&4\\0&5&5&10\end{pmatrix}\to\begin{pmatrix}1&-1&1&1\\0&1&1&2\\0&0&0&0\end{pmatrix}\to\begin{pmatrix}1&0&2&3\\0&1&1&2\\0&0&0&0\end{pmatrix}.$$

由 $r(\widetilde{\boldsymbol{A}})=r(\boldsymbol{A})=2<3$ 知，方程组有无穷多解. 取 x_3 为自由未知量，令 $x_3=k$ $(k\in\mathbf{R})$，则方程组有解 $\begin{cases}x_1=3-2k,\\x_2=2-k,\\x_3=k.\end{cases}$

(4) 对增广矩阵 $\widetilde{\boldsymbol{A}}$ 施行初等行变换：

$$\widetilde{\boldsymbol{A}}=\begin{pmatrix}1&5&-1&-1&-1\\1&-2&1&3&3\\1&-9&3&7&7\\2&3&0&2&2\end{pmatrix}\to\begin{pmatrix}1&5&-1&-1&-1\\0&-7&2&4&4\\0&-14&4&8&8\\0&-7&2&4&4\end{pmatrix}$$

$$\to\begin{pmatrix}1&5&-1&-1&-1\\0&1&-\frac{2}{7}&-\frac{4}{7}&-\frac{4}{7}\\0&0&0&0&0\\0&0&0&0&0\end{pmatrix}\to\begin{pmatrix}1&0&\frac{3}{7}&\frac{13}{7}&\frac{13}{7}\\0&1&-\frac{2}{7}&-\frac{4}{7}&-\frac{4}{7}\\0&0&0&0&0\\0&0&0&0&0\end{pmatrix}.$$

由 $r(\widetilde{\boldsymbol{A}})=r(\boldsymbol{A})=2<4$ 知，方程组有无穷多解. 取 x_3 和 x_4 为自由未知量，令 $x_3=k_1$，$x_4=k_2(k_1, k_2\in\mathbf{R})$，则方程组有解

$$\begin{cases}x_1=\frac{13}{7}-\frac{3}{7}k_1-\frac{13}{7}k_2,\\x_2=-\frac{4}{7}+\frac{2}{7}k_1+\frac{4}{7}k_2,\\x_3=k_1,\\x_4=k_2.\end{cases}$$

3. 设 $\boldsymbol{\alpha}=(-1, 2, 1, -4)^{\mathrm{T}}$，$\boldsymbol{\beta}=(2, 3, 0, -3)^{\mathrm{T}}$，$\boldsymbol{\gamma}=(-2, -1, -1, 1)^{\mathrm{T}}$. 求 $\boldsymbol{\alpha}-2\boldsymbol{\beta}-\boldsymbol{\gamma}$，并求向量 $\boldsymbol{x}$，使 $2\boldsymbol{\alpha}-\boldsymbol{\beta}-\boldsymbol{x}=3\boldsymbol{\gamma}$ 成立.

解

$$\boldsymbol{\alpha}-2\boldsymbol{\beta}-\boldsymbol{\gamma}=\begin{pmatrix}-1\\2\\1\\-4\end{pmatrix}-2\begin{pmatrix}2\\3\\0\\-3\end{pmatrix}-\begin{pmatrix}-2\\-1\\-1\\1\end{pmatrix}=\begin{pmatrix}-3\\-3\\2\\1\end{pmatrix},$$

欲使 $2\boldsymbol{\alpha}-\boldsymbol{\beta}-\boldsymbol{x}=3\boldsymbol{\gamma}$ 成立，则

$$x = 2\boldsymbol{\alpha} - \boldsymbol{\beta} - 3\boldsymbol{\gamma} = 2\begin{pmatrix} -1 \\ 2 \\ 1 \\ -4 \end{pmatrix} - \begin{pmatrix} 2 \\ 3 \\ 0 \\ -3 \end{pmatrix} - 3\begin{pmatrix} -2 \\ -1 \\ -1 \\ 1 \end{pmatrix} = \begin{pmatrix} 2 \\ 4 \\ 5 \\ -8 \end{pmatrix}.$$

4. 讨论下列向量组的线性相关性.

(1) $\boldsymbol{\alpha}_1 = (-1, 1, -4)^{\mathrm{T}}$, $\boldsymbol{\alpha}_2 = (2, 0, -2)^{\mathrm{T}}$, $\boldsymbol{\alpha}_3 = (-2, -1, 1)^{\mathrm{T}}$.

(2) $\boldsymbol{\beta}_1 = (1, 2, 1, -4)^{\mathrm{T}}$, $\boldsymbol{\beta}_2 = (2, 3, 0, -3)^{\mathrm{T}}$, $\boldsymbol{\beta}_3 = (-1, -1, 1, -1)^{\mathrm{T}}$.

解 (1)写出矩阵 $\boldsymbol{A} = (\boldsymbol{\alpha}_1, \boldsymbol{\alpha}_2, \boldsymbol{\alpha}_3)$，并计算其行列式为

$$|\boldsymbol{A}| = |(\boldsymbol{\alpha}_1, \boldsymbol{\alpha}_2, \boldsymbol{\alpha}_3)| = \begin{vmatrix} -1 & 2 & -2 \\ 1 & 0 & -1 \\ -4 & -2 & 1 \end{vmatrix} = \begin{vmatrix} -1 & 2 & -3 \\ 1 & 0 & 0 \\ -4 & -2 & -3 \end{vmatrix} = 1 \times (-1)^{2+1} \begin{vmatrix} 2 & -3 \\ -2 & -3 \end{vmatrix} = 12 \neq 0,$$

故向量组 $\boldsymbol{\alpha}_1, \boldsymbol{\alpha}_2, \boldsymbol{\alpha}_3$ 线性无关.

(2) 写出矩阵 $\boldsymbol{B} = (\boldsymbol{\beta}_1, \boldsymbol{\beta}_2, \boldsymbol{\beta}_3)$，并对其施行初等行变换：

$$\boldsymbol{B} = (\boldsymbol{\beta}_1, \boldsymbol{\beta}_2, \boldsymbol{\beta}_3) = \begin{pmatrix} 1 & 2 & -1 \\ 2 & 3 & -1 \\ 1 & 0 & 1 \\ -4 & -3 & -1 \end{pmatrix} \to \begin{pmatrix} 1 & 2 & -1 \\ 0 & -1 & 1 \\ 0 & -2 & 2 \\ 0 & 5 & -5 \end{pmatrix} \to \begin{pmatrix} 1 & 2 & -1 \\ 0 & 1 & -1 \\ 0 & 0 & 0 \\ 0 & 0 & 0 \end{pmatrix}.$$

容易看出 $r(\boldsymbol{B}) = 2 < 3$，故向量组 $\boldsymbol{\alpha}_1, \boldsymbol{\alpha}_2, \boldsymbol{\alpha}_3$ 线性相关.

5. 求下列向量组的秩，并求向量组的一个极大无关组，把其他向量用此极大无关组线性表示.

(1) $\boldsymbol{\alpha}_1 = (1, 1, 1)^{\mathrm{T}}$, $\boldsymbol{\alpha}_2 = (0, 2, 6)^{\mathrm{T}}$, $\boldsymbol{\alpha}_3 = (2, 4, 8)^{\mathrm{T}}$.

(2) $\boldsymbol{\beta}_1 = (1, 0, 1, -2)^{\mathrm{T}}$, $\boldsymbol{\beta}_2 = (2, 1, 0, -3)^{\mathrm{T}}$, $\boldsymbol{\beta}_3 = (-1, -1, 1, 1)^{\mathrm{T}}$, $\boldsymbol{\beta}_4 = (0, -1, 0, -1)^{\mathrm{T}}$.

解 (1)用向量组中向量作矩阵的列向量，写出矩阵 $\boldsymbol{A}$，并对其施行初等行变换：

$$\boldsymbol{A} = \begin{pmatrix} 1 & 0 & 2 \\ 1 & 2 & 4 \\ 1 & 6 & 8 \end{pmatrix} \to \begin{pmatrix} 1 & 0 & 2 \\ 0 & 2 & 2 \\ 0 & 6 & 6 \end{pmatrix} \to \begin{pmatrix} 1 & 0 & 2 \\ 0 & 1 & 1 \\ 0 & 0 & 0 \end{pmatrix},$$

则 $r(\boldsymbol{\alpha}_1, \boldsymbol{\alpha}_2, \boldsymbol{\alpha}_3) = 2$，$\boldsymbol{\alpha}_1, \boldsymbol{\alpha}_2$ 为向量组的一个极大无关组，且 $\boldsymbol{\alpha}_3 = 2\boldsymbol{\alpha}_1 + \boldsymbol{\alpha}_2$.

(2) 用向量组中向量作矩阵的列向量，写出矩阵 $\boldsymbol{B}$，并对其施行初等行变换：

$$\boldsymbol{B} = \begin{pmatrix} 1 & 2 & -1 & 0 \\ 0 & 1 & -1 & -1 \\ 1 & 0 & 1 & 0 \\ -2 & -3 & 1 & -1 \end{pmatrix} \to \begin{pmatrix} 1 & 2 & -1 & 0 \\ 0 & 1 & -1 & -1 \\ 0 & -2 & 2 & 0 \\ 0 & 1 & -1 & -1 \end{pmatrix} \to \begin{pmatrix} 1 & 2 & -1 & 0 \\ 0 & 1 & -1 & -1 \\ 0 & 0 & 0 & -2 \\ 0 & 0 & 0 & 0 \end{pmatrix} \to \begin{pmatrix} 1 & 0 & 1 & 2 \\ 0 & 1 & -1 & -1 \\ 0 & 0 & 0 & 1 \\ 0 & 0 & 0 & 0 \end{pmatrix},$$

则 $r(\boldsymbol{\beta}_1, \boldsymbol{\beta}_2, \boldsymbol{\beta}_3, \boldsymbol{\beta}_4) = 3$，$\boldsymbol{\beta}_1, \boldsymbol{\beta}_2, \boldsymbol{\beta}_4$ 为向量组的一个极大无关组，且 $\boldsymbol{\beta}_3 = \boldsymbol{\beta}_1 - \boldsymbol{\beta}_2$.

6. 设向量组 $\boldsymbol{\alpha}_1 = (1, 2, 1)^{\mathrm{T}}$, $\boldsymbol{\alpha}_2 = (2, b, 5)^{\mathrm{T}}$, $\boldsymbol{\alpha}_3 = (2, 3, 1)^{\mathrm{T}}$, $\boldsymbol{\alpha}_4 = (a, 3, 2)^{\mathrm{T}}$ 的秩为 2，求 a，b 的值.

解 用向量组中向量作矩阵的列向量，写出矩阵 $\boldsymbol{A}$，并对其施行初等行变换：

$$\boldsymbol{A} = \begin{pmatrix} 1 & 2 & 2 & a \\ 2 & b & 3 & 3 \\ 1 & 5 & 1 & 2 \end{pmatrix} \to \begin{pmatrix} 1 & 2 & 2 & a \\ 0 & b-4 & -1 & 3-2a \\ 0 & 3 & -1 & 2-a \end{pmatrix}.$$

因为 $r(\boldsymbol{\alpha}_1, \boldsymbol{\alpha}_2, \boldsymbol{\alpha}_3, \boldsymbol{\alpha}_4)=2$, 所以 $\begin{cases}b-4=3,\\ 3-2a=2-a\end{cases}\Rightarrow\begin{cases}b=7,\\ a=1.\end{cases}$

7. 设 $V_1=\{\boldsymbol{x}=(x_1, x_2, \cdots, x_n)^{\mathrm{T}} \mid x_1, x_2, \cdots, x_n\in\mathbf{R}, x_1+x_2+\cdots+x_n=0\}$, $V_2=\{\boldsymbol{x}=(x_1, x_2, \cdots, x_n)^{\mathrm{T}} \mid x_1, x_2, \cdots, x_n\in\mathbf{R}, x_1+x_2+\cdots+x_n=1\}$. 问 V_1 和 V_2 是不是向量空间,为什么?

解 已知 $x_1, x_2, \cdots, x_n\in\mathbf{R}$, 设 $\boldsymbol{a}=(x_1, x_2, \cdots, x_n)^{\mathrm{T}}\in V_1$, $\boldsymbol{b}=(y_1, y_2, \cdots, y_n)^{\mathrm{T}}\in V_1$, 则有 $\boldsymbol{a}+\boldsymbol{b}=(x_1+y_1, x_2+y_2, \cdots, x_n+y_n)^{\mathrm{T}}$ 满足:

$$x_1+y_1+x_2+y_2+\cdots+x_n+y_n=(x_1+x_2+\cdots+x_n)+(y_1+y_2+\cdots+y_n)=0\in V_1,$$

$$k\boldsymbol{a}=(kx_1, kx_2, \cdots, kx_n)^{\mathrm{T}}=k(x_1, x_2, \cdots, x_n)^{\mathrm{T}}=k(x_1+x_2+\cdots+x_n)=0\in V_1,$$

故 V_1 是向量空间.

设 $\boldsymbol{a}=(x_1, x_2, \cdots, x_n)^{\mathrm{T}}\in V_2$, $\boldsymbol{b}=(y_1, y_2, \cdots, y_n)^{\mathrm{T}}\in V_2$, 则有 $\boldsymbol{a}+\boldsymbol{b}=(x_1+y_1, x_2+y_2, \cdots, x_n+y_n)^{\mathrm{T}}$ 满足:

$$x_1+y_1+x_2+y_2+\cdots+x_n+y_n=(x_1+x_2+\cdots+x_n)+(y_1+y_2+\cdots+y_n)=2\notin V_2,$$

故 V_2 不是向量空间.

8. 设有向量组 $\boldsymbol{\alpha}_1=(1, -1, 0)^{\mathrm{T}}$, $\boldsymbol{\alpha}_2=(2, 1, 2)^{\mathrm{T}}$, $\boldsymbol{\alpha}_3=(1, 2, -1)^{\mathrm{T}}$, $\boldsymbol{\beta}=(1, 2, 3)^{\mathrm{T}}$, 试证明向量组 $\boldsymbol{\alpha}_1, \boldsymbol{\alpha}_2, \boldsymbol{\alpha}_3$ 是 $\mathbf{R}^3$ 的一个基,并将向量 $\boldsymbol{\beta}$ 用这个基线性表示.

证明 写出矩阵 $(\boldsymbol{\alpha}_1, \boldsymbol{\alpha}_2, \boldsymbol{\alpha}_3, \boldsymbol{\beta})$, 并对其施行初等行变换:

$$(\boldsymbol{\alpha}_1, \boldsymbol{\alpha}_2, \boldsymbol{\alpha}_3, \boldsymbol{\beta})=\begin{pmatrix}1&2&1&1\\-1&1&2&2\\0&2&-1&3\end{pmatrix}\to\begin{pmatrix}1&2&1&1\\0&3&3&3\\0&2&-1&3\end{pmatrix}\to\begin{pmatrix}1&2&1&1\\0&1&1&1\\0&2&-1&3\end{pmatrix}$$

$$\to\begin{pmatrix}1&2&1&1\\0&1&1&1\\0&0&-3&1\end{pmatrix}\to\begin{pmatrix}1&2&1&1\\0&1&1&1\\0&0&1&-\frac{1}{3}\end{pmatrix}\to\begin{pmatrix}1&0&0&-\frac{4}{3}\\0&1&0&\frac{4}{3}\\0&0&1&-\frac{1}{3}\end{pmatrix}.$$

容易看出, $\boldsymbol{\alpha}_1, \boldsymbol{\alpha}_2, \boldsymbol{\alpha}_3$ 线性无关,故 $\boldsymbol{\alpha}_1, \boldsymbol{\alpha}_2, \boldsymbol{\alpha}_3$ 是 $\mathbf{R}^3$ 的一个基,且

$$\boldsymbol{\beta}=-\frac{4}{3}\boldsymbol{\alpha}_1+\frac{4}{3}\boldsymbol{\alpha}_2-\frac{1}{3}\boldsymbol{\alpha}_3.$$

9. 已知 $\mathbf{R}^3$ 的两个基 $\boldsymbol{\alpha}_1=(1, 0, 1)^{\mathrm{T}}$, $\boldsymbol{\alpha}_2=(1, 1, 0)^{\mathrm{T}}$, $\boldsymbol{\alpha}_3=(0, 1, 1)^{\mathrm{T}}$ 和 $\boldsymbol{\beta}_1=(1, 1, 1)^{\mathrm{T}}$, $\boldsymbol{\beta}_2=(1, 1, 0)^{\mathrm{T}}$, $\boldsymbol{\beta}_3=(1, 0, 0)^{\mathrm{T}}$, 求由基 $\boldsymbol{\alpha}_1, \boldsymbol{\alpha}_2, \boldsymbol{\alpha}_3$ 到基 $\boldsymbol{\beta}_1, \boldsymbol{\beta}_2, \boldsymbol{\beta}_3$ 的过渡矩阵.

解 设矩阵 $\boldsymbol{A}=(\boldsymbol{\alpha}_1, \boldsymbol{\alpha}_2, \boldsymbol{\alpha}_3)=\begin{pmatrix}1&1&0\\0&1&1\\1&0&1\end{pmatrix}$, $\boldsymbol{B}=(\boldsymbol{\beta}_1, \boldsymbol{\beta}_2, \boldsymbol{\beta}_3)=\begin{pmatrix}1&1&1\\1&1&0\\1&0&0\end{pmatrix}$,

$$(\boldsymbol{A}\vdots\boldsymbol{E})=\left(\begin{array}{ccc:ccc}1&1&0&1&0&0\\0&1&1&0&1&0\\1&0&1&0&0&1\end{array}\right)\to\left(\begin{array}{ccc:ccc}1&1&0&1&0&0\\0&1&1&0&1&0\\0&-1&1&-1&0&1\end{array}\right)\to\left(\begin{array}{ccc:ccc}1&1&0&1&0&0\\0&1&1&0&1&0\\0&0&2&-1&1&1\end{array}\right)$$

$$\to\left(\begin{array}{ccc:ccc}1&1&0&1&0&0\\0&1&1&0&1&0\\0&0&1&-\frac{1}{2}&\frac{1}{2}&\frac{1}{2}\end{array}\right)\to\left(\begin{array}{ccc:ccc}1&0&0&\frac{1}{2}&-\frac{1}{2}&\frac{1}{2}\\0&1&0&\frac{1}{2}&\frac{1}{2}&-\frac{1}{2}\\0&0&1&-\frac{1}{2}&\frac{1}{2}&\frac{1}{2}\end{array}\right),$$

所以
$$\boldsymbol{A}^{-1}=\begin{pmatrix}\frac{1}{2}&-\frac{1}{2}&\frac{1}{2}\\\frac{1}{2}&\frac{1}{2}&-\frac{1}{2}\\-\frac{1}{2}&\frac{1}{2}&\frac{1}{2}\end{pmatrix}.$$

设过渡矩阵为 $\boldsymbol{P}$，则 $\boldsymbol{P}=\boldsymbol{A}^{-1}\boldsymbol{B}$，进而有

$$\boldsymbol{P}=\boldsymbol{A}^{-1}\boldsymbol{B}=\begin{pmatrix}\frac{1}{2}&-\frac{1}{2}&\frac{1}{2}\\\frac{1}{2}&\frac{1}{2}&-\frac{1}{2}\\-\frac{1}{2}&\frac{1}{2}&\frac{1}{2}\end{pmatrix}\begin{pmatrix}1&1&1\\1&1&0\\1&0&0\end{pmatrix}=\frac{1}{2}\begin{pmatrix}1&0&1\\1&2&1\\1&0&-1\end{pmatrix}.$$

10. 求下列齐次方程组的基础解系和通解.

(1) $\begin{cases}x_1-x_2+3x_3-x_4=0,\\-x_1+2x_2-4x_3-4x_4=0,\\2x_1+x_2+x_4=0;\end{cases}$ (2) $\begin{cases}x_1+x_2-x_3-x_4=0,\\-x_1+2x_2-2x_3-5x_4=0,\\2x_1+5x_2-5x_3-8x_4=0.\end{cases}$

解 (1) 对系数矩阵施行初等行变换：

$$\begin{pmatrix}1&-1&3&-1\\-1&2&-4&-4\\2&1&0&1\end{pmatrix}\to\begin{pmatrix}1&-1&3&-1\\0&1&-1&-5\\0&3&-6&3\end{pmatrix}\to\begin{pmatrix}1&-1&3&-1\\0&1&-1&-5\\0&0&-1&6\end{pmatrix}\to\begin{pmatrix}1&0&0&6\\0&1&0&-11\\0&0&1&-6\end{pmatrix}.$$

由 $n=4$，$r=3$，$n-r=1$，故方程组的基础解系含 1 个向量 $\boldsymbol{\xi}=\begin{pmatrix}-6\\11\\6\\1\end{pmatrix}$，

方程组的通解为

$$\boldsymbol{x}=k\boldsymbol{\xi}=k\begin{pmatrix}-6\\11\\6\\1\end{pmatrix},\quad k\in\mathbf{R}.$$

(2) 对系数矩阵施行初等行变换：

$$\begin{pmatrix}1&1&-1&-1\\-1&2&-2&-5\\2&5&-5&-8\end{pmatrix}\to\begin{pmatrix}1&1&-1&-1\\0&3&-3&-6\\0&3&-3&-6\end{pmatrix}\to\begin{pmatrix}1&1&-1&-1\\0&1&-1&-2\\0&0&0&0\end{pmatrix}\to\begin{pmatrix}1&0&0&1\\0&1&-1&-2\\0&0&0&0\end{pmatrix}.$$

由 $n=4$，$r=2$，$n-r=2$，故方程组的基础解系含 2 个向量：

$$\boldsymbol{\xi}_1=\begin{pmatrix}0\\1\\1\\0\end{pmatrix},\quad \boldsymbol{\xi}_2=\begin{pmatrix}-1\\2\\0\\1\end{pmatrix}.$$

方程组的通解为

$$\boldsymbol{x}=k_1\boldsymbol{\xi}_1+k_2\boldsymbol{\xi}_2=k_1\begin{pmatrix}0\\1\\1\\0\end{pmatrix}+k_2\begin{pmatrix}-1\\2\\0\\1\end{pmatrix},\quad k_1,k_2\in\mathbf{R}.$$

11. 求下列非齐次方程组的通解.

(1) $\begin{cases}x_1-x_2-2x_3-x_4=-5,\\2x_1-x_2+x_3+2x_4=-7,\\x_1+3x_3+3x_4=-2;\end{cases}$　　(2) $\begin{cases}x_1-x_2-2x_3=-1,\\-2x_1+x_2+x_3=4,\\x_1+3x_2-2x_3=3.\end{cases}$

解　(1) 对增广矩阵施行初等行变换：

$$\widetilde{\boldsymbol{A}}=\begin{pmatrix}1&-1&-2&-1&-5\\2&-1&1&2&-7\\1&0&3&3&-2\end{pmatrix}\to\begin{pmatrix}1&-1&-2&-1&-5\\0&1&5&4&3\\0&1&5&4&3\end{pmatrix}\to\begin{pmatrix}1&0&3&3&-2\\0&1&5&4&3\\0&0&0&0&0\end{pmatrix}.$$

对应的方程组为 $\begin{cases}x_1+3x_3+3x_4=-2,\\x_2+5x_3+4x_4=3\end{cases}$ 可写为 $\begin{cases}x_1=-3x_3-3x_4-2,\\x_2=-5x_3-4x_4+3,\\x_3=x_3,\\x_4=x_4.\end{cases}$

故所求方程组的通解为

$$\boldsymbol{x}=k_1\begin{pmatrix}-3\\-5\\1\\0\end{pmatrix}+k_2\begin{pmatrix}-3\\-4\\0\\1\end{pmatrix}+\begin{pmatrix}-2\\3\\0\\0\end{pmatrix},\quad k_1,k_2\in\mathbf{R}.$$

(2) 对增广矩阵施行初等行变换：

$$\widetilde{\boldsymbol{A}}=\begin{pmatrix}1&-1&-2&-1\\-2&1&1&4\\1&3&-2&3\end{pmatrix}\to\begin{pmatrix}1&-1&-2&-1\\0&-1&-3&2\\0&4&0&4\end{pmatrix}\to\begin{pmatrix}1&-1&-2&-1\\0&1&3&-2\\0&1&0&1\end{pmatrix}$$

$$\to\begin{pmatrix}1&-1&-2&-1\\0&1&3&-2\\0&0&-3&3\end{pmatrix}\to\begin{pmatrix}1&0&1&-3\\0&1&3&-2\\0&0&1&-1\end{pmatrix}\to\begin{pmatrix}1&0&0&-2\\0&1&0&1\\0&0&1&-1\end{pmatrix}.$$

容易看出，$r(\boldsymbol{A})=r(\widetilde{\boldsymbol{A}})=3$，方程组有唯一解 $\begin{cases}x_1=-2,\\x_2=1,\\x_3=-1,\end{cases}$ 即 $\boldsymbol{x}=\begin{pmatrix}-2\\1\\-1\end{pmatrix}$.

12. 求一个齐次线性方程组,使它的基础解系为

$$\boldsymbol{\xi}_1=\begin{pmatrix}2\\2\\1\\0\end{pmatrix},\quad \boldsymbol{\xi}_2=\begin{pmatrix}0\\1\\2\\1\end{pmatrix}.$$

解 设所求齐次线性方程组为 $\boldsymbol{Ax}=\boldsymbol{0}$, 系数矩阵 $\boldsymbol{A}$ 的某行向量形如 $\boldsymbol{\alpha}^{\mathrm{T}}=(a_1, a_2, a_3, a_4)$, 由方程组有基础解系 $\boldsymbol{\xi}_1$, $\boldsymbol{\xi}_2$, 故 $\boldsymbol{\alpha}^{\mathrm{T}}\boldsymbol{\xi}_1=\boldsymbol{0}$, $\boldsymbol{\alpha}^{\mathrm{T}}\boldsymbol{\xi}_2=\boldsymbol{0}$, 即

$$\begin{cases}2a_1+2a_2+a_3=0,\\ a_2+2a_3+a_4=0.\end{cases}$$

为解此方程组,对其系数矩阵施行初等行变换:

$$\begin{pmatrix}2&2&1&0\\0&1&2&1\end{pmatrix}\to\begin{pmatrix}2&0&-3&-2\\0&1&2&1\end{pmatrix}\to\begin{pmatrix}1&0&-\frac{3}{2}&-1\\0&1&2&1\end{pmatrix},$$

其基础解系为

$$\begin{pmatrix}\frac{3}{2}\\-2\\1\\0\end{pmatrix},\quad\begin{pmatrix}1\\-1\\0\\1\end{pmatrix}.$$

故矩阵 $\boldsymbol{A}$ 的行向量可取 $\boldsymbol{\alpha}_1=(3, -4, 2, 0)$, $\boldsymbol{\alpha}_2=(1, -1, 0, 1)$, 那么所求方程组可写为

$$\begin{cases}3x_1-4x_2+2x_3=0,\\ x_1-x_2+x_4=0.\end{cases}$$

13. 设有四元非齐次方程组 $\boldsymbol{Ax}=\boldsymbol{b}$, $r(\boldsymbol{A})=3$, 已知它的 3 个解为 $\boldsymbol{\xi}_1$, $\boldsymbol{\xi}_2$, $\boldsymbol{\xi}_3$, 其中, $\boldsymbol{\xi}_1=\begin{pmatrix}4\\2\\3\\1\end{pmatrix}$, $\boldsymbol{\xi}_2+\boldsymbol{\xi}_3=\begin{pmatrix}2\\-2\\0\\4\end{pmatrix}$, 求该方程组的通解.

解 设有四元非齐次线性方程组 $\boldsymbol{Ax}=\boldsymbol{b}$, 已知 $\boldsymbol{\xi}_1$, $\boldsymbol{\xi}_2$, $\boldsymbol{\xi}_3$ 是它的 3 个解向量,则 $\boldsymbol{A\xi}_1=\boldsymbol{b}$, $\boldsymbol{A\xi}_2=\boldsymbol{b}$, $\boldsymbol{A\xi}_3=\boldsymbol{b}$, 进而可知 $2\boldsymbol{A\xi}_1-\boldsymbol{A}(\boldsymbol{\xi}_2+\boldsymbol{\xi}_3)=\boldsymbol{0}$, 即 $\boldsymbol{A}[2\boldsymbol{\xi}_1-(\boldsymbol{\xi}_2+\boldsymbol{\xi}_3)]=\boldsymbol{0}$, 因此, $2\boldsymbol{\xi}_1-(\boldsymbol{\xi}_2+\boldsymbol{\xi}_3)$ 是对应齐次方程组 $\boldsymbol{Ax}=\boldsymbol{0}$ 解,则

$$2\boldsymbol{\xi}_1-(\boldsymbol{\xi}_2+\boldsymbol{\xi}_3)=2\begin{pmatrix}4\\2\\3\\1\end{pmatrix}-\begin{pmatrix}2\\-2\\0\\4\end{pmatrix}=\begin{pmatrix}6\\6\\6\\-2\end{pmatrix}.$$

再由 $n=4$，$r(\boldsymbol{A})=3$ 知，方程组 $\boldsymbol{Ax}=\boldsymbol{0}$ 的基础解系应含有1个线性无关向量，故 $2\boldsymbol{\xi}_1-(\boldsymbol{\xi}_2+\boldsymbol{\xi}_3)$ 为方程组 $\boldsymbol{Ax}=\boldsymbol{0}$ 的一个基础解系. $\boldsymbol{\xi}_1$ 为 $\boldsymbol{Ax}=\boldsymbol{b}$ 的一个特解. 进一步，可写出方程组 $\boldsymbol{Ax}=\boldsymbol{b}$ 的通解为

$$\boldsymbol{x}=k_0[2\boldsymbol{\xi}_1-(\boldsymbol{\xi}_2+\boldsymbol{\xi}_3)]+\boldsymbol{\xi}_1=k_0\begin{pmatrix}6\\6\\6\\-2\end{pmatrix}+\begin{pmatrix}4\\2\\3\\1\end{pmatrix}=k\begin{pmatrix}3\\3\\3\\-1\end{pmatrix}+\begin{pmatrix}4\\2\\3\\1\end{pmatrix},\quad k_0,k\in\mathbf{R}.$$

(B)

1. 已知三维线性空间的一组基底为 $\boldsymbol{\alpha}_1=(1,1,0)$，$\boldsymbol{\alpha}_2=(1,0,1)$，$\boldsymbol{\alpha}_3=(0,1,1)$，则向量 $\boldsymbol{u}=(2,0,0)$ 在上述基底下的坐标是__________.

解 设向量 $\boldsymbol{u}=(2,0,0)$ 在上述基底下的坐标是 (x_1,x_2,x_3)，则

$$\boldsymbol{u}=x_1\boldsymbol{\alpha}_1+x_2\boldsymbol{\alpha}_2+x_3\boldsymbol{\alpha}_3,$$

即 $\begin{cases}x_1+x_2=2,\\x_1+x_3=0,\\x_2+x_3=0,\end{cases}$ 解得 $\begin{cases}x_1=1,\\x_2=1,\\x_3=-1,\end{cases}$ 故坐标为 $(1,1,-1)$.

2. 设 n 维向量 $\boldsymbol{\alpha}=(a,0,\cdots,0,a)^{\mathrm{T}}$，$a<0$，矩阵 $\boldsymbol{A}=\boldsymbol{E}-\boldsymbol{\alpha\alpha}^{\mathrm{T}}$，$\boldsymbol{B}=\boldsymbol{E}+\dfrac{1}{a}\boldsymbol{\alpha\alpha}^{\mathrm{T}}$，其中 $\boldsymbol{A}$ 的逆矩阵为 $\boldsymbol{B}$，则 $a=$__________.

解 由 $\boldsymbol{A}$ 的逆矩阵为 $\boldsymbol{B}$，有 $\boldsymbol{AB}=\boldsymbol{E}$，即

$$(\boldsymbol{E}-\boldsymbol{\alpha\alpha}^{\mathrm{T}})\left(\boldsymbol{E}+\frac{1}{a}\boldsymbol{\alpha\alpha}^{\mathrm{T}}\right)=\boldsymbol{E}+\frac{1}{a}\boldsymbol{\alpha\alpha}^{\mathrm{T}}-\boldsymbol{\alpha\alpha}^{\mathrm{T}}-\frac{1}{a}\boldsymbol{\alpha\alpha}^{\mathrm{T}}\boldsymbol{\alpha\alpha}^{\mathrm{T}}.$$

由于 $\boldsymbol{\alpha}^{\mathrm{T}}\boldsymbol{\alpha}=2a^2$，而 $\boldsymbol{\alpha\alpha}^{\mathrm{T}}$ 是秩为1的矩阵，故

$$\boldsymbol{AB}=\boldsymbol{E}\Leftrightarrow\left(\frac{1}{a}-1-2a\right)\boldsymbol{\alpha\alpha}^{\mathrm{T}}=\boldsymbol{0}\Rightarrow\frac{1}{a}-1-2a=0\Rightarrow a=\frac{1}{2},\ a=-1.$$

已知 $a<0$，故 $a=-1$.

3. 设 $\boldsymbol{\alpha}_1=(1\ \ 2\ \ -1\ \ 0)^{\mathrm{T}}$，$\boldsymbol{\alpha}_2=(1\ \ 1\ \ 0\ \ 2)^{\mathrm{T}}$，$\boldsymbol{\alpha}_3=(2\ \ 1\ \ 1\ \ a)^{\mathrm{T}}$，若由向量 $\boldsymbol{\alpha}_1,\boldsymbol{\alpha}_2,\boldsymbol{\alpha}_3$ 形成的向量空间维数是2，则 $a=$__________.

解

$$(\boldsymbol{\alpha}_1,\boldsymbol{\alpha}_2,\boldsymbol{\alpha}_3)=\begin{pmatrix}1&1&2\\2&1&1\\-1&0&1\\0&2&a\end{pmatrix}\rightarrow\begin{pmatrix}1&1&2\\0&-1&-3\\0&1&3\\0&2&a\end{pmatrix}\rightarrow\begin{pmatrix}1&1&2\\0&1&3\\0&0&a-6\\0&0&0\end{pmatrix}.$$

由于向量 $\boldsymbol{\alpha}_1,\boldsymbol{\alpha}_2,\boldsymbol{\alpha}_3$ 形成的向量空间维数是2，故 $a-6=0$，即 $a=6$.

4. 若齐次线性方程组 $\begin{cases}\lambda x_1+x_2+x_3=0,\\x_1+\lambda x_2+x_3=0,\\x_1+x_2+x_3=0\end{cases}$ 只有零解，则 λ 应满足的条件是__________.

解 方程组的系数行列式为

$$D=\begin{vmatrix}\lambda & 1 & 1\\ 1 & \lambda & 1\\ 1 & 1 & 1\end{vmatrix}=-\begin{vmatrix}1 & 1 & 1\\ 1 & \lambda & 1\\ \lambda & 1 & 1\end{vmatrix}=-\begin{vmatrix}1 & 1 & 1\\ 0 & \lambda-1 & 0\\ 0 & 1-\lambda & 1-\lambda\end{vmatrix}=-(\lambda-1)(-1)^{2+2}\begin{vmatrix}1 & 1\\ 0 & 1-\lambda\end{vmatrix}=(1-\lambda)^2.$$

由于该齐次线性方程组只有零解，得 $D\neq 0$，故 $\lambda\neq 1$.

5. 若线性方程组 $\begin{cases}x_1+x_2=-a_1,\\ x_2+x_3=a_2,\\ x_3+x_4=-a_3,\\ x_4+x_1=a_4\end{cases}$ 有解，则常数 a_1，a_2，a_3，a_4 应满足__________.

解 对方程组的增广矩阵 $\widetilde{\mathbf{A}}$ 施行初等行变换：

$$\widetilde{\mathbf{A}}=\begin{pmatrix}1 & 1 & 0 & 0 & -a_1\\ 0 & 1 & 1 & 0 & a_2\\ 0 & 0 & 1 & 1 & -a_3\\ 1 & 0 & 0 & 1 & a_4\end{pmatrix}\to\begin{pmatrix}1 & 1 & 0 & 0 & -a_1\\ 0 & 1 & 1 & 0 & a_2\\ 0 & 0 & 1 & 1 & -a_3\\ 0 & -1 & 0 & 1 & a_1+a_4\end{pmatrix}$$

$$\to\begin{pmatrix}1 & 1 & 0 & 0 & -a_1\\ 0 & 1 & 1 & 0 & a_2\\ 0 & 0 & 1 & 1 & -a_3\\ 0 & 0 & 1 & 1 & a_1+a_2+a_4\end{pmatrix}\to\begin{pmatrix}1 & 1 & 0 & 0 & -a_1\\ 0 & 1 & 1 & 0 & a_2\\ 0 & 0 & 1 & 1 & -a_3\\ 0 & 0 & 0 & 0 & a_1+a_2+a_3+a_4\end{pmatrix},$$

则 $r(\mathbf{A})=3$，由线性方程组有解，可知 $r(\widetilde{\mathbf{A}})=r(\mathbf{A})=3$，故

$$a_1+a_2+a_3+a_4=0.$$

6. 设 n 阶矩阵 $\mathbf{A}$ 的各行元素之和均为零，且 $\mathbf{A}$ 的秩为 $n-1$，则线性方程组 $\mathbf{Ax}=\mathbf{0}$ 的通解为__________.

解 因为 $r(\mathbf{A})=n-1$，由 $n-r(\mathbf{A})=1$ 知，齐次方程组的基础解系含一个解向量，故 $\mathbf{Ax}=\mathbf{0}$ 的通解形式为 $k\boldsymbol{\xi}$. 因为矩阵 $\mathbf{A}$ 的各行元素之和均为零，即

$$\begin{cases}a_{11}+a_{12}+\cdots+a_{1n}=0,\\ a_{21}+a_{22}+\cdots+a_{2n}=0,\\ \qquad\vdots\\ a_{n1}+a_{n2}+\cdots+a_{nn}=0.\end{cases}$$

而齐次线性方程组 $\mathbf{Ax}=\mathbf{0}$ 为

$$\begin{cases}a_{11}x_1+a_{12}x_2+\cdots+a_{1n}x_n=0,\\ a_{21}x_1+a_{22}x_2+\cdots+a_{2n}x_n=0,\\ \qquad\vdots\\ a_{n1}x_1+a_{n2}x_2+\cdots+a_{nn}x_n=0.\end{cases}$$

故 $x_1=1$，$x_2=1$，…，$x_n=1$ 是 $\mathbf{Ax}=\mathbf{0}$ 的解，

故 $\mathbf{Ax}=\mathbf{0}$ 的通解为 $k(1,1,\cdots,1)^{\mathrm{T}}$，$k\in\mathbf{R}$.

7. 设

$$A=\begin{pmatrix}1&1&1&\cdots&1\\a_1&a_2&a_3&\cdots&a_n\\a_1^2&a_2^2&a_3^2&\cdots&a_n^2\\\vdots&\vdots&\vdots&&\vdots\\a_1^{n-1}&a_2^{n-1}&a_3^{n-1}&\cdots&a_n^{n-1}\end{pmatrix},\quad X=\begin{pmatrix}x_1\\x_2\\x_3\\\vdots\\x_n\end{pmatrix},\quad B=\begin{pmatrix}1\\1\\1\\\vdots\\1\end{pmatrix},$$

其中 $a_i\neq a_j(i\neq j;\ i,\ j=1,\ 2,\ \cdots,\ n)$，则线性方程组 $A^{\mathrm{T}}X=B$ 的解是 $X=$ ________.

解　因为 $a_i\neq a_j(i\neq j;\ i,\ j=1,\ 2,\ \cdots,\ n)$，故范德蒙行列式

$$|A|=\begin{vmatrix}1&1&1&\cdots&1\\a_1&a_2&a_3&\cdots&a_n\\a_1^2&a_2^2&a_3^2&\cdots&a_n^2\\\vdots&\vdots&\vdots&&\vdots\\a_1^{n-1}&a_2^{n-1}&a_3^{n-1}&\cdots&a_n^{n-1}\end{vmatrix}=\prod_{1\leqslant j<i\leqslant n}(a_i-a_j)\neq 0,$$

所以方程组 $A^{\mathrm{T}}X=B$ 的系数行列式 $|A^{\mathrm{T}}|=|A|\neq 0$，故方程组有唯一解.

对于线性方程组 $A^{\mathrm{T}}X=B$，

$$D=\begin{vmatrix}1&a_1&a_1^2&\cdots&a_1^{n-1}\\1&a_2&a_2^2&\cdots&a_2^{n-1}\\1&a_3&a_3^2&\cdots&a_3^{n-1}\\\vdots&\vdots&\vdots&&\vdots\\1&a_n&a_n^2&\cdots&a_n^{n-1}\end{vmatrix}=|A^{\mathrm{T}}|,\quad D_1=\begin{vmatrix}1&a_1&a_1^2&\cdots&a_1^{n-1}\\1&a_2&a_2^2&\cdots&a_2^{n-1}\\1&a_3&a_3^2&\cdots&a_3^{n-1}\\\vdots&\vdots&\vdots&&\vdots\\1&a_n&a_n^2&\cdots&a_n^{n-1}\end{vmatrix}=|A^{\mathrm{T}}|,$$

$$D_2=\begin{vmatrix}1&1&a_1^2&\cdots&a_1^{n-1}\\1&1&a_2^2&\cdots&a_2^{n-1}\\1&1&a_3^2&\cdots&a_3^{n-1}\\\vdots&\vdots&\vdots&&\vdots\\1&1&a_n^2&\cdots&a_n^{n-1}\end{vmatrix}=0,\ \cdots,\ D_n=\begin{vmatrix}1&a_1&a_1^2&\cdots&1\\1&a_2&a_2^2&\cdots&1\\1&a_3&a_3^2&\cdots&1\\\vdots&\vdots&\vdots&&\vdots\\1&a_n&a_n^2&\cdots&1\end{vmatrix}=0,$$

由克拉默法则，得 $x_1=\dfrac{D_1}{D}=\dfrac{|A^{\mathrm{T}}|}{|A^{\mathrm{T}}|}=1,\ x_2=\dfrac{D_2}{D}=0,\ \cdots,\ x_n=\dfrac{D_n}{D}=0$，则性方程组 $A^{\mathrm{T}}X=B$ 的解是 $X=\begin{pmatrix}1\\0\\\vdots\\0\end{pmatrix}$.

8. 已知方程组 $\begin{pmatrix}1&2&1\\2&3&a+2\\1&a&-2\end{pmatrix}\begin{pmatrix}x_1\\x_2\\x_3\end{pmatrix}=\begin{pmatrix}1\\3\\0\end{pmatrix}$ 无解，则 $a=$ ________.

解　对增广矩阵施行初等行变换：

$$\widetilde{A}=\begin{pmatrix}1&2&1&1\\2&3&a+2&3\\1&a&-2&0\end{pmatrix}\to\begin{pmatrix}1&2&1&1\\0&-1&a&1\\0&a-2&-3&-1\end{pmatrix}\to\begin{pmatrix}1&2&1&1\\0&1&-a&-1\\0&0&a^2-2a-3&a-3\end{pmatrix}.$$

因为方程组无解，则 $r(\boldsymbol{A})<r(\widetilde{\boldsymbol{A}})$，故 $\begin{cases}a^2-2a-3=0,\\a-3\neq 0,\end{cases}$ 解得 $a=-1$.

9. 设方程组 $\begin{pmatrix}a&1&1\\1&a&1\\1&1&a\end{pmatrix}\begin{pmatrix}x_1\\x_2\\x_3\end{pmatrix}=\begin{pmatrix}1\\1\\-2\end{pmatrix}$ 有无穷多个解，则 $a=$ ________.

解 对增广矩阵施行初等行变换：

$$\widetilde{\boldsymbol{A}}=\begin{pmatrix}a&1&1&1\\1&a&1&1\\1&1&a&-2\end{pmatrix}\to\begin{pmatrix}1&1&a&-2\\1&a&1&1\\a&1&1&1\end{pmatrix}\to\begin{pmatrix}1&1&a&-2\\0&a-1&1-a&3\\0&1-a&1-a^2&2a+1\end{pmatrix}$$

$$\to\begin{pmatrix}1&1&a&-2\\0&a-1&1-a&3\\0&0&-a^2-a+2&2a+4\end{pmatrix}.$$

因为有无穷多个解，则 $r(\boldsymbol{A})=r(\widetilde{\boldsymbol{A}})<3$，故 $\begin{cases}-a^2-a+2=0,\\2a+4=0,\end{cases}$ 解得 $a=-2$.

10. 设向量组 $\boldsymbol{\alpha}_1=(a,0,c)$，$\boldsymbol{\alpha}_2=(b,c,0)$，$\boldsymbol{\alpha}_3=(0,a,b)$ 线性无关，则 a,b,c 必满足关系式 ________.

解 因为向量组 $\boldsymbol{\alpha}_1=(a,0,c)$，$\boldsymbol{\alpha}_2=(b,c,0)$，$\boldsymbol{\alpha}_3=(0,a,b)$ 线性无关，则

$$\begin{vmatrix}a&b&0\\0&c&a\\c&0&b\end{vmatrix}=a\times(-1)^{1+1}\begin{vmatrix}c&a\\0&b\end{vmatrix}+c\times(-1)^{3+1}\begin{vmatrix}b&0\\c&a\end{vmatrix}=2abc\neq 0.$$

故 a,b,c 必满足关系式 $abc\neq 0$.

11. 设 $\boldsymbol{A}=(a_{ij})_{3\times 3}$ 是实正交矩阵，且 $a_{11}=1$，$\boldsymbol{b}=(1,0,0)^{\mathrm{T}}$，则线性方程组 $\boldsymbol{Ax}=\boldsymbol{b}$ 的解是________.

解 因为 $\boldsymbol{x}=\boldsymbol{A}^{-1}\boldsymbol{b}$，且 $\boldsymbol{A}=(a_{ij})_{3\times 3}$ 是实正交矩阵，则 $\boldsymbol{A}^{\mathrm{T}}=\boldsymbol{A}^{-1}$，$\boldsymbol{A}$ 的每一行(列)向量均为单位向量，所以

$$\boldsymbol{x}=\boldsymbol{A}^{-1}\boldsymbol{b}=\boldsymbol{A}^{\mathrm{T}}\boldsymbol{b}=\begin{pmatrix}a_{11}&a_{21}&a_{31}\\a_{12}&a_{22}&a_{32}\\a_{13}&a_{23}&a_{33}\end{pmatrix}\begin{pmatrix}1\\0\\0\end{pmatrix}=\begin{pmatrix}a_{11}\\a_{12}\\a_{13}\end{pmatrix}=\begin{pmatrix}1\\a_{12}\\a_{13}\end{pmatrix}.$$

于是 $a_{11}^2+a_{12}^2+a_{13}^2=1\Rightarrow 1+a_{12}^2+a_{13}^2=1\Rightarrow a_{12}^2+a_{13}^2=0\Rightarrow a_{12}=a_{13}=0$，故线性方程组 $\boldsymbol{Ax}=\boldsymbol{b}$ 的解是 $\begin{pmatrix}1\\0\\0\end{pmatrix}$.

12. 已知 $\boldsymbol{\alpha}=(1,2,3)$，$\boldsymbol{\beta}=\left(1,\frac{1}{2},\frac{1}{3}\right)$，设 $\boldsymbol{A}=\boldsymbol{\alpha}^{\mathrm{T}}\boldsymbol{\beta}$，其中 $\boldsymbol{\alpha}^{\mathrm{T}}$ 是 $\boldsymbol{\alpha}$ 的转置，则 $\boldsymbol{A}^n=$ ________.

解 $\boldsymbol{A}^n=\underbrace{\boldsymbol{AA}\cdots\boldsymbol{AA}}_{n个}=(\boldsymbol{\alpha}^{\mathrm{T}}\boldsymbol{\beta})(\boldsymbol{\alpha}^{\mathrm{T}}\boldsymbol{\beta})\cdots(\boldsymbol{\alpha}^{\mathrm{T}}\boldsymbol{\beta})(\boldsymbol{\alpha}^{\mathrm{T}}\boldsymbol{\beta})=\boldsymbol{\alpha}^{\mathrm{T}}\underbrace{(\boldsymbol{\beta\alpha}^{\mathrm{T}})\cdots\boldsymbol{\beta\alpha}^{\mathrm{T}}}_{(n-1)个}\boldsymbol{\beta}$，因为

$$\boldsymbol{\beta\alpha}^{\mathrm{T}}=\left(1,\frac{1}{2},\frac{1}{3}\right)\begin{pmatrix}1\\2\\3\end{pmatrix}=3,$$

则 $$A^n=\alpha^{\mathrm T}\underbrace{(\beta\alpha^{\mathrm T})\cdots\beta\alpha^{\mathrm T}}_{(n-1)\text{个}}\beta=\alpha^{\mathrm T}3^{n-1}\beta=3^{n-1}\alpha^{\mathrm T}\beta=3^{n-1}\begin{pmatrix}1&\frac{1}{2}&\frac{1}{3}\\2&1&\frac{2}{3}\\3&\frac{3}{2}&1\end{pmatrix}.$$

13. 已知 $\boldsymbol\beta_1$, $\boldsymbol\beta_2$ 是非齐次线性方程组 $\boldsymbol{Ax}=\boldsymbol b$ 的 2 个不同的解，$\boldsymbol\alpha_1$, $\boldsymbol\alpha_2$ 是对应齐次线性方程组 $\boldsymbol{Ax}=\boldsymbol 0$ 的基础解系，k_1, k_2 为任意常数，则方程组 $\boldsymbol{Ax}=\boldsymbol b$ 的通解(一般解)必是(　　).

A. $k_1\boldsymbol\alpha_1+k_2(\boldsymbol\alpha_1+\boldsymbol\alpha_2)+\dfrac{\boldsymbol\beta_1-\boldsymbol\beta_2}{2}$　　B. $k_1\boldsymbol\alpha_1+k_2(\boldsymbol\alpha_1-\boldsymbol\alpha_2)+\dfrac{\boldsymbol\beta_1+\boldsymbol\beta_2}{2}$

C. $k_1\boldsymbol\alpha_1+k_2(\boldsymbol\beta_1+\boldsymbol\beta_2)+\dfrac{\boldsymbol\beta_1-\boldsymbol\beta_2}{2}$　　D. $k_1\boldsymbol\alpha_1+k_2(\boldsymbol\beta_1-\boldsymbol\beta_2)+\dfrac{\boldsymbol\beta_1+\boldsymbol\beta_2}{2}$

解 由于 $\boldsymbol\alpha_1$, $\boldsymbol\alpha_2$ 是对应齐次线性方程组 $\boldsymbol{Ax}=\boldsymbol 0$ 的基础解系，故 $\boldsymbol{Ax}=\boldsymbol b$ 的通解为 $k_1\boldsymbol\alpha_1+k_2\boldsymbol\alpha_2+\boldsymbol\eta$，其中 $\boldsymbol\eta$ 是 $\boldsymbol{Ax}=\boldsymbol b$ 的特解.

由解的性质知，$\boldsymbol\alpha_1$, $\boldsymbol\alpha_2$, $\boldsymbol\alpha_1+\boldsymbol\alpha_2$, $\dfrac{\boldsymbol\beta_1-\boldsymbol\beta_2}{2}$, $\boldsymbol\alpha_1-\boldsymbol\alpha_2$, $\boldsymbol\beta_1-\boldsymbol\beta_2$ 都是 $\boldsymbol{Ax}=\boldsymbol 0$ 的解，$\boldsymbol A\left(\dfrac{\boldsymbol\beta_1+\boldsymbol\beta_2}{2}\right)=\dfrac{1}{2}(\boldsymbol{A\beta}_1+\boldsymbol{A\beta}_2)=\dfrac{1}{2}(\boldsymbol b+\boldsymbol b)$，故 $\dfrac{\boldsymbol\beta_1+\boldsymbol\beta_2}{2}$ 是 $\boldsymbol{Ax}=\boldsymbol b$ 的一个解.

对于 B 选项，$\dfrac{\boldsymbol\beta_1+\boldsymbol\beta_2}{2}$ 是 $\boldsymbol{Ax}=\boldsymbol b$ 的解，$\boldsymbol\alpha_1$, $\boldsymbol\alpha_1-\boldsymbol\alpha_2$ 是 $\boldsymbol{Ax}=\boldsymbol 0$ 的线性无关的解. 已知 $\boldsymbol\alpha_1$, $\boldsymbol\alpha_2$ 是基础解系，即 $\boldsymbol{Ax}=\boldsymbol 0$ 的基础解系含 2 个线性无关的解向量，则 $\boldsymbol\alpha_1$, $\boldsymbol\alpha_1-\boldsymbol\alpha_2$ 也是基础解系.

故选 B.

14. 设 $\boldsymbol A$ 是 n 阶矩阵，$\boldsymbol\alpha$ 是 n 维列向量. 若 $R\begin{pmatrix}\boldsymbol A&\boldsymbol\alpha\\\boldsymbol\alpha^{\mathrm T}&0\end{pmatrix}=R(\boldsymbol A)$，则线性方程组(　　).

A. $\boldsymbol{Ax}=\boldsymbol\alpha$ 必有无穷多解　　B. $\boldsymbol{Ax}=\boldsymbol\alpha$ 必有唯一解

C. $\begin{pmatrix}\boldsymbol A&\boldsymbol\alpha\\\boldsymbol\alpha^{\mathrm T}&0\end{pmatrix}\begin{pmatrix}x\\y\end{pmatrix}=\boldsymbol 0$ 仅有零解　　D. $\begin{pmatrix}\boldsymbol A&\boldsymbol\alpha\\\boldsymbol\alpha^{\mathrm T}&0\end{pmatrix}\begin{pmatrix}x\\y\end{pmatrix}=\boldsymbol 0$ 必有非零解

解 由于 $R(\boldsymbol A)\leqslant R(\boldsymbol A,\boldsymbol\alpha)\leqslant R\begin{pmatrix}\boldsymbol A&\boldsymbol\alpha\\\boldsymbol\alpha^{\mathrm T}&0\end{pmatrix}=R(\boldsymbol A)$，故 $R(\boldsymbol A)=R(\boldsymbol A,\boldsymbol\alpha)$，于是 $\boldsymbol{Ax}=\boldsymbol\alpha$ 必有解，可能有唯一解或是有无穷多解. 又 $R\begin{pmatrix}\boldsymbol A&\boldsymbol\alpha\\\boldsymbol\alpha^{\mathrm T}&0\end{pmatrix}=R(\boldsymbol A)\leqslant n<n+1$，故 $\begin{pmatrix}\boldsymbol A&\boldsymbol\alpha\\\boldsymbol\alpha^{\mathrm T}&0\end{pmatrix}\begin{pmatrix}x\\y\end{pmatrix}=\boldsymbol 0$ 必有非零解. 故选 D.

15. 设 $\boldsymbol A=(\boldsymbol\alpha_1\ \ \boldsymbol\alpha_2\ \ \boldsymbol\alpha_3\ \ \boldsymbol\alpha_4)$ 是四阶矩阵，$\boldsymbol A^*$ 为 $\boldsymbol A$ 的伴随矩阵，若 $\begin{pmatrix}1\\0\\1\\0\end{pmatrix}$ 是方程组 $\boldsymbol{Ax}=\boldsymbol 0$ 的一个基础解系，则 $\boldsymbol A^*\boldsymbol x=\boldsymbol 0$ 的基础解系为(　　).

A. $\boldsymbol\alpha_1$, $\boldsymbol\alpha_2$　　B. $\boldsymbol\alpha_1$, $\boldsymbol\alpha_3$　　C. $\boldsymbol\alpha_1$, $\boldsymbol\alpha_2$, $\boldsymbol\alpha_3$　　D. $\boldsymbol\alpha_2$, $\boldsymbol\alpha_3$, $\boldsymbol\alpha_4$

解 因为 $\boldsymbol{Ax}=\boldsymbol 0$ 的基础解系含 1 个线性无关的解向量，所以 $r(\boldsymbol A)=3$，于是 $r(\boldsymbol A^*)=1$，故 $\boldsymbol A^*\boldsymbol x=\boldsymbol 0$ 的基础解系含 3 个线性无关的解向量. 又 $\boldsymbol A^*\boldsymbol A=|\boldsymbol A|\boldsymbol E=\boldsymbol 0$，且 $r(\boldsymbol A)=3$，所以 $\boldsymbol A$ 的列向量组中含有 $\boldsymbol A^*\boldsymbol x=\boldsymbol 0$ 的基础解系，因为 $(1,0,1,0)^{\mathrm T}$ 是方程组 $\boldsymbol{Ax}=\boldsymbol 0$ 的基础解系，所以 $\boldsymbol\alpha_1+\boldsymbol\alpha_3=\boldsymbol 0$，故 $\boldsymbol\alpha_1$, $\boldsymbol\alpha_2$, $\boldsymbol\alpha_4$ 或 $\boldsymbol\alpha_2$, $\boldsymbol\alpha_3$, $\boldsymbol\alpha_4$ 线性无关. 故选 D.

16. 设 n 阶矩阵 $\boldsymbol{A}$ 的伴随矩阵 $\boldsymbol{A}^* \neq \boldsymbol{0}$，若 $\boldsymbol{\xi}_1, \boldsymbol{\xi}_2, \boldsymbol{\xi}_3, \boldsymbol{\xi}_4$ 是非齐次线性方程组 $\boldsymbol{Ax}=\boldsymbol{b}$ 的互不相等的解，则对应的齐次线性方程组 $\boldsymbol{Ax}=\boldsymbol{0}$ 的基础解系（　　）.

A. 不存在　　B. 仅含 1 个非零解向量

C. 含有 2 个线性无关的解向量　　D. 含有 3 个线性无关的解向量

解　因为 $\boldsymbol{A}$ 是 n 阶的矩阵，$\boldsymbol{Ax}=\boldsymbol{0}$ 和 $\boldsymbol{Ax}=\boldsymbol{b}$ 含有 n 个未知数，于是，$\boldsymbol{Ax}=\boldsymbol{0}$ 的基础解系含向量的个数为 $n-r(\boldsymbol{A})$.

又因为 $r(\boldsymbol{A}^*)=\begin{cases} n, & r(\boldsymbol{A})=n, \\ 1, & r(\boldsymbol{A})=n-1, \\ 0, & 0\leqslant r(\boldsymbol{A})\leqslant n-2, \end{cases}$ 已知 $\boldsymbol{A}^* \neq \boldsymbol{0}$，于是 $r(\boldsymbol{A})=n$ 或 $n-1$，$\boldsymbol{\xi}_1, \boldsymbol{\xi}_2, \boldsymbol{\xi}_3, \boldsymbol{\xi}_4$ 是非齐次线性方程组 $\boldsymbol{Ax}=\boldsymbol{b}$ 的互不相等的解，故 $r(\boldsymbol{A})=n-1$，从而 $\boldsymbol{Ax}=\boldsymbol{0}$ 的基础解系所含向量的个数为 $n-r(\boldsymbol{A})=1$.

故选 B.

17. 设 $\boldsymbol{A}, \boldsymbol{B}$ 为满足 $\boldsymbol{AB}=\boldsymbol{0}$ 的任意两个非零矩阵，则必有（　　）.

A. $\boldsymbol{A}$ 的列向量组线性相关，$\boldsymbol{B}$ 的行向量组线性相关

B. $\boldsymbol{A}$ 的列向量组线性相关，$\boldsymbol{B}$ 的列向量组线性相关

C. $\boldsymbol{A}$ 的行向量组线性相关，$\boldsymbol{B}$ 的行向量组线性相关

D. $\boldsymbol{A}$ 的行向量组线性相关，$\boldsymbol{B}$ 的列向量组线性相关

解　设 $\boldsymbol{A}=(a_{ij})_{m\times n}$，$\boldsymbol{B}=(b_{ij})_{n\times s}$，由 $\boldsymbol{AB}=\boldsymbol{0}$，有 $r(\boldsymbol{A})+r(\boldsymbol{B})\leqslant n$，又 $\boldsymbol{A}, \boldsymbol{B}$ 为非零矩阵，即 $r(\boldsymbol{A})>0$，$r(\boldsymbol{B})>0$，故 $r(\boldsymbol{A})<n$，$r(\boldsymbol{B})<n$，即 $\boldsymbol{A}$ 的列向量组线性相关，$\boldsymbol{B}$ 的行向量组线性相关. 故选 A.

18. 设 $\boldsymbol{A}, \boldsymbol{B}, \boldsymbol{C}$ 均为 n 阶矩阵，若 $\boldsymbol{AB}=\boldsymbol{C}$，且 $\boldsymbol{B}$ 可逆，则（　　）.

A. 矩阵 $\boldsymbol{C}$ 的行向量组与矩阵 $\boldsymbol{A}$ 的行向量组等价

B. 矩阵 $\boldsymbol{C}$ 的列向量组与矩阵 $\boldsymbol{A}$ 的列向量组等价

C. 矩阵 $\boldsymbol{C}$ 的行向量组与矩阵 $\boldsymbol{A}$ 的列向量组等价

D. 矩阵 $\boldsymbol{C}$ 的列向量组与矩阵 $\boldsymbol{A}$ 的行向量组等价

解　由于 $\boldsymbol{AB}=\boldsymbol{C}$，那么，对矩阵 $\boldsymbol{A}, \boldsymbol{C}$ 按列分块，有

$$(\boldsymbol{\alpha}_1, \boldsymbol{\alpha}_2, \cdots, \boldsymbol{\alpha}_n)\begin{pmatrix} b_{11} & b_{12} & \cdots & b_{1n} \\ b_{21} & b_{22} & \cdots & b_{2n} \\ \vdots & \vdots & & \vdots \\ b_{n1} & b_{n2} & \cdots & b_{nn} \end{pmatrix}=(\boldsymbol{\gamma}_1, \boldsymbol{\gamma}_2, \cdots, \boldsymbol{\gamma}_n),$$

即

$$\begin{cases} \boldsymbol{\gamma}_1=b_{11}\boldsymbol{\alpha}_1+b_{21}\boldsymbol{\alpha}_2+\cdots+b_{n1}\boldsymbol{\alpha}_n, \\ \boldsymbol{\gamma}_2=b_{12}\boldsymbol{\alpha}_1+b_{22}\boldsymbol{\alpha}_2+\cdots+b_{n2}\boldsymbol{\alpha}_n, \\ \quad\vdots \\ \boldsymbol{\gamma}_n=b_{1n}\boldsymbol{\alpha}_1+b_{2n}\boldsymbol{\alpha}_2+\cdots+b_{nn}\boldsymbol{\alpha}_n. \end{cases}$$

这说明矩阵 $\boldsymbol{C}$ 的列向量组 $\boldsymbol{\gamma}_1, \boldsymbol{\gamma}_2, \cdots, \boldsymbol{\gamma}_n$ 可由矩阵 $\boldsymbol{A}$ 的列向量组 $\boldsymbol{\alpha}_1, \boldsymbol{\alpha}_2, \cdots, \boldsymbol{\alpha}_n$ 线性表出. 又矩阵 $\boldsymbol{B}$ 可逆，从而 $\boldsymbol{A}=\boldsymbol{CB}^{-1}$，那么，矩阵 $\boldsymbol{A}$ 的列向量组也可由矩阵 $\boldsymbol{C}$ 的列向量组线性表出. 由向量组等价的定义可知，故选 B.

19. 设 $\boldsymbol{\alpha}_1, \boldsymbol{\alpha}_2, \boldsymbol{\alpha}_3$ 是三维向量，则对任意常数 k, l，向量 $\boldsymbol{\alpha}_1+k\boldsymbol{\alpha}_3$，$\boldsymbol{\alpha}_2+l\boldsymbol{\alpha}_3$ 线性无关是向量组 $\boldsymbol{\alpha}_1, \boldsymbol{\alpha}_2, \boldsymbol{\alpha}_3$ 线性无关的（　　）.

A. 必要非充分条件　　　　B. 充分非必要条件

C. 充分必要条件　　　　D. 既非充分条件也非必要条件

解 已知 $\boldsymbol{\alpha}_1,\boldsymbol{\alpha}_2,\boldsymbol{\alpha}_3$ 线性无关,设 $\lambda_1(\boldsymbol{\alpha}_1+k\boldsymbol{\alpha}_3)+\lambda_2(\boldsymbol{\alpha}_2+l\boldsymbol{\alpha}_3)=\mathbf{0}$,即 $\lambda_1\boldsymbol{\alpha}_1+\lambda_2\boldsymbol{\alpha}_2+(k\lambda_1+l\lambda_2)\boldsymbol{\alpha}_3=\mathbf{0}\Rightarrow\lambda_1+\lambda_2=k\lambda_1+l\lambda_2=0$,从而 $\boldsymbol{\alpha}_1+k\boldsymbol{\alpha}_3,\boldsymbol{\alpha}_2+l\boldsymbol{\alpha}_3$ 线性无关.

反之,若 $\boldsymbol{\alpha}_1+k\boldsymbol{\alpha}_3,\boldsymbol{\alpha}_2+l\boldsymbol{\alpha}_3$ 线性无关,不一定有 $\boldsymbol{\alpha}_1,\boldsymbol{\alpha}_2,\boldsymbol{\alpha}_3$ 无关.

例如,$\boldsymbol{\alpha}_1=\begin{pmatrix}1\\0\\0\end{pmatrix},\boldsymbol{\alpha}_2=\begin{pmatrix}0\\1\\0\end{pmatrix},\boldsymbol{\alpha}_3=\begin{pmatrix}0\\0\\0\end{pmatrix}$.

故选 A.

20. 设 $\boldsymbol{A}=\begin{pmatrix}1&a&0&0\\0&1&a&0\\0&0&1&a\\a&0&0&1\end{pmatrix},\boldsymbol{\beta}=\begin{pmatrix}1\\-1\\0\\0\end{pmatrix}$.

(1) 计算行列式 $|\boldsymbol{A}|$;

(2) 当实数 a 为何值时,方程组 $\boldsymbol{Ax}=\boldsymbol{\beta}$ 有无穷多解?并求其通解.

解 (1) $|\boldsymbol{A}|=\begin{vmatrix}1&a&0&0\\0&1&a&0\\0&0&1&a\\a&0&0&1\end{vmatrix}=1\times(-1)^{1+1}\begin{vmatrix}1&a&0\\0&1&a\\0&0&1\end{vmatrix}+a\times(-1)^{4+1}\begin{vmatrix}a&0&0\\1&a&0\\0&1&a\end{vmatrix}=1-a^4$.

(2) 对增广矩阵施行初等行变换:

$$\widetilde{\boldsymbol{A}}=\begin{pmatrix}1&a&0&0&1\\0&1&a&0&-1\\0&0&1&a&0\\a&0&0&1&0\end{pmatrix}\to\begin{pmatrix}1&a&0&0&1\\0&1&a&0&-1\\0&0&1&a&0\\0&-a^2&0&1&-a\end{pmatrix}$$

$$\to\begin{pmatrix}1&a&0&0&1\\0&1&a&0&-1\\0&0&1&a&0\\0&0&a^3&1&-a-a^2\end{pmatrix}\to\begin{pmatrix}1&a&0&0&1\\0&1&a&0&-1\\0&0&1&a&0\\0&0&0&1-a^4&-a-a^2\end{pmatrix}.$$

由于当且仅当 $r(\boldsymbol{A})=r(\widetilde{\boldsymbol{A}})<4$ 时,方程组 $\boldsymbol{Ax}=\boldsymbol{\beta}$ 有无穷多解,故 $1-a^4=0$,且 $-a-a^2=0$,得 $a=-1$. 即当 $a=-1$ 时,方程组 $\boldsymbol{Ax}=\boldsymbol{\beta}$ 有无穷多解.

当 $a=-1$ 时,

$$\widetilde{\boldsymbol{A}}=\begin{pmatrix}1&-1&0&0&1\\0&1&-1&0&-1\\0&0&1&-1&0\\-1&0&0&1&0\end{pmatrix}\to\begin{pmatrix}1&-1&0&0&1\\0&1&-1&0&-1\\0&0&1&-1&0\\0&-1&0&1&1\end{pmatrix}$$

$$\to\begin{pmatrix}1&-1&0&0&1\\0&1&-1&0&-1\\0&0&1&-1&0\\0&0&-1&1&0\end{pmatrix}\to\begin{pmatrix}1&0&0&-1&0\\0&1&0&-1&-1\\0&0&1&-1&0\\0&0&0&0&0\end{pmatrix},$$

故所求方程组的通解为

$$\boldsymbol{x}=k\begin{pmatrix}1\\1\\1\\1\end{pmatrix}+\begin{pmatrix}0\\-1\\0\\0\end{pmatrix},\quad k\in\mathbf{R}.$$

第 4 章　特征值与特征向量

4.1　方阵的特征值与特征向量

4.1.1　内容提要

1. 特征值与特征向量的概念

(1) 特征值与特征向量

定义 1　设矩阵 $\boldsymbol{A}$ 为 n 阶方阵，若存在数 λ 及 n 维非零向量 $\boldsymbol{x}$ 使得

$$\boldsymbol{A}\boldsymbol{x}=\lambda\boldsymbol{x},$$

则称数 λ 为方阵 $\boldsymbol{A}$ 的**特征值**，非零向量 $\boldsymbol{x}$ 称为矩阵 $\boldsymbol{A}$ 的对应于(或属于)特征值 λ 的**特征向量**.

(2) 特征方程

定义 2　设 $\boldsymbol{A}=(a_{ij})_{n\times n}$，则矩阵 $\lambda\boldsymbol{E}-\boldsymbol{A}$ 的行列式

$$|\lambda\boldsymbol{E}-\boldsymbol{A}|=\begin{vmatrix}\lambda-a_{11} & -a_{12} & \cdots & -a_{1n}\\ -a_{21} & \lambda-a_{22} & \cdots & -a_{2n}\\ \vdots & \vdots & & \vdots\\ -a_{n1} & -a_{n2} & \cdots & \lambda-a_{nn}\end{vmatrix}$$

为 λ 的 n 次多项式，称之为矩阵 $\boldsymbol{A}$ 的**特征多项式**，称 $|\lambda\boldsymbol{E}-\boldsymbol{A}|=0$ 为矩阵 $\boldsymbol{A}$ 的**特征方程**.

(3) 特征值与特征向量的计算过程

第一步，写出特征多项式 $f(\lambda)=|\lambda\boldsymbol{E}-\boldsymbol{A}|$.

第二步，求出特征方程 $|\lambda\boldsymbol{E}-\boldsymbol{A}|=0$ 的全部根 $\lambda_1,\lambda_2,\cdots,\lambda_n$(重根按重数计算)，则 $\lambda_1,\lambda_2,\cdots,\lambda_n$ 为方阵 $\boldsymbol{A}$ 的全部特征值.

第三步，把所得的特征值 λ_i 逐一代入齐次线性方程组

$$(\lambda_i\boldsymbol{E}-\boldsymbol{A})\boldsymbol{x}=\boldsymbol{0},$$

分别求得相应的基础解系 $\boldsymbol{p}_{i1},\boldsymbol{p}_{i2},\cdots,\boldsymbol{p}_{i(n-r_i)}$(这里的 r_i 为矩阵 $\lambda_i\boldsymbol{E}-\boldsymbol{A}$ 的秩)，则方阵 $\boldsymbol{A}$ 的对应于特征值 λ_i 的全部特征向量为

$$k_1\boldsymbol{p}_{i1}+k_2\boldsymbol{p}_{i2}+\cdots+k_{n-r_i}\boldsymbol{p}_{i(n-r_i)},$$

其中，k_1，…，k_{n-r_i} 是不同时为零的任意常数.

注意 ① n 阶方阵 $\boldsymbol{A}$ 共有 n 个特征值(重根按重数计算)，它们就是关于 λ 的 n 次方程 $|\lambda \boldsymbol{E}-\boldsymbol{A}|=0$ 在复数范围的全部解.

② 特征向量是非零向量.

③ 方阵 $\boldsymbol{A}$ 的对应于某个特征值 λ_i 的特征向量有无穷多个，它们可以由齐次线性方程组 $(\lambda_i \boldsymbol{E}-\boldsymbol{A})\boldsymbol{x}=\boldsymbol{0}$ 的基础解系线性表示(只需要表示系数不全为零).

④ 方阵的特征值有实数，也会有虚数. 对于 $\boldsymbol{A}$ 的特征值 λ_0，如果矩阵 $\lambda_0 \boldsymbol{E}-\boldsymbol{A}$ 是实矩阵，则齐次线性方程组 $(\lambda_0 \boldsymbol{E}-\boldsymbol{A})\boldsymbol{x}=\boldsymbol{0}$ 的系数阵为实数阵，其解为实向量，因而属于 λ_0 特征向量为实向量；如果矩阵 $\lambda_0 \boldsymbol{E}-\boldsymbol{A}$ 的元素中有虚数，那么属于 λ_0 特征向量的分量中可能有虚数. 本书中所讨论的均为实数的情形.

2. 特征值与特征向量的性质

性质 1 若 $\boldsymbol{x}$ 为矩阵 $\boldsymbol{A}$ 的属于特征值 λ 的特征向量，即 $\boldsymbol{A}\boldsymbol{x}=\lambda \boldsymbol{x}$，则

(1) $(k\boldsymbol{A})\boldsymbol{x}=(k\lambda)\boldsymbol{x}$，即 $\boldsymbol{x}$ 为矩阵 $k\boldsymbol{A}$ $(k\neq 0)$ 的属于特征值 $k\lambda$ 的特征向量；

(2) $\boldsymbol{A}^m\boldsymbol{x}=\lambda^m\boldsymbol{x}$，即 $\boldsymbol{x}$ 为矩阵 $\boldsymbol{A}^m$ 的属于特征值 λ^m 的特征向量；

(3) 矩阵 $\boldsymbol{A}$ 可逆时，有 $\boldsymbol{A}^{-1}\boldsymbol{x}=\lambda^{-1}\boldsymbol{x}$，即 $\boldsymbol{x}$ 为矩阵 $\boldsymbol{A}^{-1}$ 的属于特征值 λ^{-1} 的特征向量；

(4) 矩阵 $\boldsymbol{A}$ 可逆时，有 $\boldsymbol{A}^*\boldsymbol{x}=\dfrac{|\boldsymbol{A}|}{\lambda}\boldsymbol{x}$，即 $\boldsymbol{x}$ 为 $\boldsymbol{A}$ 的伴随矩阵 $\boldsymbol{A}^*$ 的属于特征值 $\dfrac{|\boldsymbol{A}|}{\lambda}$ 的特征向量；

(5) 矩阵 $\boldsymbol{A}$ 与它的转置矩阵 $\boldsymbol{A}^{\mathrm{T}}$ 有相同的特征方程和特征值，但二者的特征向量一般是不相同的；

(6) 设 $f(x)=a_nx^n+a_{n-1}x^{n-1}+\cdots+a_1x+a_0$ 为 n 次多项式 (x 为变量)，则

$$f(\boldsymbol{A})\boldsymbol{x}=f(\lambda)\boldsymbol{x} \quad (\boldsymbol{x}\text{ 为向量}),$$

其中，

$$f(\lambda)=a_n\lambda^n+a_{n-1}\lambda^{n-1}+\cdots+a_1\lambda+a_0,\ f(\boldsymbol{A})=a_n\boldsymbol{A}^n+a_{n-1}\boldsymbol{A}^{n-1}+\cdots+a_1\boldsymbol{A}+a_0\boldsymbol{E},$$

即向量 $\boldsymbol{x}$ 为矩阵多项式 $f(\boldsymbol{A})$ 的属于特征值 $f(\lambda)$ 的特征向量.

性质 2 n 阶矩阵 $\boldsymbol{A}$ 的互不相等的特征值 λ_1，…，λ_m 对应的特征向量 $\boldsymbol{p}_1$，$\boldsymbol{p}_2$，…，$\boldsymbol{p}_m$ 是线性无关的.

性质 3 如果 n 阶矩阵 $\boldsymbol{A}$ 有 n 个不同的特征值，则 $\boldsymbol{A}$ 有 n 个不同的特征向量.

性质 4 设 λ_1，λ_2，…，λ_m 是矩阵 $\boldsymbol{A}$ 的 m 个互不相同的特征值，而 $\boldsymbol{p}_{i1}$，$\boldsymbol{p}_{i2}$，…，$\boldsymbol{p}_{is_i}$ 是 $\boldsymbol{A}$ 的属于特征值 $\lambda_i(i=1, 2, \cdots, m)$ 的线性无关的特征向量，则向量组

$$\boldsymbol{p}_{11},\ \boldsymbol{p}_{12},\ \cdots,\ \boldsymbol{p}_{1s_1},\ \boldsymbol{p}_{21},\ \boldsymbol{p}_{22},\ \cdots,\ \boldsymbol{p}_{2s_2},\ \cdots,\ \boldsymbol{p}_{m1},\ \boldsymbol{p}_{m2},\ \cdots,\ \boldsymbol{p}_{ms_m}$$

线性无关.

性质 5 设 λ 是矩阵 $\boldsymbol{A}$ 的 k 重特征值，则 $\boldsymbol{A}$ 的属于 λ 的线性无关的特征向量的个数不大于 k.

性质 6 设 $\boldsymbol{A}=(\boldsymbol{a}_{ij})$ 是 n 阶矩阵，其特征值为 λ_1，λ_2，…，λ_n，则

(1) $\lambda_1+\lambda_2+\cdots+\lambda_n=a_{11}+a_{22}+\cdots+a_{nn}$;

(2) $\lambda_1\lambda_2\cdots\lambda_n=|\boldsymbol{A}|$.

其中 $\boldsymbol{A}$ 的主对角线上元素之和 $a_{11}+a_{22}+\cdots+a_{nn}$，称为矩阵 $\boldsymbol{A}$ 的**迹**，记为

$$\operatorname{tr}(\boldsymbol{A})=a_{11}+a_{22}+\cdots+a_{nn}.$$

推论　n 阶方阵 $\boldsymbol{A}$ 可逆的充分必要条件是 $\boldsymbol{A}$ 的特征值均不为零.

3. 矩阵的谱半径

定义 3　设 $\lambda_i(i=1, 2, \cdots, n)$（实数或复数）为 n 阶方阵 $\boldsymbol{A}$ 的全部特征值，则 λ_i 的模的最大者称为 $\boldsymbol{A}$ 的**谱半径**，记作 $\rho(\boldsymbol{A})$，即

$$\rho(\boldsymbol{A})=\max_{1\leqslant i\leqslant n}\{|\lambda_i|\}.$$

4.1.2　基本要求

理解矩阵特征值与特征向量的概念与性质，能计算矩阵的特征值和特征向量.

4.1.3　典型范例

题型 1　计算矩阵的特征值与特征向量.

例 1　求矩阵 $\boldsymbol{A}=\begin{pmatrix}1 & -1\\ 2 & 4\end{pmatrix}$ 的特征值和特征向量.

解　特征多项式为 $f(\lambda)=|\lambda\boldsymbol{E}-\boldsymbol{A}|=\begin{vmatrix}\lambda-1 & 1\\ -2 & \lambda-4\end{vmatrix}=(\lambda-2)(\lambda-3)$，解特征方程，得 $\boldsymbol{A}$ 的特征值为 $\lambda_1=2$, $\lambda_2=3$.

对于 $\lambda_1=2$，解相应的齐次线性方程组 $(2\boldsymbol{E}-\boldsymbol{A})\boldsymbol{x}=\boldsymbol{0}$，得基础解系 $\boldsymbol{p}_1=(-1, 1)^{\mathrm{T}}$，则方阵 $\boldsymbol{A}$ 的对应于特征值 2 的全部特征向量为 $k_1(-1, 1)^{\mathrm{T}}$, k_1 取不为零的常数.

对于 $\lambda_2=3$，解相应的齐次线性方程组 $(3\boldsymbol{E}-\boldsymbol{A})\boldsymbol{x}=\boldsymbol{0}$，得基础解系 $\boldsymbol{p}_2=(-1, 2)^{\mathrm{T}}$，则方阵 $\boldsymbol{A}$ 的对应于特征值 3 的全部特征向量为 $k_2(-1, 2)^{\mathrm{T}}$, k_2 取不为零的常数.

题型 2　已知特征值求矩阵行列式.

例 2　已知三阶方阵 $\boldsymbol{A}$ 的特征值为 1, 2, 3, 求 $|\boldsymbol{A}^3-5\boldsymbol{A}^2+7\boldsymbol{A}|$.

解　因为 $\boldsymbol{A}$ 的特征值为 1, 2, 3, 故 $\boldsymbol{A}^3-5\boldsymbol{A}^2+7\boldsymbol{A}$ 的特征值为

$$1^3-5\times1^2+7\times1=3,\quad 2^3-5\times2^2+7\times2=2,\quad 3^3-5\times3^2+7\times3=3,$$

故

$$|\boldsymbol{A}^3-5\boldsymbol{A}^2+7\boldsymbol{A}|=3\times2\times3=18.$$

4.1.4　疑难解析

例 3　设二阶矩阵 $\boldsymbol{A}$ 有两个不同的特征值，$\boldsymbol{\alpha}_1$, $\boldsymbol{\alpha}_2$ 为 $\boldsymbol{A}$ 的线性无关的特征向量，且满足 $\boldsymbol{A}^2(\boldsymbol{\alpha}_1+\boldsymbol{\alpha}_2)=\boldsymbol{\alpha}_1+\boldsymbol{\alpha}_2$，则 $|\boldsymbol{A}|$ 为__________.

解　因为 $\boldsymbol{\alpha}_1$, $\boldsymbol{\alpha}_2$ 为 $\boldsymbol{A}$ 的线性无关的特征向量，则 $\boldsymbol{\alpha}_1$, $\boldsymbol{\alpha}_2$ 为 $\boldsymbol{A}^2$ 的线性无关的特征向

量，由 $\boldsymbol{A}^2(\boldsymbol{\alpha}_1+\boldsymbol{\alpha}_2)=\boldsymbol{\alpha}_1+\boldsymbol{\alpha}_2$，得 $\boldsymbol{\alpha}_1+\boldsymbol{\alpha}_2$ 为 $\boldsymbol{A}^2$ 特征向量，因此 $\boldsymbol{A}^2$ 有二重特征值 $\lambda=1$，因为 $\boldsymbol{A}$ 有两个不同的特征值，所以 $\boldsymbol{A}$ 的特征值为 $\lambda_1=1$，$\lambda_2=-1$，故 $|\boldsymbol{A}|=-1$.

例 4 设 $\boldsymbol{A}$ 为三阶矩阵，$\boldsymbol{\alpha}_1$，$\boldsymbol{\alpha}_2$，$\boldsymbol{\alpha}_3$ 是线性无关向量组. 若 $\boldsymbol{A}\boldsymbol{\alpha}_1=\boldsymbol{\alpha}_1+\boldsymbol{\alpha}_2$，$\boldsymbol{A}\boldsymbol{\alpha}_2=\boldsymbol{\alpha}_2+\boldsymbol{\alpha}_3$，$\boldsymbol{A}\boldsymbol{\alpha}_3=\boldsymbol{\alpha}_1+\boldsymbol{\alpha}_3$，则 $|\boldsymbol{A}|$ 为__________.

解 由 $\boldsymbol{A}\boldsymbol{\alpha}_1=\boldsymbol{\alpha}_1+\boldsymbol{\alpha}_2$，$\boldsymbol{A}\boldsymbol{\alpha}_2=\boldsymbol{\alpha}_2+\boldsymbol{\alpha}_3$，$\boldsymbol{A}\boldsymbol{\alpha}_3=\boldsymbol{\alpha}_1+\boldsymbol{\alpha}_3$，有

$$\boldsymbol{A}(\boldsymbol{\alpha}_1,\boldsymbol{\alpha}_2,\boldsymbol{\alpha}_3)=(\boldsymbol{A}\boldsymbol{\alpha}_1,\boldsymbol{A}\boldsymbol{\alpha}_2,\boldsymbol{A}\boldsymbol{\alpha}_3)=(\boldsymbol{\alpha}_1,\boldsymbol{\alpha}_2,\boldsymbol{\alpha}_3)\begin{pmatrix}1&0&1\\1&1&0\\0&1&1\end{pmatrix},$$

两边取行列式得

$$|\boldsymbol{A}|\,|\boldsymbol{\alpha}_1,\boldsymbol{\alpha}_2,\boldsymbol{\alpha}_3|=|\boldsymbol{\alpha}_1,\boldsymbol{\alpha}_2,\boldsymbol{\alpha}_3|\begin{vmatrix}1&0&1\\1&1&0\\0&1&1\end{vmatrix}=|\boldsymbol{\alpha}_1,\boldsymbol{\alpha}_2,\boldsymbol{\alpha}_3|\begin{vmatrix}1&0&1\\0&1&-1\\0&1&1\end{vmatrix}=2|\boldsymbol{\alpha}_1,\boldsymbol{\alpha}_2,\boldsymbol{\alpha}_3|,$$

由于 $\boldsymbol{\alpha}_1$，$\boldsymbol{\alpha}_2$，$\boldsymbol{\alpha}_3$ 线性无关，因此 $|\boldsymbol{\alpha}_1,\boldsymbol{\alpha}_2,\boldsymbol{\alpha}_3|\neq 0$，故 $|\boldsymbol{A}|=0$.

例 5 设矩阵 $\boldsymbol{A}=\begin{pmatrix}4&1&-2\\1&2&a\\3&1&-1\end{pmatrix}$ 的一个特征向量为 $(1,1,2)^{\mathrm{T}}$，则 a 为__________.

解 由特征值与特征向量的定义得 $\begin{pmatrix}4&1&-2\\1&2&a\\3&1&-1\end{pmatrix}\begin{pmatrix}1\\1\\2\end{pmatrix}=\lambda\begin{pmatrix}1\\1\\2\end{pmatrix}$，即 $\begin{cases}1=\lambda,\\3+2a=\lambda,\end{cases}$ 故 $a=-1$.

例 6 设三阶矩阵 $\boldsymbol{A}$ 的特征值为 2，-2，1，$\boldsymbol{B}=\boldsymbol{A}^2-\boldsymbol{A}+\boldsymbol{E}$，$\boldsymbol{E}$ 为三阶单位阵，则行列式 $|\boldsymbol{B}|$ 为__________.

解 $\boldsymbol{B}$ 的特征值为

$$2^2-2+1=3,\quad (-2)^2+2+1=7,\quad 1^2-1+1=1,$$

故 $|\boldsymbol{B}|=21$.

4.1.5 习题全解

1. 求矩阵 $\boldsymbol{A}=\begin{pmatrix}1&2\\2&4\end{pmatrix}$ 的特征值和特征向量.

解 特征多项式为 $f(\lambda)=|\lambda\boldsymbol{E}-\boldsymbol{A}|=\begin{vmatrix}\lambda-1&-2\\-2&\lambda-4\end{vmatrix}=\lambda(\lambda-5)$，解特征方程，得 $\boldsymbol{A}$ 的特征值为 $\lambda_1=0$，$\lambda_2=5$.

对于 $\lambda_1=0$，解相应的齐次线性方程组 $-\boldsymbol{A}\boldsymbol{x}=\boldsymbol{0}$，得基础解系 $\boldsymbol{p}_1=(-2,1)^{\mathrm{T}}$，则方阵 $\boldsymbol{A}$ 的对应于特征值 0 的全部特征向量为 $k_1(-2,1)^{\mathrm{T}}$，k_1 取不为零的常数.

对于 $\lambda_2=5$，解相应的齐次线性方程组 $(5\boldsymbol{E}-\boldsymbol{A})\boldsymbol{x}=\boldsymbol{0}$，得基础解系 $\boldsymbol{p}_2=(1,2)^{\mathrm{T}}$，则方

阵 $\boldsymbol{A}$ 的对应于特征值 5 的全部特征向量为 $k_2(1,2)^{\mathrm{T}}$，k_2 取不为零的常数.

2. 求矩阵 $\boldsymbol{A}=\begin{pmatrix}1&2&2\\2&1&2\\2&2&1\end{pmatrix}$ 的特征值与特征向量.

解　特征多项式为 $f(\lambda)=|\lambda\boldsymbol{E}-\boldsymbol{A}|=\begin{vmatrix}\lambda-1&-2&-2\\-2&\lambda-1&-2\\-2&-2&\lambda-1\end{vmatrix}=(\lambda+1)^2(\lambda-5)$，解特征方程，得 $\boldsymbol{A}$ 的特征值为 $\lambda_1=\lambda_2=-1$，$\lambda_3=5$.

对于 $\lambda_1=\lambda_2=-1$，解相应的齐次线性方程组 $(-\boldsymbol{E}-\boldsymbol{A})\boldsymbol{x}=\boldsymbol{0}$，得基础解系：$\boldsymbol{p}_1=(-1,1,0)^{\mathrm{T}}$，$\boldsymbol{p}_2=(-1,0,1)^{\mathrm{T}}$，则方阵 $\boldsymbol{A}$ 的对应于特征值 $\lambda_1=\lambda_2=-1$ 的全部特征向量为 $k_1(-1,1,0)^{\mathrm{T}}+k_2(-1,0,1)^{\mathrm{T}}$，$k_1$，$k_2$ 为不全为零的常数.

对于 $\lambda_3=5$，解相应的齐次线性方程组 $(5\boldsymbol{E}-\boldsymbol{A})\boldsymbol{x}=\boldsymbol{0}$，得基础解系 $\boldsymbol{p}_3=(1,1,1)^{\mathrm{T}}$，则方阵 $\boldsymbol{A}$ 的对应于特征值 $\lambda_3=5$ 的全部特征向量为 $k_3(1,1,1)^{\mathrm{T}}$，k_3 为不等于零的常数.

3. 求矩阵 $\boldsymbol{A}=\begin{pmatrix}-1&1&0\\0&-1&0\\1&0&2\end{pmatrix}$ 的特征值与特征向量.

解　特征多项式为 $f(\lambda)=|\lambda\boldsymbol{E}-\boldsymbol{A}|=\begin{vmatrix}\lambda+1&-1&0\\0&\lambda+1&0\\-1&0&\lambda-2\end{vmatrix}=(\lambda+1)^2(\lambda-2)$，解特征方程，得 $\boldsymbol{A}$ 的特征值为 $\lambda_1=\lambda_2=-1$，$\lambda_3=2$.

对于 $\lambda_1=\lambda_2=-1$，解相应的齐次线性方程组 $(-\boldsymbol{E}-\boldsymbol{A})\boldsymbol{x}=\boldsymbol{0}$，得基础解系 $\boldsymbol{p}_1=(-3,0,1)^{\mathrm{T}}$，则方阵 $\boldsymbol{A}$ 的对应于特征值 $\lambda_1=\lambda_2=-1$ 的全部特征向量为 $k_1(-3,0,1)^{\mathrm{T}}$，k_1 为不全为零的常数.

对于 $\lambda_3=2$，解相应的齐次线性方程组 $(2\boldsymbol{E}-\boldsymbol{A})\boldsymbol{x}=\boldsymbol{0}$，得基础解系 $\boldsymbol{p}_2=(0,0,1)^{\mathrm{T}}$，则方阵 $\boldsymbol{A}$ 的对应于特征值 $\lambda_3=2$ 的全部特征向量为 $k_2(0,0,1)^{\mathrm{T}}$，k_2 为不等于零的常数.

4. 求矩阵 $\boldsymbol{A}=\begin{pmatrix}0&0&1\\0&1&0\\1&0&0\end{pmatrix}$ 的特征值与特征向量.

解　特征多项式为 $f(\lambda)=|\lambda\boldsymbol{E}-\boldsymbol{A}|=\begin{vmatrix}\lambda&0&-1\\0&\lambda-1&0\\-1&0&\lambda\end{vmatrix}=(\lambda-1)^2(\lambda+1)$，解特征方程，得 $\boldsymbol{A}$ 的特征值为 $\lambda_1=\lambda_2=1$，$\lambda_3=-1$.

对于 $\lambda_1=\lambda_2=1$，解相应的齐次线性方程组 $(\boldsymbol{E}-\boldsymbol{A})\boldsymbol{x}=\boldsymbol{0}$，得基础解系：$\boldsymbol{p}_1=(0,1,0)^{\mathrm{T}}$，$\boldsymbol{p}_2=(1,0,1)^{\mathrm{T}}$，则方阵 $\boldsymbol{A}$ 的对应于特征值 $\lambda_1=\lambda_2=1$ 的全部特征向量为 $k_1(0,1,0)^{\mathrm{T}}+k_2(1,0,1)^{\mathrm{T}}$，$k_1$，$k_2$ 为不全为零的常数.

对于 $\lambda_3=-1$，解相应的齐次线性方程组 $(-\boldsymbol{E}-\boldsymbol{A})\boldsymbol{x}=\boldsymbol{0}$，得基础解系 $\boldsymbol{p}_3=(-1,0,1)^{\mathrm{T}}$，则方阵 $\boldsymbol{A}$ 的对应于特征值 $\lambda_3=-1$ 的全部特征向量为 $k_3(-1,0,1)^{\mathrm{T}}$，k_3 为不等于零

的常数.

5. 已知 $\boldsymbol{A} \in \mathbf{R}^{n\times n}$ 有一个特征值为 λ，求 $\boldsymbol{A}^3$，$\boldsymbol{A}^2+4\boldsymbol{A}+\boldsymbol{E}$ 的一个特征值.

解 λ^3，$\lambda^2+4\lambda+1$.

6. 与可逆矩阵 $\boldsymbol{A}$ 必有相同特征值的矩阵是(　　).

A. $\boldsymbol{A}^{-1}$　　B. $\boldsymbol{A}^2$　　C. $\boldsymbol{A}^{\mathrm{T}}$　　D. $\boldsymbol{A}^*$

解 矩阵 $\boldsymbol{A}$ 与它的转置矩阵 $\boldsymbol{A}^{\mathrm{T}}$ 有相同的特征方程和特征值，但二者的特征向量一般是不相同的，故选 C.

7. 设 λ_1，λ_2 是方阵 $\boldsymbol{A}$ 的特征值，$\boldsymbol{\alpha}_1$，$\boldsymbol{\alpha}_2$ 分别是对应于 λ_1，λ_2 的特征向量，则(　　).

A. 当 $\lambda_1=\lambda_2$ 时，$\boldsymbol{\alpha}_1$，$\boldsymbol{\alpha}_2$ 一定成比例

B. 当 $\lambda_1\neq\lambda_2$ 时，若 $\lambda_3=\lambda_1+\lambda_2$ 亦是特征值，则对应的特征向量是 $\boldsymbol{\alpha}_1+\boldsymbol{\alpha}_2$

C. 当 $\lambda_1\neq\lambda_2$ 时，$\boldsymbol{\alpha}_1+\boldsymbol{\alpha}_2$ 不可能是 $\boldsymbol{A}$ 的特征向量

D. 当 $\lambda_1=0$ 时，应有 $\boldsymbol{\alpha}_1=\boldsymbol{0}$

解 若 $\boldsymbol{\alpha}_1+\boldsymbol{\alpha}_2$ 为 $\boldsymbol{A}$ 的特征向量，则 $\boldsymbol{A\alpha}_1=\lambda_1\boldsymbol{\alpha}_1$，$\boldsymbol{A\alpha}_2=\lambda_1\boldsymbol{\alpha}_2$，$\boldsymbol{A}(\boldsymbol{\alpha}_1+\boldsymbol{\alpha}_2)=\lambda(\boldsymbol{\alpha}_1+\boldsymbol{\alpha}_2)$，所以 $(\lambda_1-\lambda)\boldsymbol{\alpha}_1+(\lambda_2-\lambda)\boldsymbol{\alpha}_2=\boldsymbol{0}$，那么 $\lambda=\lambda_1=\lambda_2$ 矛盾，故 $\boldsymbol{\alpha}_1+\boldsymbol{\alpha}_2$ 不是 $\boldsymbol{A}$ 的特征向量，故选 C.

8. 已知三阶方阵 $\boldsymbol{A}$ 的特征值为 1，-1，3，求 $|\boldsymbol{A}^3-5\boldsymbol{A}^2+7\boldsymbol{A}|$.

解 因为 $\boldsymbol{A}$ 的特征值为 1，-1，3，所以 $\boldsymbol{A}^3-5\boldsymbol{A}^2+7\boldsymbol{A}$ 的特征值为 $1-5+7=3$，$-1-5-7=-13$，$27-45+21=3$，故 $|\boldsymbol{A}^3-5\boldsymbol{A}^2+7\boldsymbol{A}|=3\times(-13)\times3=-117$.

9. 设 $\boldsymbol{A}$ 为 n 阶幂等阵(即 $\boldsymbol{A}^2=\boldsymbol{A}$)，证明：$\boldsymbol{A}$ 的特征值为 0 或 1.

证明 设 λ 是矩阵 $\boldsymbol{A}$ 的特征值，由性质知，$\lambda^2-\lambda$ 是 $\boldsymbol{A}^2-\boldsymbol{A}$ 的特征值，而 $\boldsymbol{A}^2-\boldsymbol{A}=\boldsymbol{0}$，故 $\lambda^2-\lambda=0$，从而 λ 为 0 或 1.

4.2　相似矩阵

4.2.1　内容提要

1. 相似矩阵的概念

定义 1 设 $\boldsymbol{A}$，$\boldsymbol{B}$ 都是 n 阶矩阵，若存在可逆矩阵 $\boldsymbol{P}$，使

$$\boldsymbol{P}^{-1}\boldsymbol{AP}=\boldsymbol{B},$$

则称 $\boldsymbol{B}$ 是 $\boldsymbol{A}$ 的**相似矩阵**，并称矩阵 $\boldsymbol{A}$ 与 $\boldsymbol{B}$ **相似**，记为 $\boldsymbol{A}\sim\boldsymbol{B}$.

2. 相似矩阵的性质

矩阵的相似关系是一种等价关系，它具有以下性质：

(1) **反身性**　对任意 n 阶矩阵 $\boldsymbol{A}$，有 $\boldsymbol{A}$ 与 $\boldsymbol{A}$ 相似；

(2) **对称性**　若 $\boldsymbol{A}$ 与 $\boldsymbol{B}$ 相似，则 $\boldsymbol{B}$ 与 $\boldsymbol{A}$ 相似；

(3) **传递性**　若 $\boldsymbol{A}$ 与 $\boldsymbol{B}$ 相似，且 $\boldsymbol{B}$ 与 $\boldsymbol{C}$ 相似，则 $\boldsymbol{A}$ 与 $\boldsymbol{C}$ 相似.

定理 1　若 n 阶矩阵 $\boldsymbol{A} \sim \boldsymbol{B}$, 则

(1) 有相同的特征多项式,进而有相同的特征值;

(2) $|\boldsymbol{A}|=|\boldsymbol{B}|$, $\operatorname{tr}(\boldsymbol{A})=\operatorname{tr}(\boldsymbol{B})$;

(3) $R(\boldsymbol{A})=R(\boldsymbol{B})$;

(4) $\boldsymbol{A}^{\mathrm{T}} \sim \boldsymbol{B}^{\mathrm{T}}$, 且若 $\boldsymbol{A}$, $\boldsymbol{B}$ 可逆,则 $\boldsymbol{A}^{-1} \sim \boldsymbol{B}^{-1}$;

(5) 设 $f(x)=a_0+a_1x+\cdots+a_mx^m$ 是任一多项式,则 $f(\boldsymbol{A}) \sim f(\boldsymbol{B})$.

3. 矩阵与对角矩阵相似的条件

(1) 矩阵的对角化

定义 2　若 n 阶方阵 $\boldsymbol{A}$ 与 n 阶对角阵 $\boldsymbol{\Lambda}$ 相似,则称 $\boldsymbol{A}$ 可以对角化,即存在可逆矩阵 $\boldsymbol{P}$, 使得

$$\boldsymbol{P}^{-1}\boldsymbol{AP}=\boldsymbol{\Lambda}=\begin{pmatrix}\lambda_1 & & & \\ & \lambda_2 & & \\ & & \ddots & \\ & & & \lambda_n\end{pmatrix}.$$

定理 2　n 阶矩阵 $\boldsymbol{A}$ 与对角矩阵 $\boldsymbol{\Lambda}=\begin{pmatrix}\lambda_1 & & & \\ & \lambda_2 & & \\ & & \ddots & \\ & & & \lambda_n\end{pmatrix}$ 相似的充分必要条件是矩阵 $\boldsymbol{A}$ 有 n 个线性无关的特征向量.

定理 3　若矩阵 $\boldsymbol{A}$ 有 n 个互不相等的特征值,则 $\boldsymbol{A}$ 一定可对角化.

注　上述定理的逆命题不成立.

定理 4　n 阶矩阵 $\boldsymbol{A}$ 可对角化的充分必要条件是 $\boldsymbol{A}$ 的 k 重特征值必须有 k 个线性无关的特征向量.

4. 矩阵对角化步骤

(1) 求出 n 阶方阵 $\boldsymbol{A}$ 的所有不同的特征值 λ_1, λ_2, $\cdots$, λ_s, 它们的重数分别设为 t_1, t_2, $\cdots$, t_s.

(2) 分别求 $\boldsymbol{A}$ 的对应于不同特征值的线性无关的特征向量.

(3) 判断是否可对角化:

① 如果 $\boldsymbol{A}$ 的 n 个特征值互不相同,则 $\boldsymbol{A}$ 可对角化.

② 若对于 $\boldsymbol{A}$ 的任意特征值 λ, 属于 λ 的线性无关的特征向量个数恰等于 λ 的重数,即 $(\lambda\boldsymbol{E}-\boldsymbol{A})\boldsymbol{x}=\boldsymbol{0}$ 的基础解系所含解向量的个数等于 λ 的重数时, $\boldsymbol{A}$ 可对角化;否则, $\boldsymbol{A}$ 不可对角化.

(4) 当 $\boldsymbol{A}$ 可对角化时,记每一个特征值 λ_i 对应的特征向量为 $\boldsymbol{\xi}_{i1}$, $\boldsymbol{\xi}_{i2}\cdots$, $\boldsymbol{\xi}_{it_i}$ $(i=1, 2, \cdots, s)$.

(5) 取可逆矩阵 $\boldsymbol{P}=(\boldsymbol{\xi}_{11}, \boldsymbol{\xi}_{12}, \cdots, \boldsymbol{\xi}_{1t_1}, \boldsymbol{\xi}_{21}, \boldsymbol{\xi}_{22}, \cdots, \boldsymbol{\xi}_{2t_2}, \cdots, \boldsymbol{\xi}_{s1}, \boldsymbol{\xi}_{s2}, \cdots, \boldsymbol{\xi}_{st_s})$, 则

$$P^{-1}AP=\Lambda=\operatorname{diag}(\underbrace{\lambda_1, \cdots, \lambda_1}_{t_1个}, \underbrace{\lambda_2, \cdots, \lambda_2}_{t_2个}, \cdots, \underbrace{\lambda_s, \cdots, \lambda_s}_{t_s个}).$$

4.2.2 基本要求

理解相似矩阵的概念和性质，可以判断矩阵相似，并应用相似矩阵的性质计算行列式.

4.2.3 典型范例

题型 1 已知特征值求矩阵中未知参数.

例 1 参数 x 为何值时，矩阵 $\boldsymbol{A}=\begin{pmatrix}-2&0&0\\2&x&2\\3&1&1\end{pmatrix}$ 的特征值为 1，2，3？

解 由 $\operatorname{tr}(\boldsymbol{A})=\lambda_1+\lambda_2+\lambda_3$，得 $x=7$.

题型 2 已知矩阵求可逆矩阵 $\boldsymbol{P}$ 使矩阵对角化.

例 2 已知矩阵 $\boldsymbol{A}=\begin{pmatrix}1&-2\\-2&1\end{pmatrix}$，求可逆矩阵 $\boldsymbol{P}$，使得 $\boldsymbol{P}^{-1}\boldsymbol{AP}$ 为对角阵.

解 特征多项式为 $f(\lambda)=|\lambda\boldsymbol{E}-\boldsymbol{A}|=\begin{vmatrix}\lambda-1&2\\2&\lambda-1\end{vmatrix}=(\lambda+1)(\lambda-3)$，解特征方程，得 $\boldsymbol{A}$ 的特征值为 $\lambda_1=3$，$\lambda_2=-1$.

对于 $\lambda_1=3$，解相应的齐次线性方程组 $(3\boldsymbol{E}-\boldsymbol{A})\boldsymbol{x}=\boldsymbol{0}$，得基础解系 $\boldsymbol{p}_1=(1,-1)^{\mathrm{T}}$.

对于 $\lambda_2=-1$，解相应的齐次线性方程组 $(-\boldsymbol{E}-\boldsymbol{A})\boldsymbol{x}=\boldsymbol{0}$，得基础解系 $\boldsymbol{p}_2=(1,1)^{\mathrm{T}}$.

故 $\boldsymbol{P}=\begin{pmatrix}1&1\\-1&1\end{pmatrix}$，有 $\boldsymbol{P}^{-1}\boldsymbol{AP}=\begin{pmatrix}3&0\\0&-1\end{pmatrix}$.

例 3 已知矩阵 $\boldsymbol{A}=\begin{pmatrix}3&2&-2\\0&-1&0\\4&2&-3\end{pmatrix}$，求可逆矩阵 $\boldsymbol{P}$，使得 $\boldsymbol{P}^{-1}\boldsymbol{AP}$ 为对角阵.

解 特征多项式为 $f(\lambda)=|\lambda\boldsymbol{E}-\boldsymbol{A}|=\begin{vmatrix}\lambda-3&-2&2\\0&\lambda+1&0\\-4&-2&\lambda+3\end{vmatrix}=(\lambda-1)(\lambda+1)^2$，解特征方程，得 $\boldsymbol{A}$ 的特征值为 $\lambda_1=1$，$\lambda_2=\lambda_3=-1$.

对于 $\lambda_1=1$，解相应的齐次线性方程组 $(\boldsymbol{E}-\boldsymbol{A})\boldsymbol{x}=\boldsymbol{0}$，得基础解系 $\boldsymbol{p}_1=(1,0,1)^{\mathrm{T}}$.

对于 $\lambda_2=\lambda_3=-1$，解相应的齐次线性方程组 $(-\boldsymbol{E}-\boldsymbol{A})\boldsymbol{x}=\boldsymbol{0}$，得基础解系：$\boldsymbol{p}_2=(-1,2,0)^{\mathrm{T}}$，$\boldsymbol{p}_3=(1,0,2)^{\mathrm{T}}$.

故 $\boldsymbol{P}=\begin{pmatrix}1&-1&1\\0&2&0\\1&0&2\end{pmatrix}$，有 $\boldsymbol{P}^{-1}\boldsymbol{AP}=\begin{pmatrix}1&0&0\\0&-1&0\\0&0&-1\end{pmatrix}$.

4.2.4　疑难解析

例 4　下列矩阵中不能相似于对角矩阵的是(　　).

A. $\begin{pmatrix}1&1&a\\0&2&2\\0&0&3\end{pmatrix}$　　B. $\begin{pmatrix}1&1&a\\1&2&0\\a&0&3\end{pmatrix}$　　C. $\begin{pmatrix}1&1&a\\0&2&0\\0&0&2\end{pmatrix}$　　D. $\begin{pmatrix}1&1&a\\0&2&2\\0&0&2\end{pmatrix}$

解　A 选项矩阵的特征值为 3 个不同特征值,所以必可相似对角化.

B 选项矩阵为实对称矩阵,所以必可相似对角化.

C 选项矩阵的特征值为 1, 2, 2, 二重特征值的重数为 $2=3-r(\boldsymbol{C}-2\boldsymbol{E})$,所以必可相似对角化.

D 选项矩阵的特征值为 1, 2, 2, 二重特征值的重数为 $2\neq 3-r(\boldsymbol{D}-2\boldsymbol{E})$,所以不可相似对角化,故选 D.

例 5　下列四个条件中,三阶矩阵 $\boldsymbol{A}$ 可相似对角化的一个充分必要条件是(　　).

A. 矩阵有 3 个不同的特征值

B. 矩阵有 3 个线性无关的特征向量

C. 矩阵有 3 个两两线性无关的特征向量

D. 矩阵的属于不同特征值的特征向量相互正交

解　A 选项是充分非必要条件,若矩阵具有 3 个不同的特征值,则该矩阵有 3 个线性无关的特征向量,从而能够相似对角化. 但是矩阵能相似最小化并不意味着矩阵一定有 3 个不同的特征值.

B 选项是充分必要条件.

C 选项是必要非充分条件,若矩阵能相似对角化,则矩阵必然有 3 个线性无关的特征向量,从而有 3 个两两线性无关的特征向量,反之并不成立.

D 选项既不是充分条件,也不是必要条件,故选 B.

例 6　设 $\boldsymbol{A}$ 为三阶矩阵,$\boldsymbol{\alpha}_1$, $\boldsymbol{\alpha}_2$ 为 $\boldsymbol{A}$ 的属于特征值 1 的线性无关的特征向量,$\boldsymbol{\alpha}_3$ 为 $\boldsymbol{A}$ 的属于特征值 -1 的特征向量,则满足 $\boldsymbol{P}^{-1}\boldsymbol{A}\boldsymbol{P}=\begin{pmatrix}1&0&0\\0&-1&0\\0&0&1\end{pmatrix}$ 的可逆矩阵 $\boldsymbol{P}$ 可为(　　).

A. $(\boldsymbol{\alpha}_1+\boldsymbol{\alpha}_3, \boldsymbol{\alpha}_2, -\boldsymbol{\alpha}_3)$　　B. $(\boldsymbol{\alpha}_1+\boldsymbol{\alpha}_2, \boldsymbol{\alpha}_2, -\boldsymbol{\alpha}_3)$

C. $(\boldsymbol{\alpha}_1+\boldsymbol{\alpha}_3, -\boldsymbol{\alpha}_3, \boldsymbol{\alpha}_2)$　　D. $(\boldsymbol{\alpha}_1+\boldsymbol{\alpha}_2, -\boldsymbol{\alpha}_3, \boldsymbol{\alpha}_2)$

解　由 $\boldsymbol{A}\boldsymbol{\alpha}_1=\boldsymbol{\alpha}_1$, $\boldsymbol{A}\boldsymbol{\alpha}_2=\boldsymbol{\alpha}_2$, $\boldsymbol{A}\boldsymbol{\alpha}_3=-\boldsymbol{\alpha}_3$, 得

$$\boldsymbol{A}(\boldsymbol{\alpha}_1+\boldsymbol{\alpha}_2)=\boldsymbol{\alpha}_1+\boldsymbol{\alpha}_2,\quad \boldsymbol{A}(-\boldsymbol{\alpha}_3)=-(-\boldsymbol{\alpha}_3),\quad \boldsymbol{A}\boldsymbol{\alpha}_2=\boldsymbol{\alpha}_2.$$

令 $\boldsymbol{P}=(\boldsymbol{\alpha}_1+\boldsymbol{\alpha}_2, -\boldsymbol{\alpha}_3, \boldsymbol{\alpha}_2)$, 则 $\boldsymbol{A}\boldsymbol{P}=\boldsymbol{P}\begin{pmatrix}1&0&0\\0&-1&0\\0&0&1\end{pmatrix}$, 即 $\boldsymbol{P}^{-1}\boldsymbol{A}\boldsymbol{P}=\begin{pmatrix}1&0&0\\0&-1&0\\0&0&1\end{pmatrix}$, 故选 D.

例 7 下列矩阵中,与矩阵$\begin{pmatrix}1&1&0\\0&1&1\\0&0&1\end{pmatrix}$相似的是(　　).

A. $\begin{pmatrix}1&1&-1\\0&1&1\\0&0&1\end{pmatrix}$　　B. $\begin{pmatrix}1&0&-1\\0&1&1\\0&0&1\end{pmatrix}$　　C. $\begin{pmatrix}1&1&-1\\0&1&0\\0&0&1\end{pmatrix}$　　D. $\begin{pmatrix}1&0&-1\\0&1&0\\0&0&1\end{pmatrix}$

解 取 $\boldsymbol{P}=\begin{pmatrix}1&-1&0\\0&1&0\\0&0&1\end{pmatrix}$,则 $\boldsymbol{P}^{-1}=\begin{pmatrix}1&1&0\\0&1&0\\0&0&1\end{pmatrix}$,

因为 $\boldsymbol{P}^{-1}\begin{pmatrix}1&1&-1\\0&1&1\\0&0&1\end{pmatrix}\boldsymbol{P}=\begin{pmatrix}1&1&0\\0&1&1\\0&0&1\end{pmatrix}$,所以$\begin{pmatrix}1&1&-1\\0&1&1\\0&0&1\end{pmatrix}$,$\begin{pmatrix}1&1&0\\0&1&1\\0&0&1\end{pmatrix}$相似,故选 A.

例 8 设矩阵 $\boldsymbol{A}=\begin{pmatrix}2&0&0\\0&2&1\\0&0&1\end{pmatrix}$,$\boldsymbol{B}=\begin{pmatrix}2&1&0\\0&2&0\\0&0&1\end{pmatrix}$,$\boldsymbol{C}=\begin{pmatrix}1&0&0\\0&2&0\\0&0&2\end{pmatrix}$,则(　　).

A. $\boldsymbol{A}$ 与 $\boldsymbol{C}$ 相似,$\boldsymbol{B}$ 与 $\boldsymbol{C}$ 相似　　B. $\boldsymbol{A}$ 与 $\boldsymbol{C}$ 相似,$\boldsymbol{B}$ 与 $\boldsymbol{C}$ 不相似

C. $\boldsymbol{A}$ 与 $\boldsymbol{C}$ 不相似,$\boldsymbol{B}$ 与 $\boldsymbol{C}$ 相似　　D. $\boldsymbol{A}$ 与 $\boldsymbol{C}$ 不相似,$\boldsymbol{B}$ 与 $\boldsymbol{C}$ 不相似

解 矩阵 $\boldsymbol{A}$,$\boldsymbol{B}$,$\boldsymbol{C}$ 的特征值为 $\lambda_1=\lambda_2=2$,$\lambda_3=1$,由 $2\boldsymbol{E}-\boldsymbol{A}=\begin{pmatrix}0&0&0\\0&0&-1\\0&0&1\end{pmatrix}$,得 $r(2\boldsymbol{E}-\boldsymbol{A})=1$,则 $\boldsymbol{A}$ 可相似对角化,故 $\boldsymbol{A}$ 与 $\boldsymbol{C}$ 相似.

由 $2\boldsymbol{E}-\boldsymbol{B}=\begin{pmatrix}0&-1&0\\0&0&0\\0&0&1\end{pmatrix}$,得 $r(2\boldsymbol{E}-\boldsymbol{B})=2$,则 $\boldsymbol{B}$ 不可相似对角化,故 $\boldsymbol{B}$ 与 $\boldsymbol{C}$ 不相似,应选 B.

例 9 设 $\boldsymbol{A}$ 为三阶矩阵,$\boldsymbol{P}=(\boldsymbol{\alpha}_1,\boldsymbol{\alpha}_2,\boldsymbol{\alpha}_3)$ 为可逆矩阵,使得 $\boldsymbol{P}^{-1}\boldsymbol{A}\boldsymbol{P}=\begin{pmatrix}0&0&0\\0&1&0\\0&0&2\end{pmatrix}$,则 $\boldsymbol{A}(\boldsymbol{\alpha}_1+\boldsymbol{\alpha}_2+\boldsymbol{\alpha}_3)=$(　　).

A. $\boldsymbol{\alpha}_1+\boldsymbol{\alpha}_2$　　B. $\boldsymbol{\alpha}_2+2\boldsymbol{\alpha}_3$

C. $\boldsymbol{\alpha}_2+\boldsymbol{\alpha}_3$　　D. $\boldsymbol{\alpha}_1+2\boldsymbol{\alpha}_2$

解 由 $\boldsymbol{P}^{-1}\boldsymbol{A}\boldsymbol{P}=\begin{pmatrix}0&0&0\\0&1&0\\0&0&2\end{pmatrix}$,得 $\boldsymbol{A}\boldsymbol{P}=\boldsymbol{P}\begin{pmatrix}0&0&0\\0&1&0\\0&0&2\end{pmatrix}$,于是 $\boldsymbol{A}(\boldsymbol{\alpha}_1+\boldsymbol{\alpha}_2+\boldsymbol{\alpha}_3)=\boldsymbol{A}\boldsymbol{P}\begin{pmatrix}1\\1\\1\end{pmatrix}=$ $\boldsymbol{P}\begin{pmatrix}0&0&0\\0&1&0\\0&0&2\end{pmatrix}\begin{pmatrix}1\\1\\1\end{pmatrix}=(\boldsymbol{0}\quad\boldsymbol{\alpha}_2\quad 2\boldsymbol{\alpha}_3)\begin{pmatrix}1\\1\\1\end{pmatrix}=\boldsymbol{\alpha}_2+2\boldsymbol{\alpha}_3$,故选 B.

例 10　设 $\boldsymbol{A}$ 与 $\boldsymbol{B}$ 是可逆矩阵，且 $\boldsymbol{A}$ 与 $\boldsymbol{B}$ 相似，则下列结论错误的是(　　).

A. $\boldsymbol{A}^{\mathrm{T}}$ 与 $\boldsymbol{B}^{\mathrm{T}}$ 相似　　B. $\boldsymbol{A}^{-1}$ 与 $\boldsymbol{B}^{-1}$ 相似

C. $\boldsymbol{A}+\boldsymbol{A}^{\mathrm{T}}$ 与 $\boldsymbol{B}+\boldsymbol{B}^{\mathrm{T}}$ 相似　　D. $\boldsymbol{A}+\boldsymbol{A}^{-1}$ 与 $\boldsymbol{B}+\boldsymbol{B}^{-1}$ 相似

解　由 $\boldsymbol{A}$ 与 $\boldsymbol{B}$ 相似可知，存在可逆矩阵 $\boldsymbol{P}$，使得 $\boldsymbol{P}^{-1}\boldsymbol{AP}=\boldsymbol{B}$. 对 $\boldsymbol{P}^{-1}\boldsymbol{AP}=\boldsymbol{B}$ 两边取转置，得 $\boldsymbol{P}^{\mathrm{T}}\boldsymbol{A}^{\mathrm{T}}(\boldsymbol{P}^{-1})^{\mathrm{T}}=\boldsymbol{B}^{\mathrm{T}}$，即 $\boldsymbol{A}^{\mathrm{T}}$ 与 $\boldsymbol{B}^{\mathrm{T}}$ 相似，故 A 选项正确.

对 $\boldsymbol{P}^{-1}\boldsymbol{AP}=\boldsymbol{B}$ 两边取逆，得 $\boldsymbol{P}^{-1}\boldsymbol{A}^{-1}\boldsymbol{P}=\boldsymbol{B}^{-1}$，即 $\boldsymbol{A}^{-1}$ 与 $\boldsymbol{B}^{-1}$ 相似，故 B 选项正确.

由 $\boldsymbol{P}^{-1}\boldsymbol{AP}=\boldsymbol{B}$ 及 $\boldsymbol{P}^{-1}\boldsymbol{A}^{-1}\boldsymbol{P}=\boldsymbol{B}^{-1}$，得 $\boldsymbol{P}^{-1}(\boldsymbol{A}^{-1}+\boldsymbol{A})\boldsymbol{P}=\boldsymbol{B}^{-1}+\boldsymbol{B}$，即 $\boldsymbol{A}+\boldsymbol{A}^{-1}$ 与 $\boldsymbol{B}+\boldsymbol{B}^{-1}$ 相似，故 D 选项正确，所以最后选 C.

例 11　设矩阵 $\boldsymbol{A}$ 满足：对任意 x_1, x_2, x_3 均有 $\boldsymbol{A}\begin{pmatrix}x_1\\x_2\\x_3\end{pmatrix}=\begin{pmatrix}x_1+x_2+x_3\\2x_1-x_2+x_3\\x_2-x_3\end{pmatrix}$.

(1) 求 $\boldsymbol{A}$；

(2) 求可逆矩阵 $\boldsymbol{P}$ 与对角矩阵 $\boldsymbol{\Lambda}$，使得 $\boldsymbol{P}^{-1}\boldsymbol{AP}=\boldsymbol{\Lambda}$.

解　(1) 因为 $\boldsymbol{A}\begin{pmatrix}x_1\\x_2\\x_3\end{pmatrix}=\begin{pmatrix}x_1+x_2+x_3\\2x_1-x_2+x_3\\x_2-x_3\end{pmatrix}=\begin{pmatrix}1&1&1\\2&-1&1\\0&1&-1\end{pmatrix}\begin{pmatrix}x_1\\x_2\\x_3\end{pmatrix}$，对任意 x_1, x_2, x_3 均成立，所以 $\boldsymbol{A}=\begin{pmatrix}1&1&1\\2&-1&1\\0&1&-1\end{pmatrix}$.

(2) 特征多项式为 $f(\lambda)=|\lambda\boldsymbol{E}-\boldsymbol{A}|=\begin{vmatrix}\lambda-1&-1&-1\\-2&\lambda+1&-1\\0&-1&\lambda+1\end{vmatrix}=(\lambda+2)(\lambda-2)(\lambda+1)$，解特征方程，得 $\boldsymbol{A}$ 的特征值为 $\lambda_1=-2, \lambda_2=2, \lambda_3=-1$.

对于 $\lambda_1=-2$，解相应的齐次线性方程组 $(-2\boldsymbol{E}-\boldsymbol{A})\boldsymbol{x}=\boldsymbol{0}$，得基础解系 $\boldsymbol{p}_1=(0,-1,1)^{\mathrm{T}}$.

对于 $\lambda_2=2$，解相应的齐次线性方程组 $(2\boldsymbol{E}-\boldsymbol{A})\boldsymbol{x}=\boldsymbol{0}$，得基础解系 $\boldsymbol{p}_2=(4,3,1)^{\mathrm{T}}$.

对于 $\lambda_3=-1$，解相应的齐次线性方程组 $(-\boldsymbol{E}-\boldsymbol{A})\boldsymbol{x}=\boldsymbol{0}$，得基础解系 $\boldsymbol{p}_3=(1,0,-2)^{\mathrm{T}}$.

故
$$\boldsymbol{P}=\begin{pmatrix}0&4&1\\-1&3&0\\1&1&-2\end{pmatrix},\quad \boldsymbol{P}^{-1}\boldsymbol{AP}=\begin{pmatrix}-2&&\\&2&\\&&-1\end{pmatrix}.$$

例 12　设矩阵 $\boldsymbol{A}=\begin{pmatrix}2&1&0\\1&2&0\\1&a&b\end{pmatrix}$ 仅有 2 个不同的特征值. 若 $\boldsymbol{A}$ 相似对角于对角矩阵，求常数 a, b 的值，并求可逆矩阵 $\boldsymbol{P}$，使得 $\boldsymbol{P}^{-1}\boldsymbol{AP}$ 为对角矩阵.

解 特征多项式为 $f(\lambda)=|\lambda \boldsymbol{E}-\boldsymbol{A}|=\begin{vmatrix}\lambda-2 & -1 & 0\\ -1 & \lambda-2 & 0\\ -1 & -a & \lambda-b\end{vmatrix}=(\lambda-1)(\lambda-3)(\lambda-b)$，解特征方程，得 $\boldsymbol{A}$ 的特征值为 $\lambda_1=1$，$\lambda_2=3$，$\lambda_3=b$.

情形 1：对于 $\lambda_1=\lambda_3=b=1$，因为 $\boldsymbol{A}$ 相似对角于对角矩阵，所以 $r(\boldsymbol{E}-\boldsymbol{A})=1$，$\boldsymbol{E}-\boldsymbol{A}=\begin{pmatrix}-1 & -1 & 0\\ -1 & -1 & 0\\ -1 & -a & 0\end{pmatrix}$，故 $a=1$，解相应的齐次线性方程组 $(\boldsymbol{E}-\boldsymbol{A})\boldsymbol{x}=\boldsymbol{0}$，得基础解系：$\boldsymbol{p}_1=(-1,\ 1,\ 0)^{\mathrm{T}}$，$\boldsymbol{p}_2=(0,\ 0,\ 1)^{\mathrm{T}}$.

对于 $\lambda_2=3$，解相应的齐次线性方程组 $(3\boldsymbol{E}-\boldsymbol{A})\boldsymbol{x}=\boldsymbol{0}$，得基础解系 $\boldsymbol{p}_3=(1,\ 1,\ 1)^{\mathrm{T}}$.

故
$$\boldsymbol{P}=\begin{pmatrix}-1 & 0 & 1\\ 1 & 0 & 1\\ 0 & 1 & 1\end{pmatrix},\quad \boldsymbol{P}^{-1}\boldsymbol{A}\boldsymbol{P}=\begin{pmatrix}1 & & \\ & 1 & \\ & & 3\end{pmatrix}.$$

情形 2：对于 $\lambda_2=\lambda_3=b=3$，因为 $\boldsymbol{A}$ 相似对角于对角矩阵，所以 $r(3\boldsymbol{E}-\boldsymbol{A})=1$，$3\boldsymbol{E}-\boldsymbol{A}=\begin{pmatrix}1 & -1 & 0\\ -1 & 1 & 0\\ -1 & -a & 0\end{pmatrix}$，故 $a=-1$，解相应的齐次线性方程组 $(3\boldsymbol{E}-\boldsymbol{A})\boldsymbol{x}=\boldsymbol{0}$，得基础解系：$\boldsymbol{p}_1=(1,\ 1,\ 0)^{\mathrm{T}}$，$\boldsymbol{p}_2=(0,\ 0,\ 1)^{\mathrm{T}}$.

对于 $\lambda_1=1$，解相应的齐次线性方程组 $(\boldsymbol{E}-\boldsymbol{A})\boldsymbol{x}=\boldsymbol{0}$，得基础解系 $\boldsymbol{p}_3=(-1,\ 1,\ 1)^{\mathrm{T}}$.

故
$$\boldsymbol{P}=\begin{pmatrix}-1 & 1 & 0\\ 1 & 1 & 0\\ 1 & 0 & 1\end{pmatrix},\quad \boldsymbol{P}^{-1}\boldsymbol{A}\boldsymbol{P}=\begin{pmatrix}1 & & \\ & 3 & \\ & & 3\end{pmatrix}.$$

例 13 设矩阵 $\boldsymbol{A}$ 为二阶矩阵，$\boldsymbol{P}=(\boldsymbol{\alpha},\ \boldsymbol{A}\boldsymbol{\alpha})$，$\boldsymbol{\alpha}$ 是非零向量，且不是 $\boldsymbol{A}$ 的特征向量.

(1) 证明：$\boldsymbol{P}$ 为可逆矩阵；

(2) 若 $\boldsymbol{A}\boldsymbol{\alpha}^2+\boldsymbol{A}\boldsymbol{\alpha}-6\boldsymbol{\alpha}=0$，求 $\boldsymbol{P}^{-1}\boldsymbol{A}\boldsymbol{P}$，并判断 $\boldsymbol{A}$ 是否相似对角于对角矩阵.

解 (1)设 $\boldsymbol{P}$ 不可逆，则 $\boldsymbol{\alpha}$，$\boldsymbol{A}\boldsymbol{\alpha}$ 线性相关，即 $\boldsymbol{\alpha}$，$\boldsymbol{A}\boldsymbol{\alpha}$ 成比例，于是 $\boldsymbol{\alpha}=k\boldsymbol{A}\boldsymbol{\alpha}$ 或 $l\boldsymbol{\alpha}=\boldsymbol{A}\boldsymbol{\alpha}$，因为 $\boldsymbol{\alpha}$ 不是 $\boldsymbol{A}$ 的特征向量，故 $l\boldsymbol{\alpha}=\boldsymbol{A}\boldsymbol{\alpha}$ 不成立. 若 $\boldsymbol{\alpha}=k\boldsymbol{A}\boldsymbol{\alpha}$，因为 $\boldsymbol{\alpha}$ 是非零向量，所以 $k\neq 0$，于是 $\dfrac{1}{k}\boldsymbol{\alpha}=\boldsymbol{A}\boldsymbol{\alpha}$，与假设矛盾，故 $\boldsymbol{\alpha}$，$\boldsymbol{A}\boldsymbol{\alpha}$ 线性无关，$\boldsymbol{P}$ 为可逆矩阵.

(2) 由 $\boldsymbol{A}\boldsymbol{P}=\boldsymbol{A}(\boldsymbol{\alpha},\ \boldsymbol{A}\boldsymbol{\alpha})=(\boldsymbol{A}\boldsymbol{\alpha},\ \boldsymbol{A}^2\boldsymbol{\alpha})=(\boldsymbol{A}\boldsymbol{\alpha},6\boldsymbol{\alpha}-\boldsymbol{A}\boldsymbol{\alpha})=\boldsymbol{P}\begin{pmatrix}0 & 6\\ 1 & -1\end{pmatrix}$，得 $\boldsymbol{P}^{-1}\boldsymbol{A}\boldsymbol{P}=\begin{pmatrix}0 & 6\\ 1 & -1\end{pmatrix}$，设 $\boldsymbol{B}=\begin{pmatrix}0 & 6\\ 1 & -1\end{pmatrix}$，则 $\boldsymbol{A}$ 相似于 $\boldsymbol{B}$，由 $|\lambda\boldsymbol{E}-\boldsymbol{B}|=\begin{vmatrix}\lambda & -6\\ -1 & \lambda+1\end{vmatrix}=(\lambda+3)(\lambda-2)$，得 $\lambda_1=-3$，$\lambda_2=2$，由于 $\lambda_1\neq\lambda_2$，所以 $\boldsymbol{B}$ 可以相似对角化，则 $\boldsymbol{A}$ 也可以相似对角化.

例 14 已知矩阵 $\boldsymbol{A}=\begin{pmatrix}-2 & -2 & 1\\ 2 & x & -2\\ 0 & 0 & -2\end{pmatrix}$ 与 $\boldsymbol{B}=\begin{pmatrix}2 & 1 & 0\\ 0 & -1 & 0\\ 0 & 0 & y\end{pmatrix}$ 相似.

(1) 求 x, y 的值;

(2) 求可逆矩阵 $\boldsymbol{P}$, 使得 $\boldsymbol{P}^{-1}\boldsymbol{AP}=\boldsymbol{B}$.

解　(1) 因为 $\boldsymbol{A}$ 与 $\boldsymbol{B}$ 相似,所以 $\mathrm{tr}(\boldsymbol{A})=\mathrm{tr}(\boldsymbol{B})$, 即 $x-4=y+1$, 再由 $|\boldsymbol{A}|=|\boldsymbol{B}|$, 得 $-2(-2x+4)=-2y$, 解得 $x=3$, $y=-2$.

(2) 由 $\boldsymbol{A}=\begin{pmatrix}-2&-2&1\\2&3&-2\\0&0&-2\end{pmatrix}$ 与 $\boldsymbol{B}=\begin{pmatrix}2&1&0\\0&-1&0\\0&0&-2\end{pmatrix}$, 得 $\boldsymbol{A}$ 与 $\boldsymbol{B}$ 的特征值为 $\lambda_1=2$, $\lambda_2=-1$, $\lambda_3=-2$.

先求 $\boldsymbol{A}$ 的特征向量,对于 $\lambda_1=-2$, 解相应的齐次线性方程组 $(-2\boldsymbol{E}-\boldsymbol{A})\boldsymbol{x}=\boldsymbol{0}$, 得基础解系 $\boldsymbol{p}_1=(-1, 2, 4)^{\mathrm{T}}$.

对于 $\lambda_2=-1$, 解相应的齐次线性方程组 $(-\boldsymbol{E}-\boldsymbol{A})\boldsymbol{x}=\boldsymbol{0}$, 得基础解系 $\boldsymbol{p}_2=(-2, 1, 0)^{\mathrm{T}}$.

对于 $\lambda_3=2$, 解相应的齐次线性方程组 $(2\boldsymbol{E}-\boldsymbol{A})\boldsymbol{x}=\boldsymbol{0}$, 得基础解系 $\boldsymbol{p}_3=(-1, 2, 0)^{\mathrm{T}}$.

故
$$\boldsymbol{P}_1=\begin{pmatrix}-1&-2&-1\\2&1&2\\4&0&0\end{pmatrix},\quad \boldsymbol{P}_1^{-1}\boldsymbol{AP}_1=\begin{pmatrix}-2&&\\&-1&\\&&2\end{pmatrix}.$$

再求 $\boldsymbol{B}$ 的特征向量,对于 $\lambda_1=-2$, 解相应的齐次线性方程组 $(-2\boldsymbol{E}-\boldsymbol{A})\boldsymbol{x}=\boldsymbol{0}$, 得基础解系 $\boldsymbol{\alpha}_1=(0, 0, 1)^{\mathrm{T}}$.

对于 $\lambda_2=-1$, 解相应的齐次线性方程组 $(-\boldsymbol{E}-\boldsymbol{A})\boldsymbol{x}=\boldsymbol{0}$, 得基础解系 $\boldsymbol{\alpha}_2=(-1, 3, 0)^{\mathrm{T}}$.

对于 $\lambda_3=2$, 解相应的齐次线性方程组 $(2\boldsymbol{E}-\boldsymbol{A})\boldsymbol{x}=\boldsymbol{0}$, 得基础解系 $\boldsymbol{\alpha}_3=(1, 0, 0)^{\mathrm{T}}$.

故
$$\boldsymbol{P}_2=\begin{pmatrix}0&-1&1\\0&3&0\\1&0&0\end{pmatrix},\quad \boldsymbol{P}_2^{-1}\boldsymbol{BP}_2=\begin{pmatrix}-2&&\\&-1&\\&&2\end{pmatrix},$$

由 $\boldsymbol{P}_1^{-1}\boldsymbol{AP}_1=\boldsymbol{P}_2^{-1}\boldsymbol{BP}_2$, 得 $(\boldsymbol{P}_1\boldsymbol{P}_2^{-1})^{-1}\boldsymbol{A}(\boldsymbol{P}_1\boldsymbol{P}_2^{-1})=\boldsymbol{B}$, 故 $\boldsymbol{P}=\boldsymbol{P}_1\boldsymbol{P}_2^{-1}=\begin{pmatrix}-1&-1&-1\\2&1&2\\0&0&4\end{pmatrix}$.

例 15　已知矩阵 $\boldsymbol{A}=\begin{pmatrix}0&-1&1\\2&-3&0\\0&0&0\end{pmatrix}$, 求 $\boldsymbol{A}^{99}$.

解　特征多项式为 $f(\lambda)=|\lambda\boldsymbol{E}-\boldsymbol{A}|=\begin{vmatrix}\lambda&1&-1\\-2&\lambda+3&0\\0&0&\lambda\end{vmatrix}=\lambda(\lambda+1)(\lambda+2)$, 解特征方程,得 $\boldsymbol{A}$ 的特征值为 $\lambda_1=-1$, $\lambda_2=-2$, $\lambda_3=0$.

对于 $\lambda_1=-1$, 解相应的齐次线性方程组 $(-\boldsymbol{E}-\boldsymbol{A})\boldsymbol{x}=\boldsymbol{0}$, 得基础解系 $\boldsymbol{p}_1=(1, 1, 0)^{\mathrm{T}}$.

对于 $\lambda_2=-2$, 解相应的齐次线性方程组 $(-2\boldsymbol{E}-\boldsymbol{A})\boldsymbol{x}=\boldsymbol{0}$, 得基础解系 $\boldsymbol{p}_2=(1, 2, 0)^{\mathrm{T}}$.

对于 $\lambda_3=0$, 解相应的齐次线性方程组 $-\boldsymbol{Ax}=\boldsymbol{0}$, 得基础解系 $\boldsymbol{p}_3=(3, 2, 2)^{\mathrm{T}}$.

故 $\boldsymbol{P}=\begin{pmatrix}1&1&3\\1&2&2\\0&0&2\end{pmatrix}$，由 $\boldsymbol{P}^{-1}\boldsymbol{AP}=\begin{pmatrix}-1&0&0\\0&-2&0\\0&0&0\end{pmatrix}$，得

$$\boldsymbol{A}^{99}=\boldsymbol{P}\begin{pmatrix}(-1)^{99}&0&0\\0&(-2)^{99}&0\\0&0&0\end{pmatrix}\boldsymbol{P}^{-1}=\begin{pmatrix}1&1&3\\1&2&2\\0&0&2\end{pmatrix}\begin{pmatrix}(-1)^{99}&0&0\\0&(-2)^{99}&0\\0&0&0\end{pmatrix}\begin{pmatrix}2&-1&-2\\-1&1&\frac{1}{2}\\0&0&\frac{1}{2}\end{pmatrix}$$

$$=\begin{pmatrix}2^{99}-2&1-2^{99}&2-2^{98}\\2^{100}-2&1-2^{100}&2-2^{99}\\0&0&0\end{pmatrix}.$$

例 16 已知矩阵 $\boldsymbol{A}=\begin{pmatrix}0&2&-3\\-1&3&-3\\1&-2&a\end{pmatrix}$ 与 $\boldsymbol{B}=\begin{pmatrix}1&-2&0\\0&b&0\\0&3&1\end{pmatrix}$ 相似.

(1) 求 a，b 的值；

(2) 求可逆矩阵 $\boldsymbol{P}$，使得 $\boldsymbol{P}^{-1}\boldsymbol{AP}$ 为对角阵.

解 (1)因为 $\boldsymbol{A}$ 与 $\boldsymbol{B}$ 相似，所以 $\operatorname{tr}(\boldsymbol{A})=\operatorname{tr}(\boldsymbol{B})$，即 $a+3=b+2$，再由 $|\boldsymbol{A}|=|\boldsymbol{B}|$，得 $2a-3=b$，解得 $a=4$，$b=5$.

(2) 由 $\boldsymbol{A}=\begin{pmatrix}0&2&-3\\-1&3&-3\\1&-2&4\end{pmatrix}$ 与 $\boldsymbol{B}=\begin{pmatrix}1&-2&0\\0&5&0\\0&3&1\end{pmatrix}$ 相似知 $\boldsymbol{A}$ 与 $\boldsymbol{B}$ 的特征值相同，由 $|\lambda\boldsymbol{E}-\boldsymbol{B}|=\begin{vmatrix}\lambda-1&2&0\\0&\lambda-5&0\\0&-3&\lambda-1\end{vmatrix}=(\lambda-1)^2(\lambda-5)=0$，得 $\boldsymbol{A}$ 与 $\boldsymbol{B}$ 的特征值为 $\lambda_1=\lambda_2=1$，$\lambda_3=5$.

对于 $\lambda_1=\lambda_2=1$，解相应的齐次线性方程组 $(\boldsymbol{E}-\boldsymbol{A})\boldsymbol{x}=\boldsymbol{0}$，得基础解系：$\boldsymbol{p}_1=(2,1,0)^{\mathrm{T}}$，$\boldsymbol{p}_2=(-3,0,1)^{\mathrm{T}}$.

对于 $\lambda_3=5$，解相应的齐次线性方程组 $(5\boldsymbol{E}-\boldsymbol{A})\boldsymbol{x}=\boldsymbol{0}$，得基础解系 $\boldsymbol{p}_3=(-1,-1,1)^{\mathrm{T}}$.

故
$$\boldsymbol{P}=\begin{pmatrix}2&-3&-1\\1&0&-1\\0&1&1\end{pmatrix},\quad \boldsymbol{P}^{-1}\boldsymbol{AP}=\begin{pmatrix}1&0&0\\0&1&0\\0&0&5\end{pmatrix}.$$

例 17 证明：n 阶矩阵 $\boldsymbol{A}=\begin{pmatrix}1&1&\cdots&1\\1&1&\cdots&1\\\vdots&\vdots&&\vdots\\1&1&\cdots&1\end{pmatrix}$ 与 $\boldsymbol{B}=\begin{pmatrix}0&\cdots&0&1\\0&\cdots&0&2\\\vdots&&\vdots&\vdots\\0&\cdots&0&n\end{pmatrix}$ 相似.

证明 由 $|\lambda\boldsymbol{E}-\boldsymbol{A}|=0$，得 $\boldsymbol{A}$ 的特征值为 $\lambda_1=\lambda_2=\cdots=\lambda_{n-1}=0$，$\lambda_n=n$；由 $|\lambda\boldsymbol{E}-\boldsymbol{B}|=$

0，得 $\boldsymbol{B}$ 的特征值为 $\lambda_1=\lambda_2=\cdots=\lambda_{n-1}=0$，$\lambda_n=n$. 因为 $\boldsymbol{A}^{\mathrm{T}}=\boldsymbol{A}$，所以 $\boldsymbol{A}$ 可以对角化，因为 $r(0\boldsymbol{E}-\boldsymbol{B})=r(\boldsymbol{B})=1$，所以 $\boldsymbol{B}$ 可以对角化，因为 $\boldsymbol{A}$ 与 $\boldsymbol{B}$ 的特征值相同且都可以对角化，所以 $\boldsymbol{A}$ 与 $\boldsymbol{B}$ 相似.

4.2.5　习题全解

1. 设 $\boldsymbol{A}$，$\boldsymbol{B}$ 均为 n 阶矩阵，若 $\boldsymbol{A}$ 与 $\boldsymbol{B}$ 相似，则下列结论中不正确的是(　　).

A. $\boldsymbol{A}^{\mathrm{T}}$ 与 $\boldsymbol{B}^{\mathrm{T}}$ 相似

B. 若 $\boldsymbol{A}$ 可逆，则 $\boldsymbol{A}^{-1}$ 与 $\boldsymbol{B}^{-1}$ 相似

C. 若 $\boldsymbol{A}$ 可逆，则 $\boldsymbol{A}^*$ 与 $\boldsymbol{B}^*$ 相似

D. 若 $\boldsymbol{A}$ 可逆，则 $\boldsymbol{A}$ 与 $\boldsymbol{B}$ 均相似于单位矩阵 $\boldsymbol{E}$

解　由相似矩阵性质知选项 A、B、C 均正确，故选 D.

2. 判断下列矩阵能否与对角矩阵相似，为什么？

(1) $\begin{pmatrix}1&0&1\\0&1&0\\1&0&1\end{pmatrix}$；　(2) $\begin{pmatrix}-2&0&-4\\1&2&1\\1&0&3\end{pmatrix}$；　(3) $\begin{pmatrix}3&1&0\\-4&-1&0\\4&-8&-2\end{pmatrix}$.

解　(1) 矩阵有 3 个不同的特征值，分别是 0，1，2，故可与对角矩阵相似.

(2) 矩阵的特征值为 2(二重根)和 -1，而特征值 2 对应的方程组的系数矩阵 $2\boldsymbol{E}-\boldsymbol{A}$ 经过初等行变换后秩为 1，即有 2 个线性无关的特征向量，故此矩阵可与对角矩阵相似.

(3) 矩阵的特征值为 1(二重根)和 -2，而特征值 1 对应的方程组的系数矩阵 $\boldsymbol{E}-\boldsymbol{A}$ 经过初等行变换后秩为 2，即只有一个线性无关的特征向量，故此矩阵不能相似于任何对角矩阵.

3. 若 $\boldsymbol{A}=\begin{pmatrix}1&-1&0\\-1&0&0\\0&0&1\end{pmatrix}$ 与 $\boldsymbol{B}=\begin{pmatrix}1&a&0\\-1&0&-1\\0&a&1\end{pmatrix}$ 相似，则 a 必为何值？

解　$|\boldsymbol{A}|=-1$，$|\boldsymbol{B}|=2a$，若 $\boldsymbol{A}$，$\boldsymbol{B}$ 相似，则 $|\boldsymbol{A}|=|\boldsymbol{B}|$，故 $a=-\dfrac{1}{2}$.

4. 参数 x 为何值时，矩阵 $\boldsymbol{A}=\begin{pmatrix}-2&0&0\\2&x&2\\3&1&1\end{pmatrix}$ 的特征值为 -2，-1，2？并求出可逆矩阵 $\boldsymbol{P}$，使 $\boldsymbol{P}^{-1}\boldsymbol{AP}$ 为对角阵.

解　由 $\mathrm{tr}(\boldsymbol{A})=\lambda_1+\lambda_2+\lambda_3$，得 $x=0$. 对应于 -2 的特征向量为 $(1,0,-1)^{\mathrm{T}}$；对应于 -1 的特征向量为 $(0,-2,1)^{\mathrm{T}}$；对应于 2 的特征向量为 $(0,1,1)^{\mathrm{T}}$，故取 $\boldsymbol{P}=\begin{pmatrix}1&0&0\\0&-2&1\\-1&1&1\end{pmatrix}$，使得 $\boldsymbol{P}^{-1}\boldsymbol{AP}=\begin{pmatrix}-2&0&0\\0&-1&0\\0&0&2\end{pmatrix}$.

5. 求出三阶方阵 $\boldsymbol{A}$，使其特征值为下列给定的 λ_1，λ_2，λ_3 和对应的特征向量 $\boldsymbol{p}_1$，$\boldsymbol{p}_2$，$\boldsymbol{p}_3$.

(1) $\lambda_1=1$, $\lambda_2=0$, $\lambda_3=-1$; $\boldsymbol{p}_1=\begin{pmatrix}1\\2\\2\end{pmatrix}$, $\boldsymbol{p}_2=\begin{pmatrix}2\\-2\\1\end{pmatrix}$, $\boldsymbol{p}_3=\begin{pmatrix}-2\\-1\\2\end{pmatrix}$;

(2) $\lambda_1=1$, $\lambda_2=1$, $\lambda_3=2$; $\boldsymbol{p}_1=\begin{pmatrix}1\\2\\1\end{pmatrix}$, $\boldsymbol{p}_2=\begin{pmatrix}1\\1\\0\end{pmatrix}$, $\boldsymbol{p}_3=\begin{pmatrix}2\\0\\-1\end{pmatrix}$.

解 (1) $\boldsymbol{B}=\begin{pmatrix}1&&\\&0&\\&&-1\end{pmatrix}$, $\boldsymbol{P}=\begin{pmatrix}1&2&-2\\2&-2&-1\\2&1&2\end{pmatrix}$, 因 $\boldsymbol{P}^{-1}\boldsymbol{AP}=\boldsymbol{B}$, 故

$$\boldsymbol{A}=\boldsymbol{PBP}^{-1}=\frac{1}{3}\begin{pmatrix}-1&0&2\\0&1&2\\2&2&0\end{pmatrix}.$$

(2) $\boldsymbol{B}=\begin{pmatrix}1&&\\&1&\\&&2\end{pmatrix}$, $\boldsymbol{P}=\begin{pmatrix}1&1&2\\2&1&0\\1&0&-1\end{pmatrix}$, 因 $\boldsymbol{P}^{-1}\boldsymbol{AP}=\boldsymbol{B}$, 故

$$\boldsymbol{A}=\boldsymbol{PBP}^{-1}=\begin{pmatrix}3&-2&2\\0&1&0\\-1&1&0\end{pmatrix}.$$

6. 利用矩阵的对角化,求 $\boldsymbol{A}=\begin{pmatrix}1&2\\2&4\end{pmatrix}$ 的 20 次幂.

解 特征多项式为 $f(\lambda)=|\lambda\boldsymbol{E}-\boldsymbol{A}|=\begin{vmatrix}\lambda-1&-2\\-2&\lambda-4\end{vmatrix}=\lambda(\lambda-5)$, 解特征方程,得 $\boldsymbol{A}$ 的特征值为 $\lambda_1=0$, $\lambda_2=5$.

对于 $\lambda_1=0$, 解相应的齐次线性方程组 $-\boldsymbol{Ax}=\boldsymbol{0}$, 得基础解系 $\boldsymbol{p}_1=(-2,\ 1)^{\mathrm{T}}$.

对于 $\lambda_2=5$, 解相应的齐次线性方程组 $(5\boldsymbol{E}-\boldsymbol{A})\boldsymbol{x}=\boldsymbol{0}$, 得基础解系 $\boldsymbol{p}_2=(1,\ 2)^{\mathrm{T}}$.

故 $\boldsymbol{P}=\begin{pmatrix}-2&1\\1&2\end{pmatrix}$, $\boldsymbol{B}=\begin{pmatrix}0&0\\0&5\end{pmatrix}$, 使得 $\boldsymbol{P}^{-1}\boldsymbol{AP}=\boldsymbol{B}$, 故 $\boldsymbol{A}=\boldsymbol{PBP}^{-1}$, 则

$$\boldsymbol{A}^{20}=\boldsymbol{PB}^{20}\boldsymbol{P}^{-1}=\begin{pmatrix}-2&1\\1&2\end{pmatrix}\begin{pmatrix}0&0\\0&5^{20}\end{pmatrix}\begin{pmatrix}-\frac{2}{5}&\frac{1}{5}\\\frac{1}{5}&\frac{2}{5}\end{pmatrix}=5^{19}\begin{pmatrix}1&2\\2&4\end{pmatrix}.$$

4.3　向量的内积与向量组的正交化

4.3.1　内容提要

1. 向量的内积

(1) 线性运算

在 n 维向量空间 $\mathbf{R}^n$ 中,向量之间的基本运算只有加法和数量乘法,统称为**线性运算**.

(2) 向量的内积

定义 1　设有两个 n 维向量

$$\boldsymbol{x}=\begin{pmatrix}x_1\\x_2\\\vdots\\x_n\end{pmatrix},\quad \boldsymbol{y}=\begin{pmatrix}y_1\\y_2\\\vdots\\y_n\end{pmatrix},$$

称 $[\boldsymbol{x},\boldsymbol{y}]=x_1y_1+x_2y_2+\cdots+x_ny_n$ 为向量 $\boldsymbol{x}$ 与 $\boldsymbol{y}$ 的**内积**.

注　内积 $[\boldsymbol{x},\boldsymbol{y}]$ 有时也记作 $(\boldsymbol{x},\boldsymbol{y})$ 或 $\langle\boldsymbol{x},\boldsymbol{y}\rangle$.

内积是向量间的一种运算，其结果是一个数值. 利用矩阵的乘法运算,内积又可表示为

$$[\boldsymbol{x},\boldsymbol{y}]=\boldsymbol{x}^{\mathrm{T}}\boldsymbol{y}=(x_1,x_2,\cdots,x_n)\begin{pmatrix}y_1\\y_2\\\vdots\\y_n\end{pmatrix}.$$

(3) 内积的基本性质

① $[\boldsymbol{x},\boldsymbol{y}]=[\boldsymbol{y},\boldsymbol{x}]$;

② $[k\boldsymbol{x},\boldsymbol{y}]=k[\boldsymbol{x},\boldsymbol{y}]$;

③ $[\boldsymbol{x}+\boldsymbol{y},\boldsymbol{z}]=[\boldsymbol{x},\boldsymbol{z}]+[\boldsymbol{y},\boldsymbol{z}]$;

④ $[\boldsymbol{x},\boldsymbol{x}]\geqslant 0$, 当且仅当 $\boldsymbol{x}=\mathbf{0}$ 时, $[\boldsymbol{x},\boldsymbol{x}]=0$.

(4) 向量的长度

定义 2　令

$$\|\boldsymbol{x}\|=\sqrt{[\boldsymbol{x},\boldsymbol{x}]}=\sqrt{\boldsymbol{x}^{\mathrm{T}}\boldsymbol{x}}=\sqrt{\boldsymbol{x}_1^2+\boldsymbol{x}_2^2+\cdots+\boldsymbol{x}_n^2},$$

称 $\|\boldsymbol{x}\|$ 为 n 维向量 $\boldsymbol{x}$ 的**长度**(又称**范数**或**模**).

(5) 向量长度的基本性质

① **非负性**　$\|\boldsymbol{x}\|\geqslant 0$, 当且仅当 $\boldsymbol{x}=\mathbf{0}$ 时, $\|\boldsymbol{x}\|=0$;

② **齐次性**　$\|k\boldsymbol{x}\|=|k|\,\|\boldsymbol{x}\|$, $k\in\mathbf{R}$;

③ 对任意 n 维向量 $\boldsymbol{x}, \boldsymbol{y}$，有 $|[\boldsymbol{x}, \boldsymbol{y}]| \leqslant \|\boldsymbol{x}\| \cdot \|\boldsymbol{y}\|$，当且仅当 $\boldsymbol{x}, \boldsymbol{y}$ 线性相关时，等号成立；

④ **三角不等式** $\|\boldsymbol{x}+\boldsymbol{y}\| \leqslant \|\boldsymbol{x}\| + \|\boldsymbol{y}\|$.

(6) 向量的夹角

定义 3 当 $\|\boldsymbol{\alpha}\| \neq 0, \|\boldsymbol{\beta}\| \neq 0$ 时，称

$$\theta = \arccos \frac{[\boldsymbol{\alpha}, \boldsymbol{\beta}]}{\|\boldsymbol{\alpha}\| \cdot \|\boldsymbol{\beta}\|} \quad (0 \leqslant \theta \leqslant \pi)$$

为 n 维向量 $\boldsymbol{\alpha}$ 与 $\boldsymbol{\beta}$ 的夹角.

2. 向量组的正交化

(1) 向量的正交

定义 4 若两向量 $\boldsymbol{\alpha}$ 与 $\boldsymbol{\beta}$ 的内积等于零，即

$$[\boldsymbol{\alpha}, \boldsymbol{\beta}] = 0,$$

则称向量 $\boldsymbol{\alpha}$ 与 $\boldsymbol{\beta}$ **正交**，记作 $\boldsymbol{\alpha} \perp \boldsymbol{\beta}$.

(2) 向量正交组

定义 5 若 n 维向量 $\boldsymbol{\alpha}_1, \boldsymbol{\alpha}_2, \cdots, \boldsymbol{\alpha}_r$ 是一个非零向量组，且 $\boldsymbol{\alpha}_1, \boldsymbol{\alpha}_2, \cdots, \boldsymbol{\alpha}_r$ 中的向量两两正交，即

$$[\boldsymbol{\alpha}_i, \boldsymbol{\alpha}_j] = 0 \quad (i \neq j; i, j = 1, 2, \cdots, r),$$

则称该向量组为**正交向量组**.

应该指出，按定义，由单个非零向量所组成的向量组也是正交向量组.

(3) 标准正交向量组

若一个正交向量组中的每个向量都是单位向量，则称该向量组为一个**标准正交向量组**.

(4) 正交基与标准正交基

若向量空间的一组基向量间两两正交，则称其为**正交基**；若基向量间两两正交且都单位长，则称其为**标准正交基**.

定理 1 若 n 维向量 $\boldsymbol{\alpha}_1, \boldsymbol{\alpha}_2, \cdots, \boldsymbol{\alpha}_r$ 是一正交向量组，则 $\boldsymbol{\alpha}_1, \boldsymbol{\alpha}_2, \cdots, \boldsymbol{\alpha}_r$ 一定线性无关.

定理 2 向量组 $\boldsymbol{\alpha}_1, \boldsymbol{\alpha}_2, \cdots, \boldsymbol{\alpha}_r$ 线性无关，取向量组

$$\begin{cases} \boldsymbol{\beta}_1 = \boldsymbol{\alpha}_1, \\ \boldsymbol{\beta}_2 = \boldsymbol{\alpha}_2 - \dfrac{[\boldsymbol{\beta}_1, \boldsymbol{\alpha}_2]}{[\boldsymbol{\beta}_1, \boldsymbol{\beta}_1]}\boldsymbol{\beta}_1, \\ \quad \vdots \\ \boldsymbol{\beta}_r = \boldsymbol{\alpha}_r - \dfrac{[\boldsymbol{\beta}_1, \boldsymbol{\alpha}_r]}{[\boldsymbol{\beta}_1, \boldsymbol{\beta}_1]}\boldsymbol{\beta}_1 - \dfrac{[\boldsymbol{\beta}_2, \boldsymbol{\alpha}_r]}{[\boldsymbol{\beta}_2, \boldsymbol{\beta}_2]}\boldsymbol{\beta}_2 - \cdots - \dfrac{[\boldsymbol{\beta}_{r-1}, \boldsymbol{\alpha}_r]}{[\boldsymbol{\beta}_{r-1}, \boldsymbol{\beta}_{r-1}]}\boldsymbol{\beta}_{r-1}, \end{cases}$$

并令 $\boldsymbol{e}_1 = \dfrac{\boldsymbol{\beta}_1}{\|\boldsymbol{\beta}_1\|}, \boldsymbol{e}_2 = \dfrac{\boldsymbol{\beta}_2}{\|\boldsymbol{\beta}_2\|}, \cdots, \boldsymbol{e}_r = \dfrac{\boldsymbol{\beta}_r}{\|\boldsymbol{\beta}_r\|}$，则

① $\boldsymbol{\beta}_1, \boldsymbol{\beta}_2, \cdots, \boldsymbol{\beta}_r$ 是正交向量组，且与 $\boldsymbol{\alpha}_1, \boldsymbol{\alpha}_2, \cdots, \boldsymbol{\alpha}_r$ 等价；

② $\boldsymbol{e}_1, \boldsymbol{e}_2, \cdots, \boldsymbol{e}_r$ 是与 $\boldsymbol{\alpha}_1, \boldsymbol{\alpha}_2, \cdots, \boldsymbol{\alpha}_r$ 等价的标准正交向量组.

注　$\boldsymbol{\beta}_1, \boldsymbol{\beta}_2, \cdots, \boldsymbol{\beta}_r$ 的取得过程称为施密特正交化过程. 它不仅满足 $\boldsymbol{\beta}_1, \boldsymbol{\beta}_2, \cdots, \boldsymbol{\beta}_r$ 与 $\boldsymbol{\alpha}_1, \boldsymbol{\alpha}_2, \cdots, \boldsymbol{\alpha}_r$ 等价，还满足：对任何 $k(1 \leqslant k \leqslant r)$，向量组 $\boldsymbol{\beta}_1, \boldsymbol{\beta}_2, \cdots, \boldsymbol{\beta}_k$ 与 $\boldsymbol{\alpha}_1, \boldsymbol{\alpha}_2, \cdots, \boldsymbol{\alpha}_k$ 等价.

③ 向量空间中的任何一组基都可以通过施密特正交化过程化成正交基，再经过单位化过程化成标准正交基.

3. 正交矩阵与正交变换

(1) 正交矩阵

定义 6　若 n 阶方阵 $\boldsymbol{A}$ 满足

$$\boldsymbol{A}^{\mathrm{T}}\boldsymbol{A} = \boldsymbol{E},$$

则称 $\boldsymbol{A}$ 为**正交矩阵**，简称**正交阵**.

例如，$\boldsymbol{A} = \begin{pmatrix} 1 & 0 \\ 0 & -1 \end{pmatrix}$ 为正交阵.

定理 3　方阵 $\boldsymbol{A}$ 为正交阵的充分必要条件是其列向量构成标准正交向量组.

注　由 $\boldsymbol{A}^{\mathrm{T}}\boldsymbol{A} = \boldsymbol{E}$ 与 $\boldsymbol{A}\boldsymbol{A}^{\mathrm{T}} = \boldsymbol{E}$ 等价，定理的结论对行向量也成立，即 $\boldsymbol{A}$ 为正交矩阵的充分必要条件是 $\boldsymbol{A}$ 的行向量构成标准正交向量组.

(2) 正交矩阵的性质

① 若 $\boldsymbol{A}$ 为正交矩阵，则 $|\boldsymbol{A}| = 1$ 或 $|\boldsymbol{A}| = -1$.

② 若 $\boldsymbol{A}$ 为正交矩阵，则 $\boldsymbol{A}^{-1} = \boldsymbol{A}^{\mathrm{T}}$，且都是正交矩阵.

③ 若 $\boldsymbol{A}$ 为正交矩阵，则 $\boldsymbol{A}^*$ 也是正交矩阵.

事实上，由 $\boldsymbol{A}$ 为正交矩阵及 $\boldsymbol{A}\boldsymbol{A}^* = |\boldsymbol{A}|\boldsymbol{E}$，有 $\boldsymbol{A}^* = |\boldsymbol{A}|\boldsymbol{A}^{-1} = |\boldsymbol{A}|\boldsymbol{A}^{\mathrm{T}}$. 于是

$$(\boldsymbol{A}^*)^{\mathrm{T}}\boldsymbol{A}^* = (|\boldsymbol{A}|\boldsymbol{A}^{\mathrm{T}})^{\mathrm{T}}(|\boldsymbol{A}|\boldsymbol{A}^{\mathrm{T}}) = |\boldsymbol{A}|^2\boldsymbol{A}\boldsymbol{A}^{\mathrm{T}} = \boldsymbol{E},$$

所以正交矩阵 $\boldsymbol{A}$ 的伴随矩阵 $\boldsymbol{A}^*$ 也是正交矩阵.

④ 若 $\boldsymbol{A}$ 与 $\boldsymbol{B}$ 为同阶正交矩阵，则 $\boldsymbol{AB}$ 也是正交矩阵.

⑤ 若 $\boldsymbol{A}$ 为正交矩阵，对于任意 n 维列向量 $\boldsymbol{\alpha}, \boldsymbol{\beta}$，都有内积等式

$$[\boldsymbol{A\alpha}, \boldsymbol{A\beta}] = [\boldsymbol{\alpha}, \boldsymbol{\beta}]$$

成立.

事实上，注意到 $\boldsymbol{A\alpha}$ 是列向量，必有

$$[\boldsymbol{A\alpha}, \boldsymbol{A\beta}] = (\boldsymbol{A\alpha})^{\mathrm{T}}(\boldsymbol{A\beta}) = \boldsymbol{\alpha}^{\mathrm{T}}\boldsymbol{A}^{\mathrm{T}}\boldsymbol{A\beta} = \boldsymbol{\alpha}^{\mathrm{T}}\boldsymbol{\beta} = [\boldsymbol{\alpha}, \boldsymbol{\beta}].$$

进而，有 $\|\boldsymbol{A\alpha}\| = \|\boldsymbol{\alpha}\|$.

4.3.2　基本要求

理解向量内积、正交矩阵的概念与性质，能应用施密特正交化公式将向量组正交化.

4.3.3 典型范例

题型 1 计算向量的内积.

例 1 已知 $\boldsymbol{\alpha}_1=(1, 1, 2, 2)^{\mathrm{T}}$ 与 $\boldsymbol{\alpha}_2=(1, 2, 3, 4)^{\mathrm{T}}$ 正交,求 $[\boldsymbol{\alpha}_1, \boldsymbol{\alpha}_2]$.

解 $[\boldsymbol{\alpha}_1, \boldsymbol{\alpha}_2]=1\times1+1\times2+2\times3+2\times4=17.$

题型 2 已知两向量求一向量使得三者两两正交.

例 2 已知 $\boldsymbol{\alpha}_1=(1, 1, 1)^{\mathrm{T}}$ 与 $\boldsymbol{\alpha}_1=(1, -2, 1)^{\mathrm{T}}$ 正交,求 $\boldsymbol{\alpha}_3$ 使得三者两两正交.

解 设 $\boldsymbol{\alpha}_3=(x_1, x_2, x_3)^{\mathrm{T}}$, 由 $\boldsymbol{\alpha}_3$ 与 $\boldsymbol{\alpha}_1$, $\boldsymbol{\alpha}_2$ 均正交得 $\begin{cases}x_1+x_2+x_3=0,\\x_1-2x_2+x_3=0,\end{cases}$

这里 $\boldsymbol{A}=\begin{pmatrix}1&1&1\\1&-2&1\end{pmatrix}\to\begin{pmatrix}1&1&1\\0&-3&0\end{pmatrix}\to\begin{pmatrix}1&0&1\\0&1&0\end{pmatrix}$,

即方程等价于 $\begin{cases}x_1=-x_3,\\x_2=0,\end{cases}$ 于是 $\boldsymbol{\alpha}_3=(a, 0, -a)^{\mathrm{T}}$, a 为任意实数.

4.3.4 疑难解析

例 3 $\boldsymbol{\alpha}_1=(1, 0, 1)^{\mathrm{T}}$, $\boldsymbol{\alpha}_2=(1, 2, 1)^{\mathrm{T}}$, $\boldsymbol{\alpha}_3=(3,1, 2)^{\mathrm{T}}$, $\boldsymbol{\beta}_1=\boldsymbol{\alpha}_1$, $\boldsymbol{\beta}_2=\boldsymbol{\alpha}_2-k\boldsymbol{\beta}_1$, $\boldsymbol{\beta}_3=\boldsymbol{\alpha}_3-l_1\boldsymbol{\beta}_1-l_2\boldsymbol{\beta}_2$, 若 $\boldsymbol{\beta}_1$, $\boldsymbol{\beta}_2$, $\boldsymbol{\beta}_3$ 两两相交,则 l_1, l_2 依次为(   ).

A. $\frac{5}{2}$, $\frac{1}{2}$　　B. $-\frac{5}{2}$, $\frac{1}{2}$　　C. $\frac{5}{2}$, $-\frac{1}{2}$　　D. $-\frac{5}{2}$, $-\frac{1}{2}$

解 由施密特正交化 $l_1=\dfrac{[\boldsymbol{\beta}_1, \boldsymbol{\alpha}_3]}{[\boldsymbol{\beta}_1, \boldsymbol{\beta}_1]}=\dfrac{5}{2}$, $l_2=\dfrac{[\boldsymbol{\beta}_2, \boldsymbol{\alpha}_3]}{[\boldsymbol{\beta}_2, \boldsymbol{\beta}_2]}=\dfrac{2}{4}=\dfrac{1}{2}$, 故选 A.

4.3.5 习题全解

1. 设 $\boldsymbol{\alpha}=(-2, 1)^{\mathrm{T}}$, $\boldsymbol{\beta}=(5, 3)^{\mathrm{T}}$, 求 $\left[\left([\boldsymbol{\alpha}, \boldsymbol{\alpha}]\boldsymbol{\beta}-\frac{1}{3}[\boldsymbol{\alpha}, \boldsymbol{\beta}]\boldsymbol{\alpha}\right), 3\boldsymbol{\alpha}\right]$.

解 原式 $=[3(4+1)\boldsymbol{\beta}-(-10+3)\boldsymbol{\alpha}, \boldsymbol{\alpha}]=-122+52=-70.$

2. $\boldsymbol{\alpha}$, $\boldsymbol{\beta}$, $\boldsymbol{\gamma}$ 是 $n(n>1)$ 维实向量,判断下列表达式有无意义.

(1) $[\boldsymbol{\alpha}, \boldsymbol{\beta}]\boldsymbol{\gamma}=[\boldsymbol{\alpha}, \boldsymbol{\alpha}][\boldsymbol{\beta}, \boldsymbol{\gamma}]$;

(2) $[[\boldsymbol{\alpha}, \boldsymbol{\beta}], \boldsymbol{\gamma}]+6\boldsymbol{\alpha}$.

解 (1) 等号左侧为向量,右侧为常数,无意义.

(2) 常数与向量不能作内积,无意义.

3. 求向量 $\boldsymbol{\alpha}=(3, 0, -4)^{\mathrm{T}}$, $\boldsymbol{\beta}=(1, -7, 2)^{\mathrm{T}}$ 之间的夹角 θ.

解 $$\theta=\arccos\frac{[\boldsymbol{\alpha}, \boldsymbol{\beta}]}{\|\boldsymbol{\alpha}\|\,\|\boldsymbol{\beta}\|}=\arccos\frac{3-8}{5\times3\sqrt{6}}=\arccos\left(-\frac{1}{3\sqrt{6}}\right).$$

4. 已知 $\boldsymbol{\alpha}_1=(1, 1, -1)^{\mathrm{T}}$ 与 $\boldsymbol{\alpha}_2=(-1, 2, 1)^{\mathrm{T}}$ 正交,求 $\boldsymbol{\alpha}_3$ 使得三者两两正交.

解 设 $\boldsymbol{\alpha}_3=(x_1, x_2, x_3)^{\mathrm{T}}$, 由 $\boldsymbol{\alpha}_3$ 与 $\boldsymbol{\alpha}_1$, $\boldsymbol{\alpha}_2$ 均正交得 $\begin{cases}x_1+x_2-x_3=0,\\-x_1+2x_2+x_3=0,\end{cases}$

这里 $\boldsymbol{A}=\begin{pmatrix}1 & 1 & -1\\ -1 & 2 & 1\end{pmatrix}\rightarrow\begin{pmatrix}1 & 1 & -1\\ 0 & 3 & 0\end{pmatrix}\rightarrow\begin{pmatrix}1 & 0 & -1\\ 0 & 1 & 0\end{pmatrix}$,

即方程等价于 $\begin{cases}x_1=x_3,\\ x_2=0,\end{cases}$ 于是 $\boldsymbol{\alpha}_3=(a,0,a)^{\mathrm{T}}$，$a$ 为任意实数.

5. 验证向量组 $\boldsymbol{\alpha}_1=(1,1,1)^{\mathrm{T}}$，$\boldsymbol{\alpha}_2=(0,1,2)^{\mathrm{T}}$，$\boldsymbol{\alpha}_3=(2,0,3)^{\mathrm{T}}$ 为 $\mathbf{R}^3$ 空间的一组基，并求其标准正交基.

解　$|\boldsymbol{\alpha}_1\quad\boldsymbol{\alpha}_2\quad\boldsymbol{\alpha}_3|=\begin{vmatrix}1 & 0 & 2\\ 1 & 1 & 0\\ 1 & 2 & 3\end{vmatrix}=5\neq 0$，故 $\boldsymbol{\alpha}_1$，$\boldsymbol{\alpha}_2$，$\boldsymbol{\alpha}_3$ 为 $\mathbf{R}^3$ 空间的一组基.

正交化：

$$\boldsymbol{\beta}_1=\boldsymbol{\alpha}_1=(1,1,1)^{\mathrm{T}},$$

$$\boldsymbol{\beta}_2=\boldsymbol{\alpha}_2-\frac{[\boldsymbol{\beta}_1,\boldsymbol{\alpha}_2]}{[\boldsymbol{\beta}_1,\boldsymbol{\beta}_1]}\boldsymbol{\beta}_1=(-1,0,1)^{\mathrm{T}},$$

$$\boldsymbol{\beta}_3=\boldsymbol{\alpha}_3-\frac{[\boldsymbol{\beta}_1,\boldsymbol{\alpha}_3]}{[\boldsymbol{\beta}_1,\boldsymbol{\beta}_1]}\boldsymbol{\beta}_1-\frac{[\boldsymbol{\beta}_2,\boldsymbol{\alpha}_3]}{[\boldsymbol{\beta}_2,\boldsymbol{\beta}_2]}\boldsymbol{\beta}_2=\frac{5}{6}(1,-2,1)^{\mathrm{T}}.$$

单位化：

$$\boldsymbol{e}_1=\frac{\boldsymbol{\beta}_1}{\|\boldsymbol{\beta}_1\|}=\left(\frac{1}{\sqrt{3}},\frac{1}{\sqrt{3}},\frac{1}{\sqrt{3}}\right)^{\mathrm{T}},$$

$$\boldsymbol{e}_2=\frac{\boldsymbol{\beta}_2}{\|\boldsymbol{\beta}_2\|}=\left(-\frac{1}{\sqrt{2}},0,\frac{1}{\sqrt{2}}\right)^{\mathrm{T}},$$

$$\boldsymbol{e}_3=\frac{\boldsymbol{\beta}_3}{\|\boldsymbol{\beta}_3\|}=\left(\frac{1}{\sqrt{6}},-\frac{2}{\sqrt{6}},\frac{1}{\sqrt{6}}\right)^{\mathrm{T}}.$$

6. 将线性无关向量组 $\boldsymbol{\alpha}_1=(0,1,1)^{\mathrm{T}}$，$\boldsymbol{\alpha}_2=(1,1,0)^{\mathrm{T}}$，$\boldsymbol{\alpha}_3=(1,0,1)^{\mathrm{T}}$ 正交化、单位化.

解　正交化：

$$\boldsymbol{\beta}_1=\boldsymbol{\alpha}_1=(0,1,1)^{\mathrm{T}},$$

$$\boldsymbol{\beta}_2=\boldsymbol{\alpha}_2-\frac{[\boldsymbol{\beta}_1,\boldsymbol{\alpha}_2]}{[\boldsymbol{\beta}_1,\boldsymbol{\beta}_1]}\boldsymbol{\beta}_1=\left(1,\frac{1}{2},-\frac{1}{2}\right)^{\mathrm{T}},$$

$$\boldsymbol{\beta}_3=\boldsymbol{\alpha}_3-\frac{[\boldsymbol{\beta}_1,\boldsymbol{\alpha}_3]}{[\boldsymbol{\beta}_1,\boldsymbol{\beta}_1]}\boldsymbol{\beta}_1-\frac{[\boldsymbol{\beta}_2,\boldsymbol{\alpha}_3]}{[\boldsymbol{\beta}_2,\boldsymbol{\beta}_2]}\boldsymbol{\beta}_2=\left(\frac{2}{3},-\frac{2}{3},\frac{2}{3}\right)^{\mathrm{T}}.$$

单位化：

$$\boldsymbol{e}_1=\frac{\boldsymbol{\beta}_1}{\|\boldsymbol{\beta}_1\|}=\left(0,\frac{1}{\sqrt{2}},\frac{1}{\sqrt{2}}\right)^{\mathrm{T}},$$

$$\boldsymbol{e}_2=\frac{\boldsymbol{\beta}_2}{\|\boldsymbol{\beta}_2\|}=\left(\frac{\sqrt{6}}{3},\frac{\sqrt{6}}{6},-\frac{\sqrt{6}}{6}\right)^{\mathrm{T}},$$

$$e_3=\frac{\beta_3}{\|\beta_3\|}=\left(\frac{\sqrt{3}}{3},-\frac{\sqrt{3}}{3},\frac{\sqrt{3}}{3}\right)^{\mathrm{T}}.$$

7. 把 $\alpha_1=(1,1,0,0)^{\mathrm{T}}$，$\alpha_2=(1,0,1,0)^{\mathrm{T}}$，$\alpha_3=(-1,0,0,1)^{\mathrm{T}}$，$\alpha_4=(1,-1,-1,1)^{\mathrm{T}}$ 变成标准正交的向量组.

解 正交化：

$$\beta_1=\alpha_1=(1,1,0,0)^{\mathrm{T}},$$
$$\beta_2=\alpha_2-\frac{[\beta_1,\alpha_2]}{[\beta_1,\beta_1]}\beta_1=\left(\frac{1}{2},-\frac{1}{2},1,0\right)^{\mathrm{T}},$$
$$\beta_3=\alpha_3-\frac{[\beta_1,\alpha_3]}{[\beta_1,\beta_1]}\beta_1-\frac{[\beta_2,\alpha_3]}{[\beta_2,\beta_2]}\beta_2=\left(-\frac{1}{3},\frac{1}{3},\frac{1}{3},1\right)^{\mathrm{T}},$$
$$\beta_4=\alpha_4-\frac{[\beta_1,\alpha_4]}{[\beta_1,\beta_1]}\beta_1-\frac{[\beta_2,\alpha_4]}{[\beta_2,\beta_2]}\beta_2-\frac{[\beta_3,\alpha_4]}{[\beta_3,\beta_3]}\beta_3=(1,-1,-1,1)^{\mathrm{T}}.$$

单位化：

$$e_1=\frac{\beta_1}{\|\beta_1\|}=\left(\frac{1}{\sqrt{2}},\frac{1}{\sqrt{2}},0,0\right)^{\mathrm{T}},$$
$$e_2=\frac{\beta_2}{\|\beta_2\|}=\left(\frac{1}{\sqrt{6}},-\frac{1}{\sqrt{6}},\frac{2}{\sqrt{6}},0\right)^{\mathrm{T}},$$
$$e_3=\frac{\beta_3}{\|\beta_3\|}=\left(-\frac{1}{\sqrt{12}},\frac{1}{\sqrt{12}},\frac{1}{\sqrt{12}},\frac{3}{\sqrt{12}}\right)^{\mathrm{T}},$$
$$e_4=\frac{\beta_4}{\|\beta_4\|}=\left(\frac{1}{2},-\frac{1}{2},-\frac{1}{2},\frac{1}{2}\right)^{\mathrm{T}}.$$

8. 判别下列矩阵是否为正交阵.

$$(1)\begin{pmatrix}1&-\frac{1}{2}&\frac{1}{3}\\-\frac{1}{2}&1&\frac{1}{2}\\\frac{1}{3}&\frac{1}{2}&1\end{pmatrix};\ (2)\begin{pmatrix}\frac{1}{9}&-\frac{8}{9}&-\frac{4}{9}\\-\frac{8}{9}&\frac{1}{9}&-\frac{4}{9}\\-\frac{4}{9}&-\frac{4}{9}&\frac{7}{9}\end{pmatrix};\ (3)\begin{pmatrix}\frac{1}{2}&-\frac{1}{2}&\frac{1}{2}&-\frac{1}{2}\\\frac{1}{2}&-\frac{1}{2}&-\frac{1}{2}&\frac{1}{2}\\\frac{1}{\sqrt{2}}&\frac{1}{\sqrt{2}}&0&0\\0&0&\frac{1}{\sqrt{2}}&\frac{1}{\sqrt{2}}\end{pmatrix}.$$

解 (1) 不是，因为第 1 列不是单位向量.

(2) 是，列向量组是标准正交向量组.

(3) 是，列向量组是标准正交向量组.

4.4　实对称矩阵的对角化

4.4.1　内容提要

1. 实对称矩阵的特征值与特征向量

定理 1　实对称矩阵的特征值都为实数.

注　对实对称矩阵 $\boldsymbol{A}$，因其特征值 λ_i 为实数，故方程组

$$(\lambda_i\boldsymbol{E}-\boldsymbol{A})\boldsymbol{x}=\boldsymbol{0}$$

是实系数方程组，从而必有实的基础解系，所以 $\boldsymbol{A}$ 的特征向量必为实向量.

定理 2　实对称矩阵的不同特征值对应的特征向量是正交的.

定理 3　λ 是 n 阶实对称矩阵 $\boldsymbol{A}$ 的 k 重特征根，则齐次线性方程组 $(\lambda\boldsymbol{E}-\boldsymbol{A})\boldsymbol{x}=\boldsymbol{0}$ 的一个基础解系中恰有 k 个解向量.

2. 实对称矩阵的对角化

定理 4　设 $\boldsymbol{A}$ 为 n 阶实对称矩阵，则必有正交矩阵 $\boldsymbol{Q}$，使

$$\boldsymbol{Q}^{-1}\boldsymbol{A}\boldsymbol{Q}=\boldsymbol{Q}^{\mathrm{T}}\boldsymbol{A}\boldsymbol{Q}=\boldsymbol{\Lambda}=\begin{pmatrix}\lambda_1 & & & \\ & \lambda_2 & & \\ & & \ddots & \\ & & & \lambda_n\end{pmatrix},$$

其中，λ_1，λ_2，…，λ_n 是 $\boldsymbol{A}$ 的全部特征值.

求正交矩阵 $\boldsymbol{Q}$ 使实对称矩阵 $\boldsymbol{A}$ 对角化的步骤：

(1) 求出 $\boldsymbol{A}$ 的特征值，设 λ_1，λ_2，…，λ_s 是 $\boldsymbol{A}$ 的全部不同的特征值；

(2) 对每一个特征值 λ_i，由线性方程组 $(\lambda_i\boldsymbol{E}-\boldsymbol{A})\boldsymbol{x}=\boldsymbol{0}$ 求出基础解系(特征向量)；

(3) 将每一组基础解系(特征向量)分别正交化、单位化；

(4) 以这些两两正交且单位长度为 1 的向量作为列向量构成一个正交矩阵 $\boldsymbol{Q}$，使

$$\boldsymbol{Q}^{-1}\boldsymbol{A}\boldsymbol{Q}=\boldsymbol{Q}^{\mathrm{T}}\boldsymbol{A}\boldsymbol{Q}=\boldsymbol{\Lambda}.$$

注　$\boldsymbol{Q}$ 中列向量的次序与矩阵 $\boldsymbol{\Lambda}$ 对角线上的特征值的次序相对应.

4.4.2　基本要求

理解矩阵对角化的相关理论,并应用特征值及特征向量相关理论将矩阵对角化.

4.4.3　典型范例

题型 1　已知矩阵求一正交矩阵使得 $\boldsymbol{Q}^{\mathrm{T}}\boldsymbol{A}\boldsymbol{Q}$ 为对角矩阵.

例 1　已知 $\boldsymbol{A}=\begin{pmatrix}1 & -1 & 1\\ -1 & 1 & -1\\ 1 & -1 & 1\end{pmatrix}$，求正交矩阵 $\boldsymbol{Q}$，使得 $\boldsymbol{Q}^{\mathrm{T}}\boldsymbol{A}\boldsymbol{Q}$ 为对角矩阵.

解 特征多项式 $f(\lambda)=|\lambda\boldsymbol{E}-\boldsymbol{A}|=\begin{vmatrix}\lambda-1 & 1 & -1\\ 1 & \lambda-1 & 1\\ -1 & 1 & \lambda-1\end{vmatrix}=\lambda^2(\lambda-3)$，解特征方程，得 $\boldsymbol{A}$ 的特征值为 $\lambda_1=\lambda_2=0$，$\lambda_3=3$.

对于 $\lambda_1=\lambda_2=0$，解相应的齐次线性方程组 $-\boldsymbol{A}\boldsymbol{x}=\boldsymbol{0}$，得基础解系：$\boldsymbol{p}_1=(1,1,0)^{\mathrm{T}}$，$\boldsymbol{p}_2=(1,-1,-2)^{\mathrm{T}}$，且 $\boldsymbol{p}_1$，$\boldsymbol{p}_2$ 恰好正交.

对于 $\lambda_3=3$，解相应的齐次线性方程组 $(3\boldsymbol{E}-\boldsymbol{A})\boldsymbol{x}=\boldsymbol{0}$，得基础解系 $\boldsymbol{p}_3=(1,-1,1)^{\mathrm{T}}$.

单位化：

$$\boldsymbol{e}_1=\frac{\boldsymbol{p}_1}{\|\boldsymbol{p}_1\|}=\left(\frac{1}{\sqrt{2}},\frac{1}{\sqrt{2}},0\right)^{\mathrm{T}},\quad \boldsymbol{e}_2=\frac{\boldsymbol{p}_2}{\|\boldsymbol{p}_2\|}=\left(\frac{1}{\sqrt{6}},-\frac{1}{\sqrt{6}},-\frac{2}{\sqrt{6}}\right)^{\mathrm{T}},$$

$$\boldsymbol{e}_3=\frac{\boldsymbol{p}_3}{\|\boldsymbol{p}_3\|}=\left(\frac{1}{\sqrt{3}},-\frac{1}{\sqrt{3}},\frac{1}{\sqrt{3}}\right)^{\mathrm{T}},$$

则 $\boldsymbol{Q}=\begin{pmatrix}\frac{1}{\sqrt{2}} & \frac{1}{\sqrt{6}} & \frac{1}{\sqrt{3}}\\ \frac{1}{\sqrt{2}} & -\frac{1}{\sqrt{6}} & -\frac{1}{\sqrt{3}}\\ 0 & -\frac{2}{\sqrt{6}} & \frac{1}{\sqrt{3}}\end{pmatrix}$，此时 $\boldsymbol{Q}^{\mathrm{T}}\boldsymbol{A}\boldsymbol{Q}=\begin{pmatrix}0 & & \\ & 0 & \\ & & 3\end{pmatrix}$.

注 本题解得的 $\boldsymbol{p}_1$，$\boldsymbol{p}_2$ 恰好正交. 若不正交，需先利用施密特正交化方法将其正交化，再连同 $\boldsymbol{p}_3$ 一块，全部单位化.

4.4.4 疑难解析

例 2 设 $\boldsymbol{A}$ 为三阶矩阵，$\boldsymbol{\Lambda}=\begin{pmatrix}1 & 0 & 0\\ 0 & -1 & 0\\ 0 & 0 & 0\end{pmatrix}$，则 $\boldsymbol{A}$ 的特征值为 1，−1，0 的充分必要条件是(　　)

A. 存在可逆矩阵 $\boldsymbol{P}$，$\boldsymbol{Q}$，使得 $\boldsymbol{A}=\boldsymbol{P}\boldsymbol{\Lambda}\boldsymbol{Q}$

B. 存在可逆矩阵 $\boldsymbol{P}$，使得 $\boldsymbol{A}=\boldsymbol{P}\boldsymbol{\Lambda}\boldsymbol{P}^{-1}$

C. 存在正交矩阵 $\boldsymbol{Q}$，使得 $\boldsymbol{A}=\boldsymbol{Q}\boldsymbol{\Lambda}\boldsymbol{Q}^{-1}$

D. 存在可逆矩阵 $\boldsymbol{P}$，使得 $\boldsymbol{A}=\boldsymbol{P}\boldsymbol{\Lambda}\boldsymbol{P}^{\mathrm{T}}$

解 三阶矩阵的特征值为 1，−1，0，意味着矩阵有 3 个不同的特征值. 从而矩阵相似于与它具有相同特征值的对角矩阵 $\boldsymbol{\Lambda}$. 于是，矩阵的特征值为 1，−1，0 的充分必要条件，即矩阵 $\boldsymbol{A}$ 与 $\boldsymbol{\Lambda}$ 相似的充分必要条件. B 选项实际上是 $\boldsymbol{A}$ 与 $\boldsymbol{\Lambda}$ 相似的定义，即存在可逆矩阵 $\boldsymbol{P}$，使得 $\boldsymbol{\Lambda}=\boldsymbol{P}^{-1}\boldsymbol{A}\boldsymbol{P}$，也就是 $\boldsymbol{A}=\boldsymbol{P}\boldsymbol{\Lambda}\boldsymbol{P}^{-1}$，故选 B.

例 3 已知 $\boldsymbol{A}=\begin{pmatrix}a & 1 & -1\\ 1 & a & -1\\ -1 & -1 & a\end{pmatrix}$，求正交矩阵 $\boldsymbol{Q}$，使得 $\boldsymbol{Q}^{\mathrm{T}}\boldsymbol{A}\boldsymbol{Q}$ 为对角矩阵.

解　特征多项式 $f(\lambda)=|\lambda\boldsymbol{E}-\boldsymbol{A}|=\begin{vmatrix}\lambda-a & -1 & 1\\ -1 & \lambda-a & 1\\ 1 & 1 & \lambda-a\end{vmatrix}=(\lambda-a-2)(\lambda-a+1)^2$，解特征方程，得 $\boldsymbol{A}$ 的特征值为 $\lambda_1=\lambda_2=a-1$，$\lambda_3=a+2$.

对于 $\lambda_1=\lambda_2=a-1$，解相应的齐次线性方程组 $(a\boldsymbol{E}-\boldsymbol{E}-\boldsymbol{A})\boldsymbol{x}=\boldsymbol{0}$，得基础解系：$\boldsymbol{p}_1=(-1,\ 1,\ 0)^{\mathrm{T}}$，$\boldsymbol{p}_2=(1,\ 0,\ 1)^{\mathrm{T}}$.

对于 $\lambda_3=a+2$，解相应的齐次线性方程组 $(a\boldsymbol{E}+2\boldsymbol{E}-\boldsymbol{A})\boldsymbol{x}=\boldsymbol{0}$，得基础解系 $\boldsymbol{p}_3=(-1,\ -1,\ 1)^{\mathrm{T}}$.

正交化：

$$\boldsymbol{\beta}_1=\boldsymbol{p}_1=(-1,\ 1,\ 0)^{\mathrm{T}},\quad \boldsymbol{\beta}_2=\boldsymbol{p}_2-\frac{[\boldsymbol{\beta}_1,\ \boldsymbol{p}_2]}{[\boldsymbol{\beta}_1,\ \boldsymbol{\beta}_1]}\boldsymbol{\beta}_1=\left(\frac{1}{2},\ \frac{1}{2},\ 1\right)^{\mathrm{T}},$$

$$\boldsymbol{\beta}_3=\boldsymbol{p}_3-\frac{[\boldsymbol{\beta}_1,\ \boldsymbol{p}_3]}{[\boldsymbol{\beta}_1,\ \boldsymbol{\beta}_1]}\boldsymbol{\beta}_1-\frac{[\boldsymbol{\beta}_2,\ \boldsymbol{p}_3]}{[\boldsymbol{\beta}_2,\ \boldsymbol{\beta}_2]}\boldsymbol{\beta}_2=(-1,\ -1,\ 1)^{\mathrm{T}}.$$

单位化：

$$\boldsymbol{e}_1=\frac{\boldsymbol{\beta}_1}{\|\boldsymbol{\beta}_1\|}=\left(-\frac{1}{\sqrt{2}},\ \frac{1}{\sqrt{2}},\ 0\right)^{\mathrm{T}},\quad \boldsymbol{e}_2=\frac{\boldsymbol{\beta}_2}{\|\boldsymbol{\beta}_2\|}=\left(\frac{1}{\sqrt{6}},\ \frac{1}{\sqrt{6}},\ \frac{2}{\sqrt{6}}\right)^{\mathrm{T}},$$

$$\boldsymbol{e}_3=\frac{\boldsymbol{\beta}_3}{\|\boldsymbol{\beta}_3\|}=\left(-\frac{1}{\sqrt{3}},\ -\frac{1}{\sqrt{3}},\frac{1}{\sqrt{3}}\right)^{\mathrm{T}},$$

则 $\boldsymbol{Q}=\begin{pmatrix}-\frac{1}{\sqrt{2}} & \frac{1}{\sqrt{6}} & -\frac{1}{\sqrt{3}}\\ \frac{1}{\sqrt{2}} & \frac{1}{\sqrt{6}} & -\frac{1}{\sqrt{3}}\\ 0 & \frac{2}{\sqrt{6}} & \frac{1}{\sqrt{3}}\end{pmatrix}$，此时 $\boldsymbol{Q}^{\mathrm{T}}\boldsymbol{A}\boldsymbol{Q}=\begin{pmatrix}a-1 & & \\ & a-1 & \\ & & a+2\end{pmatrix}$.

4.4.5　习题全解

1. $\boldsymbol{M}$ 为正交矩阵，$\boldsymbol{A}$ 为对称阵，则矩阵 $\boldsymbol{M}^{-1}\boldsymbol{A}\boldsymbol{M}$ 为(　　).

A. 正交阵　　B. 对称阵　　C. 不一定为对称阵　　D. 以上均不对

解　选 B.

2. 对下列实对称矩阵 $\boldsymbol{A}$，求正交矩阵 $\boldsymbol{Q}$，使 $\boldsymbol{Q}^{-1}\boldsymbol{A}\boldsymbol{Q}$ 为对角阵.

(1) $\boldsymbol{A}=\begin{pmatrix}1 & 1\\ 1 & 1\end{pmatrix}$；　(2) $\boldsymbol{A}=\begin{pmatrix}\frac{3}{2} & -\frac{1}{2} & 0\\ -\frac{1}{2} & \frac{3}{2} & 0\\ 0 & 0 & 3\end{pmatrix}$；　(3) $\boldsymbol{A}=\begin{pmatrix}2 & -1 & -1\\ -1 & 2 & -1\\ -1 & -1 & 2\end{pmatrix}$.

解　(1) 特征多项式为 $f(\lambda)=|\lambda\boldsymbol{E}-\boldsymbol{A}|=\begin{vmatrix}\lambda-1 & -1\\ -1 & \lambda-1\end{vmatrix}=\lambda(\lambda-2)$，解特征方程，得

$\boldsymbol{A}$ 的特征值为$\lambda_1=0,\lambda_2=2$.

对于$\lambda_1=0$，解相应的齐次线性方程组$-\boldsymbol{Ax}=\boldsymbol{0}$，得基础解系$\boldsymbol{p}_1=(-1,\ 1)^{\mathrm{T}}$.

对于$\lambda_2=2$，解相应的齐次线性方程组$(2\boldsymbol{E}-\boldsymbol{A})\boldsymbol{x}=\boldsymbol{0}$，得基础解系$\boldsymbol{p}_2=(1,\ 1)^{\mathrm{T}}$.

单位化：

$$\boldsymbol{e}_1=\frac{\boldsymbol{p}_1}{\|\boldsymbol{p}_1\|}=\left(-\frac{1}{\sqrt{2}},\frac{1}{\sqrt{2}}\right)^{\mathrm{T}},\quad \boldsymbol{e}_2=\frac{\boldsymbol{p}_2}{\|\boldsymbol{p}_2\|}=\left(\frac{1}{\sqrt{2}},\frac{1}{\sqrt{2}}\right)^{\mathrm{T}},$$

则$\boldsymbol{Q}=\begin{pmatrix}-\frac{1}{\sqrt{2}} & \frac{1}{\sqrt{2}}\\ \frac{1}{\sqrt{2}} & \frac{1}{\sqrt{2}}\end{pmatrix}$，此时$\boldsymbol{Q}^{-1}\boldsymbol{AQ}=\begin{pmatrix}0 & \\ & 2\end{pmatrix}$.

(2) 特征多项式为$f(\lambda)=|\lambda\boldsymbol{E}-\boldsymbol{A}|=\begin{vmatrix}\lambda-\frac{3}{2} & \frac{1}{2} & 0\\ \frac{1}{2} & \lambda-\frac{3}{2} & 0\\ 0 & 0 & \lambda-3\end{vmatrix}=(\lambda-1)(\lambda-2)(\lambda-3)$，解特征方程，得 $\boldsymbol{A}$ 的特征值为$\lambda_1=1,\ \lambda_2=2,\ \lambda_3=3$.

对于$\lambda_1=1$，解相应的齐次线性方程组$(\boldsymbol{E}-\boldsymbol{A})\boldsymbol{x}=\boldsymbol{0}$，得基础解系$\boldsymbol{p}_1=(1,\ 1,\ 0)^{\mathrm{T}}$.

对于$\lambda_2=2$，解相应的齐次线性方程组$(2\boldsymbol{E}-\boldsymbol{A})\boldsymbol{x}=\boldsymbol{0}$，得基础解系$\boldsymbol{p}_2=(1,\ -1,\ 0)^{\mathrm{T}}$.

对于$\lambda_3=3$，解相应的齐次线性方程组$(3\boldsymbol{E}-\boldsymbol{A})\boldsymbol{x}=\boldsymbol{0}$，得基础解系$\boldsymbol{p}_3=(0,\ 0,\ 1)^{\mathrm{T}}$.

单位化：

$$\boldsymbol{e}_1=\frac{\boldsymbol{p}_1}{\|\boldsymbol{p}_1\|}=\left(\frac{1}{\sqrt{2}},\ \frac{1}{\sqrt{2}},\ 0\right)^{\mathrm{T}},\quad \boldsymbol{e}_2=\frac{\boldsymbol{p}_2}{\|\boldsymbol{p}_2\|}=\left(\frac{1}{\sqrt{2}},\ -\frac{1}{\sqrt{2}},\ 0\right)^{\mathrm{T}},$$

$$\boldsymbol{e}_3=\frac{\boldsymbol{p}_3}{\|\boldsymbol{p}_3\|}=(0,\ 0,\ 1)^{\mathrm{T}},$$

则$\boldsymbol{Q}=\begin{pmatrix}\frac{1}{\sqrt{2}} & \frac{1}{\sqrt{2}} & 0\\ \frac{1}{\sqrt{2}} & -\frac{1}{\sqrt{2}} & 0\\ 0 & 0 & 1\end{pmatrix}$，此时$\boldsymbol{Q}^{-1}\boldsymbol{AQ}=\begin{pmatrix}1 & & \\ & 2 & \\ & & 3\end{pmatrix}$.

(3) 特征多项式为$f(\lambda)=|\lambda\boldsymbol{E}-\boldsymbol{A}|=\begin{vmatrix}\lambda-2 & 1 & 1\\ 1 & \lambda-2 & 1\\ 1 & 1 & \lambda-2\end{vmatrix}=\lambda(\lambda-3)^2$，解特征方程，得 $\boldsymbol{A}$ 的特征值为$\lambda_1=0,\lambda_2=\lambda_3=3$.

对于$\lambda_1=0$，解相应的齐次线性方程组$-\boldsymbol{Ax}=\boldsymbol{0}$，得基础解系$\boldsymbol{p}_1=(1,\ 1,\ 1)^{\mathrm{T}}$.

对于$\lambda_2=\lambda_3=3$，解相应的齐次线性方程组$(3\boldsymbol{E}-\boldsymbol{A})\boldsymbol{x}=\boldsymbol{0}$，得基础解系：$\boldsymbol{p}_2=(-1,\ 1,\ 0)^{\mathrm{T}}$，$\boldsymbol{p}_3=(-1,\ 0,\ 1)^{\mathrm{T}}$.

正交化：

$$\boldsymbol{\beta}_1=\boldsymbol{p}_1=(1,\ 1,\ 1)^{\mathrm{T}},\quad \boldsymbol{\beta}_2=\boldsymbol{p}_2-\frac{[\boldsymbol{\beta}_1,\ \boldsymbol{p}_2]}{[\boldsymbol{\beta}_1,\ \boldsymbol{\beta}_1]}\boldsymbol{\beta}_1=(-1,\ 1,\ 0)^{\mathrm{T}},$$

$$\boldsymbol{\beta}_3=\boldsymbol{p}_3-\frac{[\boldsymbol{\beta}_1,\ \boldsymbol{p}_3]}{[\boldsymbol{\beta}_1,\ \boldsymbol{\beta}_1]}\boldsymbol{\beta}_1-\frac{[\boldsymbol{\beta}_2,\ \boldsymbol{p}_3]}{[\boldsymbol{\beta}_2,\ \boldsymbol{\beta}_2]}\boldsymbol{\beta}_2=\left(-\frac{1}{2},\ -\frac{1}{2},1\right)^{\mathrm{T}}.$$

单位化：

$$\boldsymbol{e}_1=\frac{\boldsymbol{\beta}_1}{\|\boldsymbol{\beta}_1\|}=\left(\frac{1}{\sqrt{3}},\ \frac{1}{\sqrt{3}},\ \frac{1}{\sqrt{3}}\right)^{\mathrm{T}},\quad \boldsymbol{e}_2=\frac{\boldsymbol{\beta}_2}{\|\boldsymbol{\beta}_2\|}=\left(-\frac{1}{\sqrt{2}},\ \frac{1}{\sqrt{2}},\ 0\right)^{\mathrm{T}},$$

$$\boldsymbol{e}_3=\frac{\boldsymbol{\beta}_3}{\|\boldsymbol{\beta}_3\|}=\left(-\frac{1}{\sqrt{6}},\ -\frac{1}{\sqrt{6}},\ \frac{2}{\sqrt{6}}\right)^{\mathrm{T}},$$

则 $\boldsymbol{Q}=\begin{pmatrix}\frac{1}{\sqrt{3}} & -\frac{1}{\sqrt{2}} & -\frac{1}{\sqrt{6}}\\ \frac{1}{\sqrt{3}} & \frac{1}{\sqrt{2}} & -\frac{1}{\sqrt{6}}\\ \frac{1}{\sqrt{3}} & 0 & \frac{2}{\sqrt{6}}\end{pmatrix}$，此时 $\boldsymbol{Q}^{-1}\boldsymbol{A}\boldsymbol{Q}=\begin{pmatrix}0 & & \\ & 3 & \\ & & 3\end{pmatrix}$.

3. 设三阶实对称矩阵 $\boldsymbol{A}$ 的特征值为 $\lambda_1=1$，$\lambda_2=2$，$\lambda_3=3$，属于 λ_1 和 λ_2 的特征向量分别为 $\boldsymbol{p}_1=\begin{pmatrix}-1\\-1\\1\end{pmatrix}$，$\boldsymbol{p}_2=\begin{pmatrix}1\\-2\\-1\end{pmatrix}$，求 $\boldsymbol{A}$ 的属于 λ_3 的特征向量.

解　设 $\boldsymbol{p}_3=(x_1,\ x_2,\ x_3)^{\mathrm{T}}$，则 $\begin{cases}-x_1-\ x_2+x_3=0,\\ \ \ x_1-2x_2-x_3=0,\end{cases}$ 故 $\boldsymbol{p}_3=(1,\ 0,\ 1)^{\mathrm{T}}$.

4. 设 $\boldsymbol{A}$ 为三阶实对称矩阵，其特征值为 $\lambda_1=\lambda_2=2$，$\lambda_3=1$，属于 $\lambda_1=\lambda_2=2$ 的特征向量为 $\boldsymbol{p}_1=\begin{pmatrix}1\\-1\\1\end{pmatrix}$，$\boldsymbol{p}_2=\begin{pmatrix}1\\1\\1\end{pmatrix}$，求属于 $\lambda_3=1$ 的特征向量和矩阵 $\boldsymbol{A}$.

解　设 $\boldsymbol{p}_3=(x_1,\ x_2,\ x_3)^{\mathrm{T}}$，则 $\begin{cases}x_1-x_2+x_3=0,\\ x_1+x_2+x_3=0,\end{cases}$ 故 $\boldsymbol{p}_3=(1,\ 0,\ -1)^{\mathrm{T}}$.

正交化：

$$\boldsymbol{\beta}_1=\boldsymbol{p}_1=(1,\ -1,\ 1)^{\mathrm{T}},\quad \boldsymbol{\beta}_2=\boldsymbol{p}_2-\frac{[\boldsymbol{\beta}_1,\ \boldsymbol{p}_2]}{[\boldsymbol{\beta}_1,\ \boldsymbol{\beta}_1]}\boldsymbol{\beta}_1=\left(\frac{2}{3},\frac{4}{3},\frac{2}{3}\right)^{\mathrm{T}},$$

$$\boldsymbol{\beta}_3=\boldsymbol{p}_3-\frac{[\boldsymbol{\beta}_1,\ \boldsymbol{p}_3]}{[\boldsymbol{\beta}_1,\ \boldsymbol{\beta}_1]}\boldsymbol{\beta}_1-\frac{[\boldsymbol{\beta}_2,\ \boldsymbol{p}_3]}{[\boldsymbol{\beta}_2,\ \boldsymbol{\beta}_2]}\boldsymbol{\beta}_2=(1,\ 0,\ -1)^{\mathrm{T}}.$$

单位化：

$$\boldsymbol{e}_1=\frac{\boldsymbol{\beta}_1}{\|\boldsymbol{\beta}_1\|}=\left(\frac{1}{\sqrt{3}},\ -\frac{1}{\sqrt{3}},\frac{1}{\sqrt{3}}\right)^{\mathrm{T}},\quad \boldsymbol{e}_2=\frac{\boldsymbol{\beta}_2}{\|\boldsymbol{\beta}_2\|}=\left(\frac{1}{\sqrt{6}},\ \frac{2}{\sqrt{6}},\ \frac{1}{\sqrt{6}}\right)^{\mathrm{T}},$$

$$e_3=\frac{\boldsymbol{\beta}_3}{\|\boldsymbol{\beta}_3\|}=\left(\frac{1}{\sqrt{2}},0,-\frac{1}{\sqrt{2}}\right)^{\mathrm{T}},$$

则 $\boldsymbol{Q}=\begin{pmatrix}\frac{1}{\sqrt{3}} & \frac{1}{\sqrt{6}} & \frac{1}{\sqrt{2}}\\ -\frac{1}{\sqrt{3}} & \frac{2}{\sqrt{6}} & 0\\ \frac{1}{\sqrt{3}} & \frac{1}{\sqrt{6}} & -\frac{1}{\sqrt{2}}\end{pmatrix}$，此时 $\boldsymbol{A}=\boldsymbol{Q\Lambda Q}^{-1}=\frac{1}{4}\begin{pmatrix}6 & 0 & 2\\ 0 & 8 & 0\\ 2 & 0 & 6\end{pmatrix}$.

5. 证明：两个有相同特征值的同阶实对称矩阵一定是正交相似的.

证明 $\boldsymbol{P}^{-1}\boldsymbol{AP}=\mathrm{diag}(\lambda_1,\lambda_2,\cdots,\lambda_n)=\boldsymbol{Q}^{-1}\boldsymbol{BQ}$，则 $\boldsymbol{B}=(\boldsymbol{PQ}^{-1})^{-1}\boldsymbol{A}(\boldsymbol{PQ}^{-1})$，易证得 $\boldsymbol{PQ}^{-1}$ 是正交矩阵，所以 $\boldsymbol{A}$，$\boldsymbol{B}$ 正交相似.

思政元素：陈景润

陈景润(1933—1996)，中国现代数学家，1933 年 5 月 22 日生于福建省福州市. 高中时，偏爱数学的他记住了他的数学老师沈元讲过的一段话："自然科学的皇后是数学，数学的皇冠是数论，'哥德巴赫猜想'则是皇冠上的明珠."这个在世界数学史上鲜少有人能够挑战的课题深深地吸引了陈景润，他受任课教师影响立志学数学. 1950 年，陈景润考入厦门大学数学系，1953 年因成绩优异提前毕业，分配到北京当中学教师. 1954 年回厦门大学任资料员. 在这期间，写出数论方面的论文，其中《塔利问题》改进了时任中国科学院数学所所长华罗庚的某些研究结果. 华罗庚听说后很高兴，将他调入中国科学院数学研究所工作.

陈景润主要从事解析数论的研究，是世界著名的解析数论学家之一，20 世纪 50 年代就对高斯圆内格点问题、球内格点问题、塔利问题与华林问题的以往结果，作出了重要推进. 20 世纪 60 年代又对筛法及有关的问题进行了深入研究. 1966 年证明了"每一个充分大的偶数都能够表示为一个素数及一个不超过二个素数的乘积之和"，这个命题简记作"1+2". 在哥德巴赫(Goldbach)猜想的研究上处于世界的领先地位. 证明过程经过几年的补充修改，1973 年在《中国科学》上以"大偶数表为一个素数及一个不超过二个素数的乘积之和"为题正式发表，受到世界数学界的瞩目，得出的定理称为"陈氏定理". 1965 年，布赫斯塔勃等证明"1+3"用的是大型高速计算机. 而陈景润证明"1+2"是独自一个人完全靠自己的手和笔. 六麻袋，不，还有被烧毁的稿纸，加起来足有十多个麻袋. 这薄薄的纸堆积起来的演算稿纸，是一笔一笔写出来的，一道道算出来的. 陈景润凭着不懈的追求和惊人的毅力书写了数学史上的传奇，也为中国青少年树立了勤奋好学、勇攀科学高峰的典范.

一石激起千层浪，陈景润攻克"1+2"的消息使他名扬海内外. 1979 年 1 月，陈景润应美国新泽西州普林斯顿高等研究院院长沃尔夫博士的盛情邀请，首次出访美国. 那里丰富的数学研究资料和信息，使精通英语的陈景润犹如进入神话中的"太阳岛"，他恨不得节约每一分钟每一秒用于学习和研究.他没有去任何地方游玩,整天泡在书房、办公室、图书馆.为了节省时间,陈景润买了一大桶牛奶、整箱面条和鸡蛋.他每天的伙食就是牛奶煮面条加鸡蛋.

四个月之后,陈景润回到北京.面对到机场采访他的中外记者,陈景润宣布:“把在美国做研究工作节省下来的 7 500 美元,全部捐献给国家.”

陈景润是认真的,回到数学所,他就把一本存折交给了领导.钱以活期形式存在美国的花旗银行,随时可以取用.7 500 美元,在当时可不是一个小数目,它是陈景润靠吃面条节省下来的!它凝聚着陈景润的一腔心血,更凝聚着陈景润对祖国的赤子情怀.

作为蜚声世界的数学家,陈景润始终怀着对老师的感恩之情,他明白,如果没有恩师的指导和提携,就没有他的今天.无论何时何地,他都念念不忘老师们的恩情:沈元教授把他引入数学的天堂,厦门大学王亚南校长曾挽救他于街头,华罗庚教授给了他太多的支持与鼓励,等等.

陈景润的恩师华罗庚也一直致力于“哥德巴赫猜想”的研究,遗憾的是,1985 年华老倒在了工作岗位上.当重病的陈景润得知这一消息时,要求把自己背下楼,坐着轮椅参加了华老的追悼会.

在追悼会现场,生活已无法自理的陈景润以惊人的毅力站了起来,借助别人的搀扶,整整站了 40 分钟.他感念华罗庚无私的提携之恩和真挚之情,希望能完成老师一生未了的心愿.

每个人都是一页历史,只是这页历史的光彩程度有所差异.陈景润用自己的人格写下了一段光彩的历史,用一生成就了“哥德巴赫猜想”研究史上的里程碑.

总习题 4

(A)

一、填空题

1. $\boldsymbol{A}$ 满足 $\boldsymbol{A}^2+2\boldsymbol{A}+\boldsymbol{E}=\boldsymbol{0}$, 则 $\boldsymbol{A}$ 的特征值为_________.

解　$f(\lambda)=\lambda^2+2\lambda+1=0,\ \lambda_1=\lambda_2=-1$.

2. $\boldsymbol{A}$ 相似于单位矩阵,则 $\boldsymbol{A}=$ _________.

解　$\boldsymbol{A}=\boldsymbol{E}$.

3. 已知 $\boldsymbol{A}=\begin{pmatrix}1&2&2\\2&1&2\\2&2&1\end{pmatrix}$, $\boldsymbol{B}=\begin{pmatrix}-1&&\\&5&\\&&a\end{pmatrix}$, 且 $\boldsymbol{A}\sim\boldsymbol{B}$, 则 $a=$ _________.

解　$\mathrm{tr}(\boldsymbol{A})=\mathrm{tr}(\boldsymbol{B})$, 故 $a=-1$.

4. 三阶方阵 $\boldsymbol{A}$ 的特征值为 $\frac{1}{2}$, $\frac{1}{3}$, $\frac{1}{4}$, 则 $\boldsymbol{A}^{-1}$ 的特征值为_________,_________,_________.

解　2, 3, 4.

5. 若三阶方阵 $\boldsymbol{A}$ 与 $\boldsymbol{B}$ 相似,矩阵 $\boldsymbol{A}$ 的特征值为 $\frac{1}{2}$, $\frac{1}{3}$, $\frac{1}{4}$, 则行列式 $\begin{vmatrix}\boldsymbol{B}^{-1}-\boldsymbol{E}&\boldsymbol{E}\\\boldsymbol{O}&\boldsymbol{A}\end{vmatrix}=$ _________.

解　$|\boldsymbol{A}|=\frac{1}{24}$, $|\boldsymbol{B}^{-1}-\boldsymbol{E}|=6$, 故行列式为 $\frac{1}{4}$.

6. 若 $\boldsymbol{A}=\begin{pmatrix}1&-2&-4\\-2&x&-2\\-4&-2&1\end{pmatrix}$ 与 $\boldsymbol{\Lambda}=\begin{pmatrix}y&&\\&z&\\&&-4\end{pmatrix}$ 相似,则 $x=$ _________, $y=$ _________, $z=$ _________.

解 由 $\mathrm{tr}(\boldsymbol{A})=\mathrm{tr}(\boldsymbol{B})$, $|\boldsymbol{A}|=|\boldsymbol{B}|$，得 $x=4$, $y=5$, $z=5$.

7. 矩阵 $\boldsymbol{A}=\begin{pmatrix}3&2&1\\0&2&1\\0&0&3\end{pmatrix}$ 有__________个线性无关的特征向量.

解 3.

8. 已知 n 阶方阵 $\boldsymbol{A}$ 满足 $\boldsymbol{A}^2=\boldsymbol{E}$，则 $\boldsymbol{A}$ 的特征值 λ 只可能是__________.

解 -1 或 1.

9. 已知 $\boldsymbol{A}=\begin{pmatrix}1&2&3\\0&0&x\\0&0&0\end{pmatrix}$ 可以对角化，则 $x=$__________.

解 特征值为 $\lambda_1=1$, $\lambda_2=\lambda_3=0$，对于特征值 0，必有 2 个线性无关的特征向量，故 $r(\boldsymbol{A})=1$，即 $x=0$.

10. 已知 n 阶矩阵 $\boldsymbol{A}$ 的元素全是 1，则 $\boldsymbol{A}$ 的 n 个特征值是__________.

解 设 $\boldsymbol{\alpha}=(1\ \ \cdots\ \ 1)^{\mathrm{T}}$, $\boldsymbol{A}=\boldsymbol{\alpha}\boldsymbol{\alpha}^{\mathrm{T}}$, $\boldsymbol{\alpha}^{\mathrm{T}}\boldsymbol{\alpha}=n$，显然 $r(\boldsymbol{A})=1$，且 $\boldsymbol{A}\boldsymbol{\alpha}=\boldsymbol{\alpha}\boldsymbol{\alpha}^{\mathrm{T}}\boldsymbol{\alpha}=n\boldsymbol{\alpha}$，则 n 为 1 个特征值，与 $\boldsymbol{A}$ 相似的对角阵的秩也为 1，故其他特征值为 0.

二、选择题

1. 下列结论哪些正确？（多项选择）(　　).

A. 若 λ 是 $\boldsymbol{A}$, $\boldsymbol{B}$ 的特征值，则必是 $\boldsymbol{A}+\boldsymbol{B}$ 的特征值

B. 若 λ 是 $\boldsymbol{A}$, $\boldsymbol{B}$ 的特征值，则必是 $\boldsymbol{AB}$ 的特征值

C. 若 $\boldsymbol{\alpha}$ 是 $\boldsymbol{A}$, $\boldsymbol{B}$ 的特征向量，则必是 $\boldsymbol{A}+\boldsymbol{B}$ 的特征向量

D. 若 $\boldsymbol{\alpha}$ 是 $\boldsymbol{A}$, $\boldsymbol{B}$ 的特征向量，则必是 $\boldsymbol{AB}$ 的特征向量

解 选 C, D.

2. 设 $\boldsymbol{A}$ 为 n 阶矩阵，$|\boldsymbol{A}|=a\,(a\neq0)$, λ 是 $\boldsymbol{A}$ 的一个特征值，$\boldsymbol{A}^*$ 为 $\boldsymbol{A}$ 的伴随矩阵，则矩阵 $\left(\frac{1}{4}\boldsymbol{A}^*\right)^{-1}$ 的特征值之一是(　　).

A. $\dfrac{4\lambda}{a}$　　B. $\dfrac{4\lambda^n}{a}$　　C. $\dfrac{\lambda}{4a}$　　D. $\dfrac{\lambda^n}{4a}$

解 $\boldsymbol{A}^*=|\boldsymbol{A}|\boldsymbol{A}^{-1}$，相当于求矩阵 $\dfrac{4}{a}\boldsymbol{A}$ 的特征值，故选 A.

3. 设 $\boldsymbol{A}$ 为 n 阶矩阵，$|\boldsymbol{A}|=a\,(a\neq0)$, λ 是 $\boldsymbol{A}$ 的一个特征值，$\boldsymbol{A}^*$ 为 $\boldsymbol{A}$ 的伴随矩阵，则矩阵 $(\boldsymbol{A}^*)^*$ 的一个特征值是(　　).

A. $\lambda^{-1}a^{n-1}$　　B. $\lambda^{-1}a^{n-2}$　　C. λa^{n-2}　　D. λa^{n-1}

解 $(\boldsymbol{A}^*)^*=(|\boldsymbol{A}|\boldsymbol{A}^{-1})^*=(a\boldsymbol{A}^{-1})^*=\dfrac{1}{a}|a\boldsymbol{A}^{-1}|\boldsymbol{A}=a^{n-2}\boldsymbol{A}$，相当于求矩阵 $a^{n-2}\boldsymbol{A}$ 的特征值，故选 C.

4. 设 $\boldsymbol{A}$ 为三阶矩阵，其特征值为 $2, -2, -\dfrac{1}{2}$，则下列矩阵中必为可逆矩阵的是(　　).

A. $\boldsymbol{E}+2\boldsymbol{A}$　　B. $3\boldsymbol{E}+2\boldsymbol{A}$　　C. $2\boldsymbol{E}+\boldsymbol{A}$　　D. $\boldsymbol{A}-2\boldsymbol{E}$

解 矩阵可逆其特征值不为零，故选 B.

5. $\boldsymbol{A}$ 为 n 阶矩阵，$\boldsymbol{\xi}$ 是 $\boldsymbol{A}$ 的属于特征值 λ 的特征向量，则下列说法中不正确的是(　　).

A. $\boldsymbol{\xi}$ 必是矩阵 $(\boldsymbol{A}+\boldsymbol{E})^2$ 的特征向量　　B. $\boldsymbol{\xi}$ 必是矩阵 $-3\boldsymbol{A}$ 的特征向量

C. $\boldsymbol{\xi}$ 必是矩阵 $\boldsymbol{A}^*$ 的特征向量　　D. $\boldsymbol{\xi}$ 必是矩阵 $\boldsymbol{A}^{\mathrm{T}}$ 的特征向量

解 特征值相同，特征向量可以不同，故选 D.

6. 若 $\boldsymbol{A}$ 相似于 $\boldsymbol{B}$，则下列结论中不正确的是(　　).

A. $\boldsymbol{A}$ 与 $\boldsymbol{B}$ 有相同的特征多项式　　B. $|\boldsymbol{A}|=|\boldsymbol{B}|$

C. $\boldsymbol{A}$ 与 $\boldsymbol{B}$ 有相同的特征值和特征向量　　D. $\mathrm{tr}(\boldsymbol{A})=\mathrm{tr}(\boldsymbol{B})$

解　特征值相同，特征向量可以不同，故选 C.

7. 已知 $\boldsymbol{A}$ 是四阶方阵，且 $R(3\boldsymbol{E}-\boldsymbol{A})=2$，则 $\lambda=3$ 是 $\boldsymbol{A}$ 的(　　).

A. 一重特征值　　B. 二重特征值

C. 至少是二重特征值　　D. 至多是二重特征值

解　秩为 2，则至少是二重特征值，故选 C.

8. 下列二阶矩阵可对角化的是(　　).

A. $\begin{pmatrix}1 & 1\\ -4 & 5\end{pmatrix}$　　B. $\begin{pmatrix}1 & -4\\ 1 & 5\end{pmatrix}$　　C. $\begin{pmatrix}1 & 1\\ 0 & 0\end{pmatrix}$　　D. $\begin{pmatrix}0 & 1\\ -1 & 2\end{pmatrix}$

解　矩阵有 2 个不等特征根，矩阵可对角化，故选 C.

9. 设 λ_1，λ_2 为 n 阶矩阵 $\boldsymbol{A}$ 的 2 个特征值，其对应的特征向量分别是 $\boldsymbol{\alpha}_1$，$\boldsymbol{\alpha}_2$，且已知 $\lambda_1=-\lambda_2\neq 0$，则(　　).

A. $\boldsymbol{\alpha}_1+\boldsymbol{\alpha}_2$ 是 $\boldsymbol{A}$ 的特征向量　　B. $\boldsymbol{\alpha}_1-\boldsymbol{\alpha}_2$ 是 $\boldsymbol{A}$ 的特征向量

C. $\boldsymbol{\alpha}_1+\boldsymbol{\alpha}_2$ 是 $\boldsymbol{A}^2$ 的特征向量　　D. $\boldsymbol{\alpha}_1+\boldsymbol{\alpha}_2$ 不是 $\boldsymbol{A}^2$ 的特征向量

解　选 C.

10. 设 $\boldsymbol{A}$ 为 n 阶矩阵，且 $\boldsymbol{A}^k=\boldsymbol{O}$ (k 为正整数)，则(　　).

A. $\boldsymbol{A}=\boldsymbol{O}$　　B. $\boldsymbol{A}$ 有一个不为零的特征值

C. $\boldsymbol{A}$ 的特征值全为零　　D. $\boldsymbol{A}$ 有 n 个线性无关的特征向量

解　$\boldsymbol{A}^n\boldsymbol{\alpha}=\lambda^n\boldsymbol{\alpha}$，$\boldsymbol{\alpha}$ 不为零，故特征值全为零，故选 C.

11. 设 $\boldsymbol{A}$ 为 n 阶矩阵，$\boldsymbol{A}$ 相似于对角矩阵的充分必要条件是(　　).

A. $\boldsymbol{A}$ 有 n 个不同的特征值　　B. $\boldsymbol{A}$ 有 n 个不同的特征向量

C. $\boldsymbol{A}$ 是实对称矩阵　　D. $\boldsymbol{A}$ 的每个 n_i 重特征值值 λ_i，满足 $R(\lambda_i\boldsymbol{E}-\boldsymbol{A})=n-n_i$

解　选 D.

三、计算题

1. 求下列矩阵的特征值和特征向量.

(1) $\boldsymbol{A}=\begin{pmatrix}2 & 0 & 0\\ 1 & 2 & 1\\ 0 & 0 & 2\end{pmatrix}$；　(2) $\boldsymbol{A}=\begin{pmatrix}-1 & 1 & 0\\ -2 & 2 & 0\\ 6 & -3 & 1\end{pmatrix}$；　(3) $\boldsymbol{A}=\begin{pmatrix}0 & 1 & 1 & -1\\ 1 & 0 & -1 & 1\\ 1 & -1 & 0 & 1\\ -1 & 1 & 1 & 0\end{pmatrix}$.

解　(1) 特征多项式为 $f(\lambda)=|\lambda\boldsymbol{E}-\boldsymbol{A}|=\begin{vmatrix}\lambda-2 & 0 & 0\\ -1 & \lambda-2 & -1\\ 0 & 0 & \lambda-2\end{vmatrix}=(\lambda-2)^3$，解特征方程，得 $\boldsymbol{A}$ 的特征值为 $\lambda_1=\lambda_2=\lambda_3=2$.

对于 $\lambda_1=\lambda_2=\lambda_3=2$，解相应的齐次线性方程组 $(2\boldsymbol{E}-\boldsymbol{A})\boldsymbol{x}=\boldsymbol{0}$，得基础解系：$\boldsymbol{p}_1=(0,1,0)^{\mathrm{T}}$，$\boldsymbol{p}_2=(-1,0,1)^{\mathrm{T}}$，则方阵 $\boldsymbol{A}$ 对应于特征值 $\lambda_1=\lambda_2=\lambda_3=2$ 的全部特征向量为 $k_1(0,1,0)^{\mathrm{T}}+k_2(-1,0,1)^{\mathrm{T}}$，$k_1$，$k_2$ 为不全为零的常数.

(2) 特征多项式为 $f(\lambda)=|\lambda\boldsymbol{E}-\boldsymbol{A}|=\begin{vmatrix}\lambda+1 & -1 & 0\\ 2 & \lambda-2 & 0\\ -6 & 3 & \lambda-1\end{vmatrix}=\lambda(\lambda-1)^2$，解特征方程，得 $\boldsymbol{A}$ 的特征

值为 $\lambda_1=\lambda_2=1$，$\lambda_3=0$.

对于 $\lambda_1=\lambda_2=1$，解相应的齐次线性方程组 $(\boldsymbol{E}-\boldsymbol{A})\boldsymbol{x}=\boldsymbol{0}$，得基础解系：$\boldsymbol{p}_1=\left(\frac{1}{2},1,0\right)^{\mathrm{T}}$，$\boldsymbol{p}_2=(0,0,1)^{\mathrm{T}}$，则方阵 $\boldsymbol{A}$ 对应于特征值 $\lambda_1=\lambda_2=1$ 的全部特征向量为 $k_1\left(\frac{1}{2},1,0\right)^{\mathrm{T}}+k_2(0,0,1)^{\mathrm{T}}$，$k_1$，$k_2$ 为不全为零的常数.

对于 $\lambda_3=0$，解相应的齐次线性方程组 $-\boldsymbol{A}\boldsymbol{x}=\boldsymbol{0}$，得基础解系 $\boldsymbol{p}_3=(1,1,-3)^{\mathrm{T}}$，则方阵 $\boldsymbol{A}$ 对应于特征值 $\lambda_3=5$ 的全部特征向量为 $k_3(1,1,-3)^{\mathrm{T}}$，k_3 为不等于零的常数.

(3) 特征多项式为 $f(\lambda)=|\lambda\boldsymbol{E}-\boldsymbol{A}|=\begin{vmatrix}\lambda & -1 & -1 & 1\\ -1 & \lambda & 1 & -1\\ -1 & 1 & \lambda & -1\\ 1 & -1 & -1 & \lambda\end{vmatrix}=(\lambda-1)^3(\lambda+3)$，解特征方程，得 $\boldsymbol{A}$ 的特征值为 $\lambda_1=\lambda_2=\lambda_3=1$，$\lambda_4=-3$.

对于 $\lambda_1=\lambda_2=\lambda_3=1$，解相应的齐次线性方程组 $(\boldsymbol{E}-\boldsymbol{A})\boldsymbol{x}=\boldsymbol{0}$，得基础解系：$\boldsymbol{p}_1=(1,0,1,0)^{\mathrm{T}}$，$\boldsymbol{p}_2=(1,1,0,0)^{\mathrm{T}}$，$\boldsymbol{p}_3=(-1,0,0,1)^{\mathrm{T}}$，则方阵 $\boldsymbol{A}$ 对应于特征值 $\lambda_1=\lambda_2=\lambda_3=1$ 的全部特征向量为 $k_1(1,0,1,0)^{\mathrm{T}}+k_2(1,1,0,0)^{\mathrm{T}}+k_3(-1,0,0,1)^{\mathrm{T}}$，$k_1$，$k_2$，$k_3$ 为不全为零的常数.

对于 $\lambda_4=-3$，解相应的齐次线性方程组 $(-3\boldsymbol{E}-\boldsymbol{A})\boldsymbol{x}=\boldsymbol{0}$，得基础解系 $\boldsymbol{p}_4=(1,-1,-1,1)^{\mathrm{T}}$，则方阵 $\boldsymbol{A}$ 对应于特征值 $\lambda_4=-3$ 的全部特征向量为 $k_4(1,-1,-1,1)^{\mathrm{T}}$，$k_4$ 为不等于零的常数.

2. 计算内积.

(1) $\boldsymbol{\alpha}=(-1,0,3,-9)^{\mathrm{T}}$，$\boldsymbol{\beta}=(-2,6,0,1)^{\mathrm{T}}$；

(2) $\boldsymbol{\alpha}=\left(-\frac{1}{2},\frac{\sqrt{3}}{2},0,\frac{\sqrt{3}}{4}\right)^{\mathrm{T}}$，$\boldsymbol{\beta}=\left(3,-\frac{\sqrt{3}}{2},\sqrt{5},\sqrt{3}\right)^{\mathrm{T}}$.

解 (1) $[\boldsymbol{\alpha},\boldsymbol{\beta}]=(-1)\times(-2)+0\times6+3\times0+(-9)\times1=-7$.

(2) $[\boldsymbol{\alpha},\boldsymbol{\beta}]=\left(-\frac{1}{2}\right)\times3+\frac{\sqrt{3}}{2}\times\left(-\frac{\sqrt{3}}{2}\right)+0\times\sqrt{5}+\frac{\sqrt{3}}{4}\times\sqrt{3}=-\frac{3}{2}$.

3. 求向量 $\boldsymbol{\alpha}=(-1,0,1,0,3)^{\mathrm{T}}$ 与 $\boldsymbol{\beta}=(2,7,-1,10,1)^{\mathrm{T}}$ 的夹角.

解 $\theta=\arccos\dfrac{[\boldsymbol{\alpha},\boldsymbol{\beta}]}{\|\boldsymbol{\alpha}\|\,\|\boldsymbol{\beta}\|}=\arccos\dfrac{(-2-1+3)}{\sqrt{11}\times\sqrt{155}}=\arccos 0=\dfrac{\pi}{2}$.

4. 已知矩阵 $\boldsymbol{A}=\begin{pmatrix}3 & -2\\ -2 & 3\end{pmatrix}$，求

(1) 可逆矩阵 $\boldsymbol{P}$，使 $\boldsymbol{P}^{-1}\boldsymbol{A}\boldsymbol{P}$ 为对角矩阵；

(2) 正交矩阵 $\boldsymbol{Q}$，使 $\boldsymbol{Q}^{-1}\boldsymbol{A}\boldsymbol{Q}=\boldsymbol{Q}^{\mathrm{T}}\boldsymbol{A}\boldsymbol{Q}$ 为对角矩阵.

解 (1) 特征多项式为 $f(\lambda)=|\lambda\boldsymbol{E}-\boldsymbol{A}|=\begin{vmatrix}\lambda-3 & 2\\ 2 & \lambda-3\end{vmatrix}=(\lambda-1)(\lambda-5)$，解特征方程，得 $\boldsymbol{A}$ 的特征值为 $\lambda_1=1$，$\lambda_2=5$.

对于 $\lambda_1=1$，解相应的齐次线性方程组 $(\boldsymbol{E}-\boldsymbol{A})\boldsymbol{x}=\boldsymbol{0}$，得基础解系 $\boldsymbol{p}_1=(1,1)^{\mathrm{T}}$.

对于 $\lambda_2=5$，解相应的齐次线性方程组 $(5\boldsymbol{E}-\boldsymbol{A})\boldsymbol{x}=\boldsymbol{0}$，得基础解系 $\boldsymbol{p}_2=(-1,1)^{\mathrm{T}}$.

故 $\boldsymbol{P}=\begin{pmatrix}1 & -1\\ 1 & 1\end{pmatrix}$，$\boldsymbol{P}^{-1}\boldsymbol{A}\boldsymbol{P}=\begin{pmatrix}1 & \\ & 5\end{pmatrix}$.

（2）单位化：

$$e_1=\frac{p_1}{\|p_1\|}=\left(\frac{1}{\sqrt{2}},\frac{1}{\sqrt{2}}\right)^{\mathrm T},\quad e_2=\frac{p_2}{\|p_2\|}=\left(-\frac{1}{\sqrt{2}},\frac{1}{\sqrt{2}}\right)^{\mathrm T},$$

则 $Q=\begin{pmatrix}\frac{1}{\sqrt{2}} & -\frac{1}{\sqrt{2}}\\ \frac{1}{\sqrt{2}} & \frac{1}{\sqrt{2}}\end{pmatrix}$，此时 $Q^{-1}AQ=Q^{\mathrm T}AQ=\begin{pmatrix}1 & \\ & 5\end{pmatrix}$.

5. 已知矩阵 $A=\begin{pmatrix}2 & 2 & -2\\ 2 & 5 & -4\\ -2 & -4 & 5\end{pmatrix}$，求

（1）可逆矩阵 P，使 $P^{-1}AP$ 为对角矩阵；

（2）正交矩阵 Q，使 $Q^{-1}AQ=Q^{\mathrm T}AQ$ 为对角矩阵.

解　（1）特征多项式为 $f(\lambda)=|\lambda E-A|=\begin{vmatrix}\lambda-2 & -2 & 2\\ -2 & \lambda-5 & 4\\ 2 & 4 & \lambda-5\end{vmatrix}=(\lambda-10)(\lambda-1)^2$，解特征方程，得 A 的特征值为 $\lambda_1=10,\lambda_2=\lambda_3=1$.

对于 $\lambda_1=10$，解相应的齐次线性方程组 $(10E-A)x=0$，得基础解系 $p_1=(1,2,-2)^{\mathrm T}$.

对于 $\lambda_2=\lambda_3=1$，解相应的齐次线性方程组 $(E-A)x=0$，得基础解系：$p_2=(-2,1,0)^{\mathrm T}$，$p_3=(2,0,1)^{\mathrm T}$.

故 $P=\begin{pmatrix}1 & -2 & 2\\ 2 & 1 & 0\\ -2 & 0 & 1\end{pmatrix}$，$P^{-1}AP=\begin{pmatrix}10 & & \\ & 1 & \\ & & 1\end{pmatrix}$.

（2）正交化：

$$\beta_1=p_1=(1,2,-2)^{\mathrm T},\quad \beta_2=p_2-\frac{[\beta_1,p_2]}{[\beta_1,\beta_1]}\beta_1=(-2,1,0)^{\mathrm T},$$

$$\beta_3=p_3-\frac{[\beta_1,p_3]}{[\beta_1,\beta_1]}\beta_1-\frac{[\beta_2,p_3]}{[\beta_2,\beta_2]}\beta_2=\frac{1}{5}(2,4,5)^{\mathrm T}.$$

单位化：

$$e_1=\frac{\beta_1}{\|\beta_1\|}=\left(\frac{1}{3},\frac{2}{3},-\frac{2}{3}\right)^{\mathrm T},\quad e_2=\frac{\beta_2}{\|\beta_2\|}=\left(-\frac{2}{\sqrt{5}},\frac{1}{\sqrt{5}},0\right)^{\mathrm T},$$

$$e_3=\frac{\beta_3}{\|\beta_3\|}=\left(\frac{2}{3\sqrt{5}},\frac{4}{3\sqrt{5}},\frac{5}{3\sqrt{5}}\right)^{\mathrm T},$$

则 $Q=\begin{pmatrix}\frac{1}{3} & -\frac{2}{\sqrt{5}} & \frac{2}{3\sqrt{5}}\\ \frac{2}{3} & \frac{1}{\sqrt{5}} & \frac{4}{3\sqrt{5}}\\ -\frac{2}{3} & 0 & \frac{5}{3\sqrt{5}}\end{pmatrix}$，此时 $Q^{-1}AQ=Q^{\mathrm T}AQ=\begin{pmatrix}10 & & \\ & 1 & \\ & & 1\end{pmatrix}$.

6. 设 $A=\begin{pmatrix}1 & 2 & 2\\ 2 & x & -2\\ -2 & -2 & 1\end{pmatrix}$，$B=\begin{pmatrix}-1 & & \\ & 1 & \\ & & y\end{pmatrix}$，已知 $A\sim B$，求

(1) x, y 的值;

(2) 可逆矩阵 $\boldsymbol{P}$, 使得 $\boldsymbol{P}^{-1}\boldsymbol{AP}=\boldsymbol{B}$;

(3) $\boldsymbol{A}^3$.

解 (1) 由 $\mathrm{tr}(\boldsymbol{A})=\mathrm{tr}(\boldsymbol{B})$, $|\boldsymbol{A}|=|\boldsymbol{B}|$, 得 $x=1$, $y=3$.

(2) 特征多项式为 $f(\lambda)=|\lambda\boldsymbol{E}-\boldsymbol{A}|=\begin{vmatrix}\lambda-1 & -2 & -2\\ -2 & \lambda-1 & 2\\ 2 & 2 & \lambda-1\end{vmatrix}=(\lambda-3)(\lambda-1)(\lambda+1)$, 解特征方程, 得 $\boldsymbol{A}$ 的特征值为 $\lambda_1=-1$, $\lambda_2=1$, $\lambda_3=3$.

对于 $\lambda_1=-1$, 解相应的齐次线性方程组 $(-\boldsymbol{E}-\boldsymbol{A})\boldsymbol{x}=\boldsymbol{0}$, 得基础解系 $\boldsymbol{p}_1=(1,-1,0)^{\mathrm{T}}$.

对于 $\lambda_2=1$, 解相应的齐次线性方程组 $(\boldsymbol{E}-\boldsymbol{A})\boldsymbol{x}=\boldsymbol{0}$, 得基础解系 $\boldsymbol{p}_2=(1,-1,1)^{\mathrm{T}}$.

对于 $\lambda_3=3$, 解相应的齐次线性方程组 $(3\boldsymbol{E}-\boldsymbol{A})\boldsymbol{x}=\boldsymbol{0}$, 得基础解系 $\boldsymbol{p}_3=(0,1,-1)^{\mathrm{T}}$.

故 $\boldsymbol{P}=\begin{pmatrix}1 & 1 & 0\\ -1 & -1 & 1\\ 0 & 1 & -1\end{pmatrix}$, $\boldsymbol{P}^{-1}\boldsymbol{AP}=\begin{pmatrix}-1 & & \\ & 1 & \\ & & 3\end{pmatrix}$.

(3) $\boldsymbol{A}^3=\boldsymbol{PB}^3\boldsymbol{P}^{-1}=\boldsymbol{P}\begin{pmatrix}-1 & & \\ & 1 & \\ & & 3\end{pmatrix}^3\boldsymbol{P}^{-1}$

$$=\begin{pmatrix}1 & 1 & 0\\ -1 & -1 & 1\\ 0 & 1 & -1\end{pmatrix}\begin{pmatrix}-1 & & \\ & 1 & \\ & & 27\end{pmatrix}\begin{pmatrix}0 & -1 & -1\\ 1 & 1 & 1\\ 1 & 1 & 0\end{pmatrix}=\begin{pmatrix}1 & 2 & 2\\ 26 & 25 & -2\\ -26 & -26 & 1\end{pmatrix}.$$

7. 已知 $\boldsymbol{A}=\begin{pmatrix}-2 & 0 & 0\\ 2 & a & 2\\ 3 & 1 & 1\end{pmatrix}$, $\boldsymbol{B}=\begin{pmatrix}-1 & & \\ & 2 & \\ & & b\end{pmatrix}$ 相似,试求 a, b 的值及矩阵 $\boldsymbol{P}$, 使得 $\boldsymbol{P}^{-1}\boldsymbol{AP}=\boldsymbol{B}$.

解 由 $\mathrm{tr}(\boldsymbol{A})=\mathrm{tr}(\boldsymbol{B})$, $|\boldsymbol{A}|=|\boldsymbol{B}|$, 得 $a=0$, $b=-2$, 此时特征多项式为 $f(\lambda)=|\lambda\boldsymbol{E}-\boldsymbol{A}|=\begin{vmatrix}\lambda+2 & 0 & 0\\ -2 & \lambda & -2\\ -3 & -1 & \lambda-1\end{vmatrix}=(\lambda+1)(\lambda-2)(\lambda+2)$, 解特征方程,得 $\boldsymbol{A}$ 的特征值为 $\lambda_1=-1$, $\lambda_2=2$, $\lambda_3=-2$.

对于 $\lambda_1=-1$, 解相应的齐次线性方程组 $(-\boldsymbol{E}-\boldsymbol{A})\boldsymbol{x}=\boldsymbol{0}$, 得基础解系 $\boldsymbol{p}_1=(0,-2,1)^{\mathrm{T}}$.

对于 $\lambda_2=2$, 解相应的齐次线性方程组 $(2\boldsymbol{E}-\boldsymbol{A})\boldsymbol{x}=\boldsymbol{0}$, 得基础解系 $\boldsymbol{p}_2=(0,1,1)^{\mathrm{T}}$.

对于 $\lambda_3=-2$, 解相应的齐次线性方程组 $(-2\boldsymbol{E}-\boldsymbol{A})\boldsymbol{x}=\boldsymbol{0}$,得基础解系 $\boldsymbol{p}_3=(-1,0,1)^{\mathrm{T}}$.

故 $\boldsymbol{P}=\begin{pmatrix}0 & 0 & -1\\ -2 & 1 & 0\\ 1 & 1 & 1\end{pmatrix}$, $\boldsymbol{P}^{-1}\boldsymbol{AP}=\begin{pmatrix}-1 & & \\ & 2 & \\ & & -2\end{pmatrix}$.

8. 已知 $\boldsymbol{\xi}=(1,1,-1)^{\mathrm{T}}$ 是矩阵 $\boldsymbol{A}=\begin{pmatrix}2 & -1 & 2\\ 5 & a & 3\\ -1 & b & -2\end{pmatrix}$ 的一个特征向量.

(1) 确定参数 a, b 及特征向量 $\boldsymbol{\xi}$ 所对应的特征值;

(2) $\boldsymbol{A}$ 能否相似于对角阵? 为什么?

解 (1) 由 $\boldsymbol{A\xi}=\lambda\boldsymbol{\xi}$, 得 $a=-3$, $b=0$, $\lambda=-1$.

(2) 因为 $\lambda_{1,2,3}=-1$，即三重根，而 $R(-\boldsymbol{E}-\boldsymbol{A})=2$，则方程组 $(-\boldsymbol{E}-\boldsymbol{A})\boldsymbol{x}=\boldsymbol{0}$ 的基础解系只含有 1 个解向量. 所以 $\boldsymbol{A}$ 不能相似于对角阵.

9. 设 $\boldsymbol{A}$ 为正交阵，$|\boldsymbol{A}|=-1$，证明：$\boldsymbol{A}$ 有特征值 -1.

证明　$|\boldsymbol{A}+\boldsymbol{E}|=|\boldsymbol{A}+\boldsymbol{A}\boldsymbol{A}^{\mathrm{T}}|=|\boldsymbol{A}(\boldsymbol{E}+\boldsymbol{A}^{\mathrm{T}})|=|\boldsymbol{A}||\boldsymbol{A}+\boldsymbol{E}|$，又 $|\boldsymbol{A}|=-1$，故 $|\boldsymbol{A}+\boldsymbol{E}|=0$，即 $\boldsymbol{A}$ 有特征值 -1.

10. 若 $\boldsymbol{A}$ 与 $\boldsymbol{B}$ 是相似的两个方阵，证明：$\boldsymbol{A}^k$ 与 $\boldsymbol{B}^k$ 一定是相似的两个方阵.

证明　$(\boldsymbol{P}^{-1}\boldsymbol{A}\boldsymbol{P})^k=\boldsymbol{P}^{-1}\boldsymbol{A}^k\boldsymbol{P}=\boldsymbol{B}^k$，故 $\boldsymbol{A}^k$ 与 $\boldsymbol{B}^k$ 一定是相似的两个方阵.

11. 设实向量 $\boldsymbol{\alpha}$ 为方阵 $\boldsymbol{A}$ 的属于特征值 λ_1 的特征向量，实向量 $\boldsymbol{\beta}$ 为方阵 $\boldsymbol{A}^{\mathrm{T}}$ 的属于特征值 λ_2 的特征向量，且 $\lambda_1\neq\lambda_2$，证明：$\boldsymbol{\alpha}$ 与 $\boldsymbol{\beta}$ 正交.

证明　$\boldsymbol{A}\boldsymbol{\alpha}=\lambda_1\boldsymbol{\alpha}$，$\boldsymbol{\beta}^{\mathrm{T}}\boldsymbol{A}\boldsymbol{\alpha}=\lambda_1\boldsymbol{\beta}^{\mathrm{T}}\boldsymbol{\alpha}$，$\boldsymbol{A}^{\mathrm{T}}\boldsymbol{\beta}=\lambda_2\boldsymbol{\beta}$，得 $\boldsymbol{\beta}^{\mathrm{T}}\boldsymbol{A}=\lambda_2\boldsymbol{\beta}^{\mathrm{T}}$，$\boldsymbol{\beta}^{\mathrm{T}}\boldsymbol{A}\boldsymbol{\alpha}=\lambda_2\boldsymbol{\beta}^{\mathrm{T}}\boldsymbol{\alpha}$. 可得 $(\lambda_1-\lambda_2)\boldsymbol{\beta}^{\mathrm{T}}\boldsymbol{\alpha}=\boldsymbol{0}$，即 $\boldsymbol{\beta}^{\mathrm{T}}\boldsymbol{\alpha}=\boldsymbol{0}$，故 $\boldsymbol{\alpha}$ 与 $\boldsymbol{\beta}$ 正交.

(B)

1. 已知四阶矩阵 $\boldsymbol{A}$ 相似于 $\boldsymbol{B}$，$\boldsymbol{A}$ 的特征值为 2，3，4，5，$\boldsymbol{E}$ 为四阶单位矩阵，则 $|\boldsymbol{B}-\boldsymbol{E}|=$ ________.

解　$|\boldsymbol{B}-\boldsymbol{E}|=1\times2\times3\times4=24$.

2. 设三阶矩阵 $\boldsymbol{A}$ 的特征值为 1，2，2，$\boldsymbol{E}$ 为三阶单位矩阵，则 $|4\boldsymbol{A}^{-1}-\boldsymbol{E}|=$ ________.

解　$|4\boldsymbol{A}^{-1}-\boldsymbol{E}|=(4-1)\times(2-1)\times(2-1)=3$.

3. 设 $\boldsymbol{A}$ 为 n 阶矩阵，$|\boldsymbol{A}|\neq0$，$\boldsymbol{A}^*$ 为 $\boldsymbol{A}$ 的伴随矩阵，$\boldsymbol{E}$ 为 n 阶单位矩阵. 若 $\boldsymbol{A}$ 有特征值 λ，则 $(\boldsymbol{A}^*)^2+\boldsymbol{E}$ 必有特征值 ________.

解　$\boldsymbol{A}^*=|\boldsymbol{A}|\boldsymbol{A}^{-1}$，故有特征值 $\left(\dfrac{|\boldsymbol{A}|}{\lambda}\right)^2+1$.

4. 若四阶矩阵 $\boldsymbol{A}$ 与 $\boldsymbol{B}$ 相似，$\boldsymbol{A}$ 的特征值为 $\dfrac{1}{2}$，$\dfrac{1}{3}$，$\dfrac{1}{4}$，$\dfrac{1}{5}$，则行列式 $|\boldsymbol{B}^{-1}-\boldsymbol{E}|=$ ________.

解　$|\boldsymbol{B}^{-1}-\boldsymbol{E}|=1\times2\times3\times4=24$.

5. 矩阵 $\begin{pmatrix}0&-2&-2\\2&2&-2\\-2&-2&2\end{pmatrix}$ 的非零特征值是 ________.

解　特征多项式为 $f(\lambda)=|\lambda\boldsymbol{E}-\boldsymbol{A}|=\begin{vmatrix}\lambda&2&2\\-2&\lambda-2&2\\2&2&\lambda-2\end{vmatrix}=\lambda^2(\lambda-4)$，解特征方程，得 $\boldsymbol{A}$ 的非零特征值为 $\lambda_1=4$.

6. 设 $\boldsymbol{A}$ 为二阶矩阵，$\boldsymbol{\alpha}_1$，$\boldsymbol{\alpha}_2$ 是二个线性无关的列向量，$\boldsymbol{A}\boldsymbol{\alpha}_1=\boldsymbol{0}$，$\boldsymbol{A}\boldsymbol{\alpha}_2=2\boldsymbol{\alpha}_1+\boldsymbol{\alpha}_2$，则 $\boldsymbol{A}$ 的非零特征值为 ________.

解　$\boldsymbol{A}\boldsymbol{P}=\boldsymbol{A}(\boldsymbol{\alpha}_1,\boldsymbol{\alpha}_2)=(\boldsymbol{A}\boldsymbol{\alpha}_1,\boldsymbol{A}\boldsymbol{\alpha}_2)=(\boldsymbol{0},2\boldsymbol{\alpha}_1+\boldsymbol{\alpha}_2)=(\boldsymbol{\alpha}_1,\boldsymbol{\alpha}_2)\begin{pmatrix}0&2\\0&1\end{pmatrix}=\boldsymbol{P}\begin{pmatrix}0&2\\0&1\end{pmatrix}$，故 $\boldsymbol{P}^{-1}\boldsymbol{A}\boldsymbol{P}=\begin{pmatrix}0&2\\0&1\end{pmatrix}$，故 $\boldsymbol{A}$ 的非零特征值为 1.

7. 设三阶矩阵 $\boldsymbol{A}$ 的特征值互不相同，且 $|\boldsymbol{A}|=0$，则 $R(\boldsymbol{A})=$ ________.

解　因为 $\boldsymbol{A}$ 的特征值互不相同，故 $\boldsymbol{A}$ 可对角化，又 $|\boldsymbol{A}|=0$，所以有一特征值为零，故与 $\mathrm{diag}(0,\lambda_2,\lambda_3)$ 相似，相似矩阵的秩相同，故 $R(\boldsymbol{A})=2$.

8. 设 $\boldsymbol{A}$ 为 n 阶可逆矩阵，λ 是 $\boldsymbol{A}$ 的一个特征值，则 $\boldsymbol{A}$ 的伴随矩阵 $\boldsymbol{A}^*$ 的特征值之一是(　　).

A. $\lambda^{-1}|\boldsymbol{A}|^n$　　B. $\lambda^{-1}|\boldsymbol{A}|$　　C. $\lambda|\boldsymbol{A}|$　　D. $\lambda|\boldsymbol{A}|^n$

解　$\boldsymbol{A}^*=|\boldsymbol{A}|\boldsymbol{A}^{-1}$，故有特征值 $\lambda^{-1}|\boldsymbol{A}|$，故选 B.

9. 设 $\lambda=2$ 是非奇异矩阵 $\boldsymbol{A}$ 的一个特征值，则矩阵 $\left(\frac{1}{3}\boldsymbol{A}^2\right)^{-1}$ 有一特征值等于(　　).

A. $\frac{4}{3}$　　B. $\frac{3}{4}$　　C. $\frac{1}{2}$　　D. $\frac{1}{4}$

解　$\left(\frac{1}{3}\times 2^2\right)^{-1}=\frac{3}{4}$，故选 B.

10. 设 $\boldsymbol{A}$，$\boldsymbol{B}$ 为 n 阶矩阵，且 $\boldsymbol{A}$ 与 $\boldsymbol{B}$ 相似，$\boldsymbol{E}$ 为 n 阶单位矩阵，则(　　).

A. $\lambda\boldsymbol{E}-\boldsymbol{A}=\lambda\boldsymbol{E}-\boldsymbol{B}$　　B. $\boldsymbol{A}$ 与 $\boldsymbol{B}$ 有相同的特征值和特征向量

C. $\boldsymbol{A}$ 与 $\boldsymbol{B}$ 都相似于一个对角矩阵　　D. 对任意常数 t，$t\boldsymbol{E}-\boldsymbol{A}$ 与 $t\boldsymbol{E}-\boldsymbol{B}$ 相似

解　$\boldsymbol{A}$，$\boldsymbol{B}$ 相似不一定相等，故 A 选项错，$\boldsymbol{A}$，$\boldsymbol{B}$ 相似有相同的特征值，但可以有不同特征向量，故 B 选项错，$\boldsymbol{A}$，$\boldsymbol{B}$ 相似，不能判断它们是否有 n 个线性无关的特征向量，故 C 选项错，$\boldsymbol{A}$，$\boldsymbol{B}$ 相似，有 $\boldsymbol{P}^{-1}\boldsymbol{A}\boldsymbol{P}=\boldsymbol{B}$，而 $\boldsymbol{P}^{-1}(t\boldsymbol{E}-\boldsymbol{A})\boldsymbol{P}=t\boldsymbol{E}-\boldsymbol{P}^{-1}\boldsymbol{A}\boldsymbol{P}=t\boldsymbol{E}-\boldsymbol{B}$，故选 D.

11. 设 $\boldsymbol{A}$ 是 n 阶实对称矩阵，$\boldsymbol{P}$ 是 n 阶可逆矩阵. 已知 n 维列向量 $\boldsymbol{\alpha}$ 是 $\boldsymbol{A}$ 的属于特征值 λ 的特征向量，则矩阵 $(\boldsymbol{P}^{-1}\boldsymbol{A}\boldsymbol{P})^{\mathrm{T}}$ 属于特征值 λ 的特征向量是(　　).

A. $\boldsymbol{P}^{-1}\boldsymbol{\alpha}$　　B. $\boldsymbol{P}^{\mathrm{T}}\boldsymbol{\alpha}$　　C. $\boldsymbol{P}\boldsymbol{\alpha}$　　D. $(\boldsymbol{P}^{-1})^{\mathrm{T}}\boldsymbol{\alpha}$

解　因为 $\boldsymbol{A}$ 是 n 阶实对称矩阵，故 $\boldsymbol{A}^{\mathrm{T}}=\boldsymbol{A}$，有 $(\boldsymbol{P}^{-1}\boldsymbol{A}\boldsymbol{P})^{\mathrm{T}}=\boldsymbol{P}^{\mathrm{T}}\boldsymbol{A}^{\mathrm{T}}(\boldsymbol{P}^{-1})^{\mathrm{T}}=\boldsymbol{P}^{\mathrm{T}}\boldsymbol{A}(\boldsymbol{P}^{-1})^{\mathrm{T}}$，两侧同时乘以 $\boldsymbol{P}^{\mathrm{T}}\boldsymbol{\alpha}$，即 $(\boldsymbol{P}^{-1}\boldsymbol{A}\boldsymbol{P})^{\mathrm{T}}(\boldsymbol{P}^{\mathrm{T}}\boldsymbol{\alpha})=\boldsymbol{P}^{\mathrm{T}}\boldsymbol{A}(\boldsymbol{P}^{-1})^{\mathrm{T}}\boldsymbol{P}^{\mathrm{T}}\boldsymbol{\alpha}=\boldsymbol{P}^{\mathrm{T}}\boldsymbol{A}\boldsymbol{\alpha}=\lambda\boldsymbol{P}^{\mathrm{T}}\boldsymbol{\alpha}$，故选 B.

12. n 阶方阵 $\boldsymbol{A}$ 具有 n 个不同的特征值是 $\boldsymbol{A}$ 与对角阵相似的(　　).

A. 充分必要条件　　B. 充分非必要条件

C. 必要非充分条件　　D. 既非充分也非必要条件

解　选 B.

13. 设 λ_1，λ_2 是矩阵 $\boldsymbol{A}$ 的 2 个不同特征值，对应的特征向量分别为 $\boldsymbol{\alpha}_1$，$\boldsymbol{\alpha}_2$，则 $\boldsymbol{\alpha}_1$，$\boldsymbol{A}(\boldsymbol{\alpha}_1+\boldsymbol{\alpha}_2)$ 线性无关的充分必要条件是(　　).

A. $\lambda_1\neq 0$　　B. $\lambda_2\neq 0$　　C. $\lambda_1=0$　　D. $\lambda_2=0$

解　$\boldsymbol{A}\boldsymbol{\alpha}_1=\lambda_1\boldsymbol{\alpha}_1$，$\boldsymbol{A}\boldsymbol{\alpha}_2=\lambda_2\boldsymbol{\alpha}_2$，则 $(\boldsymbol{\alpha}_1\quad \boldsymbol{A}(\boldsymbol{\alpha}_1+\boldsymbol{\alpha}_2))=(\boldsymbol{\alpha}_1\quad \lambda_1\boldsymbol{\alpha}_1+\lambda_2\boldsymbol{\alpha}_2)=(\boldsymbol{\alpha}_1\quad \boldsymbol{\alpha}_2)\begin{pmatrix}1 & \lambda_1\\ 0 & \lambda_2\end{pmatrix}$，

秩为 2，故 $\lambda_2\neq 0$，选 B.

14. 设有四阶方阵 $\boldsymbol{A}$ 满足：$|\sqrt{2}\boldsymbol{E}+\boldsymbol{A}|=0$，$\boldsymbol{A}\boldsymbol{A}^{\mathrm{T}}=2\boldsymbol{E}$，$|\boldsymbol{A}|<0$. 求 $\boldsymbol{A}^*$ 的一个特征值.

解　由 $|\sqrt{2}\boldsymbol{E}+\boldsymbol{A}|=0$ 知，$\boldsymbol{A}$ 有特征值 $-\sqrt{2}$，$|\boldsymbol{A}\boldsymbol{A}^{\mathrm{T}}|=|2\boldsymbol{E}|=2^4$，故 $|\boldsymbol{A}|=-4$，从而 $\boldsymbol{A}^*=|\boldsymbol{A}|\boldsymbol{A}^{-1}=-4\boldsymbol{A}^{-1}$ 有特征值 $2\sqrt{2}$.

15. 设 $\boldsymbol{A}$ 是 n 阶矩阵，满足 $\boldsymbol{A}\boldsymbol{A}^{\mathrm{T}}=\boldsymbol{E}$，$|\boldsymbol{A}|<0$，求 $|\boldsymbol{A}+\boldsymbol{E}|$ 的值.

解　由 $\boldsymbol{A}\boldsymbol{A}^{\mathrm{T}}=\boldsymbol{E}$，两侧取行列式 $|\boldsymbol{A}|^2=1$，故 $|\boldsymbol{A}|=-1$，得 $|\boldsymbol{A}+\boldsymbol{E}|=-|\boldsymbol{A}+\boldsymbol{E}|\,|\boldsymbol{A}^{\mathrm{T}}|=-|\boldsymbol{A}\boldsymbol{A}^{\mathrm{T}}+\boldsymbol{A}^{\mathrm{T}}|=-|\boldsymbol{E}+\boldsymbol{A}^{\mathrm{T}}|=-|(\boldsymbol{A}+\boldsymbol{E})^{\mathrm{T}}|=-|\boldsymbol{A}+\boldsymbol{E}|$，故 $|\boldsymbol{A}+\boldsymbol{E}|=0$.

16. 设方阵 $\boldsymbol{A}$ 满足 $\boldsymbol{A}\boldsymbol{A}^{\mathrm{T}}=\boldsymbol{E}$，试证明：$\boldsymbol{A}$ 的实特征向量所对应的特征值的绝对值等于 1.

证明　设 $\boldsymbol{x}$ 为 $\boldsymbol{A}$ 的实特征向量，它所对应的特征值为 λ，故有 $\boldsymbol{A}\boldsymbol{x}=\lambda\boldsymbol{x}$，则 $(\boldsymbol{A}\boldsymbol{x})^{\mathrm{T}}\boldsymbol{A}\boldsymbol{x}=\boldsymbol{x}^{\mathrm{T}}(\boldsymbol{A}^{\mathrm{T}}\boldsymbol{A})\boldsymbol{x}=\boldsymbol{x}^{\mathrm{T}}\boldsymbol{x}$，故 $\boldsymbol{x}^{\mathrm{T}}\boldsymbol{x}=(\lambda\boldsymbol{x})^{\mathrm{T}}\lambda\boldsymbol{x}=\lambda^2\boldsymbol{x}^{\mathrm{T}}\boldsymbol{x}$，即 $(1-\lambda^2)\boldsymbol{x}^{\mathrm{T}}\boldsymbol{x}=0$，由于 $\boldsymbol{x}^{\mathrm{T}}\boldsymbol{x}\neq 0$，故 $|\lambda|=1$.

第5章 二 次 型

5.1 二次型及其标准形

5.1.1 内容提要

1. 二次型

(1) 二次型的定义

定义1 含有 n 个变量 $x_1, x_2, \cdots, x_n$ 的 n 元二次齐次多项式

$$\begin{aligned} f(x_1, x_2, \cdots, x_n) = & a_{11}x_1^2 + a_{22}x_2^2 + \cdots + \\ & a_{nn}x_n^2 + 2a_{12}x_1x_2 + \cdots + \\ & 2a_{1n}x_1x_n + 2a_{23}x_2x_3 + \cdots + \\ & 2a_{2n}x_2x_n + \cdots + \\ & 2a_{n-1,n}x_{n-1}x_n \end{aligned}$$

称为 ***n* 元二次型**,简称**二次型**. 当 a_{ij} 为复数时,f 称为**复二次型**;当 a_{ij} 为实数时,f 称为**实二次型**.

(2) 二次型的一般形式

定义2 n 元二次型的一般形式为

$$f(x_1, x_2, \cdots, x_n) = \sum_{i=1}^{n}\sum_{j=1}^{n} a_{ij}x_ix_j \quad (a_{ij} = a_{ji}).$$

(3) 二次型的矩阵形式

令

$$\boldsymbol{x}^{\mathrm{T}} = (x_1, x_2, \cdots, x_n), \quad \boldsymbol{A} = \begin{pmatrix} a_{11} & a_{12} & \cdots & a_{1n} \\ a_{21} & a_{22} & \cdots & a_{2n} \\ \vdots & \vdots & & \vdots \\ a_{n1} & a_{n2} & \cdots & a_{nn} \end{pmatrix}, \quad \boldsymbol{x} = \begin{pmatrix} x_1 \\ x_2 \\ \vdots \\ x_n \end{pmatrix},$$

则二次型的矩阵形式为

$$f(x_1, x_2, \cdots, x_n) = \boldsymbol{x}^{\mathrm{T}}\boldsymbol{A}\boldsymbol{x}$$

或
$$f(\boldsymbol{x})=\boldsymbol{x}^{\mathrm{T}}\boldsymbol{A}\boldsymbol{x}.$$
其中，$\boldsymbol{A}=(a_{ij})_{n\times n}(a_{ij}=a_{ji})$ 是对称矩阵，称为**二次型 $f(x_1, x_2, \cdots, x_n)$ 的矩阵**；矩阵 $\boldsymbol{A}$ 的秩 r 称为**二次型 $f(x_1, x_2, \cdots, x_n)$ 的秩**；同时把二次型 $f(x_1, x_2, \cdots, x_n)$ 称为**对称矩阵 $\boldsymbol{A}$ 的二次型**.

2. 矩阵的合同

(1) 可逆线性变换

对于给定的二次型 $f(x_1, x_2, \cdots, x_n)=\boldsymbol{x}^{\mathrm{T}}\boldsymbol{A}\boldsymbol{x}$，找到一个线性变换
$$\begin{cases}x_1=c_{11}y_1+c_{12}y_2+\cdots+c_{1n}y_n,\\ x_2=c_{21}y_1+c_{22}y_2+\cdots+c_{2n}y_n,\\ \quad\vdots\\ x_n=c_{n1}y_1+c_{n2}y_2+\cdots+c_{nn}y_n,\end{cases}$$
即 $\boldsymbol{x}=\boldsymbol{C}\boldsymbol{y}$，其中 $\boldsymbol{C}=(c_{ij})_{n\times n}$ 是系数矩阵，从而将二次型化简. 若矩阵 $\boldsymbol{C}$ 可逆，则上述线性变换称为**可逆线性变换**.

(2) 矩阵的合同的定义

定义 3 设 $\boldsymbol{A}$，$\boldsymbol{B}$ 是两个 n 阶矩阵，如果存在 n 阶可逆矩阵 $\boldsymbol{C}$，使得 $\boldsymbol{C}^{\mathrm{T}}\boldsymbol{A}\boldsymbol{C}=\boldsymbol{B}$，则称矩阵 $\boldsymbol{B}$ 与 $\boldsymbol{A}$ 合同，记为 $\boldsymbol{A}\cong\boldsymbol{B}$.

(3) 矩阵合同是一种等价关系，具有如下基本性质：

① **自反性** 任意矩阵 $\boldsymbol{A}$ 都与 $\boldsymbol{A}$ 自身合同.

② **对称性** 若 $\boldsymbol{B}$ 与 $\boldsymbol{A}$ 合同，则 $\boldsymbol{A}$ 与 $\boldsymbol{B}$ 合同.

③ **传递性** 若 $\boldsymbol{B}$ 与 $\boldsymbol{A}$ 合同，$\boldsymbol{C}$ 与 $\boldsymbol{B}$ 合同，则 $\boldsymbol{C}$ 与 $\boldsymbol{A}$ 合同.

(4) 矩阵合同的相关定理和推论

定理 1 设二次型 $f(x_1, x_2, \cdots, x_n)=\sum\limits_{i=1}^{n}\sum\limits_{j=1}^{n}a_{ij}x_ix_j$ 的矩阵为 $\boldsymbol{A}$，则对它施行一次可逆线性变换 $\boldsymbol{x}=\boldsymbol{C}\boldsymbol{y}$ 后得到的二次型的矩阵 $\boldsymbol{B}$ 与 $\boldsymbol{A}$ 合同，且 $\boldsymbol{B}=\boldsymbol{C}^{\mathrm{T}}\boldsymbol{A}\boldsymbol{C}$.

推论 一个二次型在经过一次可逆线性变换后，二次型的秩保持不变.

3. 二次型的标准形

(1) 二次型的标准形的定义

定义 4 若二次型 $f(x_1, x_2, \cdots, x_n)=\sum\limits_{i=1}^{n}\sum\limits_{j=1}^{n}a_{ij}x_ix_j(a_{ij}=a_{ji})$，经过可逆线性变换 $\boldsymbol{x}=\boldsymbol{C}\boldsymbol{y}$ 变成只包含平方项的形式：
$$f(x_1, x_2, \cdots, x_n)=d_1y_1^2+d_2y_2^2+\cdots+d_ny_n^2,$$
则称上式为二次型 $f(x_1, x_2, \cdots, x_n)$ 的**标准形**.

注意 二次型的标准形的矩阵一定是对角矩阵 $\boldsymbol{B}=\begin{pmatrix}d_1 & & & \\ & d_2 & & \\ & & \ddots & \\ & & & d_n\end{pmatrix}$.

(2) 二次型化为标准形问题的矩阵语言描述

对于实对称矩阵 $\boldsymbol{A}$，存在一个可逆矩阵 $\boldsymbol{C}$，使得 $\boldsymbol{A}$ 合同于一个对角矩阵 $\boldsymbol{B}$，即 $\boldsymbol{B}=\boldsymbol{C}^{\mathrm{T}}\boldsymbol{A}\boldsymbol{C}$.

(3) 关于二次型标准形问题的两个定理

定理 2 任意一个二次型都可以经过可逆线性变换化为标准形.

定理 2′ 任意实对称矩阵 $\boldsymbol{A}$，都存在可逆矩阵 $\boldsymbol{C}$，使得 $\boldsymbol{A}$ 合同于一个对角矩阵 $\boldsymbol{B}$，且 $\boldsymbol{B}=\boldsymbol{C}^{\mathrm{T}}\boldsymbol{A}\boldsymbol{C}$.

(4) 化二次型为标准形的第一种方法——**正交变换法**

定理 3 任意二次型 $f=\sum_{i=1}^{n}\sum_{j=1}^{n}a_{ij}x_ix_j\,(a_{ji}=a_{ij})$，总有正交变换 $\boldsymbol{x}=\boldsymbol{P}\boldsymbol{y}$，使 f 化为标准形

$$f=\lambda_1y_1^2+\lambda_2y_2^2+\cdots+\lambda_ny_n^2,$$

其中，$\lambda_1,\lambda_2,\cdots,\lambda_n$ 是二次型 f 的对称矩阵 $\boldsymbol{A}=(a_{ij})_{n\times n}$ 的特征值，$\boldsymbol{P}$ 是正交矩阵，其列向量为 $\boldsymbol{A}$ 的对应于特征值 $\lambda_1,\lambda_2,\cdots,\lambda_n$ 的 n 个线性无关的正交单位化的特征向量.

(5) 化二次型为标准形的第二种方法——**拉格朗日配方法**

拉格朗日配方法是利用完全平方公式，将二次型配成完全平方项的和的一种方法. 具体步骤如下：

① 若二次型含有 x_i 的平方项，则把所有含有 x_i 的项集中，然后利用完全平方公式配方；再对其余的变量同样进行，直到都配成平方项为止，经过可逆线性变换，就得到标准形.

② 若二次型不含有平方项，但是 $a_{ij}\neq 0\,(i\neq j)$，则先施行可逆变换

$$\begin{cases}x_i=y_i-y_j,\\ x_j=y_i+y_j, & (k=1,2,\cdots,n,\text{且 }k\neq i,j)\\ x_k=y_k\end{cases}$$

化二次型为含有平方项的二次型，再按步骤①配方.

4. 二次型的规范形

(1) 二次型的规范形的定义

设二次型 $f(x_1,x_2,\cdots,x_n)$ 经过适当的可逆线性变换，化为标准形

$$f(x_1,x_2,\cdots,x_n)=d_1y_1^2+\cdots+d_py_p^2-d_{p+1}y_{p+1}^2-\cdots-d_ry_r^2,$$

其中，r 是二次型 $f(x_1,x_2,\cdots,x_n)$ 的秩，再施行可逆线性变换

$$\begin{cases}y_1=\dfrac{1}{\sqrt{d_1}}z_1,\\ \quad\vdots\\ y_r=\dfrac{1}{\sqrt{d_r}}z_r,\\ y_{r+1}=z_{r+1},\\ \quad\vdots\\ y_n=z_n.\end{cases}$$

则二次型化为

$$f(x_1, x_2, \cdots, x_n)=z_1^2+\cdots+z_p^2-z_{p+1}^2-\cdots-z_r^2.$$

这一简单的形式称为二次型 $f(x_1, x_2, \cdots, x_n)$ 的**规范形**.

(2) 二次型的规范形的性质

定理 4 任何二次型都可通过可逆线性变换化为规范形，且二次型的规范形是唯一的，与所作的可逆线性变换无关.

(3) 惯性指数

定义 5 二次型的规范形中正项的个数 p 称为二次型的**正惯性指数**，负项的个数 $q=r-p$ 称为二次型的**负惯性指数**，它们的差 $p-q$ 称为二次型的**符号差**.

(4) 惯性定理

定理 5(惯性定理) 二次型的正惯性指数 p，负惯性指数 $q=r-p$，以及二次型的秩 r 是由二次型唯一确定的，与所作的可逆线性变换无关.

(5) 二次型化为规范形的矩阵语言描述

定理 6 任何实对称矩阵 $\boldsymbol{A}$ 都合同于形如 $\boldsymbol{B}=\begin{pmatrix}\boldsymbol{E}_p & & \\ & -\boldsymbol{E}_{r-p} & \\ & & \boldsymbol{O}\end{pmatrix}$ 的对角矩阵，其中 r 是矩阵 $\boldsymbol{A}$ 的秩.

5.1.2 基本要求

掌握二次型、矩阵合同的概念，能利用正交变换法或拉格朗日配方法将二次型化为标准形、规范形.

5.1.3 典型范例

题型 1 二次型的一般形式和矩阵形式的互相转化.

例 1 写出下列二次型的对称矩阵.

(1) $f(x_1, x_2, x_3)=x_1^2+4x_1x_2-2x_1x_3-2x_2^2+6x_2x_3$;

(2) $f(x_1, x_2, x_3, x_4)=x_1^2-3x_2^2+2x_3^2+x_4^2$.

解 (1) 三元二次型对应的实对称矩阵为

$$\boldsymbol{A}=\begin{pmatrix}1 & 2 & -1\\ 2 & -2 & 3\\ -1 & 3 & 0\end{pmatrix}.$$

(2) 四元二次型对应的实对称矩阵为

$$\boldsymbol{B}=\begin{pmatrix}1 & 0 & 0 & 0\\ 0 & -3 & 0 & 0\\ 0 & 0 & 2 & 0\\ 0 & 0 & 0 & 1\end{pmatrix}.$$

例2 写出实对称矩阵 $\boldsymbol{A}=\begin{pmatrix}4 & -1 & -2\\ -1 & 1 & -3\\ -2 & -3 & -3\end{pmatrix}$ 对应的二次型.

解 三阶矩阵对应的三元二次型为

$$f(x_1, x_2, x_3)=(x_1, x_2, x_3)\begin{pmatrix}4 & -1 & -2\\ -1 & 1 & -3\\ -2 & -3 & -3\end{pmatrix}\begin{pmatrix}x_1\\ x_2\\ x_3\end{pmatrix}$$

$$=4x_1^2+x_2^2-3x_3^2-2x_1x_2-4x_1x_3-6x_2x_3.$$

题型2 化二次型为标准形.

例3 用拉格朗日配方法化二次型 $f(x_1, x_2, x_3)=x_1^2-3x_2^2+2x_3^2+2x_1x_2+2x_1x_3$ 为标准形.

解 配方得

$$\begin{aligned}f(x_1, x_2, x_3)&=x_1^2-3x_2^2+2x_3^2+2x_1x_2+2x_1x_3\\&=(x_1^2+2x_1x_2+2x_1x_3+x_2^2+x_3^2+2x_2x_3)-4x_2^2+x_3^2-2x_2x_3\\&=(x_1+x_2+x_3)^2+(x_3^2-2x_2x_3+x_2^2)-5x_2^2\\&=(x_1+x_2+x_3)^2+(x_2-x_3)^2-5x_2^2.\end{aligned}$$

令 $\begin{cases}y_1=x_1+x_2+x_3,\\ y_2=\qquad x_2,\\ y_3=\qquad x_2-x_3,\end{cases}$ 则有可逆线性变换 $\begin{cases}x_1=y_1-y_2+y_3,\\ x_2=\qquad y_2,\\ x_3=\qquad y_2-y_3,\end{cases}$
二次型的标准形为 $f=y_1^2-5y_2^2+y_3^2$.

例4 用正交变换化法将二次型 $f(x_1, x_2, x_3)=4x_2^2-3x_3^2+4x_1x_2-4x_1x_3+8x_2x_3$ 化为标准形.

解 (1) 写出二次型矩阵 $\boldsymbol{A}=\begin{pmatrix}0 & 2 & -2\\ 2 & 4 & 4\\ -2 & 4 & -3\end{pmatrix}$.

(2) 求出 $\boldsymbol{A}$ 的所有特征值 $|\lambda\boldsymbol{E}-\boldsymbol{A}|=\begin{vmatrix}\lambda & -2 & 2\\ -2 & \lambda-4 & -4\\ 2 & -4 & \lambda+3\end{vmatrix}=(\lambda+6)(\lambda-1)(\lambda-6)$,
所以 $\boldsymbol{A}$ 的所有特征值为 $\lambda_1=-6, \lambda_2=1, \lambda_3=6$.

(3) 求出每个特征值线性无关的特征向量.

当 $\lambda_1=-6$ 时,齐次线性方程组 $(-6\boldsymbol{E}-\boldsymbol{A})\boldsymbol{X}=\boldsymbol{0}$ 的基础解系 $\boldsymbol{p}_1=(1\quad -1\quad 2)^{\mathrm{T}}$;

当 $\lambda_2=1$ 时,齐次线性方程组 $(\boldsymbol{E}-\boldsymbol{A})\boldsymbol{X}=\boldsymbol{0}$ 的基础解系 $\boldsymbol{p}_2=(-2\quad 0\quad 1)^{\mathrm{T}}$;

当 $\lambda_3=6$ 时,齐次线性方程组 $(6\boldsymbol{E}-\boldsymbol{A})\boldsymbol{X}=\boldsymbol{0}$ 的基础解系 $\boldsymbol{p}_3=(1\quad 5\quad 2)^{\mathrm{T}}$.

(4) 将线性无关的特征向量 $\boldsymbol{p}_1, \boldsymbol{p}_2, \boldsymbol{p}_3$ 正交化、单位化.

因为 $\boldsymbol{p}_1, \boldsymbol{p}_2, \boldsymbol{p}_3$ 已经两两正交,所以只需单位化:

$$e_1=\frac{p_1}{\|p_1\|}=\frac{1}{\sqrt{6}}(1\quad -1\quad 2)^{\mathrm{T}},\quad e_2=\frac{p_2}{\|p_2\|}=\frac{1}{\sqrt{5}}(-2\quad 0\quad 1)^{\mathrm{T}},$$

$$e_3=\frac{p_3}{\|p_3\|}=\frac{1}{\sqrt{30}}(1\quad 5\quad 2)^{\mathrm{T}}.$$

(5) 求得正交变换 $\boldsymbol{x}=\boldsymbol{P}\boldsymbol{y}$，其中正交矩阵

$$\boldsymbol{P}=(e_1,\ e_2,\ e_3)=\begin{pmatrix}\frac{1}{\sqrt{6}} & -\frac{2}{\sqrt{5}} & \frac{1}{\sqrt{30}}\\ -\frac{1}{\sqrt{6}} & 0 & \frac{5}{\sqrt{30}}\\ \frac{2}{\sqrt{6}} & \frac{1}{\sqrt{5}} & \frac{2}{\sqrt{30}}\end{pmatrix},\quad \boldsymbol{P}^{\mathrm{T}}\boldsymbol{A}\boldsymbol{P}=\begin{pmatrix}-6 & 0 & 0\\ 0 & 1 & 0\\ 0 & 0 & 6\end{pmatrix}.$$

二次型的标准形为 $f=-6y_1^2+y_2^2+6y_3^2$.

题型 3　化二次型为规范形.

例 5　将二次型 $f(x_1,\ x_2,\ x_3)=4x_2^2-3x_3^2+4x_1x_2-4x_1x_3+8x_2x_3$ 化为规范形，并求其正惯性指数、负惯性指数、符号差.

分析　先化为标准形，再进一步化为规范形.

解　由例 4 知，存在正交变换 $\boldsymbol{x}=\boldsymbol{P}\boldsymbol{y}$，使得

$$f(x_1,\ x_2,\ x_3)=-6y_1^2+y_2^2+6y_3^2.$$

其中正交矩阵

$$\boldsymbol{P}=\begin{pmatrix}\frac{1}{\sqrt{6}} & -\frac{2}{\sqrt{5}} & \frac{1}{\sqrt{30}}\\ -\frac{1}{\sqrt{6}} & 0 & \frac{5}{\sqrt{30}}\\ \frac{2}{\sqrt{6}} & \frac{1}{\sqrt{5}} & \frac{2}{\sqrt{30}}\end{pmatrix},$$

再令

$$\begin{cases}y_1=\frac{1}{\sqrt{6}}z_1,\\ y_2=z_2,\\ y_3=\frac{1}{\sqrt{6}}z_3,\end{cases}$$

即 $\boldsymbol{y}=\boldsymbol{Q}\boldsymbol{z}$，其中

$$\boldsymbol{Q}=\begin{pmatrix}\frac{1}{\sqrt{6}} & 0 & 0\\ 0 & 1 & 0\\ 0 & 0 & \frac{1}{\sqrt{6}}\end{pmatrix}.$$

则得到可逆线性变换 $\boldsymbol{x}=\boldsymbol{PQz}$，将二次型化为规范形 $f=-z_1^2+z_2^2+z_3^2$.

因此，二次型的正惯性指数为 2，负惯性指数为 1，符号差为 1.

5.1.4 疑难解析

例 6(2014 年考研真题) 设二次型 $f(x_1, x_2, x_3)=x_1^2-x_2^2+2ax_1x_3+4x_2x_3$ 的负惯性指数为 1，则 a 的取值范围是__________.

解

$$\begin{aligned} f(x_1, x_2, x_3) &= x_1^2-x_2^2+2ax_1x_3+4x_2x_3 \\ &= x_1^2+2ax_1x_3+a^2x_3^2-x_2^2+4x_2x_3-a^2x_3^2 \\ &= (x_1+ax_3)^2-(x_2-2x_3)^2+(4-a^2)x_3^2. \end{aligned}$$

令

$$\begin{cases} y_1=x_1 \quad +ax_3, \\ y_2= \quad x_2-2x_3, \\ y_3= \quad\quad x_3, \end{cases}$$

可得二次型的标准形为 $f=y_1^2-y_2^2+(4-a^2)y_3^2$.

若负惯性指数为 1，则 $4-a^2\geqslant 0$，故 $a\in[-2, 2]$.

例 7(2017 年考研真题) 设二次型 $f(x_1, x_2, x_3)=2x_1^2-x_2^2+ax_3^2+2x_1x_2-8x_1x_3+2x_2x_3$. 在正交变换 $\boldsymbol{x}=\boldsymbol{Qy}$ 下的标准形为 $\lambda_1y_1^2+\lambda_2y_2^2$，求 a 的值及正交矩阵 $\boldsymbol{Q}$.

解 因为二次型在正交变换 $\boldsymbol{x}=\boldsymbol{Qy}$ 下的标准形为 $\lambda_1y_1^2+\lambda_2y_2^2$，故二次型的矩阵 $\boldsymbol{A}$ 有特征值 0.

所以 $|\boldsymbol{A}|=0$，即 $\begin{vmatrix} 2 & 1 & -4 \\ 1 & -1 & 1 \\ -4 & 1 & a \end{vmatrix}=0$，故 $a=2$.

则 $|\lambda\boldsymbol{E}-\boldsymbol{A}|=\begin{vmatrix} \lambda-2 & -1 & 4 \\ -1 & \lambda+1 & -1 \\ 4 & -1 & \lambda-2 \end{vmatrix}=\lambda(\lambda+3)(\lambda-6)$，所以 $\boldsymbol{A}$ 的所有特征值为 $\lambda_1=-3$，$\lambda_2=6$，$\lambda_3=0$.

当 $\lambda_1=-3$ 时，齐次线性方程组 $(-6\boldsymbol{E}-\boldsymbol{A})\boldsymbol{X}=\boldsymbol{0}$ 的基础解系 $\boldsymbol{p}_1=(1 \quad -1 \quad 1)^{\mathrm{T}}$；

当 $\lambda_2=6$ 时，齐次线性方程组 $(\boldsymbol{E}-\boldsymbol{A})\boldsymbol{X}=\boldsymbol{0}$ 的基础解系 $\boldsymbol{p}_2=(-1 \quad 0 \quad 1)^{\mathrm{T}}$；

当 $\lambda_3=0$ 时，齐次线性方程组 $(6\boldsymbol{E}-\boldsymbol{A})\boldsymbol{X}=\boldsymbol{0}$ 的基础解系 $\boldsymbol{p}_3=(1 \quad 2 \quad 1)^{\mathrm{T}}$.

因为 $\boldsymbol{p}_1$，$\boldsymbol{p}_2$，$\boldsymbol{p}_3$ 已经两两正交，所以只需单位化：

$$\boldsymbol{e}_1=\frac{\boldsymbol{p}_1}{\|\boldsymbol{p}_1\|}=\frac{1}{\sqrt{3}}(1 \quad -1 \quad 1)^{\mathrm{T}}, \quad \boldsymbol{e}_2=\frac{\boldsymbol{p}_2}{\|\boldsymbol{p}_2\|}=\frac{1}{\sqrt{2}}(-1 \quad 0 \quad 1)^{\mathrm{T}},$$

$$\boldsymbol{e}_3=\frac{\boldsymbol{p}_3}{\|\boldsymbol{p}_3\|}=\frac{1}{\sqrt{6}}(1 \quad 2 \quad 1)^{\mathrm{T}}.$$

所以，求得正交变换 $\boldsymbol{x}=\boldsymbol{Qy}$，其中正交矩阵

$$Q=(e_1, e_2, e_3)=\begin{pmatrix} \frac{1}{\sqrt{3}} & -\frac{1}{\sqrt{2}} & \frac{1}{\sqrt{6}} \\ -\frac{1}{\sqrt{3}} & 0 & \frac{2}{\sqrt{6}} \\ \frac{1}{\sqrt{3}} & \frac{1}{\sqrt{2}} & \frac{1}{\sqrt{6}} \end{pmatrix}, \quad Q^{\mathrm{T}}AQ=\begin{pmatrix} -3 & 0 & 0 \\ 0 & 6 & 0 \\ 0 & 0 & 0 \end{pmatrix}.$$

使得二次型的标准形为 $f=-3y_1^2+6y_2^2$.

例 8(2018 年考研真题) 设实二次型 $f(x_1, x_2, x_3)=(x_1-x_2+x_3)^2+(x_2+x_3)^2+(x_1+ax_3)^2$，其中 a 是参数. 求

(1) $f(x_1, x_2, x_3)=0$ 的解；

(2) $f(x_1, x_2, x_3)$ 的规范形.

解 (1) 由 $f(x_1, x_2, x_3)=0$，可得

$$\begin{cases} x_1-x_2+x_3=0, \\ x_2+x_3=0, \\ x_1+ax_3=0, \end{cases}$$

对上述齐次线性方程组的系数矩阵施行初等行变换：

$$A=\begin{pmatrix} 1 & -1 & 1 \\ 0 & 1 & 1 \\ 1 & 0 & a \end{pmatrix} \to \begin{pmatrix} 1 & -1 & 1 \\ 0 & 1 & 1 \\ 0 & 1 & a-1 \end{pmatrix} \to \begin{pmatrix} 1 & -1 & 1 \\ 0 & 1 & 1 \\ 0 & 0 & a-2 \end{pmatrix}.$$

当 $a\neq 2$ 时，$f(x_1, x_2, x_3)=0$ 只有零解 $\boldsymbol{x}=(0\quad 0\quad 0)^{\mathrm{T}}$；

当 $a=2$ 时，$A\to\begin{pmatrix} 1 & 0 & 2 \\ 0 & 1 & 1 \\ 0 & 0 & 0 \end{pmatrix}$，$f(x_1, x_2, x_3)=0$ 有无穷多解 $\boldsymbol{x}=k(-2\quad -1\quad 1)^{\mathrm{T}}$，$k$ 为任意常数.

(2) 当 $a\neq 2$ 时，令 $\begin{pmatrix} y_1 \\ y_2 \\ y_3 \end{pmatrix}=\begin{pmatrix} 1 & -1 & 1 \\ 0 & 1 & 1 \\ 1 & 0 & a \end{pmatrix}\begin{pmatrix} x_1 \\ x_2 \\ x_3 \end{pmatrix}$，因 $\begin{vmatrix} 1 & -1 & 1 \\ 0 & 1 & 1 \\ 1 & 0 & a \end{vmatrix}=\begin{vmatrix} 1 & -1 & 1 \\ 0 & 1 & 1 \\ 0 & 0 & a-2 \end{vmatrix}=a-2\neq 0$，所以该线性变换可逆，可以得到可逆线性变换，使得 $f(x_1, x_2, x_3)$ 的规范形为 $f(y_1, y_2, y_3)=y_1^2+y_2^2+y_3^2$.

当 $a=2$ 时，

$$\begin{aligned} f(x_1, x_2, x_3) &= (x_1-x_2+x_3)^2+(x_2+x_3)2+(x_1+ax_3)^2 \\ &= 2x_1^2+x_2^2+6x_3^2-2x_1x_2+6x_1x_3 \\ &= 2\left(x_1-\frac{1}{2}x_2+\frac{3}{2}x_3\right)^2+\frac{3}{2}x_2^2+\frac{3}{2}x_3^2+3x_2x_3 \\ &= 2\left(x_1-\frac{1}{2}x_2+\frac{3}{2}x_3\right)^2+\frac{3}{2}(x_2+x_3)^2. \end{aligned}$$

令 $\begin{pmatrix} y_1 \\ y_2 \\ y_3 \end{pmatrix} = \begin{pmatrix} 1 & -\frac{1}{2} & \frac{3}{2} \\ 0 & 1 & 1 \\ 0 & 0 & 1 \end{pmatrix} \begin{pmatrix} x_1 \\ x_2 \\ x_3 \end{pmatrix}$，因为 $\begin{vmatrix} 1 & -\frac{1}{2} & \frac{3}{2} \\ 0 & 1 & 1 \\ 0 & 0 & 1 \end{vmatrix} = 1 \neq 0$，所以该线性变换可逆，可以得到可逆线性变换，使得 $f(x_1, x_2, x_3)$ 的规范形为 $f(y_1, y_2, y_3) = y_1^2 + y_2^2$.

例 9(2019 年考研真题) 设 $\boldsymbol{A}$ 是三阶实对称矩阵，$\boldsymbol{E}$ 是三阶单位矩阵，若 $\boldsymbol{A}^2 + \boldsymbol{A} = 2\boldsymbol{E}$，且 $|\boldsymbol{A}| = 4$，则二次型 $\boldsymbol{x}^{\mathrm{T}}\boldsymbol{A}\boldsymbol{x}$ 的规范形为____________.

解 设 λ 是矩阵 $\boldsymbol{A}$ 的特征值，由条件 $\boldsymbol{A}^2 + \boldsymbol{A} = 2\boldsymbol{E}$，可得 $\lambda^2 + \lambda - 2 = 0$，故矩阵 $\boldsymbol{A}$ 的特征值只能是 1 或 -2. 而 $|\boldsymbol{A}| = 4 = \lambda_1\lambda_2\lambda_3$，故 $\boldsymbol{A}$ 的特征值为 $\lambda_1 = 1$，$\lambda_2 = \lambda_3 = -2$. 根据惯性定理，二次型的规范形为 $f = y_1^2 - y_2^2 - y_3^2$.

例 10(2020 年考研真题) 设二次型 $f(x_1, x_2) = x_1^2 - 4x_1x_2 + 4x_2^2$ 经正交变换 $\begin{pmatrix} x_1 \\ x_2 \end{pmatrix} = \boldsymbol{Q}\begin{pmatrix} y_1 \\ y_2 \end{pmatrix}$ 化为二次型 $g(y_1, y_2) = ay_1^2 + 4y_1y_2 + by_2^2$，其中 $a \geqslant b$. 求

(1) a，b 的值；

(2) 正交矩阵 $\boldsymbol{Q}$.

解 (1) 二次型 $f(x_1, x_2)$ 和 $g(y_1, y_2)$ 的矩阵分别为 $\boldsymbol{A} = \begin{pmatrix} 1 & -2 \\ -2 & 4 \end{pmatrix}$，$\boldsymbol{B} = \begin{pmatrix} a & 2 \\ 2 & b \end{pmatrix}$，则 $\boldsymbol{B} = \boldsymbol{Q}^{\mathrm{T}}\boldsymbol{A}\boldsymbol{Q}$，因为 $\boldsymbol{Q}$ 为正交矩阵，所以 $\boldsymbol{B}$ 与 $\boldsymbol{A}$ 相似. 于是 $\begin{cases} \mathrm{tr}(\boldsymbol{A}) = \mathrm{tr}(\boldsymbol{B}), \\ |\boldsymbol{A}| = |\boldsymbol{B}|, \end{cases}$ 即 $\begin{cases} a + b = 1 + 4, \\ ab - 4 = 0, \end{cases}$ 因为 $a \geqslant b$，所以 $a = 4$，$b = 1$.

(2) 因为矩阵 $\boldsymbol{A}$ 与 $\boldsymbol{B}$ 相似，所以由

$$|\lambda\boldsymbol{E} - \boldsymbol{A}| = |\lambda\boldsymbol{E} - \boldsymbol{B}| = \begin{vmatrix} \lambda - 1 & 2 \\ 2 & \lambda - 4 \end{vmatrix} = \lambda^2 - 5\lambda = 0,$$

得矩阵 $\boldsymbol{A}$，$\boldsymbol{B}$ 的特征值为 $\lambda_1 = 5$，$\lambda_2 = 0$.

矩阵 $\boldsymbol{A}$ 的属于特征值 $\lambda_1 = 5$ 的单位特征向量 $\boldsymbol{\alpha}_1 = \frac{1}{\sqrt{5}}(1 \quad -2)^{\mathrm{T}}$；

矩阵 $\boldsymbol{A}$ 的属于特征值 $\lambda_2 = 0$ 的单位特征向量 $\boldsymbol{\alpha}_2 = \frac{1}{\sqrt{5}}(2 \quad 1)^{\mathrm{T}}$.

令 $\boldsymbol{Q}_1 = (\boldsymbol{\alpha}_1, \boldsymbol{\alpha}_2) = \frac{1}{\sqrt{5}}\begin{pmatrix} 1 & 2 \\ -2 & 1 \end{pmatrix}$，则 $\boldsymbol{Q}_1$ 为正交矩阵，且 $\boldsymbol{Q}_1^{\mathrm{T}}\boldsymbol{A}\boldsymbol{Q}_1 = \begin{pmatrix} 5 & 0 \\ 0 & 0 \end{pmatrix}$.

矩阵 $\boldsymbol{B}$ 的属于特征值 $\lambda_1 = 5$ 的单位特征向量 $\boldsymbol{\beta}_1 = \frac{1}{\sqrt{5}}(2 \quad 1)^{\mathrm{T}}$；

矩阵 $\boldsymbol{B}$ 的属于特征值 $\lambda_2 = 0$ 的单位特征向量 $\boldsymbol{\beta}_2 = \frac{1}{\sqrt{5}}(1 \quad -2)^{\mathrm{T}}$.

令 $Q_2=(\beta_1,\beta_2)=\frac{1}{\sqrt{5}}\begin{pmatrix}2&1\\1&-2\end{pmatrix}$，则 Q_2 为正交矩阵，且 $Q_2^TBQ_2=\begin{pmatrix}5&0\\0&0\end{pmatrix}$.

由于 $Q_1^TAQ_1=Q_2^TBQ_2=\begin{pmatrix}5&0\\0&0\end{pmatrix}$，所以 $(Q_1Q_2^T)^TAQ_1Q_2^T=B$，故 $Q=Q_1Q_2^T=\frac{1}{5}\begin{pmatrix}4&-3\\-3&-4\end{pmatrix}$ 为所求矩阵.

5.1.5 习题全解

1. 写出下列二次型的矩阵.

(1) $f(x_1,x_2,x_3)=x_1^2+2x_2^2+3x_3^2-2x_1x_2+4x_1x_3-6x_2x_3$；

(2) $f(x,y,z)=xy+4yz+3xz-x^2+2z^2$；

(3) $f(x_1,x_2,x_3,x_4)=x_1^2+x_2^2+x_3^2-2x_1x_2+2x_1x_3-2x_2x_4+x_3x_4$.

解 (1) $A=\begin{pmatrix}1&-1&2\\-1&2&-3\\2&-3&3\end{pmatrix}$.

(2) $A=\begin{pmatrix}-1&\frac{1}{2}&\frac{3}{2}\\\frac{1}{2}&0&2\\\frac{3}{2}&2&2\end{pmatrix}$.

(3) $A=\begin{pmatrix}1&-1&1&0\\-1&1&0&-1\\1&0&1&\frac{1}{2}\\0&-1&\frac{1}{2}&0\end{pmatrix}$.

2. 写出下列对称矩阵所对应的二次型.

(1) $A=\begin{pmatrix}1&2&3\\2&-2&5\\3&5&3\end{pmatrix}$；　　(2) $B=\begin{pmatrix}2&1&-1&\frac{3}{2}\\1&4&0&2\\-1&0&6&1\\\frac{3}{2}&2&1&8\end{pmatrix}$.

解 (1) $f(x_1,x_2,x_3)=x_1^2-2x_2^2+3x_3^2+4x_1x_2+6x_1x_3+10x_2x_3$.

(2) $f(x_1,x_2,x_3,x_4)=2x_1^2+4x_2^2+6x_3^2+8x_4^2+2x_1x_2-2x_1x_3+3x_1x_4+4x_2x_4+2x_3x_4$.

3. 求二次型 $f(x_1,x_2,x_3)=x_1^2+x_2^2+x_3^2-2x_1x_2+4x_1x_3-2x_2x_3$ 的秩.

解 二次型的矩阵为

$$A=\begin{pmatrix}1&-1&2\\-1&1&-1\\2&-1&1\end{pmatrix}\to\begin{pmatrix}1&-1&2\\0&0&1\\0&1&-3\end{pmatrix}\to\begin{pmatrix}1&-1&2\\0&1&-3\\0&0&1\end{pmatrix}.$$

因为 $\boldsymbol{A}$ 的秩是 3，所以二次型的秩是 3.

4. 用正交变换法将下列二次型化为标准形.

(1) $f(x_1,x_2,x_3)=2x_1^2+x_2^2-4x_1x_2-4x_2x_3$；

(2) $f(x_1,x_2,x_3)=2x_1^2+5x_2^2+5x_3^2+4x_1x_2-4x_1x_3-8x_2x_3$.

解 (1) 二次型的矩阵 $\boldsymbol{A}=\begin{pmatrix}2&-2&0\\-2&1&-2\\0&-2&0\end{pmatrix}$，

$$|\lambda\boldsymbol{E}-\boldsymbol{A}|=\begin{vmatrix}\lambda-2&2&0\\2&\lambda-1&2\\0&2&\lambda\end{vmatrix}=(\lambda-1)(\lambda+2)(\lambda-4),$$

所以 $\boldsymbol{A}$ 的所有特征值为 $\lambda_1=1$，$\lambda_2=-2$，$\lambda_3=4$.

当 $\lambda_1=1$ 时，齐次线性方程组 $(\boldsymbol{E}-\boldsymbol{A})\boldsymbol{X}=\boldsymbol{0}$ 的基础解系 $\boldsymbol{p}_1=(-2\quad -1\quad 2)^{\mathrm{T}}$；

当 $\lambda_2=-2$ 时，齐次线性方程组 $(-2\boldsymbol{E}-\boldsymbol{A})\boldsymbol{X}=\boldsymbol{0}$ 的基础解系 $\boldsymbol{p}_2=(1\quad 2\quad 2)^{\mathrm{T}}$；

当 $\lambda_3=4$ 时，齐次线性方程组 $(6\boldsymbol{E}-\boldsymbol{A})\boldsymbol{X}=\boldsymbol{0}$ 的基础解系 $\boldsymbol{p}_3=(2\quad -2\quad 1)^{\mathrm{T}}$.

再将线性无关的特征向量 $\boldsymbol{p}_1$，$\boldsymbol{p}_2$，$\boldsymbol{p}_3$ 正交化、单位化. 因为 $\boldsymbol{p}_1$，$\boldsymbol{p}_2$，$\boldsymbol{p}_3$ 已经两两正交，所以只需单位化：

$$\boldsymbol{e}_1=\frac{\boldsymbol{p}_1}{\|\boldsymbol{p}_1\|}=\frac{1}{3}(-2\quad -1\quad 2)^{\mathrm{T}},\quad \boldsymbol{e}_2=\frac{\boldsymbol{p}_2}{\|\boldsymbol{p}_2\|}=\frac{1}{3}(1\quad 2\quad 2)^{\mathrm{T}},$$

$$\boldsymbol{e}_3=\frac{\boldsymbol{p}_3}{\|\boldsymbol{p}_3\|}=\frac{1}{3}(2\quad -2\quad 1)^{\mathrm{T}}.$$

所以，求得正交变换 $\boldsymbol{x}=\boldsymbol{P}\boldsymbol{y}$，其中正交矩阵

$$\boldsymbol{P}=(\boldsymbol{e}_1,\boldsymbol{e}_2,\boldsymbol{e}_3)=\frac{1}{3}\begin{pmatrix}-2&1&2\\-1&2&-2\\2&2&1\end{pmatrix},$$

二次型的标准形为 $f(x_1,x_2,x_3)=y_1^2-2y_2^2+4y_3^2$.

(2) 写出二次型矩阵 $\boldsymbol{A}=\begin{pmatrix}2&2&-2\\2&5&-4\\-2&-4&5\end{pmatrix}$，

$$|\lambda\boldsymbol{E}-\boldsymbol{A}|=\begin{vmatrix}\lambda-2&-2&2\\-2&\lambda-5&4\\2&4&\lambda-5\end{vmatrix}=(\lambda-1)^2(\lambda-10),$$

所以 $\boldsymbol{A}$ 的所有特征值为 $\lambda_1=1$，$\lambda_2=1$，$\lambda_3=10$.

求出每个特征值线性无关的特征向量：

当$\lambda_1=\lambda_2=1$时，齐次线性方程组$(\boldsymbol{E}-\boldsymbol{A})\boldsymbol{X}=\boldsymbol{0}$的基础解系：$\boldsymbol{\alpha}_1=(-2\quad 1\quad 0)^{\mathrm{T}}$，$\boldsymbol{\alpha}_2=(2\quad 0\quad 1)^{\mathrm{T}}$；

当$\lambda_3=10$时，齐次线性方程组$(10\boldsymbol{E}-\boldsymbol{A})\boldsymbol{X}=\boldsymbol{0}$的基础解系$\boldsymbol{\alpha}_3=(-1\quad -2\quad 2)^{\mathrm{T}}$.

将线性无关的特征向量$\boldsymbol{\alpha}_1$，$\boldsymbol{\alpha}_2$，$\boldsymbol{\alpha}_3$正交化、单位化. 因为$\boldsymbol{\alpha}_1$，$\boldsymbol{\alpha}_2$不正交，执行施密特正交化方法：

令

$$\boldsymbol{p}_1=\boldsymbol{\alpha}_1=(-2\quad 1\quad 0)^{\mathrm{T}},\quad \boldsymbol{p}_2=\boldsymbol{\alpha}_2-\frac{\langle\boldsymbol{\alpha}_2,\ \boldsymbol{p}_1\rangle}{\langle\boldsymbol{p}_1,\ \boldsymbol{p}_1\rangle}\boldsymbol{p}_1=\left(\frac{2}{5}\quad \frac{4}{5}\quad 1\right)^{\mathrm{T}},$$

$$\boldsymbol{p}_3=\boldsymbol{\alpha}_3=(-1\quad -2\quad 2)^{\mathrm{T}},$$

则$\boldsymbol{p}_1$，$\boldsymbol{p}_2$，$\boldsymbol{p}_3$两两正交，再单位化：

$$\boldsymbol{e}_1=\frac{\boldsymbol{p}_1}{\|\boldsymbol{p}_1\|}=\frac{1}{\sqrt{5}}(-2\quad 1\quad 0)^{\mathrm{T}},\quad \boldsymbol{e}_2=\frac{\boldsymbol{p}_2}{\|\boldsymbol{p}_2\|}=\frac{1}{3\sqrt{5}}(2\quad 4\quad 5)^{\mathrm{T}},$$

$$\boldsymbol{e}_3=\frac{\boldsymbol{p}_3}{\|\boldsymbol{p}_3\|}=\frac{1}{3}(-1\quad -2\quad 2)^{\mathrm{T}}.$$

所以，求得正交变换$\boldsymbol{x}=\boldsymbol{P}\boldsymbol{y}$，其中正交矩阵

$$\boldsymbol{P}=(\boldsymbol{e}_1,\ \boldsymbol{e}_2,\ \boldsymbol{e}_3)=\begin{pmatrix}\frac{-2}{\sqrt{5}} & \frac{2}{3\sqrt{5}} & -\frac{1}{3}\\ \frac{1}{\sqrt{5}} & \frac{4}{3\sqrt{5}} & -\frac{2}{3}\\ 0 & \frac{5}{3\sqrt{5}} & \frac{2}{3}\end{pmatrix},\quad \boldsymbol{P}^{\mathrm{T}}\boldsymbol{A}\boldsymbol{P}=\begin{pmatrix}1&0&0\\0&1&0\\0&0&10\end{pmatrix}.$$

二次型的标准形为$f(x_1,\ x_2,\ x_3)=y_1^2+y_2^2+10y_3^2$.

5. 将下列二次型化为标准形，并进一步化为规范形，并求出二次型的正惯性指数.

(1) $f(x_1,\ x_2,\ x_3)=x_1^2+2x_2^2+4x_3^2+2x_1x_2+4x_2x_3$；

(2) $f(x_1,\ x_2,\ x_3)=-2x_1x_2+4x_1x_3-3x_2x_3$；

(3) $f(x_1,\ x_2,\ x_3,\ x_4)=x_1^2+x_2^2+2x_3^2+2x_4^2+2x_1x_2+2x_1x_3+2x_2x_4$.

解 (1) $f(x_1,\ x_2,\ x_3)=x_1^2+2x_2^2+4x_3^2+2x_1x_2+4x_2x_3$

$$=x_1^2+2x_1x_2+x_2^2+x_2^2+4x_2x_3+4x_3^2$$

$$=(x_1+x_2)^2+(x_2+2x_3)^2.$$

令$\begin{cases}y_1=x_1+x_2,\\ y_2=\qquad x_2+2x_3,\\ y_3=\qquad\qquad x_3,\end{cases}$则有可逆线性变换：$\begin{cases}x_1=y_1-y_2+2y_3,\\ x_2=\qquad y_2-2y_3,\\ x_3=\qquad\qquad y_3,\end{cases}$

得标准形$f(x_1,\ x_2,\ x_3)=y_1^2+y_2^2$，则规范形为$f(x_1,\ x_2,\ x_3)=y_1^2+y_2^2$，正惯性指数为2.

(2) $f(x_1, x_2, x_3)=-2x_1x_2+4x_1x_3-3x_2x_3$.

该二次型中不含有平方项，但是含有 x_1x_2 项，利用平方差公式，首先施行可逆线性变换：$\begin{cases}x_1=t_1-t_2,\\x_2=t_1+t_2,\\x_3=t_3,\end{cases}$ 即 $\boldsymbol{x}=\boldsymbol{C}_1\boldsymbol{t}$，其中 $\boldsymbol{C}_1=\begin{pmatrix}1&-1&0\\1&1&0\\0&0&1\end{pmatrix}$，

则二次型化为含有平方项的形式

$$\begin{aligned}f(x_1, x_2, x_3)&=-2x_1x_2+4x_1x_3-3x_2x_3\\&=-2(t_1^2-t_2^2)+4(t_1-t_2)t_3-3(t_1+t_2)t_3\\&=-2t_1^2+2t_2^2+t_1t_3-7t_2t_3\\&=-2\left(t_1^2-\frac{1}{2}t_1t_3+\frac{1}{16}t_3^2\right)+2t_2^2-7t_2t_3+\frac{1}{8}t_3^2\\&=-2\left(t_1-\frac{1}{4}t_3\right)^2+2\left(t_2^2-\frac{7}{2}t_2t_3+\frac{49}{16}t_3^2\right)+\frac{1}{8}t_3^2-\frac{49}{8}t_3^2\\&=-2\left(t_1-\frac{1}{4}t_3\right)^2+2\left(t_2-\frac{7}{4}t_3\right)^2-6t_3^2.\end{aligned}$$

令 $\begin{cases}y_1=t_1-\dfrac{1}{4}t_3,\\y_2=t_2-\dfrac{7}{4}t_3,\\y_1=t_3,\end{cases}$ 则有可逆线性变换：$\begin{cases}t_1=y_1+\dfrac{1}{4}y_3,\\t_2=y_2+\dfrac{7}{4}y_3,\\t_3=y_3,\end{cases}$

即 $\boldsymbol{t}=\boldsymbol{C}_2\boldsymbol{y}$，$\boldsymbol{C}_2=\begin{pmatrix}1&0&\dfrac{1}{4}\\0&1&\dfrac{7}{4}\\0&0&1\end{pmatrix}$，综上所述，有可逆线性变换 $\boldsymbol{x}=\boldsymbol{C}\boldsymbol{y}$，$\boldsymbol{C}=\boldsymbol{C}_1\boldsymbol{C}_2=$ $\begin{pmatrix}1&-1&-\dfrac{3}{2}\\1&1&2\\0&0&1\end{pmatrix}$，将原二次型化为标准形 $f(x_1, x_2, x_3)=-2y_1^2+2y_2^2-6y_3^2$，再施行可逆线性变换：$\begin{cases}y_1=\dfrac{z_2}{\sqrt{2}},\\y_2=\dfrac{z_1}{\sqrt{2}},\\y_3=\dfrac{z_3}{\sqrt{6}},\end{cases}$

则二次型的规范形为 $f(x_1, x_2, x_3)=z_1^2-z_2^2-z_3^2$，正惯性指数为 1.

(3) 配方得

$$\begin{aligned}f(x_1, x_2, x_3, x_4) &= x_1^2+x_2^2+2x_3^2+2x_4^2+2x_1x_2+2x_1x_3+2x_2x_4\\&=(x_1^2+2x_1x_2+2x_1x_3+x_2^2+x_3^2+2x_2x_3)+\\&\quad x_3^2+2x_4^2+2x_2x_4-2x_2x_3\\&=(x_1+x_2+x_3)^2+(x_3^2-2x_2x_3+x_2^2)+2x_2x_4-x_2^2+2x_4^2\\&=(x_1+x_2+x_3)^2+(x_2-x_3)^2-x_2^2+2x_2x_4-x_4^2+3x_4^2\\&=(x_1+x_2+x_3)^2+(x_2-x_3)^2-(x_2-x_4)^2+3x_4^2.\end{aligned}$$

令

$$\begin{cases}y_1=x_1+x_2+x_3,\\y_2=x_2-x_3,\\y_3=x_2-x_4,\\y_4=x_4,\end{cases}$$

标准形为 $f(x_1, x_2, x_3, x_4)=y_1^2+y_2^2-y_3^2+3y_4^2$,再施行可逆线性变换:$\begin{cases}y_1=z_1,\\y_2=z_2,\\y_3=\dfrac{z_4}{\sqrt{3}},\\y_4=z_3,\end{cases}$

得规范形为 $f(x_1, x_2, x_3, x_4)=z_1^2+z_2^2+z_3^2-z_4^2$,正惯性指数为 3.

5.2 正定二次型

5.2.1 内容提要

1. 正定二次型的概念

定义 1 设 n 元实二次型 $f(x_1, x_2, \cdots, x_n)=\sum\limits_{i=1}^{n}\sum\limits_{j=1}^{n}a_{ij}x_ix_j=\boldsymbol{x}^{\mathrm{T}}\boldsymbol{A}\boldsymbol{x}$, $\boldsymbol{A}$ 是实对称矩阵.

(1) 若对于任意的非零向量 $\boldsymbol{x}_0=(x_1^0, x_2^0, \cdots, x_n^0)^{\mathrm{T}}$, 都有

$$\boldsymbol{x}_0^{\mathrm{T}}\boldsymbol{A}\boldsymbol{x}_0>0\quad(\boldsymbol{x}_0^{\mathrm{T}}\boldsymbol{A}\boldsymbol{x}_0<0),$$

则称 $f(x_1, x_2, \cdots, x_n)$ 是正定(负定)二次型,实对称矩阵 $\boldsymbol{A}$ 称为正定(负定)矩阵.

(2) 若对于任意的非零向量 $\boldsymbol{x}_0=(x_1^0, x_2^0, \cdots, x_n^0)^{\mathrm{T}}$, 都有

$$\boldsymbol{x}_0^{\mathrm{T}}\boldsymbol{A}\boldsymbol{x}_0\geqslant 0\quad(\boldsymbol{x}_0^{\mathrm{T}}\boldsymbol{A}\boldsymbol{x}_0\leqslant 0),$$

则称 $f(x_1, x_2, \cdots, x_n)$ 是半正定(半负定)二次型,实对称矩阵 $\boldsymbol{A}$ 称为半正定(半负定)矩阵.

(3) 若二次型 $f(x_1, x_2, \cdots, x_n)$ 既不是半正定的,也不是半负定的,则称 $f(x_1,$

$x_2, \cdots, x_n)$ 是不定二次型,实对称矩阵 $\boldsymbol{A}$ 称为不定矩阵.

2. 正定二次型的判别法

定理 1 设 $\boldsymbol{A}$ 是正定矩阵,若 $\boldsymbol{A}$ 与 $\boldsymbol{B}$ 合同,则 $\boldsymbol{B}$ 也是正定矩阵.

推论 1 一个二次型经过可逆线性变换后,二次型的正定性保持不变.

定理 2 二次型 $f(x_1, x_2, \cdots, x_n)$ 是正定二次型的充分必要条件是它的标准形 $d_1y_1^2+d_2y_2^2+\cdots+d_ny_n^2$ 中平方项的系数 $d_i>0\ (i=1, 2, \cdots, n)$.

推论 2 二次型 $f(x_1, x_2, \cdots, x_n)$ 是正定二次型的充分必要条件是它的正惯性指数 $p=n$.

定理 3 对称矩阵 $\boldsymbol{A}$ 为正定矩阵的充分必要条件是它的特征值全大于零.

定理 4 对称矩阵 $\boldsymbol{A}$ 为正定矩阵的充分必要条件是存在可逆矩阵 $\boldsymbol{C}$,使 $\boldsymbol{A}=\boldsymbol{C}^{\mathrm{T}}\boldsymbol{C}$,即 $\boldsymbol{A}$ 与 $\boldsymbol{E}$ 合同.

推论 3 若对称矩阵 $\boldsymbol{A}$ 为正定矩阵,则必有 $|\boldsymbol{A}|>0$.

3. 顺序主子式判别法

定义 2 n 阶矩阵 $\boldsymbol{A}=(a_{ij})_{n\times n}$ 的前 k 行和前 k 列交叉的 k^2 个元素构成的 k 阶行列式

$$\begin{vmatrix} a_{11} & a_{12} & \cdots & a_{1k} \\ a_{21} & a_{22} & \cdots & a_{2k} \\ \vdots & \vdots & & \vdots \\ a_{k1} & a_{k2} & \cdots & a_{kk} \end{vmatrix}$$

称为 $\boldsymbol{A}$ 的 k 阶顺序主子式,记为 $|\boldsymbol{A}_k|\ (k=1, 2, \cdots, n)$.

定理 5 n 阶矩阵 $\boldsymbol{A}=(a_{ij})_{n\times n}$ 是正定矩阵的充分必要条件是 $\boldsymbol{A}$ 的所有顺序主子式全大于零,即 $|\boldsymbol{A}_k|>0\ (k=1, 2, \cdots, n)$.

推论 4 n 阶矩阵 $\boldsymbol{A}=(a_{ij})_{n\times n}$ 是负定矩阵的充分必要条件为

$$(-1)^k|\boldsymbol{A}_k|>0 \quad (k=1, 2, \cdots, n),$$

其中 $|\boldsymbol{A}_k|$ 是 $\boldsymbol{A}$ 的 k 阶顺序主子式.

5.2.2 基本要求

掌握正定、负定、半正定、半负定、不定二次型的概念,能利用二次型的矩阵、标准形以及顺序主子式判别法判断二次型的正定性.

5.2.3 典型范例

题型 1 利用标准形判断二次型的正定性.

例 1 判定下列二次型的正定性.

(1) $f(x_1, x_2, x_3)=2x_1^2+3x_2^2+x_3^2$;

(2) $f(x_1, x_2, x_3)=-x_1^2-2x_2^2$;

(3) $f(x_1, x_2, x_3)=2x_1^2+x_2^2-x_3^2$.

解 (1) 因为二次型只含有平方项的和,并且每一项符号都是正的,由定义对任意的

$\boldsymbol{x}_0=(x_1^0, x_2^0, x_3^0)^{\mathrm{T}} \neq \mathbf{0}$，恒有 $f(x_1^0, x_2^0, x_3^0)>0$，所以二次型 $f(x_1, x_2, x_3)=2x_1^2+3x_2^2+x_3^2$ 是正定二次型.

(2) 因为二次型只含有平方项的和，并且每一项符号都是非正的，由定义对任意的 $\boldsymbol{x}_0=(x_1^0, x_2^0, x_3^0)^{\mathrm{T}} \neq \mathbf{0}$，恒有 $f(x_1^0, x_2^0, x_3^0) \leqslant 0$. 取 $\boldsymbol{x}_0=(0, 0, 1)^{\mathrm{T}}$，则 $f(0, 0, 1)=-x_1^2-2x_2^2=0$，所以二次型 $f(x_1, x_2, x_3)=-x_1^2-2x_2^2$ 是半负定的(且不是负定的).

(3) 取 $\boldsymbol{x}_0=(1, 0, 0)^{\mathrm{T}}$，则 $f(1, 0, 0)=2>0$，所以二次型 $f(x_1, x_2, x_3)=2x_1^2+x_2^2-x_3^2$ 不是半负定的. 取 $\boldsymbol{x}_1=(0, 0, 1)^{\mathrm{T}}$，则 $f(0, 0, 1)=-1<0$，所以二次型 $f(x_1, x_2, x_3)=2x_1^2+x_2^2-x_3^2$ 不是半正定的.

所以二次型 $f(x_1, x_2, x_3)=2x_1^2+x_2^2-x_3^2$ 是不定的.

题型 2　利用顺序主子式判别法判断二次型的正定性.

例 2　判断下列二次型的正定性.

(1) $f(x_1, x_2, x_3)=x_1^2+2x_2^2+5x_3^2+2x_1x_2-4x_2x_3$；

(2) $f(x_1, x_2, x_3)=-3x_1^2-2x_2^2-3x_3^2+4x_1x_2+2x_1x_3$.

解　(1) 二次型的矩阵 $\boldsymbol{A}=\begin{pmatrix}1 & 1 & 0\\ 1 & 2 & -2\\ 0 & -2 & 5\end{pmatrix}$，则 $\boldsymbol{A}$ 的各阶顺序主子式为

$$|\boldsymbol{A}_1|=1>0, \quad |\boldsymbol{A}_2|=\begin{vmatrix}1 & 1\\ 1 & 2\end{vmatrix}=1>0, \quad |\boldsymbol{A}_3|=|\boldsymbol{A}|=\begin{vmatrix}1 & 1 & 0\\ 1 & 2 & -2\\ 0 & -2 & 5\end{vmatrix}=1>0,$$

由顺序主子式判别法，此二次型是正定二次型.

(2) 二次型的矩阵 $\boldsymbol{A}=\begin{pmatrix}-3 & 2 & 1\\ 2 & -2 & 0\\ 1 & 0 & -3\end{pmatrix}$，则 $\boldsymbol{A}$ 的各阶顺序主子式为

$$|\boldsymbol{A}_1|=-3<0, \quad |\boldsymbol{A}_2|=\begin{vmatrix}-3 & 2\\ 2 & -2\end{vmatrix}=2>0,$$

$$|\boldsymbol{A}_3|=|\boldsymbol{A}|=\begin{vmatrix}-3 & 2 & 1\\ 2 & -2 & 0\\ 1 & 0 & -3\end{vmatrix}=-4<0,$$

由顺序主子式判别法，此二次型是负定二次型.

5.2.4　疑难解析

例 3　设二次型 $f(x_1, x_2, x_3)=x_1^2+4x_2^2+2x_3^2+2tx_1x_2+2x_1x_3$ 为正定二次型，求 t 的取值范围.

解　二次型的矩阵 $\boldsymbol{A}=\begin{pmatrix}1 & t & 1\\ t & 4 & 0\\ 1 & 0 & 2\end{pmatrix}$，因为二次型正定，所以 $\boldsymbol{A}$ 为正定矩阵，于是

$$\begin{cases}1>0,\\ \begin{vmatrix}1 & t\\ t & 4\end{vmatrix}>0,\\ |\boldsymbol{A}|>0,\end{cases} \text{即} \begin{cases}1>0,\\ 4-t^2>0,\\ 4-2t^2>0,\end{cases} \text{解得} -\sqrt{2}<t<\sqrt{2}.$$

例4 设 $\boldsymbol{A}$ 为 n 阶正定矩阵,证明:存在正定矩阵 $\boldsymbol{B}$,使得 $\boldsymbol{A}=\boldsymbol{B}^2$.

证明 因为 $\boldsymbol{A}$ 正定,所以 $\boldsymbol{A}$ 的特征值 $\lambda_i>0(i=1,2,\cdots,n)$,且存在正交矩阵 $\boldsymbol{Q}$,使得 $\boldsymbol{Q}^{\mathrm{T}}\boldsymbol{A}\boldsymbol{Q}=\begin{pmatrix}\lambda_1 & & \\ & \ddots & \\ & & \lambda_n\end{pmatrix}$,于是 $\boldsymbol{A}=\boldsymbol{Q}\begin{pmatrix}\lambda_1 & & \\ & \ddots & \\ & & \lambda_n\end{pmatrix}\boldsymbol{Q}^{\mathrm{T}}$.

进一步可改写为

$$\boldsymbol{A}=\boldsymbol{Q}\begin{pmatrix}\sqrt{\lambda_1} & & \\ & \ddots & \\ & & \sqrt{\lambda_n}\end{pmatrix}\boldsymbol{Q}^{\mathrm{T}}\boldsymbol{Q}\begin{pmatrix}\sqrt{\lambda_1} & & \\ & \ddots & \\ & & \sqrt{\lambda_n}\end{pmatrix}\boldsymbol{Q}^{\mathrm{T}}.$$

令 $\boldsymbol{Q}\begin{pmatrix}\sqrt{\lambda_1} & & \\ & \ddots & \\ & & \sqrt{\lambda_n}\end{pmatrix}\boldsymbol{Q}^{\mathrm{T}}=\boldsymbol{B}$,则 $\boldsymbol{B}$ 为正定矩阵,且 $\boldsymbol{A}=\boldsymbol{B}^2$.

5.2.5 习题全解

1. 判断下列二次型的正定性.

(1) $f(x_1,x_2,x_3)=-2x_1^2-6x_2^2-4x_3^2+2x_1x_3+2x_2x_3$;

(2) $f(x_1,x_2,x_3,x_4)=x_1^2+3x_2^2+9x_3^2+19x^2x_4-2x_1x_2+4x_1x_3+2x_1x_4-6x_2x_4-12x_3x_4$.

解 (1) 二次型的矩阵 $\boldsymbol{A}=\begin{pmatrix}-2 & 0 & 1\\ 0 & -6 & 1\\ 1 & 1 & -4\end{pmatrix}$,则 $\boldsymbol{A}$ 的各阶顺序主子式为

$$|\boldsymbol{A}_1|=-2<0,\quad |\boldsymbol{A}_2|=\begin{vmatrix}-2 & 0\\ 0 & -6\end{vmatrix}=12>0,$$

$$|\boldsymbol{A}_3|=|\boldsymbol{A}|=\begin{vmatrix}-2 & 0 & 1\\ 0 & -6 & 1\\ 1 & 1 & -4\end{vmatrix}=-40<0,$$

由顺序主子式判别法,此二次型是负定二次型.

(2) 二次型的矩阵 $\boldsymbol{A}=\begin{pmatrix}1 & -1 & 2 & 1\\ -1 & 3 & 0 & -3\\ 2 & 0 & 9 & -6\\ 1 & -3 & -6 & 19\end{pmatrix}$,则 $\boldsymbol{A}$ 的各阶顺序主子式为

$$|\boldsymbol{A}_1|=1>0,\quad |\boldsymbol{A}_2|=\begin{vmatrix}1&-1\\-1&3\end{vmatrix}=4>0,$$

$$|\boldsymbol{A}_3|=\begin{vmatrix}1&-1&2\\-1&3&0\\2&0&9\end{vmatrix}=6>0,\quad |\boldsymbol{A}_4|=\begin{vmatrix}1&-1&2&1\\-1&3&0&-3\\2&0&9&-6\\1&-3&-6&19\end{vmatrix}=24>0,$$

由顺序主子式判别法,此二次型是正定二次型.

2. 已知矩阵 $\boldsymbol{A}=\begin{pmatrix}1&2&0&0\\2&x&0&0\\0&0&2&-1\\0&0&-1&y\end{pmatrix}$ 是正定的,求 x, y.

解 因为 $\boldsymbol{A}$ 为正定矩阵,所以各顺序主子式都为正数,于是

$$1>0,\quad \begin{vmatrix}1&2\\2&x\end{vmatrix}>0,\ \begin{vmatrix}1&2&0\\2&x&0\\0&0&2\end{vmatrix}>0,\ \begin{vmatrix}1&2&0&0\\2&x&0&0\\0&0&2&-1\\0&0&-1&y\end{vmatrix}>0,$$

解得 $x>4$, $y>\dfrac{1}{2}$.

3. 设对称矩阵 $\boldsymbol{A}$ 为正定矩阵,证明:存在可逆矩阵 $\boldsymbol{U}$,使 $\boldsymbol{A}=\boldsymbol{U}^{\mathrm{T}}\boldsymbol{U}$.

证明 因为 $\boldsymbol{A}$ 为正定矩阵,所以二次型 $f(x)=\boldsymbol{x}^{\mathrm{T}}\boldsymbol{A}\boldsymbol{x}$ 为正定二次型,所以其规范形的矩阵为单位矩阵 $\boldsymbol{E}$,即存在可逆矩阵 $\boldsymbol{P}$,使 $\boldsymbol{P}^{\mathrm{T}}\boldsymbol{A}\boldsymbol{P}=\boldsymbol{E}$. 故 $\boldsymbol{A}=(\boldsymbol{P}^{\mathrm{T}})^{-1}\boldsymbol{E}\boldsymbol{P}^{-1}=(\boldsymbol{P}^{-1})^{\mathrm{T}}\boldsymbol{E}\boldsymbol{P}^{-1}=(\boldsymbol{P}^{-1})^{\mathrm{T}}\boldsymbol{P}^{-1}$.

令 $\boldsymbol{U}=\boldsymbol{P}^{-1}$,则 $\boldsymbol{A}=\boldsymbol{U}^{\mathrm{T}}\boldsymbol{U}$. 得证.

4. 设 $\boldsymbol{A}$ 为 n 阶正定矩阵,证明:$\boldsymbol{A}^*$ 也是正定矩阵.

证明 因为 $\boldsymbol{A}$ 是正定矩阵,所以 $\boldsymbol{A}$ 的所有特征值 $\lambda_i>0(i=1,2,\cdots,n)$,且 $|\boldsymbol{A}|>0$. 又因为 $\boldsymbol{A}^*=|\boldsymbol{A}|\boldsymbol{A}^{-1}$ 且 $\boldsymbol{A}^{-1}$ 的特征值为 $\dfrac{1}{\lambda_i}(i=1,2,\cdots,n)$,所以 $\boldsymbol{A}^*$ 的特征值为 $\dfrac{|\boldsymbol{A}|}{\lambda_i}(i=1,2,\cdots,n)$,且全为正数,故 $\boldsymbol{A}^*$ 是正定矩阵,得证.

思政元素:祖冲之

祖冲之(429—500),中国数学家、科学家. 祖冲之字文远,范阳遒县(今河北省中部)人,出生在南北朝时期. 他原籍虽然在北方,但几代祖先都在南方做官,而且一家有几代研究历法. 其祖父掌管土木建筑,也懂得一些科学技术,所以祖冲之从小就有机会接触家传的科学知识. 祖冲之的杰出成就,主要在天文历法、机械和数学三方面. 祖冲之对历法有很深的造诣,他发现当

时通行的何承天(370—440)的《元嘉历》(445 年开始实行)有三个重大的错误,因此自己制定了一种新的历法,以制成的年代命名为"大明历".祖冲之指出,旧历法使用 19 年 7 闰的闰法不够精密.于是他打破常规,采用 391 年 144 闰的闰法.这在当时是一项重大的革新.另一项革新是他将"岁差"引入历法中,开辟了历法史的新纪元.除了这两大改革外,还有三项新的规定.462 年,祖冲之上表给宋孝武帝刘骏,建议用《大明历》,但是由于种种原因没能如愿.直到 510 年,在祖冲之儿子祖暅的再三推荐下,梁武帝(萧衍)才开始施行《大明历》.这已在祖冲之去世后 10 年,上表论历之后 48 年了.《大明历》使用到 589 年,共通行 80 年.祖冲之在天文方面还有很多贡献.他首次精密测出交点月(月球两次经过白道升交点的时间)等于 27.212 23 日,和现在公认的 27.212 22 日相差还不到 1 秒.我国古代用岁星(木星)纪年,因为岁星约 12 年一周天,于是把黄道分为 12 等分(每一分称为一"次"),给定 12 个名称,以岁星所在的位置作为岁名.实际上木星的恒星周期(公转周期)不恰好是 12 年.《三统历》(前 7 年)认为 144 年超过一次(即 144 年行 145 次),这相当定岁星周期为 $12\times\frac{144}{145}=11.92$ 年.祖冲之认为不够精密,指出木星"行天七匝,辄超一位".1 匝指 12 年,7 匝是 84 年,超一位就是超过一"次",即 84 年间共行 85"次".相当于以 $12\times\frac{84}{85}=11.859$ 年作为木星的恒星周期,和现今的测定只有 0.026%的误差.祖冲之在其他天文方面的成就不一一列举.指南车是我国古代的卓越发明,它和利用磁性的"司南"(指南针)不同,是一种装有机械的车,上面有一个木人,无论车怎样行走转动,木人的手总指向南方.祖冲之改用铜机,无论怎样转动,所指的方向不变.此外,祖冲之还有水碓磨、千里船等多种机械创造.祖冲之懂得音乐,写过小说,注过多种经典,是我国历史上少有的博学多才的人物.祖冲之的数学著作《缀术》已失传,好在《隋书》还留下一小段关于圆周率的记载.圆周率的发展,在某种程度上反映了一个时代或一个民族的数学水平.从《隋书》的记载,知道祖冲之求得 $3.1415926<\pi<3.1415927$,密率 $\pi=\frac{355}{113}$,约率 $\pi=\frac{22}{7}$.

约率早已为阿基米德所知,然而密率却是一个空前的杰作.密率 $\frac{355}{113}$ 是一个很有趣的数字,分母、分子恰好是三个最小奇数的重复,便于记忆.$\frac{355}{113}=3.141592920\cdots$ 相对误差是 $\frac{9}{10^8}$,设直径为 10 km,用此圆周率算出的圆周只比真值大不到 3 mm.不难证明,约率比密率更接近 π 的分数,但比密率复杂得多.最简单的一个是 $\frac{52163}{16604}$.换句话说,在分母小于 16 604 的一切分数中,不可能有比 $\frac{355}{113}$ 更接近 π 的分数.为纪念祖冲之首创之功,日本数学史家三上义夫(Yoshio Mikami)在《中日数学发展史》(*The Development of Mathematics in China and Japan*, 1913)中建议把 $\pi=\frac{355}{113}$ 叫做"祖率".这种叫法在中华人民共和国成立后已通行于全国.《缀术》究竟是祖冲之所作,还是祖暅所作,各书记载不一.大概是祖冲之完成其主要部分,祖暅后来再编整补充.唐朝时规定各算书的学习年限,以《缀术》最长(4 年),其博大精深由此可见.可惜"学官莫能究其深奥,是故废而不理",后来竟在 11 世纪失传,这是我国学术界的重大损失.

总习题5

(A)

一、选择题

1. 设 $\boldsymbol{A}$ 与 $\boldsymbol{B}$ 为 n 阶矩阵,则以下成立的是(　　).

A. $\boldsymbol{A}$ 与 $\boldsymbol{B}$ 等价⇒$\boldsymbol{A}$ 与 $\boldsymbol{B}$ 合同　　B. $\boldsymbol{A}$ 与 $\boldsymbol{B}$ 合同⇒$\boldsymbol{A}$ 与 $\boldsymbol{B}$ 等价

C. $\boldsymbol{A}$ 与 $\boldsymbol{B}$ 等价⇒$\boldsymbol{A}$ 与 $\boldsymbol{B}$ 相似　　D. $\boldsymbol{A}$ 与 $\boldsymbol{B}$ 相似⇒$\boldsymbol{A}$ 与 $\boldsymbol{B}$ 合同

解　若两个矩阵合同或者相似,则一定等价;反之,若两矩阵等价,则未必合同,也未必相似. 另外,对于一般的矩阵,其相似性与合同性之间也没有必然联系,故选 B.

2. 二次型 $f(x_1, x_2, x_3)=(x_1, x_2, x_3)\begin{pmatrix}1&2&1\\0&1&0\\1&2&1\end{pmatrix}\begin{pmatrix}x_1\\x_2\\x_3\end{pmatrix}$ 的秩为(　　).

A. 0　　B. 1　　C. 2　　D. 3

解　注意到题中矩阵非对称,不能直接认为是二次型的矩阵. 整理后,可得二次型的矩阵 $\boldsymbol{A}=\begin{pmatrix}1&1&1\\1&1&1\\1&1&1\end{pmatrix}\longrightarrow\begin{pmatrix}1&1&1\\0&0&0\\0&0&0\end{pmatrix}$,所以 $\boldsymbol{A}$ 的秩为 1,故二次型的秩为 1. 选 B.

3. n 阶实对称矩阵 $\boldsymbol{A}$ 是正定矩阵的充分必要条件是(　　).

A. $\boldsymbol{A}$ 所有特征值非负　　B. $\boldsymbol{A}$ 所有 k 级子式为正

C. 秩 $\boldsymbol{A}=n$　　D. $\boldsymbol{A}^{-1}$ 为正定矩阵

解　对于 A 选项,$\boldsymbol{A}$ 是正定矩阵的充分必要条件是 $\boldsymbol{A}$ 的所有特征值为正,特征值非负并不能保证矩阵正定;

对于 B 选项,$\boldsymbol{A}$ 是正定矩阵的充分必要条件是 $\boldsymbol{A}$ 的所有顺序主子式为正,正定矩阵未必所有的子式都为正;

对于 C 选项,秩 $\boldsymbol{A}=n$ 不能保证矩阵正定,这只是 $\boldsymbol{A}$ 为正定矩阵的必要条件而非充分条件;

对于 D 选项,$\boldsymbol{A}$ 是正定矩阵的充分必要条件应该是 $\boldsymbol{A}$ 的所有特征值为正,这等价于 $\boldsymbol{A}$ 的所有特征值的倒数为正,即 $\boldsymbol{A}^{-1}$ 的所有特征值为正,这又等价于 $\boldsymbol{A}^{-1}$ 为正定矩阵,故该选项正确. 选 D.

4. 下列从变量 x_1, x_2, x_3 到 y_1, y_2, y_3 的线性替换中,可逆的线性替换为(　　).

A. $\begin{cases}x_1=y_1+y_2,\\x_2=y_1+y_3,\\x_3=2y_1+y_2+y_3\end{cases}$　　B. $\begin{cases}x_1=y_1-y_2+y_3,\\x_2=y_1+y_2-y_3,\\x_3=-y_1+y_2-y_3\end{cases}$

C. $\begin{cases}x_1=y_1-2y_2+y_3,\\x_2=y_1-y_3,\\x_3=y_1-2y_2+2y_3\end{cases}$　　D. $\begin{cases}x_1=y_1-2y_2+y_3,\\x_2=y_2-2y_3,\\x_3=y_1-y_2-y_3\end{cases}$

解　线性替换可逆的充分必要条件是其矩阵可逆,这又等价于其矩阵的行列式非零. 所以只需验证各线性替换的矩阵的行列式是否非零.

对于 A 选项,$|\boldsymbol{A}|=\begin{vmatrix}1&1&0\\1&0&1\\2&1&1\end{vmatrix}=0$;对于 B 选项,$|\boldsymbol{B}|=\begin{vmatrix}1&-1&1\\1&1&-1\\-1&1&-1\end{vmatrix}=0$;

对于C选项，$|\boldsymbol{C}|=\begin{vmatrix}1&-2&1\\1&0&-1\\1&-2&2\end{vmatrix}=2\neq0$；对于D选项，$|\boldsymbol{D}|=\begin{vmatrix}1&-2&1\\0&1&-2\\1&-1&-1\end{vmatrix}=0$.

故选C.

二、填空题

1. 矩阵 $\boldsymbol{A}=\begin{pmatrix}1&2&3\\2&1&0\\3&0&2\end{pmatrix}$ 对应的二次型为__________.

解 $f=x_1^2+x_2^2+2x_3^2+4x_1x_2+6x_1x_3$.

2. 二次型 $f(x_1,x_2,x_3)=x_1^2+4x_2^2-x_3^2+4x_1x_2+3x_1x_3+6x_2x_3$ 的秩为__________，正惯性指数为__________，负惯性指数为__________，符号差为__________.

解

$$\begin{aligned}f(x_1,x_2,x_3)&=x_1^2+4x_1x_2+3x_1x_3+4x_2^2+\frac{9}{4}x_3^2+6x_2x_3-x_3^2-\frac{9}{4}x_3^2\\&=\left(x_1+2x_2+\frac{3}{2}x_3\right)^2-\frac{13}{4}x_3^2.\end{aligned}$$

令 $\begin{cases}y_1=x_1+2x_2+\dfrac{3}{2}x_3,\\y_2=x_2,\\y_3=x_3,\end{cases}$ 则原二次型的标准形 $f=y_1^2-\dfrac{13}{4}y_3^2$.

故二次型的秩为2，正惯性指数为1，负惯性指数为1，符号差为1−1=0.

3. 已知二次型 $f(x_1,x_2,x_3)=5x_1^2+5x_2^2+cx_3^2-2x_1x_2+6x_1x_3-6x_2x_3$ 的秩为2，则 $c=$__________.

解 二次型的矩阵

$$\boldsymbol{A}=\begin{pmatrix}5&-1&3\\-1&5&-3\\3&-3&c\end{pmatrix}.$$

因为二次型的秩为2，故矩阵 $\boldsymbol{A}$ 的秩也为2. 所以矩阵 $\boldsymbol{A}$ 不可逆，其行列式为0，即

$$|\boldsymbol{A}|=\begin{vmatrix}5&-1&3\\-1&5&-3\\3&-3&c\end{vmatrix}=0.$$

展开得 $24c-72=0$，故 $c=3$.

三、计算与证明题

1. 已知二次型 $f(x_1,x_2,x_3)=(x_1,x_2,x_3)\begin{pmatrix}1&2&3\\4&5&6\\7&8&9\end{pmatrix}\begin{pmatrix}x_1\\x_2\\x_3\end{pmatrix}$，写出此二次型的矩阵.

分析 本题中的矩阵不是对称矩阵，故不能认为该矩阵是二次型的矩阵，需要先展开二次型，再整理出相应的对称矩阵.

解 将二次型展开得

$$f(x_1,x_2,x_3)=(x_1,x_2,x_3)\begin{pmatrix}1&2&3\\4&5&6\\7&8&9\end{pmatrix}\begin{pmatrix}x_1\\x_2\\x_3\end{pmatrix}=\begin{pmatrix}x_1&2x_1&3x_1\\4x_2&5x_2&6x_2\\7x_3&8x_3&9x_3\end{pmatrix}\begin{pmatrix}x_1\\x_2\\x_3\end{pmatrix}$$

$$= x_1^2 + 2x_1x_2 + 3x_1x_3 + 4x_1x_2 + 5x_2^2 + 6x_2x_3 + 7x_1x_3 + 8x_2x_3 + 9x_3^2$$
$$= x_1^2 + 5x_2^2 + 9x_3^2 + 6x_1x_2 + 10x_1x_3 + 14x_2x_3,$$

故二次型的矩阵为$\begin{pmatrix} 1 & 3 & 5 \\ 3 & 5 & 7 \\ 5 & 7 & 9 \end{pmatrix}$.

2. 已知二次型 $f(x_1, x_2, x_3) = x_1x_2 - x_1x_3 + x_2x_3$，求此二次型的秩.

解 二次型的矩阵 $\boldsymbol{A} = \begin{pmatrix} 0 & \frac{1}{2} & -\frac{1}{2} \\ \frac{1}{2} & 0 & \frac{1}{2} \\ -\frac{1}{2} & \frac{1}{2} & 0 \end{pmatrix}$，则 $|\boldsymbol{A}| = \begin{vmatrix} 0 & \frac{1}{2} & -\frac{1}{2} \\ \frac{1}{2} & 0 & \frac{1}{2} \\ -\frac{1}{2} & \frac{1}{2} & 0 \end{vmatrix} = -\frac{1}{4} \neq 0.$

所以矩阵 $\boldsymbol{A}$ 可逆，其秩为 3，故二次型的秩为 3.

3. 求一个正交变换 $\boldsymbol{x} = \boldsymbol{P}\boldsymbol{y}$，将二次型 $f(x_1, x_2, x_3) = 2x_1^2 + 2x_2^2 + 4x_3^2 + 4x_1x_3 + 4x_2x_3$ 化为标准形.

解 (1) 写出二次型的矩阵 $\boldsymbol{A} = \begin{pmatrix} 2 & 0 & 2 \\ 0 & 2 & 2 \\ 2 & 2 & 4 \end{pmatrix}$.

(2) 求出 $\boldsymbol{A}$ 的所有特征值 $|\lambda \boldsymbol{E} - \boldsymbol{A}| = \begin{vmatrix} \lambda - 2 & 0 & -2 \\ 0 & \lambda - 2 & -2 \\ -2 & -2 & \lambda - 4 \end{vmatrix} = \lambda(\lambda - 2)(\lambda - 6)$，所以 $\boldsymbol{A}$ 的所有特征值为 $\lambda_1 = 0, \lambda_2 = 2, \lambda_3 = 6$.

(3) 求出每个特征值线性无关的特征向量.

当 $\lambda_1 = 0$ 时，齐次线性方程组 $(0 - \boldsymbol{A})\boldsymbol{x} = \boldsymbol{0}$ 的基础解系 $\boldsymbol{p}_1 = (1 \quad 1 \quad -1)^{\mathrm{T}}$；

当 $\lambda_2 = 2$ 时，齐次线性方程组 $(2\boldsymbol{E} - \boldsymbol{A})\boldsymbol{x} = \boldsymbol{0}$ 的基础解系 $\boldsymbol{p}_2 = (1 \quad -1 \quad 0)^{\mathrm{T}}$；

当 $\lambda_3 = 6$ 时，齐次线性方程组 $(6\boldsymbol{E} - \boldsymbol{A})\boldsymbol{x} = \boldsymbol{0}$ 的基础解系 $\boldsymbol{p}_3 = (1 \quad 1 \quad 2)^{\mathrm{T}}$.

(4) 将线性无关的特征向量 $\boldsymbol{p}_1, \boldsymbol{p}_2, \boldsymbol{p}_3$ 正交化、单位化.

因为 $\boldsymbol{p}_1, \boldsymbol{p}_2, \boldsymbol{p}_3$ 已经两两正交，所以只需单位化：

$$\boldsymbol{e}_1 = \frac{\boldsymbol{p}_1}{\|\boldsymbol{p}_1\|} = \left(\frac{1}{\sqrt{3}}, \frac{1}{\sqrt{3}}, -\frac{1}{\sqrt{3}}\right)^{\mathrm{T}}, \quad \boldsymbol{e}_2 = \frac{\boldsymbol{p}_2}{\|\boldsymbol{p}_2\|} = \left(\frac{1}{\sqrt{2}}, -\frac{1}{\sqrt{2}}, 0\right)^{\mathrm{T}},$$

$$\boldsymbol{e}_3 = \frac{\boldsymbol{p}_3}{\|\boldsymbol{p}_3\|} = \left(\frac{1}{\sqrt{6}}, \frac{1}{\sqrt{6}}, \frac{2}{\sqrt{6}}\right)^{\mathrm{T}}.$$

(5) 求得正交变换 $\boldsymbol{x} = \boldsymbol{P}\boldsymbol{y}$，其中正交矩阵

$$\boldsymbol{P} = (\boldsymbol{e}_1, \boldsymbol{e}_2, \boldsymbol{e}_3) = \begin{pmatrix} \frac{1}{\sqrt{3}} & \frac{1}{\sqrt{2}} & \frac{1}{\sqrt{6}} \\ \frac{1}{\sqrt{3}} & -\frac{1}{\sqrt{2}} & \frac{1}{\sqrt{6}} \\ -\frac{1}{\sqrt{3}} & 0 & \frac{2}{\sqrt{6}} \end{pmatrix},$$

将二次型化为标准形 $f(x_1, x_2, x_3) = 2y_2^2 + 6y_3^2$.

4. 用拉格朗日配方法将二次型 $f(x_1, x_2, x_3) = x_1^2 - x_2^2 - 4x_1x_3 - 4x_2x_3$ 化为标准形.

解
$$
\begin{aligned}
f(x_1, x_2, x_3) &= x_1^2 - x_2^2 - 4x_1x_3 - 4x_2x_3 \\
&= (x_1^2 - 4x_1x_3 + 4x_3^2) - x_2^2 - 4x_2x_3 - 4x_3^2 \\
&= (x_1^2 - 4x_1x_3 + 4x_3^2) - (x_2^2 + 4x_2x_3 + 4x_3^2) \\
&= (x_1 - 2x_3)^2 - (x_2 + 2x_3)^2.
\end{aligned}
$$

令 $\begin{cases} y_1 = x_1 - 2x_3, \\ y_2 = x_2 + 2x_3, \\ y_3 = x_3, \end{cases}$ 则有可逆线性变换 $\begin{cases} x_1 = y_1 + 2y_3, \\ x_2 = y_2 - 2y_3, \\ x_3 = y_3, \end{cases}$

将原二次型化为标准形 $f = y_1^2 - y_2^2$.

5. 已知二次型 $f(x_1, x_2, x_3) = x_1^2 + 3x_2^2 + x_3^2 + 2x_1x_2 + 2x_1x_3 + 2x_2x_3$，求该二次型的正惯性指数.

解
$$
\begin{aligned}
f(x_1, x_2, x_3) &= x_1^2 + 3x_2^2 + x_3^2 + 2x_1x_2 + 2x_1x_3 + 2x_2x_3 \\
&= (x_1^2 + 2x_1x_2 + 2x_1x_3 + x_2^2 + x_3^2 + 2x_2x_3) + 2x_2^2 \\
&= (x_1 + x_2 + x_3)^2 + 2x_2^2.
\end{aligned}
$$

令 $\begin{cases} y_1 = x_1 + x_2 + x_3, \\ y_2 = x_2, \\ y_3 = x_3, \end{cases}$ 则有可逆线性变换 $\begin{cases} x_1 = y_1 - y_2 - y_3, \\ x_2 = y_2, \\ x_3 = y_3, \end{cases}$

将二次型化为标准形 $f(x_1, x_2, x_3) = y_1^2 + 2y_2^2$，所以正惯性指数为 2.

6. 已知矩阵 $\boldsymbol{A} = \begin{pmatrix} a & b+3 & 0 \\ a-1 & a & 0 \\ 0 & 0 & 2 \end{pmatrix}$ 为正定矩阵，求 a, b 的值.

解 因为矩阵 $\boldsymbol{A}$ 正定，所以其必为对称矩阵，且其各顺序主子式都为正.

所以 $a - 1 = b + 3$，得 $b = a - 4$.

进而各顺序主子式为 $a > 0$, $\begin{vmatrix} a & a-1 \\ a-1 & a \end{vmatrix} > 0$, $\begin{vmatrix} a & a-1 & 0 \\ a-1 & a & 0 \\ 0 & 0 & 2 \end{vmatrix} > 0$,

展开得 $a > 0, 2a - 1 > 0$，故 $a > \dfrac{1}{2}$，进而有 $b > -\dfrac{7}{2}$.

7. 设 $\boldsymbol{A}$ 为实对称矩阵，证明：当实数 t 充分大后，$t\boldsymbol{E} + \boldsymbol{A}$ 是正定矩阵.

证明 设 $\lambda_1, \cdots, \lambda_n$ 是矩阵 $\boldsymbol{A}$ 的全部特征值，则对于任一特征值 $\lambda_i (1 \leqslant i \leqslant n)$，必有 $|\lambda_i \boldsymbol{E} - \boldsymbol{A}| = 0$，变形得 $|(t + \lambda_i)\boldsymbol{E} - (t\boldsymbol{E} + \boldsymbol{A})| = 0$，这说明 $t + \lambda_i (i = 1, 2, \cdots, n)$ 是矩阵 $t\boldsymbol{E} + \boldsymbol{A}$ 的全部特征值.

故只需令 $t > \max\limits_{1 \leqslant i \leqslant n}(-\lambda_i)$，则 $t + \lambda_i > 0 (i = 1, 2, \cdots, n)$，即此时矩阵 $t\boldsymbol{E} + \boldsymbol{A}$ 的特征值均为正数，则 $t\boldsymbol{E} + \boldsymbol{A}$ 是正定矩阵.

8. 已知实对称矩阵 $\boldsymbol{A}$ 满足 $\boldsymbol{A}^3 - 6\boldsymbol{A}^2 + 11\boldsymbol{A} - 6\boldsymbol{E} = \boldsymbol{O}$，证明：$\boldsymbol{A}$ 是正定矩阵.

证明 设多项式 $f(x) = x^3 - 6x^2 + 11x - 6$，则由题意知 $f(\boldsymbol{A}) = \boldsymbol{O}$.

设 λ 是矩阵 $\boldsymbol{A}$ 的任一特征值，则 $f(\lambda)$ 是矩阵 $f(\boldsymbol{A})$ 的特征值，而 $f(\boldsymbol{A})$ 是零矩阵，其特征值均为 0，故 $f(\lambda) = 0$.

另外，$f(\lambda) = \lambda^3 - 6\lambda^2 + 11\lambda - 6 = (\lambda - 1)(\lambda - 2)(\lambda - 3)$.

所以 $(\lambda - 1)(\lambda - 2)(\lambda - 3) = 0$，$\lambda$ 的值只能在 1, 2, 3 中取.

这说明 $\boldsymbol{A}$ 的全部特征值都是正数，从而 $\boldsymbol{A}$ 必为正定矩阵.

9. 利用正交变换将二次曲线 $5x_1^2+5x_2^2-6x_1x_2=4$ 化为标准方程，求出所作的正交变换，并说明此变换的几何意义.

解 设二次型 $f(x_1,x_2)=5x_1^2+5x_2^2-6x_1x_2$，则二次型的矩阵 $\boldsymbol{A}=\begin{pmatrix}5&-3\\-3&5\end{pmatrix}$.

则

$$|\lambda\boldsymbol{E}-\boldsymbol{A}|=\begin{vmatrix}\lambda-5&3\\3&\lambda-5\end{vmatrix}=(\lambda-2)(\lambda-8),$$

所以 $\boldsymbol{A}$ 的所有特征值为 $\lambda_1=2,\ \lambda_2=8$.

当 $\lambda_1=2$ 时，齐次线性方程组 $(2\boldsymbol{E}-\boldsymbol{A})\boldsymbol{x}=\boldsymbol{0}$ 的基础解系 $\boldsymbol{p}_1=(1\quad 1)^{\mathrm{T}}$；

当 $\lambda_2=8$ 时，齐次线性方程组 $(8\boldsymbol{E}-\boldsymbol{A})\boldsymbol{x}=\boldsymbol{0}$ 的基础解系 $\boldsymbol{p}_2=(1\quad -1)^{\mathrm{T}}$.

再将线性无关的特征向量 $\boldsymbol{p}_1,\ \boldsymbol{p}_2$ 正交化、单位化.

因为 $\boldsymbol{p}_1,\ \boldsymbol{p}_2$ 已经正交，所以只需单位化：

$$\boldsymbol{e}_1=\frac{\boldsymbol{p}_1}{\|\boldsymbol{p}_1\|}=\left(\frac{\sqrt{2}}{2},\frac{\sqrt{2}}{2}\right)^{\mathrm{T}},\quad \boldsymbol{e}_2=\frac{\boldsymbol{p}_2}{\|\boldsymbol{p}_2\|}=\left(\frac{\sqrt{2}}{2},-\frac{\sqrt{2}}{2}\right)^{\mathrm{T}}.$$

所以，求得正交变换 $\boldsymbol{x}=\boldsymbol{P}\boldsymbol{y}$，其中正交矩阵

$$\boldsymbol{P}=(\boldsymbol{e}_1,\boldsymbol{e}_2)=\begin{pmatrix}\frac{\sqrt{2}}{2}&\frac{\sqrt{2}}{2}\\\frac{\sqrt{2}}{2}&-\frac{\sqrt{2}}{2}\end{pmatrix},$$

将二次型化为标准形为 $$f(x_1,x_2)=2y_1^2+8y_2^2.$$

故二次曲线的标准方程为 $$2y_1^2+8y_2^2=4,$$

即 $$\frac{y_1^2}{2}+2y_2^2=1.$$

接下来研究其几何意义.

因为 $\boldsymbol{x}=\boldsymbol{P}\boldsymbol{y}$，即 $\boldsymbol{x}=\begin{pmatrix}\frac{\sqrt{2}}{2}&\frac{\sqrt{2}}{2}\\\frac{\sqrt{2}}{2}&-\frac{\sqrt{2}}{2}\end{pmatrix}\boldsymbol{y}$，

得 $\boldsymbol{y}=\boldsymbol{P}^{-1}\boldsymbol{x}=\boldsymbol{P}^{\mathrm{T}}\boldsymbol{x}$，即 $\boldsymbol{y}=\begin{pmatrix}\frac{\sqrt{2}}{2}&\frac{\sqrt{2}}{2}\\\frac{\sqrt{2}}{2}&-\frac{\sqrt{2}}{2}\end{pmatrix}\boldsymbol{x}$.

而 $\boldsymbol{P}^{\mathrm{T}}=\begin{pmatrix}\frac{\sqrt{2}}{2}&\frac{\sqrt{2}}{2}\\\frac{\sqrt{2}}{2}&-\frac{\sqrt{2}}{2}\end{pmatrix}$ 可改写为

$$\boldsymbol{P}^{\mathrm{T}}=\begin{pmatrix}-\cos\left(2\times\dfrac{5\pi}{8}\right) & -\sin\left(2\times\dfrac{5\pi}{8}\right)\\ -\sin\left(2\times\dfrac{5\pi}{8}\right) & \cos\left(2\times\dfrac{5\pi}{8}\right)\end{pmatrix}=\begin{pmatrix}-\cos 2\theta & -\sin 2\theta\\ -\sin 2\theta & \cos 2\theta\end{pmatrix},$$

其中 $\theta=\dfrac{5\pi}{8}$.

所以,该正交变换的几何意义是以 $\theta=\dfrac{5\pi}{8}$ 方向为镜面的镜射.经过该镜射变换,在新的坐标系下,二次曲线为标准椭圆,如图 5-1 所示.

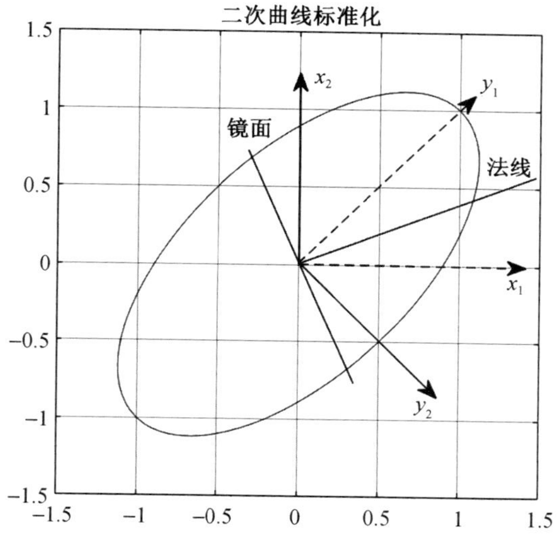

图 5-1

10. 证明:(1) 实二次型为半正定的充分必要条件是它的正惯性指数 p 等于它的秩 r.

(2) 实对称矩阵 $\boldsymbol{A}$ 是半正定矩阵的充分必要条件是 $\boldsymbol{A}$ 的特征值都大于或等于零.

(3) 半正定矩阵 $\boldsymbol{A}$ 的行列式 $|\boldsymbol{A}|\geqslant 0$.

证明　(1) 设二次型为 $f(x_1, x_2, \cdots, x_n)$,其矩阵为 $\boldsymbol{A}$. 因为二次型的秩为 r,所以 $\boldsymbol{A}$ 的秩为 r,所以 $\boldsymbol{A}$ 有 r 个非零特征值 $\lambda_1, \cdots, \lambda_r$,且其余特征值全为 0. 所以二次型的标准形为 $f=\lambda_1 y_1^2+\lambda_2 y_2^2+\cdots+\lambda_r y_r^2$.

必要性. 若二次型是半正定的,则标准形 $f=\lambda_1 y_1^2+\lambda_2 y_2^2+\cdots+\lambda_r y_r^2$ 中的 r 个非零平方项系数全为正,故其正惯性指数等于 r.

充分性. 因为二次型的正惯性指数 p 等于 r,所以标准形 $f=\lambda_1 y_1^2+\lambda_2 y_2^2+\cdots+\lambda_r y_r^2$ 的非零系数 $\lambda_1, \lambda_2, \cdots, \lambda_r$ 均为正数,这说明标准形是半正定的.

(2) 证法 1(利用二次型证明):

实对称矩阵 $\boldsymbol{A}$ 是半正定矩阵的充分必要条件是其二次型为半正定,故由(1)知,这等价于其二次型的正惯性指数 p 等于秩 r,等价于负惯性指数 $q=0$,故等价于二次型的标准形的系数均为非负的,而这又等价于矩阵 $\boldsymbol{A}$ 的特征值均非负. 故得证.

证法 2(直接利用矩阵性质证明):

设矩阵 $\boldsymbol{A}$ 的特征值为 $\lambda_1, \cdots, \lambda_n$,则因为矩阵 $\boldsymbol{A}$ 是实对称的,所以存在正交矩阵 $\boldsymbol{P}$,使得

$$P^{T}AP=\begin{pmatrix}\lambda_1 & & \\ & \ddots & \\ & & \lambda_n\end{pmatrix},\quad 则\ A=P\begin{pmatrix}\lambda_1 & & \\ & \ddots & \\ & & \lambda_n\end{pmatrix}P^{T},$$

则对于任意的非零向量 $\boldsymbol{x}_0$，

$$\boldsymbol{x}_0^{T}A\boldsymbol{x}_0=\boldsymbol{x}_0^{T}P\begin{pmatrix}\lambda_1 & & \\ & \ddots & \\ & & \lambda_n\end{pmatrix}P^{T}\boldsymbol{x}_0=(P^{T}\boldsymbol{x}_0)^{T}\begin{pmatrix}\lambda_1 & & \\ & \ddots & \\ & & \lambda_n\end{pmatrix}P^{T}\boldsymbol{x}_0=\boldsymbol{y}_0^{T}\begin{pmatrix}\lambda_1 & & \\ & \ddots & \\ & & \lambda_n\end{pmatrix}\boldsymbol{y}_0$$
$$=\lambda_1y_1^2+\lambda_2y_2^2+\cdots+\lambda_ny_n^2,$$

其中 $\boldsymbol{y}_0=(y_1,\ y_2,\ \cdots,\ y_n)^{T}=P^{T}\boldsymbol{x}_0$.

而实对称矩阵 A 是半正定矩阵的充分必要条件是对于任意的非零向量 $\boldsymbol{x}_0$，$\boldsymbol{x}_0^{T}A\boldsymbol{x}_0\geqslant 0$ 恒成立，即 $\lambda_1y_1^2+\lambda_2y_2^2+\cdots+\lambda_ny_n^2\geqslant 0$ 恒成立，这又等价于 $\lambda_1,\ \cdots,\ \lambda_n$ 均为非负. 故得证.

(3) 设矩阵 A 的特征值为 $\lambda_1,\ \cdots,\ \lambda_n$，则矩阵 A 的行列式 $|A|=\lambda_1\lambda_2\cdots\lambda_n$.

因为 A 半正定，由(2)知 $\lambda_1,\ \cdots,\ \lambda_n$ 均非负，所以 $|A|=\lambda_1\lambda_2\cdots\lambda_n\geqslant 0$. 故得证.

(B)

1. 设二次型 $f(x_1,\ x_2,\ x_3)=x_1^2-x_2^2+2ax_1x_3+4x_2x_3$ 的负惯性指数为 1，则 a 的取值范围是__________.

解
$$\begin{aligned}f(x_1,\ x_2,\ x_3)&=x_1^2-x_2^2+2ax_1x_3+4x_2x_3\\&=(x_1^2+2ax_1x_3+a^2x_3^2)-x_2^2+4x_2x_3-a^2x_3^2\\&=(x_1^2+2ax_1x_3+a^2x_3^2)-x_2^2+4x_2x_3-4x_3^2-a^2x_3^2+4x_3^2\\&=(x_1^2+2ax_1x_3+a^2x_3^2)-(x_2^2-4x_2x_3+4x_3^2)+(4-a^2)x_3^2\\&=(x_1+ax_3)^2-(x_2-2x_3)^2+(4-a^2)x_3^2.\end{aligned}$$

因为负惯性指数为 1，所以 $4-a^2\geqslant 0$，解得 $a\in[-2,\ 2]$.

2. 已知 $A=\begin{pmatrix}1 & 0 & 1\\ 0 & 1 & 1\\ -1 & 0 & a\\ 0 & a & -1\end{pmatrix}$，二次型 $f(x_1,\ x_2,\ x_3)=\boldsymbol{x}^{T}(A^{T}A)\boldsymbol{x}$ 的秩为 2，求

(1) 实数 a 的值；

(2) 正交变换 $\boldsymbol{x}=Q\boldsymbol{y}$ 将 f 化为标准形.

解 (1) 因为二次型 $f(x_1,\ x_2,\ x_3)=\boldsymbol{x}^{T}(A^{T}A)\boldsymbol{x}$ 的秩为 2，所以矩阵 $A^{T}A$ 的秩为 2. 而 $A^{T}A$ 与 A 的秩相等，所以 A 的秩为 2.

$$A=\begin{pmatrix}1 & 0 & 1\\ 0 & 1 & 1\\ -1 & 0 & a\\ 0 & a & -1\end{pmatrix}\xrightarrow[r_4-ar_2]{r_3+r_1}\begin{pmatrix}1 & 0 & 1\\ 0 & 1 & 1\\ 0 & 0 & a+1\\ 0 & 0 & -1-a\end{pmatrix},$$

故 $\begin{cases}a+1=0,\\ -1-a=0,\end{cases}$ 所以 $a=-1$.

(2) 由(1)知，$A=\begin{pmatrix}1&0&1\\0&1&1\\-1&0&-1\\0&-1&-1\end{pmatrix}$，所以 $A^{T}A=\begin{pmatrix}2&0&2\\0&2&2\\2&2&4\end{pmatrix}$.

$$|\lambda E-A^{T}A|=\begin{vmatrix}\lambda-2&0&-2\\0&\lambda-2&-2\\-2&-2&\lambda-4\end{vmatrix}=\lambda(\lambda-2)(\lambda-6),$$

所以 $A^{T}A$ 的所有特征值为 $\lambda_1=0,\lambda_2=2,\lambda_3=6$.

求出每个特征值线性无关的特征向量：

当 $\lambda_1=0$ 时，齐次线性方程组 $(0-A^{T}A)x=\mathbf{0}$ 的基础解系 $p_1=(1\quad 1\quad -1)^{T}$；

当 $\lambda_2=2$ 时，齐次线性方程组 $(2E-A^{T}A)x=\mathbf{0}$ 的基础解系 $p_2=(1\quad -1\quad 0)^{T}$；

当 $\lambda_3=6$ 时，齐次线性方程组 $(6E-A^{T}A)x=\mathbf{0}$ 的基础解系 $p_3=(1\quad 1\quad 2)^{T}$.

将线性无关的特征向量 p_1，p_2，p_3 正交化、单位化.

因为 p_1，p_2，p_3 已经两两正交，所以只需单位化：

$$e_1=\frac{p_1}{\| p_1\|}=\left(\frac{1}{\sqrt{3}},\frac{1}{\sqrt{3}},-\frac{1}{\sqrt{3}}\right)^{T},\quad e_2=\frac{p_2}{\| p_2\|}=\left(\frac{1}{\sqrt{2}},-\frac{1}{\sqrt{2}},0\right)^{T},$$

$$e_3=\frac{p_3}{\| p_3\|}=\left(\frac{1}{\sqrt{6}},\frac{1}{\sqrt{6}},\frac{2}{\sqrt{6}}\right)^{T}.$$

所以，求得正交变换 $x=Py$，其中正交矩阵

$$P=(e_1,e_2,e_3)=\begin{pmatrix}\frac{1}{\sqrt{3}}&\frac{1}{\sqrt{2}}&\frac{1}{\sqrt{6}}\\\frac{1}{\sqrt{3}}&-\frac{1}{\sqrt{2}}&\frac{1}{\sqrt{6}}\\-\frac{1}{\sqrt{3}}&0&\frac{2}{\sqrt{6}}\end{pmatrix},$$

将二次型化为标准形为 $f(x)=x^{T}(A^{T}A)x=2y_2^2+6y_3^2$.

3. 设二次型 $f(x_1,x_2,x_3)=2(a_1x_1+a_2x_2+a_3x_3)^2+(b_1x_1+b_2x_2+b_3x_3)^2$，$\alpha=\begin{pmatrix}a_1\\a_2\\a_3\end{pmatrix}$，$\beta=\begin{pmatrix}b_1\\b_2\\b_3\end{pmatrix}$，

(1) 证明：二次型 f 对应的矩阵为 $2\alpha\alpha^{T}+\beta\beta^{T}$；

(2) 若 α，β 正交且均为单位向量，证明 f 在正交变换下的标准形为 $2y_1^2+y_2^2$.

证明 (1) $f(x_1,x_2,x_3)=2(a_1x_1+a_2x_2+a_3x_3)^2+(b_1x_1+b_2x_2+b_3x_3)^2$

$$=2(a_1x_1+a_2x_2+a_3x_3)(a_1x_1+a_2x_2+a_3x_3)+(b_1x_1+b_2x_2+b_3x_3)(b_1x_1+b_2x_2+b_3x_3)$$

$$=2(x_1,x_2,x_3)\begin{pmatrix}a_1\\a_2\\a_3\end{pmatrix}(a_1,a_2,a_3)\begin{pmatrix}x_1\\x_2\\x_3\end{pmatrix}+(x_1,x_2,x_3)\begin{pmatrix}b_1\\b_2\\b_3\end{pmatrix}(b_1,b_2,b_3)\begin{pmatrix}x_1\\x_2\\x_3\end{pmatrix}$$

$$= 2(x_1, x_2, x_3)\boldsymbol{\alpha\alpha}^{\mathrm{T}}\begin{pmatrix}x_1\\x_2\\x_3\end{pmatrix} + (x_1, x_2, x_3)\boldsymbol{\beta\beta}^{\mathrm{T}}\begin{pmatrix}x_1\\x_2\\x_3\end{pmatrix}$$

$$= (x_1, x_2, x_3)(2\boldsymbol{\alpha\alpha}^{\mathrm{T}} + \boldsymbol{\beta\beta}^{\mathrm{T}})\begin{pmatrix}x_1\\x_2\\x_3\end{pmatrix}$$

$$= \boldsymbol{x}^{\mathrm{T}}(2\boldsymbol{\alpha\alpha}^{\mathrm{T}} + \boldsymbol{\beta\beta}^{\mathrm{T}})\boldsymbol{x}.$$

所以，二次型 f 对应的矩阵为 $2\boldsymbol{\alpha\alpha}^{\mathrm{T}} + \boldsymbol{\beta\beta}^{\mathrm{T}}$.

(2) 因为 $\boldsymbol{\alpha}$，$\boldsymbol{\beta}$ 正交且均为单位向量，所以 $\boldsymbol{\alpha}^{\mathrm{T}}\boldsymbol{\alpha} = \boldsymbol{\beta}^{\mathrm{T}}\boldsymbol{\beta} = 1$，$\boldsymbol{\alpha}^{\mathrm{T}}\boldsymbol{\beta} = \boldsymbol{\beta}^{\mathrm{T}}\boldsymbol{\alpha} = 0$.

记 $2\boldsymbol{\alpha\alpha}^{\mathrm{T}} + \boldsymbol{\beta\beta}^{\mathrm{T}} = \boldsymbol{A}$，则 $\boldsymbol{A\alpha} = (2\boldsymbol{\alpha\alpha}^{\mathrm{T}} + \boldsymbol{\beta\beta}^{\mathrm{T}})\boldsymbol{\alpha} = 2\boldsymbol{\alpha\alpha}^{\mathrm{T}}\boldsymbol{\alpha} + \boldsymbol{\beta\beta}^{\mathrm{T}}\boldsymbol{\alpha} = 2\boldsymbol{\alpha}(\boldsymbol{\alpha}^{\mathrm{T}}\boldsymbol{\alpha}) + \boldsymbol{\beta}(\boldsymbol{\beta}^{\mathrm{T}}\boldsymbol{\alpha}) = 2\boldsymbol{\alpha}$，这说明 $\boldsymbol{\alpha}$ 是矩阵 $\boldsymbol{A}$ 关于特征值 2 的特征向量.

同理，$\boldsymbol{A\beta} = (2\boldsymbol{\alpha\alpha}^{\mathrm{T}} + \boldsymbol{\beta\beta}^{\mathrm{T}})\boldsymbol{\beta} = 2\boldsymbol{\alpha\alpha}^{\mathrm{T}}\boldsymbol{\beta} + \boldsymbol{\beta\beta}^{\mathrm{T}}\boldsymbol{\beta} = 2\boldsymbol{\alpha}(\boldsymbol{\alpha}^{\mathrm{T}}\boldsymbol{\beta}) + \boldsymbol{\beta}(\boldsymbol{\beta}^{\mathrm{T}}\boldsymbol{\beta}) = \boldsymbol{\beta}$，这说明 $\boldsymbol{\beta}$ 是矩阵 $\boldsymbol{A}$ 关于特征值 1 的特征向量.

取 $\boldsymbol{\gamma}$ 为同时与 $\boldsymbol{\alpha}$，$\boldsymbol{\beta}$ 正交的单位向量，即 $\boldsymbol{\alpha}^{\mathrm{T}}\boldsymbol{\gamma} = \boldsymbol{\gamma}^{\mathrm{T}}\boldsymbol{\alpha} = \boldsymbol{\beta}^{\mathrm{T}}\boldsymbol{\gamma} = \boldsymbol{\gamma}^{\mathrm{T}}\boldsymbol{\beta} = 0$，$\boldsymbol{\gamma}^{\mathrm{T}}\boldsymbol{\gamma} = 1$.

令矩阵 $\boldsymbol{P} = (\boldsymbol{\alpha}, \boldsymbol{\beta}, \boldsymbol{\gamma})$，则 $\boldsymbol{P}$ 为正交矩阵，且

$$\boldsymbol{P}^{\mathrm{T}}\boldsymbol{AP} = (\boldsymbol{\alpha}, \boldsymbol{\beta}, \boldsymbol{\gamma})^{\mathrm{T}}\boldsymbol{A}(\boldsymbol{\alpha}, \boldsymbol{\beta}, \boldsymbol{\gamma}) = \begin{pmatrix}\boldsymbol{\alpha}^{\mathrm{T}}\\\boldsymbol{\beta}^{\mathrm{T}}\\\boldsymbol{\gamma}^{\mathrm{T}}\end{pmatrix}(2\boldsymbol{\alpha\alpha}^{\mathrm{T}} + \boldsymbol{\beta\beta}^{\mathrm{T}})(\boldsymbol{\alpha}, \boldsymbol{\beta}, \boldsymbol{\gamma})$$

$$= \begin{pmatrix}\boldsymbol{\alpha}^{\mathrm{T}}\\\boldsymbol{\beta}^{\mathrm{T}}\\\boldsymbol{\gamma}^{\mathrm{T}}\end{pmatrix}(2\boldsymbol{\alpha\alpha}^{\mathrm{T}}\boldsymbol{\alpha} + \boldsymbol{\beta\beta}^{\mathrm{T}}\boldsymbol{\alpha}, 2\boldsymbol{\alpha\alpha}^{\mathrm{T}}\boldsymbol{\beta} + \boldsymbol{\beta\beta}^{\mathrm{T}}\boldsymbol{\beta}, 2\boldsymbol{\alpha\alpha}^{\mathrm{T}}\boldsymbol{\gamma} + \boldsymbol{\beta\beta}^{\mathrm{T}}\boldsymbol{\gamma})$$

$$= \begin{pmatrix}\boldsymbol{\alpha}^{\mathrm{T}}\\\boldsymbol{\beta}^{\mathrm{T}}\\\boldsymbol{\gamma}^{\mathrm{T}}\end{pmatrix}(2\boldsymbol{\alpha}, \boldsymbol{\beta}, 0)$$

$$= \begin{pmatrix}2\boldsymbol{\alpha}^{\mathrm{T}}\boldsymbol{\alpha} & \boldsymbol{\alpha}^{\mathrm{T}}\boldsymbol{\beta} & 0\\2\boldsymbol{\beta}^{\mathrm{T}}\boldsymbol{\alpha} & \boldsymbol{\beta}^{\mathrm{T}}\boldsymbol{\beta} & 0\\2\boldsymbol{\gamma}^{\mathrm{T}}\boldsymbol{\alpha} & \boldsymbol{\gamma}^{\mathrm{T}}\boldsymbol{\beta} & 0\end{pmatrix}$$

$$= \begin{pmatrix}2 & 0 & 0\\0 & 1 & 0\\0 & 0 & 0\end{pmatrix}.$$

所以，f 在正交变换 $\boldsymbol{x} = \boldsymbol{Py}$ 下的标准形为 $f = 2y_1^2 + y_2^2$.

4. 已知二次型 $f = \boldsymbol{X}^{\mathrm{T}}\boldsymbol{AX}$ 在正交变换 $\boldsymbol{X} = \boldsymbol{QY}$ 下，其标准形为 $y_1^2 + y_2^2$，且 $\boldsymbol{Q}$ 的第 3 列为 $\begin{pmatrix}\frac{\sqrt{2}}{2} & 0 & \frac{\sqrt{2}}{2}\end{pmatrix}^{\mathrm{T}}$.

(1) 求矩阵 $\boldsymbol{A}$；

(2) 证明：$\boldsymbol{A} + \boldsymbol{E}$ 为正定矩阵，其中 $\boldsymbol{E}$ 为三阶单位矩阵.

(1) **解** 因为二次型 $f = \boldsymbol{X}^{\mathrm{T}}\boldsymbol{AX}$ 在正交变换 $\boldsymbol{X} = \boldsymbol{QY}$ 下的标准型为 $y_1^2 + y_2^2$，所以 $\boldsymbol{A}$ 的特征值为 $\lambda_1 = \lambda_2 = 1$，$\lambda_3 = 0$.

记 $\boldsymbol{Q}$ 的第 3 列 $\begin{pmatrix}\frac{\sqrt{2}}{2} & 0 & \frac{\sqrt{2}}{2}\end{pmatrix}^{\mathrm{T}} = \boldsymbol{\gamma}$，所以 $\begin{pmatrix}\frac{\sqrt{2}}{2} & 0 & \frac{\sqrt{2}}{2}\end{pmatrix}^{\mathrm{T}} = \boldsymbol{\gamma}$ 为矩阵 $\boldsymbol{A}$ 的特征值 $\lambda_3 = 0$ 对应的特征

向量.

设 $\boldsymbol{\alpha}$，$\boldsymbol{\beta}$ 为任意两个正交于 $\boldsymbol{\gamma}$ 的单位向量，且 $\boldsymbol{\alpha}$，$\boldsymbol{\beta}$ 互相正交，则 $\boldsymbol{\alpha}$，$\boldsymbol{\beta}$ 必为矩阵 $\boldsymbol{A}$ 关于特征值 1 的两个正交的单位特征向量.

记矩阵 $\boldsymbol{P}=(\boldsymbol{\alpha}, \boldsymbol{\beta}, \boldsymbol{\gamma})$，则 $\boldsymbol{P}$ 为正交矩阵，且 $\boldsymbol{P}^{\mathrm{T}}\boldsymbol{A}\boldsymbol{P}=\begin{pmatrix}1 & & \\ & 1 & \\ & & 0\end{pmatrix}$，则 $\boldsymbol{A}=\boldsymbol{P}\begin{pmatrix}1 & & \\ & 1 & \\ & & 0\end{pmatrix}\boldsymbol{P}^{\mathrm{T}}$.

进一步取 $\boldsymbol{\alpha}=\left(\frac{1}{\sqrt{2}}, 0, -\frac{1}{\sqrt{2}}\right)^{\mathrm{T}}$，$\boldsymbol{\beta}=(0, 1, 0)^{\mathrm{T}}$，则 $\boldsymbol{\alpha}$，$\boldsymbol{\beta}$，$\boldsymbol{\gamma}$ 即为两两正交的单位向量，此时

$$\boldsymbol{P}=(\boldsymbol{\alpha}, \boldsymbol{\beta}, \boldsymbol{\gamma})=\begin{pmatrix}\frac{1}{\sqrt{2}} & 0 & \frac{1}{\sqrt{2}} \\ 0 & 1 & 0 \\ -\frac{1}{\sqrt{2}} & 0 & \frac{1}{\sqrt{2}}\end{pmatrix},$$

则

$$\boldsymbol{A}=\boldsymbol{P}\begin{pmatrix}1 & & \\ & 1 & \\ & & 0\end{pmatrix}\boldsymbol{P}^{\mathrm{T}}=\begin{pmatrix}\frac{1}{2} & 0 & -\frac{1}{2} \\ 0 & 1 & 0 \\ -\frac{1}{2} & 0 & \frac{1}{2}\end{pmatrix}.$$

(2) **证明**　矩阵 $\boldsymbol{A}+\boldsymbol{E}$ 为实对称矩阵. 因为矩阵 $\boldsymbol{A}$ 的特征值为 1，1，0，所以矩阵 $\boldsymbol{A}+\boldsymbol{E}$ 的特征值为 $1+1=2$，$1+1=2$，$0+1=1$，均为正数. 所以矩阵 $\boldsymbol{A}+\boldsymbol{E}$ 正定.

5. 设二次型 $f(x_1, x_2, x_3)=ax_1^2+ax_2^2+(a-1)x_3^2+2x_1x_3-2x_2x_3$.

(1) 求二次型 f 的矩阵的所有特征值；

(2) 若二次型 f 的规范型为 $y_1^2+y_2^2$，求 a 的值.

解　(1) 二次型的矩阵 $\boldsymbol{A}=\begin{pmatrix}a & 0 & 1 \\ 0 & a & -1 \\ 1 & -1 & a-1\end{pmatrix}$，

$$|\lambda\boldsymbol{E}-\boldsymbol{A}|=\begin{vmatrix}\lambda-a & 0 & -1 \\ 0 & \lambda-a & 1 \\ -1 & 1 & \lambda-(a-1)\end{vmatrix}=(\lambda-a+2)(\lambda-a)(\lambda-a-1),$$

所以 $\boldsymbol{A}$ 的所有特征值为 $\lambda_1=a-2$，$\lambda_2=a$，$\lambda_3=a+1$.

(2) 因为二次型 f 的规范型为 $y_1^2+y_2^2$，则 $\boldsymbol{A}$ 有 2 个正的特征值，且另一个特征值为 0.

因为 $a-2<a<a+1$，故只能是 $a-2=0$，此时特征值 a，$a+1$ 均为正，符合题意. 故 $a=2$.